西门子工业自动化系列教材

S7–1500 PLC项目设计与实践

刘长青　主编

席　巍　李　军　李明海　参编

陈瑞阳　主审

U0258163

机械工业出版社

本书以一个自动灌装生产线控制项目为例，按照项目设计的步骤，循序渐进，引导读者由浅入深地掌握 S7-1500 PLC 的硬件组态、软件编程、软硬件调试、上位监控系统及网络通信等内容。在 S7-1500 PLC 的硬件和软件介绍中，既兼顾没有 S7 系列 PLC 基础的工程人员，也突出与 S7 系列其他 PLC 不同的地方，使具有 S7 系列 PLC 基础的工程人员快速掌握 S7-1500 PLC。本书对 S7-1500 PLC 的工艺功能、系统诊断、高级语言编程和网页访问等内容也单独成章进行了介绍，并配有实例，旨在全新展示 S7-1500 PLC 的强大功能。章节中穿插的控制任务，在附录中有参考程序，以指导读者理论与实践相结合。

本书既可作为高等院校机电类和自动化类相关课程的教材，也可作为工业自动化领域工程技术人员的参考书。

图书在版编目（CIP）数据

S7-1500 PLC 项目设计与实践/刘长青主编 . —北京：机械工业出版社，2016.4（2024.1 重印）
西门子工业自动化系列教材
ISBN 978-7-111-53535-5

Ⅰ.①S…　Ⅱ.①刘…　Ⅲ.①plc 技术-教材　Ⅳ.①TM571.6

中国版本图书馆 CIP 数据核字（2016）第 077766 号

机械工业出版社（北京市百万庄大街 22 号　邮政编码 100037）
策划编辑：时　静　　　　　　责任编辑：时　静
责任校对：张艳霞　　　　　　责任印制：郜　敏
北京富资园科技发展有限公司印刷

2024 年 1 月第 1 版·第 8 次印刷
184mm×260mm·27.75 印张·690 千字
标准书号：ISBN 978-7-111-53535-5
　　　　　ISBN 978-7-89386-027-0
定价：79.00 元（含 2DVD）

前　言

可编程序控制器（简称PLC）是一种通用工业自动控制设备，在机械制造、化工、冶金、电子、纺织、食品及建筑等领域的工业自动化系统中发挥着关键作用。随着计算机、信息及网络通信等技术的不断进步，工业生产对今后的PLC发展也提出了更高的要求。2012年11月29日，西门子全新的SIMATIC S7-1500控制器在德国正式亮相。该控制器是西门子公司专为中高端设备和工厂自动化设计的新一代PLC，集成了运动控制、工业信息安全和故障安全功能，并提供基于以太网的PROFINET作为主要的通信网络，极短的系统响应时间可大大提高生产效率，与全集成自动化Portal软件可实现无缝集成，创造出最佳工程效益，符合今后PLC的发展方向。

TIA Portal（博途）是西门子最新的全集成自动化软件平台，它将硬件组态、软件编程、网络配置以及上位监控等功能集成在一起，使用起来非常方便快捷。S7-1500 PLC的高性能借助该软件平台得到了充分的发挥。

本书应用Portal软件平台，介绍了S7-1500 PLC的硬件配置、软件编程、网络配置、上位监控系统组态及诊断调试等内容，全书贯穿一个具体的应用实例，使读者边学边实践，循序渐进，逐步掌握S7-1500 PLC的应用。

本书中所介绍的实例均在Windows 7及TIA Portal V 13 SP1（STEP 7 Professional、WinCC Professional和Startdrive Standalone）软件环境下调试运行通过。附录中给出自动灌装系统控制任务实例的主要参考程序，以帮助读者理论与实践相结合。

本书在编写过程中力求语言简洁、通俗易懂、主次分明、实例丰富、图文并茂、实用性强，既适用于高等院校机电及自动化类专业的学生，也适用于初学S7-1500 PLC的工程人员。

全书共10章，由北京联合大学机电学院的刘长青主编，席巍、李军、李明海参编，陈瑞阳主审。其中，刘长青负责第1~5、9、10章和附录的编写及全书的统稿，席巍负责第6章的编写，李军负责第7章的编写，李明海负责第8章的编写，演示项目由刘长青、席巍、李军和李明海共同完成。本书在编写过程中得到西门子公司元娜女士及其他工作人员的热情支持和大力帮助，在此表示衷心感谢。

由于编者水平有限，书中难免出现不妥之处，恳请广大读者提出宝贵意见。

编　者

目　　录

第 1 章　S7 – 1500 PLC 系统概述

1.1　西门子工业自动化 TIA 简介

工业自动化技术作为现代制造领域中最重要的技术之一，在机械制造、化工、冶金、电子、纺织、食品及建筑等领域的工业自动化系统中发挥着关键作用。无论是高速、大批量制造企业还是追求灵活、柔性和定制化企业，都必须依靠自动化技术的应用。虽然自动化系统本身并不直接创造效益，但它可提高生产效率、产品质量以及生产过程的安全性，减少生产过程的损耗。

随着技术的发展，现代工业生产对工业自动化系统的可靠性、复杂性、功能的完善性、人机界面的友好性、数据分析、管理的快速性以及系统安装、调试、运行与维护的方便性，都提出了越来越高的需求。而传统的自动化系统以生产设备为核心，生产设备之间缺乏信息资源的共享和生产过程的统一管理，已无法满足现代工业生产的诸多要求。1996 年，西门子自动化与驱动集团提出了"全集成自动化"即 TIA（Totally Integrated Automation）的概念，也就是用一种系统完成原来由多种系统搭配起来才能完成的所有功能。全集成自动化集统一性和开放性于一身。应用这种解决方案，可以大大简化系统的结构，减少了大量接口部件，可以克服上位机和工业控制器之间、连续控制和逻辑控制之间、集中与分散之间的界限。

全集成自动化的统一性体现在使用统一的数据库管理、统一的组态和编程以及统一的通信。西门子各工业软件都是从一个全局共享的统一的数据库中获取数据。这种统一的数据库，统一数据管理机制，所有的系统信息都存储于一个数据库中而且只需输入一次，不仅可以减少数据的重复输入，节约人力、财力，更重要的是，它还可以降低出错率，提高系统诊断效率，大大增强了系统的整体性和信息的准确性，从而为工厂的安全稳定运行提供技术保障。在全集成自动化中，所有的西门子工业软件都可以互相配合，实现了高度统一和高度集成，组态和编程工具只需从全部列表中选择相应的项，即可实现对控制器进行编程、组态 HMI，定义通信连接或实现动作控制等操作。全集成自动化还实现了从现场级、控制级到管理级协调一致的通信。

全集成自动化的开放性体现在标准化开放式的系统结构。西门子产品上集成有以太网接口，使以太网进入现场级，从而实现元件自动化，并可连接所有类型的现场设备，也可连接支持 Internet 的办公系统和新型自动化系统。

1.2　可编程控制器基础

1.2.1　PLC 概述

PLC 即可编程序控制器，最初缩写为 PC（Programmable Controller），为与个人计算机相区别，缩写改为 PLC（Programmable Logic Controller）。第一台 PLC 是美国数字设备公司于

1969 年在美国通用汽车公司提出取代继电器控制装置的背景下研制出来的。它是一种嵌入了继电器、定时器（即时间继电器）及计数器等功能，专为工业环境下的应用而设计，且用于控制生产设备和工作过程的特殊计算机。

随着计算机技术的发展，PLC 在模拟量处理能力、数字运算能力、人机接口能力和网络能力方面得到了大幅度提高，在某些应用上取代了在过程控制领域处于统治地位的 DCS 系统。由于 PLC 是一种专为工业环境应用而设计的特殊计算机，因此具有可靠性高、抗干扰能力强的特点，同时具有稳定可靠、价格便宜、功能齐全、应用灵活方便且操作维护方便的优点，这是它能在工业控制中已得到广泛持久应用的根本原因。

目前，生产 PLC 的厂家及品牌繁多，在我国应用较多的国外 PLC 厂家及主流品牌见表 1-1。

表 1-1　常用国外 PLC 及其生产厂家

生产厂家	产品型号
日本欧姆龙（OMRON）公司	C 系列
日本三菱（MITSUBISHI）公司	FX 系列，Q 系列
美国罗克韦尔（ROCKWELL）国际公司	MicroLogix1500、SLC-500、CompactLogix、ControlLogix 系列
美国通用电气（GE）公司	90-70 系列
德国西门子（SIEMENS）公司	S7 系列

西门子 S7-200、S7-300、S7-400 PLC 外观如图 1-1 所示。

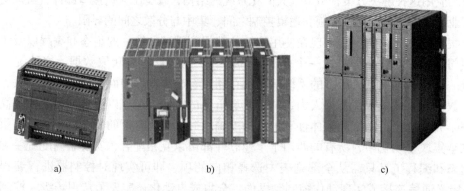

a)　　　　　　　　　　　b)　　　　　　　　　　　c)

图 1-1　西门子 S7-200、S7-300、S7-400 PLC 外观
a) S7-200 SMART　b) S7-300　c) S7-400

为满足工业控制要求，PLC 的生产制造商不断推出形式多样的具有不同性能和内部资源的 PLC。在对 PLC 进行分类时，通常采用以下两种方法：

（1）按照 PLC 的输入/输出点数、存储器容量和功能分类，可将 PLC 分为小型机、中型机和大型机

小型 PLC 的功能一般以开关量控制为主，其输入/输出总点数一般在 256 点以下，用户存储器容量在 4 KB 以下。现在的高性能小型 PLC 还具有一定的通信能力和少量的模拟量处理能力。这类 PLC 的特点是价格低廉，体积小巧，适用于单机或小规模生产过程的控制。例如，西门子的 S7-200 系列和新型的 S7-1200 系列 PLC 都属于小型机。

中型 PLC 的输入/输出总点数在 256～1024 点之间，用户存储器容量为 2～64 KB。中型

2

PLC 不仅具有开关量和模拟量的控制功能，还具有更强的数字计算能力，它的网络通信功能和模拟量处理能力更强大。中型机的指令比小型机更丰富，适用于复杂的逻辑控制系统以及连续生产过程的过程控制场合。例如，西门子的 S7 - 300 系列 PLC 属于中型机。

大型 PLC 的输入/输出总点数在 1024 点以上，用户存储器容量为 32 KB ~ 几 MB。大型 PLC 的性能已经与工业控制计算机相当，它具有非常完善的指令系统，具有齐全的中断控制、过程控制、智能控制和远程控制功能，网络通信功能十分强大，向上可与上位监控机通信，向下可与下位计算机、PLC、数控机床、机器人等通信。适用于大规模过程控制、分布式控制系统和工厂自动化网络。例如，西门子的 S7 - 400 系列 PLC 属于大型机，而西门子新推出的 S7 - 1500 系列 PLC 则属于中、大型 PLC。

以上划分没有一个十分严格的界限，随着 PLC 技术的飞速发展，某些小型 PLC 也具有中型或大型 PLC 的功能，这也是 PLC 的发展趋势。

（2）根据 PLC 结构形式的不同，PLC 主要可分为整体式和模块式两类

整体式结构的特点是将 PLC 的基本部件，如 CPU、输入/输出部件、电源等集中于一体，装在一个标准机壳内，构成 PLC 的一个基本单元（主机）。为了扩展输入输出点数，主机上设有标准端口，通过扩展电缆可与扩展模块相连，以构成 PLC 不同的配置。整体式结构的 PLC 体积小，成本低，安装方便。一般小型 PLC 为整体式结构。

模块式结构的 PLC 由一些独立的标准模块构成，如 CPU 模块、输入模块、输出模块、电源模块、通信模块和各种功能模块等。用户可根据控制要求选用不同档次的 CPU 和各种模块，将这些模块插在机架或基板上，构成需要的 PLC 系统。模块式结构的 PLC，配置灵活，装配和维修方便，便于功能扩展。中大型 PLC 通常采用这种结构。

1.2.2 结构组成

PLC 是一种以微处理器为核心的专用于工业控制的特殊计算机，其硬件配置与一般微型微计算机类似。虽然 PLC 的具体结构多种多样，但其基本结构相同，即主要由中央处理单元（CPU）、存储单元、输入单元、输出单元、电源、通信接口、I/O 扩展接口及编程器等部分构成。整体式 PLC 的结构形式如图 1-2 所示。模块式 PLC 的结构形式如图 1-3 所示。

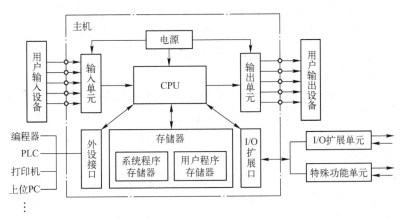

图 1-2　整体式 PLC 的结构组成

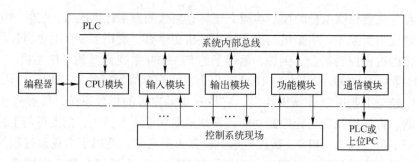

图 1-3　模块式 PLC 的结构组成

1. 中央处理单元（CPU）

与一般的计算机控制系统相同，CPU 是 PLC 的控制中枢。PLC 在 CPU 的控制下有条不紊地协调工作，实现对现场各个设备的控制。CPU 的主要任务如下：

1）接收与存储用户程序和数据。

2）以扫描的方式通过输入单元接收现场的状态或数据，并存入相应的数据区。

3）诊断 PLC 的硬件故障和编程中的语法错误等。

4）执行用户程序，完成各种数据的处理、传送和存储等功能。

5）根据数据处理的结果，通过输出单元实现输出控制、制表打印或数据通信等功能。

2. 存储器

PLC 的存储空间一般可分为 3 个区域：系统程序存储区、系统 RAM 存储区和用户程序存储区。

系统程序存储区用来存放由 PLC 生产厂家编写的操作系统，包括监控程序、功能子程序、管理程序以及系统诊断程序等，并固化在 ROM 内。它使 PLC 具有基本的智能，能够完成 PLC 设计者规定的各项工作。

系统 RAM 存储区包括 I/O 映像区、计数器、定时器以及数据存储器等，用于存储输入/输出状态、逻辑运算结果和数据处理结果等。

用户程序存储区用于存放用户自行编制的用户程序。该区一般采用 EPROM、E^2PROM 或 Flash Memory（闪存）等存储器，也可以有带备用电池支持的 RAM。

系统 RAM 存储区和用户程序存储区容量的大小关系到 PLC 内部可使用的存储资源的多少和用户程序容量的大小，是反映 PLC 性能的重要指标之一。

3. 输入/输出单元

输入/输出单元是 PLC 与外部设备连接的接口。根据处理信号类型的不同，分为数字量（开关量）输入/输出单元和模拟量的输入/输出单元。数字量信号只有"接通"（"1"信号）和"断开"（"0"信号）两种状态，而模拟量信号的值则是随时间连续变化的量。

（1）数字量输入/输出单元

数字量输入单元用来接收按钮、选择开关、行程开关、限位开关、接近开关、光电开关以及压力继电器等开关量传感器的输入信号。

数字量输出单元用来控制接触器、继电器、电磁阀、指示灯、数字显示装置和报警装置等输出设备。

常见的开关量输入单元有直流输入单元和交流输入单元。图 1-4 所示为开关量直流输入单元的典型电路，图 1-5 所示为开关量交流输入单元的典型电路。图 1-4 和图 1-5 中点划线框中的部分为 PLC 内部电路，框外为用户接线。从图 1-4 和图 1-5 中可以看到直流和交流输入电路中均采用光耦合器件将现场与 PLC 内部在电气上隔离开。当输入开关闭合时，光耦合器中的发光二极管发光，光耦合晶体管从截止状态变为饱和导通状态，从而使 PLC 的输入数据发生改变，同时输入指示灯 LED 亮。

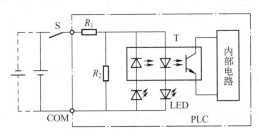
图 1-4　开关量直流输入单元

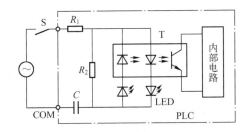
图 1-5　开关量交流输入单元

图 1-4 和图 1-5 中电路是对应于一个输入点的电路，同类的各点电路内部结构相同，每点分输入端和公共端（COM），输入端接输入设备，公共端接电源一极。

常见的开关量输出单元有晶体管输出型、双向晶闸管输出型和继电器输出型。图 1-6 所示为晶体管输出型的典型电路，图 1-7 所示为双向晶闸管输出型的典型电路，图 1-8 所示为继电器输出型的典型电路。图中点划线框中的电路是 PLC 的内部电路，框外是 PLC 输出点的驱动负载电路，各种输出电路均带有输出指示灯 LED。晶体管型和双向晶闸管型为无触点输出方式，它们可靠性高，响应速度快，寿命长，但是负载能力有限。晶体管型适用于高频小功率直流负载，双向晶闸管型适用于高速大功率交流负载。继电器型为有触点输出方式，既可带直流负载又可带交流负载，电压适用范围宽，导通压降小，承受瞬时过电压和过电流的能力较强，但动作速度较慢，寿命较短，适用于低频大功率直流或交流负载。

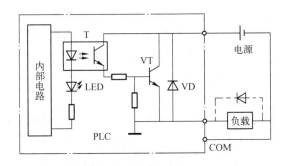
图 1-6　开关量晶体管输出单元

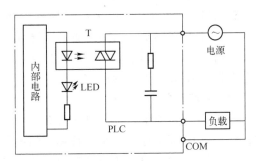
图 1-7　开关量双向晶闸管输出单元

（2）模拟量输入/输出单元

模拟量输入单元用来接收压力、流量、液位、温度以及转速等各种模拟量传感器提供的连续变化的输入信号。常见的模拟量输入信号有电压型、电流型、热电阻型和热电偶型等。

模拟量输出单元用来控制电动调节阀、变频器等执行设备，进行温度、流量、压力及速度等 PID 回路调节，可实现闭环控制。常见的模拟量输出信号有电压型和电流型。

4. 电源

PLC 配有一个专用的开关式稳压电源，将交流电源转换为 PLC 内部电路所需的直流电

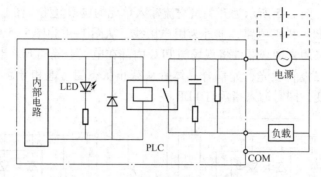

图 1-8 开关量继电器输出单元

源，使 PLC 能正常工作。对于整体式 PLC，电源部件封装在主机内部，对于模块式 PLC，电源部件一般采用单独的电源模块。

此外，传送现场信号或驱动现场执行机构的负载电源需另外配置。

5. I/O 扩展接口

I/O 扩展接口用于将扩展单元与主机或 CPU 模块相连，以增加 I/O 点数或增加特殊功能，使 PLC 的配置更加灵活。

6. 通信接口

PLC 配有多种通信接口，通过这些通信接口，可以与编程器、监控设备或其他的 PLC 相连接。当与编程器相连时，可以编辑和下载程序；当与监控设备相连时，可以实现对现场运行情况的上位监控；当与其他 PLC 相连时，可以组成多机系统或联成网络，实现更大规模的控制。

7. 智能单元

为了增强 PLC 的功能，扩大其应用领域，减轻 CPU 的数据处理负担，PLC 厂家开发了各种各样的功能模块，以满足更加复杂的控制功能的需要。这些功能模块一般都内置了 CPU，具有自己的系统软件，能独立完成一项专门的工作。功能模块主要用于时间要求苛刻、存储器容量要求较大、数据运算复杂的过程信号处理任务，例如用于位置调节需要的位置闭环控制模块、对高速脉冲进行计数和处理的高速计数模块等。

8. 外部设备

PLC 还可配有编程器、可编程终端（触摸屏等）、打印机、EPROM 写入器等其他外部设备。其中编程器是供用户进行程序的编写、调试和监视功能使用，现在许多 PLC 厂家为自己的产品设计了计算机辅助编程软件，安装在 PC 上，再配备相应的接口和电缆，则该 PC 就可以作为编程器使用。

1.2.3 工作原理

尽管 PLC 是在继电器控制系统基础上产生的，其基本结构又与微型计算机大致相同，但是其工作过程却与二者有较大差异。PLC 的工作特点是采用循环扫描方式，理解和掌握 PLC 的循环扫描工作方式对于学习 PLC 是十分重要的。

PLC 一个循环扫描工作过程主要包括 CPU 自检、通信处理、读取输入、执行程序和刷新输出 5 个阶段，如图 1-9 所示。整个过程扫描一次所需的时间称为扫描周期。

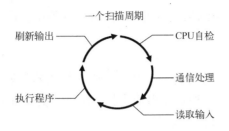

图 1-9　PLC 的循环扫描工作过程

1. 循环扫描工作过程

（1）CPU 自检阶段

CPU 自检阶段包括 CPU 自诊断测试和复位监视定时器。

在自诊断测试阶段，CPU 检测 PLC 各模块的状态，若出现异常立即进行诊断和处理，同时给出故障信号，点亮 CPU 面板上的 LED 指示灯。当出现致命错误时，CPU 被强制为 STOP 方式，停止执行程序。CPU 的自诊断测试将有助于及时发现或提前预报系统的故障，提高系统的可靠性。

监视定时器又称看门狗定时器 WDT（Watch Dog Timer），它是 CPU 内部的一个硬件时钟，是为了监视 PLC 的每次扫描时间而设置的。CPU 运行前设定好规定的扫描时间，每个扫描周期都要监视扫描时间是否超过规定值。这样可以避免由于 PLC 在执行程序的过程中进入死循环，或者由于 PLC 执行非预定的程序造成系统故障，从而导致系统瘫痪。如果程序运行正常，则在每次扫描周期的内部处理阶段对 WDT 进行复位（清零）。如果程序运行失常进入死循环，则 WDT 得不到按时清零而触发超时溢出，CPU 将给出报警信号或停止工作。采用 WDT 技术也是提高系统可靠性的一个有效措施。

（2）通信处理阶段

在通信处理阶段，CPU 检查有无通信任务，如果有则调用相应进程，完成与其他设备（例如，带微处理器的智能模块、远程 I/O 接口、编程器、HMI 装置等）的通信处理，并对通信数据做相应处理。

（3）读取输入

在读取输入阶段，PLC 扫描所有输入端子，并将各输入端的"通"／"断"状态存入相对应的输入映像寄存器中，刷新输入映像寄存器的值。此后，输入映像寄存器与外界隔离，无论外设输入情况如何变化，输入映像寄存器的内容也不会改变。输入端状态的变化只能在下一个循环扫描周期的读取输入阶段才被拾取。这样可以保证在一个循环扫描周期内使用相同的输入信号状态。因此，要注意输入信号的宽度要大于一个扫描周期，否则很可能造成信号的丢失。

（4）执行程序阶段

可编程控制器的用户程序由若干条指令组成，指令在存储器中按顺序排列。当 PLC 处于运行模式执行程序时，CPU 对用户程序按顺序进行扫描。如果程序用梯形图表示，则按先上后下、从左至右的顺序逐条执行程序指令。每扫描到一条指令，所需要的输入信号的状态均从输入映像寄存器中读取，而不是直接使用现场输入端子的"通"／"断"状态。在执行用户程序过程中，根据指令做相应的运算或处理，每一次运算的结果不是直接送到输出端子立即驱动外部负载，而是将结果先写入输出映像寄存器中。输出映像寄存器中的值可以被后面的读指令所使用。

（5）刷新输出阶段

执行完用户程序后，进入刷新输出阶段。可编程控制器将输出映像寄存器中的"通"/"断"状态送到输出锁存器中，通过输出端子驱动用户输出设备或负载，实现控制功能。输出锁存器的值一直保持到下次刷新输出。

在刷新输出阶段结束后，CPU进入下一个循环扫描周期。

2. PLC 的扫描周期

PLC每一次循环扫描所用的时间称为扫描周期或工作周期。PLC的扫描周期是一个较为重要的指标，它决定了PLC对外部变化的响应时间，直接影响控制信号的实时性和正确性。在PLC的一个扫描周期中，读取输入和刷新输出的时间是固定的，一般只需要 $1\sim2ms$，通信任务的作业时间必须被控制在一定范围内，而程序执行时间则因程序的长度不同而不同，所以扫描周期主要取决于用户程序的长短和扫描速度。一般PLC的扫描周期在 $10\sim100ms$ 之间。

3. 输入/输出映像寄存器

可编程控制器对输入和输出信号的处理采用了将信号状态暂存在输入/输出映像寄存器中的方式。由PLC的工作过程可知，在PLC的程序执行阶段，即使输入信号的状态发生了变化，输入映像寄存器的状态值也不会变化，要等到下一个扫描周期的读取输入阶段其状态值才能被刷新。同样，暂存在输出映像寄存器中的输出信号要等到一个扫描周期结束时，集中送给输出锁存器，这才成为实际的CPU输出。

PLC采用输入/输出映像寄存器的优点如下：

1）在CPU一个扫描周期内，输入映像寄存器向用户程序提供的过程信号保持一致，以保证CPU在执行用户程序过程中数据的一致性。

2）在CPU扫描周期结束时，将输出映像寄存器的最终结果送给外设，避免了输出信号的抖动。

3）由于输入/输出映像寄存器区位于CPU的系统存储器区，访问速度比直接访问信号模块要快，缩短了程序执行时间。

4. PLC 的输入/输出滞后

PLC以循环扫描的方式工作，从PLC的输入端信号发生变化到PLC输出端对该输入变化做出反应，需要一段时间，这种现象称为PLC输入/输出响应滞后。扫描周期越长，滞后现象就越严重。但是PLC的扫描周期一般为几十 ms，对于一般的工业设备（状态变化的时间约为数秒以上）不会影响系统的响应速度。

在实际应用中，这种滞后现象可起到滤波的作用。对慢速控制系统来说，滞后现象反而增加了系统的抗干扰能力。这是因为输入采样阶段仅在输入刷新阶段进行，PLC在一个工作周期的大部分时间是与外设隔离的，而工业现场的干扰常常是脉冲、短时间的，因此误动作将大大减小。即使在某个扫描周期干扰侵入并造成输出值错误，由于扫描周期时间远远小于执行器的机电时间常数，因此当它还没有来得及使执行器发生错误的动作，下一个扫描周期正确的输出就会将其纠正，使PLC的可靠性显得更高。

对于控制时间要求较严格、响应速度要求较快的系统，必须考虑滞后对系统性能的影响，在设计中应采取相应的处理措施，尽量缩短扫描周期。例如，选择高速 CPU 提高扫描速度，采用中断方式处理高速的任务请求，选择快速响应模块、高速计数模块等。对于用户来说，要提高编程能力，尽可能优化程序。例如，选择分支或跳转程序等，都可以减少用户程序执行时间。

1.3 S7 – 1500 PLC 系统

S7 – 1500 自动化系统是西门子工业自动化集团在 S7 – 300 和 S7 – 400 系统的基础上进一步开发的自动化系统，于 2013 年正式推出。该系列专为中高端设备和工厂自动化设计，不仅具有卓越的系统性能，还集成运动控制、工业信息安全以及可实现便捷安全应用的故障安全功能，创新的设计使调试和安全操作简单便捷。

1.3.1 S7 – 1500 PLC 产品概述

SIMATIC S7 – 1500 初期上市产品包括三种型号的 CPU，分别是 1511、1513 和 1516，这三种型号适用于中端性能的应用。每一种型号也都将推出 F 型产品（故障安全型），以提供安全应用，并根据端口数量、位处理速度、显示屏规格和数据内存等性能特点分成不同等级。S7 – 1500 系统与传统 PLC 相比，增加了内置显示屏，在技术、工业信息安全、故障安全和系统性能方面都有显著提高。

西门子新的自动化设备都要集成到 TIA Portal 工程设计软件平台中，新品 SIMATIC S7 – 1500 控制器也不例外。该设计为控制器、HMI 和驱动产品在整个项目中共享数据存储和自动保持数据一致性提供了标准操作的概念，同时提供了涵盖所有自动化对象的强大的库。新版 TIA PortalV13 不仅有更强的性能，还涵盖自动系统诊断功能，集成故障安全功能性，强大的 Profinet 通信，集成工业信息安全和优化的编程语言。

1.3.2 S7 – 1500 PLC 组成

S7 – 1500 自动化系统中主要包括导轨、电源、CPU 及 I/O 模块。系统外观与西门子的 S7 – 300 PLC 相似，如图 1 – 10 所示。CPU 是 S7 – 1500 PLC 的核心，主要执行用户程序。广义的 I/O 模块包括信号模块（数字量模块和模拟量模块）、工艺模块和通信模块等，用于连接输入/输出设备，或实现网络连接等功能。

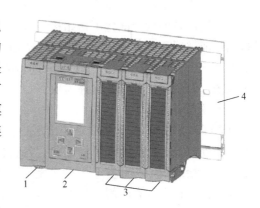

图 1-10 S7 – 1500 系统
1—电源 2—CPU 3—I/O 模块 4—导轨

1.3.3 S7 – 1500 PLC 产品新功能

SIMATIC S7 – 1500 是对 SIMATIC S7 – 300 和 S7 – 400 进行进一步开发的自动化系统。新性能特性包括：提高了系统性能，集成了运动控制功能，PROFINET IO IRT 通信，集成了面向机器的操作和诊断指示灯，通过保留一些成熟可靠的功能实现 STEP 7 语言的创新。

（1）系统性能

为具有高水平的系统性能和快速信号处理，加强控制能力，SIMATIC S7 – 1500 设计有高速背板总线，具有高波特率和高效的传输协议。PROFINET IO IRT 可以保证确定的反应时间和高精度的系统响应。此外，集成 Web 服务器支持非本地系统和过程数据查询，以实现诊断的目的。

（2）工艺

SIMATIC S7 – 1500 标准化的运动控制功能使得模拟量和 Profidrive 兼容驱动不需要其他模块就可以实现直接连接，支持速度和定位轴以及编码器。用户可以执行 Trace 功能，对程序和动作应用进行实时诊断，从而优化驱动。另一个集成工艺功能是 PID 控制，可用方便配置的块确保控制质量，控制参数可以自整定。

（3）工业信息安全

SIMATIC S7 – 1500 工业信息安全集成的概念从块保护延伸至通信完整性，帮助用户确保应用安全。集成的专有知识保护功能，如防止机器拷贝，能够帮助防止未授权的访问和修改。专有的数据校验机制可识别修改过的工程数据，从而实现例如保护通过未授权操作传输到控制器的数据等功能。

（4）故障安全

SIMATIC S7 – 1500 集成了故障安全功能，F 型（故障安全型）的控制器对标准和故障安全程序使用同样的工程设计和操作理念。用户在定义、修改安全参数时，可以借助安全管理编辑器。

（5）设计处理

SIMATIC S7 – 1500 可以最大限度地实现用户友好性（例如，SIMATIC 控制器第一次安装了显示装置），并能显示普通文本信息，从而实现全工厂透明化。标准化的前连接器节省了用户接线时间，简化了配件存储。集成短接片使电位组的桥接更加简单灵活。辅助配件，如自动断路器或继电器迅速便捷地安装到集成 DIN 导轨。可扩展的电缆存储空间能够方便地关闭前盖板，即便使用带有绝缘的电缆，也可以通过两个预定义的闭锁位轻松关闭前盖板。预接线位置的设计简化了初始接线过程以及端子的重新连接的复杂性。集成屏蔽保证了模拟信号能够屏蔽良好，从而获得良好的信号接收质量以及抗外部电磁干扰的鲁棒性。该款产品的另一个优点是扩展性，即 SIMATIC S7 – 1500 CPU 可以扩展至每个底板 32 个模块，用户可以根据自动化任务需要选择模块。

（6）系统诊断

SIMATIC S7 – 1500 的集成系统诊断具有强大的诊断功能，只需配置无需编程即可实现诊断。另外，显示功能实现了标准化。各种信息都以普通文本信息的形式在 CPU 显示器上显示出来。接线端子和标签 1∶1 的分配以及 LED 指示灯的使用帮助用户在调试、测试、诊断以及操作过程中节省时间。另外，通过离散通道单独显示，用户可以快速检测到并分配相应的通道。

1.4 工业自动化发展趋势

当前全球正在经历新一轮科技和产业革命，特别是在工业领域，第四次工业革命正席卷全球。在德国政府推出的《高技术战略2020》中，工业4.0被列为未来十大项目之一。美国政府推出了智能制造战略，以GE为代表的美国企业正积极推进着工业互联网革命。

工业4.0（Industry 4.0）是一个德国政府提出的高科技战略计划，由德国联邦教育及研究部和联邦经济技术部联合资助，投资预计达2亿欧元，用来提升制造业的电脑化、数字化与智能化。目标是建立具有适应性、资源效率及人因工程学的智慧工厂，在商业流程及价值流程中整合客户以及商业伙伴。其技术基础是智慧整合感控系统（Cyber – Physical System，CPS）及物联网（Internet of Things）。

在美国一个称为"智能制造领导联盟"（Smart Manufacturing Leadership Coalition，SMLC）的组织，也发起倡议致力于制造业的未来。智能制造领导联盟是一个非营利性组织，由制造业公司、供应商、技术公司、制造商集团、大学、政府机构及实验室所组成。联盟的目标是让这些制造业的利益相关者形成协同研发、实作及推广的团体，可以发展出相关的方法、标准、平台及共享的基础架构，促进智能化制造的推动与广泛采用。

通用电气（GE）也在进行一个称为工业互联网（Industrial Internet）的类似计划。工业互联网是要将两次重大转型变革所带来的发展成果汇集在一起：工业革命所带来的众多机器、设备及制造业大军，与数位革命带来的运算、资讯及通信系统。依照GE的观点，上述的成果结合将带来三大要素，展现出工业互联网的本质：智能机器、先进分析及参与工作者。

西门子的S7 – 1500 PLC及其应用TIA Portal软件平台，正是适应了工业4.0的发展方向，引领工业自动化产品走到了工业4.0标准的前沿。

第2章 S7-1500 PLC 硬件及软件平台

2.1 硬件系统组成

S7-1500 PLC 的硬件系统主要包括本机模块及分布式模块等。本机模块包括电源模块、CPU 模块、信号模块、通信模块和工艺模块等，分布式模块如 ET200SP 和 ET200MP 等。本机的中央机架上最多可安装 32 个模块。

2.1.1 电源模块

S7-1500 PLC 中有两种电源模块：系统电源和负载电流电源。

1. 系统电源（PS）

系统电源是具有诊断功能的电源模块，可通过 U 型连接器连接到背板总线上，为背板总线提供内部所需的系统电压。这种系统电压将为模块电子元件和 LED 指示灯供电。CPU 模块、PROFIBUS 通信模块、Ethernet 通信模块、PtP 通信模块或者接口模块未连接到 DC 24V 负载电源时，系统电源也可以为其供电。

系统电源模块有三种型号，其属性见表 2-1。

表 2-1 系统电源模块及其属性

型　　号	PS 25W DC 24V	PS 60W DC 24/48/60V	PS 60W AC/DC 120/230V
额定输入电压	DC 24V	DC 24V，DC 48V，DC 60V	AC 120V，AC 230V DC 24V，DC 24V
输出功率	25W	60W	60W
与背板总线电气隔离	√	√	√
诊断错误中断	√	√	√

2. 负载电源（PM）

负载电源与背板总线没有连接，用于给模板的输入输出回路供电。此外，可以根据需要使用负载电源为 CPU 和系统提供 DC 24V 电压。

负载电源有两种型号，其属性见表 2-2。

表 2-2 负载电流电源模块及其属性

型号	PM 70W AC 120/230V	PS 190W AC 120/230V
额定输入电压	AC 120/230V，具有自动切换功能	AC 120/230V，具有自动切换功能
输出电压	DC 24V	DC 24V
额定输出电流	3A	8A
功耗	84W	213W

3. 为模板供电的配置方式

电源为 S7-1500 PLC 模板供电的配置方式有三种。

（1）只通过 CPU 给背板总线供电

通过负载电源向 CPU 提供 DC 24V 电压，再由 CPU 为背板总线供电。

（2）只通过系统电源 PS 给背板总线供电

位于 CPU 左侧 0 号槽的系统电源通过背板总线为 CPU 和背板总线供电。

（3）通过 CPU 和系统电源 PS 给背板总线供电

负载电源向 CPU 提供 DC 24V 电压，CPU 和系统电源为背板总线提供允许的电源电压。

2.1.2 CPU 模块及附件

S7-1500 的 CPU 最初发布了三种型号 CPU1511-1PN、CPU1513-1PN 和 CPU1516-3PN/DP，之后又新出了 CPU1515-2PN 和 CPU1518-4PN/DP 两种型号。

1. 属性

S7-1500 的 CPU 属性见表 2-3。

表 2-3　CPU 模块及其属性

属　　性	CPU1511-1PN	CPU1513-1PN	CPU1515-2PN	CPU1516-3PN/DP	CPU1518-4PN/DP
电源允许范围	DC 19.2~28.8V	DC 19.2~28.8V	DC 19.2~28.8V	DC 19.2~28.8V	DC 19.2~28.8V
块数量	2000	2000	6000	6000	6000
数据工作存储器	1 MB	1.5 MB	3 MB	5 MB	10 MB
代码工作存储器	150 KB	300 KB	500 KB	1 MB	3 MB
接口	1 × PROFINET I/O（2 端口交换机）	1 × PROFINET I/O（2 端口交换机）	1 × PROFINET I/O（2 端口交换机） 1 × PROFINET	1 × PROFINET I/O（2 端口交换机） 1 × PROFINET 1 × PROFIBUS	1 × PROFINET I/O（2 端口交换机） 2 × PROFINET 1 × PROFIBUS
PROFINET 端口数	2	2	3	3	4
支持的 Web Sever	√	√	√	√	√
支持等时同步操作	√	√	√	√	√

2. 外观及显示元件

以 CPU1513-1PN 为例，其实物外观如图 2-1 所示。S7-1500 的 CPU 均配有显示面板，可以拆卸。显示面板的外观布置如图 2-2 所示。

图 2-1　CPU1513-1PN 实物外观

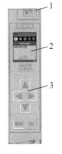

图 2-2　显示面板布置

1—显示 CPU 当前操作模式和诊断状态的 LED 指示灯

2—显示屏　3—操作员控制按钮

将显示面板拆下后，其 CPU 模块前视图如图 2-3 所示，后视图如图 2-4 所示。

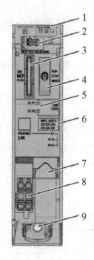

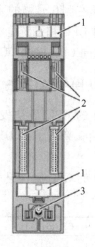

图 2-3 CPU 不带显示面板的前视图

1—显示 CPU 当前操作模式和诊断状态的 LED 指示灯

2—显示屏连接器 3—SIMATIC 存储卡的插槽

4—模式选择器形状 5—PROFINET 接口

X1 的 2 个端口的 LED 指示灯 6—MAC 地址

7—PROFINET 接口（X1），带双端口交换机

8—电源连接器 9—固定螺钉

图 2-4 CPU 模块后视图

1—屏蔽端子表面

2—背板总线接头

3—固定螺钉

3. CPU 的指示灯

从图 2-2 和图 2-3 可以看出，CPU 的指示灯包括当前操作模式和诊断状态的 LED 指示灯，以及 PROFINET 接口的 LED 指示灯，具体分布如图 2-5 所示。CPU 的 LED 指示灯状态所对应的含义见表 2-4 和表 2-5。

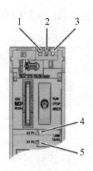

图 2-5 CPU 的 LED 指示灯

1—RUN/STOP LED

2—ERROR LED

3—MAINT LED

4—X1 P1 端口的 LINK RX/TX - LED

5—X1 P2 端口的 LINK RX/TX - LED

表 2-4　CPU 的操作模式和诊断状态指示灯含义

RUN/STOP LED（绿色/黄色）	ERROR LED（红色）	MAINT LED（黄色）	含　义
灭	灭	灭	CPU 电源缺失或不足
灭	闪	灭	发生错误
绿亮	灭	灭	CPU 处于运行（RUN）模式
绿亮	闪	灭	诊断事件未决
绿亮	灭	亮	① 设备要求维护，必须在短时间内检查/更换受影响的硬件 ② 激活强制功能 ③ PROFIenergy 暂停
绿亮	灭	闪	① 设备要求维护，必须在短时间内检查/更换受影响的硬件 ② 组态错误
黄亮	灭	闪	固件更新已成功完成
黄亮	灭	灭	CPU 处于停机（STOP）模式
黄亮	闪	闪	① SIMATIC 存储卡上的程序出错 ② CPU 故障
黄闪	灭	灭	① CPU 在 STOP 期间执行内部活动，如 STOP 之后启动 ② 从 SIMATIC 存储卡下载用户程序
黄/绿闪	灭	灭	启动（从 RUN 转为 STOP）
黄/绿闪	闪	闪	① 启动（CPU 正在启动） ② 启动、插入模块时测试 LED 指示灯 ③ LED 指示灯闪烁测试

表 2-5　LINK RX/TX - LED 指示灯含义（不带显示面板）

LINK RX/TX - LED（绿色/黄色）	含　义
灭	① PROFINET 设备的 PROFINET 接口与通信伙伴之间没有以太网连接 ② 当前未通过 PROFINET 接口收发任何数据 ③ 没有 LINK 连接
绿闪	正在执行"LED 指示灯闪烁测试"
绿亮	PROFINET 设备的 PROFINET 接口与通信伙伴之间没有以太网连接
黄闪	当前正通过 PROFINET 设备的 PROFINET 接口从以太网上的通信伙伴接收/发送数据

2.1.3　信号模块

信号模块（SM）通常作为控制器与过程之间的接口。控制器将通过所连接的传感器和执行器检测当前的过程状态，并触发相应的响应。

信号模块分为数字量输入（DI）模块、数字量输出（DO）模块、模拟量输入（AI）模块和模拟量输出（AO）模块、数字量输入/输出混合模块和模拟量输入/输出混合模块，模块的宽度有 35 mm 标准型和 25 mm 紧凑型之分。

与 S7 - 300/400 的信号模块相比，S7 - 1500 的信号模块种类更加优化，集成更多功能并支持通道级诊断，采用统一的前连接器，具有预接线功能，电源线与信号线分开走线使设备更加可靠。

1. 数字量输入/输出模块

数字量输入/输出模块包括数字量输入模块、数字量输出模块和数字量输入/输出模块。

具体数字量模块的型号和性能参数见表2-6~表2-10。

表2-6　数字量输入模块（35 mm 宽）

数字输入模块	DI 16 × DC 24V HF	DI 16 × DC 24V SRC BA	DI 16 × AC 230V BA	DI 32 × DC 24V HF
订货号	6ES7 521－1BH00－0AB0	6ES7 521－1BH50－0AA0	6ES7 521－1FH00－0AA0	6ES7 521－1BL00－0AB0
输入数量	16	16	16	32
尺寸 W × H × D（mm）	35 × 147 × 129			
额定电源电压	DC 24V (20.4 ~ 28.8 V)	DC 24V	AC 230 V；120/230 V；60/50 Hz	DC 24V (20.4 ~ 28.8 V)
典型功耗	2.6 W	2.8 W	4.9 W	4.2 W
输入延时（在输入额定电压时）	0.05 ~ 20 ms	3 ms	25 ms	0.05 ~ 20 ms
硬件中断	√	—	—	√
诊断中断	√	—	—	√
等时同步模式	√	—	—	√

表2-7　数字量输入模块（25 mm 宽）

数字输入模块	DI 16 × DC 24V BA 紧凑型	DI 32 × DC 24V BA 紧凑型
订货号	6ES7 521－1BH10－0AA0	6ES7 521－1BL10－0AA0
输入数量	16	32
尺寸 W × H × D（mm）	25 × 147 × 129	
额定电源电压	DC 24V（20.4 ~ 28.8 V）	
典型功耗	1.8 W	3 W
输入延时（在输入额定电压时）	1.2 ~ 4.8 ms	
硬件中断	—	—
诊断中断	—	—
等时同步模式	—	—

表2-8　数字量输出模块（35 mm 宽）

数字输出模块	DQ 8 × AC 230V/2A 标准型	DQ 8 × AC 230V/5A 标准型	DQ 8 × DC 24V/2A 高性能型	DQ 16 × DC 24V/0.5A 标准型
订货号	6ES7 522－5FF00－0AB0	6ES7 522－5HF00－0AB0	6ES7 522－1BF00－0AB0	6ES7 522－1BH00－0AB0
输出数量	8	8	8	16
尺寸 W × H × D（mm）	35 × 147 × 129			
额定电源电压	AC 120/230V 60/50 Hz		DC 24V (20.4 ~ 28.8V)	
典型功耗	10.8 W	5 W	5.6 W	2 W
输出类型	晶闸管	继电器	晶体管	晶体管
短路保护	—	—	√；电子计时	√；电子计时
诊断中断	—	√	√	√
等时同步模式	—	—	—	√

表 2-9 数字量输出模块（25 mm 宽）

数字输出模块	DQ 16 × DC 24V/0.5A 紧凑型	DQ 32 × DC 24V/0.5A 紧凑型
订货号	6ES7 522-1BH10-0AA0	6ES7 522-1BL10-0AA0
输出数量	16	32
尺寸 W×H×D（mm）	25 × 147 × 129	
额定电源电压	DC24V（20.4~28.8 V）	
典型功耗	1.8 W	3.8 W
输出类型	晶体管	晶体管
短路保护	√	√
诊断中断、等时同步模式	—	—

表 2-10 数字量输入/输出混合模块

数字输入/输出模块	DI 16 × DC 24V/DQ 16 × DC 24V/0.5A 紧凑型
订货号	6ES7 523-1BL00-0AA0
输入/输出数量	16/16
尺寸 W×H×D（mm）	25 × 147 × 129
额定电源电压	DC 24V（20.4~28.8 V）
典型功耗	3.45W
漏型/源型输入	漏型输入
输出类型	晶体管
硬件中断、诊断中断、等时同步模式	—

2. 模拟量输入/输出模块

模拟量输入/输出模块包括模拟量输入模块、模拟量输出模块和模拟量输入/输出模块。具体模拟量模块的型号和性能参数见表 2-11~表 2-13。

表 2-11 模拟量输入模块

模拟输入模块	AI 8 × U/I/RTD/TC ST	AI 8 × U/I HS	AI 4 × U/I/RTD/TC ST
订货号	6ES7 531-7KF00-0AB0	6ES7 531-7NF10-0AB0	6ES7 531-7QD00-0AB0
尺寸 W×H×D（mm）	35 × 147 × 129		25 × 147 × 129
典型功耗	2.7 W	3.4 W	2.3 W
输入端数量	8（用作电阻/热电阻热测量时数量为4）		4（用作电阻/热电阻热测量时数量为2）
模拟输入模块	AI 8 × U/I/RTD/TC ST	AI 8 × U/I HS	AI 4 × U/I/RTD/TC ST
分辨率	包括符号在内16位		
测量方式	电压、电流、电阻、电阻温度计、热电偶	电压、电流	电压、电流、电阻、电阻温度计、热电偶
额定电源电压	DC 24V		
诊断警报	√	√	√
过程警报	√	√	-
等时同步模式	-	√	-
转换时间（各个通道）	9/23/27/107 ms	125 μs（每个模块，与激活的通道数无关）	9/23/27/107 ms

17

表 2-12　模拟量输出模块

模拟输出模块	AQ 4 × U/I ST	AQ 8 × U/I HS	AQ 2 × U/I ST
订货号	6ES7 532-5HD00-0AB0	6ES7 532-5HF00-0AB0	6ES7 532-5NB00-0AB0
尺寸 W×H×D（mm）	35×147×129	25×147×129	
典型功耗	4W	7W	2.7W
输出端数量	4	8	2
分辨率	包括符号在内 16 位		
输出类型	电压、电流		
额定电源电压	DC 24V		
诊断警报	√	√	√
过程警报	-	-	-
等时同步模式	-	√	-
转换时间（各个通道）	0.5 ms	50μs	0.5 ms

表 2-13　模拟量输入/输出模块

模拟输入/输出模块	AI 4 × U/I/RTD/TC / AQ 2 × U/I ST	测量方式	电压、电流、电阻、电阻温度计、热电偶
订货号	6ES7 534-7QE00-0AB0	输出类型	电压、电流
尺寸 W×H×D（mm）	25×147×129	额定电源电压	DC 24V
典型功耗	3.3W	诊断警报	√
输入/输出端数量	4（用作电阻/热电阻热测量时数量为2）	过程警报、等时同步模式	-
分辨率	包括符号在内 16 位	转换时间（各个通道）	AI：9/23/27/107 ms；AQ：0.5 ms

2.1.4　通信模块和工艺模块

1. 通信模块

通信模块为 S7-1500 PLC 提供通信接口，主要包括 CM 通信模块和 CP 通信处理器模块。CM 模块通常进行小数据量通信，而 CP 模块通常进行大量数据交换。通信模块主要有 CM PtP 点对点接口模块、CM1542-5 PROFIBUS 通信模块和 CP1543-1PROFINET/工业以太网通信模块，所提供的接口形式有 RS232、RS422 或 RS485、PROFIBUS 和工业以太网接口。其具体的型号及性能参数见表 2-14 ~ 表 2-15。

表 2-14　点对点通信模块

通信模块	CM PtP RS232 BA	CM PtP RS422/485 BA	CM PtP RS232 HF	CM PtP RS422/485 HF
订货号	6ES7 540-1AD00-0AA0	6ES7 540-1BA00-0AA0	6ES7 541-1AD00-0AB0	6ES7 541-1AB00-0AB0
尺寸 W×H×D（mm）	35×147×129			
接口	RS232	RS422/485	RS232	RS422/485
典型功耗	0.6W			

最大传输速度	19.2 kbit/s	300～19200 bit/s	115.2 kbit/s	300～115200 bit/s
最大报文长度	1 KB		4 KB	
诊断警报	√			
过程警报、时钟同步	—			
支持的协议	自由端口、3964（R）		自由端口、3964（R）、Modbus RTU 主站/从站	

表 2-15　PROFIBUS 和工业以太网通信模块

通信模块	S7 - 1500 - PROFIBUS CM 1542-5	S7 - 1500 - PROFIBUS CM 1542-5	S7 - 1500 - Ethernet CM 1543-1
订货号	6GK7 542-5DX00 - 0XE0	6GK7 542-5FX00 - 0XE0	6GK7 543-1AX00 - 0XE0
尺寸 W×H×D（mm）	35×147×129		
接口方式	1×PROFIBUS	1×PROFIBUS	工业以太网
连接方式	RS485（母头）	RS485（母头）	RJ45
波特率	9.6 kbit/s～12 Mbit/s	9.6 kbit/s～12 Mbit/s	10/100/1000 Mbit/s
最大数据传输速度	19.2 kbit/s	300～19200 bit/s	115.2 kbit/s
最多连接从站数量	125	32	—
DP 从站最大输入区大小	2 KB	8 KB	—
支持协议	DPV1 主/从，S7 通信，PG/OP 通信，开放式用户通信		TCP/IP，UDP，S7 通信，Web 诊断，FTD Client/Server，SNMP，DHCP，E-mail
IPV6	—	—	√
防火墙功能	—	—	√

2. 工艺模块 TM

工艺模块中具有硬件级的信号处理功能，可对各种传感器进行快速计数、测量和位置记录，支持定位增量式编码器和 SSI 绝对值编码器。S7 - 1500 PLC 的工艺模块目前有 TM Count 计数模块和 TM PosInput 定位模块两种，其型号和性能参数见表 2-16。

表 2-16　工艺模块

工艺模块	TM Count 2×24V	TM PosInput 2
订货号	6ES7 550 - 1AA00 - 0AB0	6ES7 551-1AB00 - 0AB0
尺寸 W×H×D（mm）	35×147×129	
可连接编码器个数	2	
典型功耗	4W	5.5W
可连接的编码器种类	信号增量式编码器，24V 非对称；带有/不带方向信号的脉冲编码器；正向/反向脉冲编码器	RS422 的信号增量式编码器（5V 差分信号）；带有/不带方向信号的脉冲编码器；正向/反向脉冲编码器；绝对值编码器（SSI）
工艺模块	TM Count 2×24V	TM PosInput 2
最大计数频率	200 kHz；800 kHz（脉冲变为 4 倍时）	1 MHz；4 MHz（脉冲变为 4 倍时）

工艺模块	TM Count 2 × 24 V	TM PosInput 2
集成的 DI	每个计数通道 3 个 DI，用于启动、停止、捕获、同步	每个计数通道 2 个 DI，用于启动、停止、捕获、同步
集成的 DQ	2 个 DQ 用于计数比较器和极限值	
计数功能	比较器、可调整的计数范围、增量式位置检测	
测量功能	频率、周期、速度	
诊断警报、过程警报、时钟同步	√	

2.1.5 分布式模块

西门子传统的分布式模块为 ET200 系列，例如 ET200M、ET200S、ET200iS、ET200X、ET200B 以及 ET200L 等分布式设备，通常直接连接现场设备，并通过 PROFIBUS 网络作为 S7 - 300/400 PLC 的从站构成 PLC 控制系统。而对于 S7 - 1500 PLC，所支持的分布式模块有 ET200MP 和 ET200SP，这些设备可通过 PROFINET 与 S7 - 1500 PLC 相连。与 S7 - 300/400 的分布式设备相比，S7 - 1500 的分布式设备不再局限于从站的概念。

1. ET200MP 模块

ET200MP 模块包括 IM 接口模块和 I/O 模块。ET200MP 接口模块将 ET200MP 连接到 PROFINET 或者 PROFIBUS 总线，与 S7 - 1500 本机通信，实现了 S7 - 1500 PLC 的扩展。ET200MP 的接口模块型号及性能参数见表 2-17。ET200MP 的 I/O 模块与 ET200M 类似，与 S7 - 1500 PLC 本机上的 I/O 模块通用。

表 2-17　ET200MP 接口模块型号及性能数据

接口模块	IM 155-5 PN ST	IM 155-5 PN HF	IM 155-5 DP ST
订货号	6ES7 155-5AA00-0AB0	6ES7 155-5AA00-0AC0	6ES7 155-5BA00-0AB0
电源允许的电压范围	DC 20.4 ~ 28.8V		
接口	1 个 PROFINET I/O 接口；集成 2 端口交换机		1 × PROFIBUS
支持等时同步实时通信（IRT）、优先化启动	√		-
无需 PG 即可更换设备	√（LLDP；通过工具进行地址分配，例如 TIA Portal）		
支持介质冗余：MRP、MRPD	√		
共享设备	√；2 个 I/O 控制器	√；4 个 I/O 控制器	
支持等时同步模式	√；最短周期 250μs		
标识数据	I&M 0 ~ 3		
基于 S7 - 400H 的系统冗余	-	√；GSD 文件和 STEP 7 V5.5 SP3 或更高版本	-

2. ET200SP 模块

ET200SP 是新一代分布式 I/O 系统，具有体积小、使用灵活以及性能突出的特点。与 ET200S 相比，模块更加紧凑，单个模块最多支持 16 通道；模块与基座的组装更方便，直插式端子使接线更加轻松；各个负载电势组的形成无需 PM – E 电源模块；运行中可以更换模块（热插拔）。

ET200SP 安装于标准 DIN 导轨，一个站点基本配置包括 IM 接口模块、I/O 模块以及所对应的基座单元、最右侧用于完成配置的服务模块。

接口模块将 SIMATIC ET200SP 连接到 PROFINET 或者 PROFIBUS 总线，每个接口模块可以扩展 32 个或 64 个信号模块。ET200SP 接口模块的型号及性能数据见表 2-18。

表 2-18　ET200SP 接口模块的型号及性能数据

接口模块	IM 155–6 PN ST		IM 155–6 PN HF	IM 155–6 DP HF
订货号	6ES7 155–6AA00 –0BN0	6ES7 155–6AU00 –0BN0	6ES7 155–6AU00 –0CN0	6ES7 155–6BA00 –0CN0
尺寸 W×H×D（mm）	50×117×74			
电源电压	DC 24V			
典型功耗	1.9 W		2.4 W	1.5 W
通信方式	PROFINET I/O		PROFINET I/O	PROFIBUS DP
总线连接	总线适配器 BA 2×RJ45 或 BA2×FC		总线适配器 BA 2×RJ45 或 BA2×FC 光纤 POF/PCF BA 2×SCRJ	PROFIBUS DP RS485 接口
编程环境 TIA Portal STEP 7 V5.5	V12 以上 SP3 以上		V12 SP1 以上 SP3 以上	V12 以上 SP3 以上
支持模块数量	32		64	32
输入/输出地址空间	256/256 B		1440/1440 B	244/244 B
是否支持 Profisafe 故障安全模块	√		√	√
中断/诊断功能 /状态显示	√		√	√

ET200SP 具有多种 I/O 模块，包括常规输入/输出模块、工艺模块和通信模块等，与 ET200S 相比，其性能进一步提升，具体表现为：

1）I/O 模块性能提升，输入延迟更短，模拟量精度更高。

2）标准型（ST）、高性能（HF）以及高速（HS）模块可以满足不同应用的需要。

3）电能测量模块可以实现各种电能参数的测量。

4）不同模块通过不同的颜色进行标识，DI：白色；DO：黑色；AI：淡蓝色；AO：深蓝色。

5）模块可热插拔，正面带有接线图。

6）LED 诊断、供电电压、运行状态显示灯。

7）可选的彩色端子标签，根据 CC 彩色编码。

ET200SP 的基座单元为 I/O 模块提供可靠的连接，实现供电及背板通信等功能，如图 2-6 所示。

ET200SP 的基座为直插式端子，接线无需工具，单手可完成接线。它

图 2-6　ET200SP 的基座

使用可选的彩色端子标签（根据 CC 彩色编码）方便接线，指示更加明晰。ET200SP 的基座可以实现模块空缺运行（模块可以不插），运行中更换模块不会影响到接线。另外，ET200SP的基座还具有很多优点，例如，自动机械编码，可以防止插错模块；更好的电磁兼容性；自动连接的电势组，无需额外接线和跳线；端子盒可以拆卸；并排连接的基座单元具有良好的机械特性。

2.1.6 安全模块

SIMATIC S7 – 1500 F 安全模块是 S7 – 1500 PLC 家族中的一员，它除了拥有 S7 – 1500 所有特点外，还集成了安全功能，支持到 SIL3 安全完整性等级，其将安全技术轻松地和标准自动化无缝集成在一起。

SIMATIC S7 – 1500 F 安全模块包括安全控制器模块和 ET200SP F 故障安全模块。安全控制器模块有 CPU 1516F – 3PN/DP 和 CPU 1518F – 4PN/D，其性能数据见表 2 – 19。ET200SP F 模块型号和性能数据见表 2–20。

表2–19　安全控制器模块

安全控制器模块	CPU 1516 F – 3PN/DP	CPU 1518 F – 4PN/DP
订货号	6ES7 516 – 3FN00 – 0AB0	6ES7 518 – 4FP00 – 0AB0
支持的安全等级	SIL 3/Category 4/PL e	
组态/编程软件	STEP 7 TIA Portal V13 及以上版本	
编程语言	LAD、FBD、STL、SCL、GRAPH	
温度范围	0 ~ 60℃（水平安装）；0 ~ 40℃（垂直安装）	
尺寸 W × H × D（mm）	70 × 147 × 129	175 × 147 × 129
电源电压	DC24V（19.2 ~ 28.8V）	
典型功耗	7W	24W
每个机架中的最大模块数量	32 个；CPU + 31 个模块	
DP 主站的数量（集成）	1 个	
DP 主站的数量（通过 CM）	8 个；最多可插入 8 个 CM/CP（PROFIBUS、PROFINET、以太网）	
PROFINET 接口的数量	2	3
PROFIBUS 接口的数量	1	1
RJ45（以太网）	100 Mbit/s	
RS485	12 Mbit/s	
集成工作内存	1.5 MB	4.5 MB
集成数据存储	5 MB	10 MB
装载存储器（SIMATIC 存储卡）最大	32 GB	

表2–20　ET200SP F 模块

分布式 F 模块	F – DI 8 × DC 24 V	F – DO 4 × DC 24 V	F – RQ ST 1 × DC24V/AC230V
订货号	6ES7 136 – 6BA00 – 0CA0	6ES7 136 – 6DB00 – 0CA0	6ES7 136 – 6RA00 – 0BF0
输入/输出点数	8	4	1

支持的安全等级	SIL 3/Category 4/PL e		
组态/编程软件	STEP 7 TIA Portal V12/STEP 7 V5.5 SP3 以上		
宽度/mm	15	15	20
电源电压	DC24V（20.4～28.8V）		
温度范围	0～60℃（水平安装）；0～50℃（垂直安装）		3A 电流 60℃/4A 电流 50℃/5A 电流 60℃（水平安装），3A 电流 50℃（垂直安装）
典型功耗/W	4	4	1
输入延时（额定电压）	0.4 ms～20 ms	–	–
硬件中断	√	–	–
诊断中断	√	–	–
通道诊断 LED 指示	√红色 LED 指示灯	–	–
模块诊断 LED 指示	√绿色/红色 LED 诊断指示灯	–	–
通道间电气隔离	–	–	√
屏蔽电缆最大长度/m	1000	1000	500
未屏蔽电缆最大长度/m	500	500	300

2.2　硬件安装

　　S7-1500 PLC 自动化系统需要按照系统手册的要求和规范进行安装，安装前需要依照安装清单检查是否准备好系统中所有硬件，并按照配置要求安装导轨、电源、CPU 或接口模块以及 I/O 模块等硬件设备。

2.2.1　硬件配置

　　S7-1500 本机系统包含单排组态，其中所有模块都安装在一个安装导轨上。在一条导轨上，虚拟槽号为 0～31，故 S7-1500 本机的最大配置为 32 个模块，例如导轨上除了 1 个电源模块（可选）和 1 个 CPU 模块，最多还可安装 30 个模块，如图 2-7 所示。

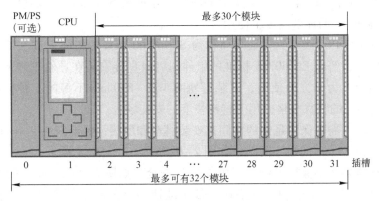

图 2-7　S7-1500 最大配置

在 S7 - 1500 本机的安装导轨上，负载电源只能位于 0 号槽，CPU 位于 1 号槽，且只能各组态 1 个。系统电源可以位于 0 号槽，也可以位于 2~31 号槽，最多可组态 3 个。其他模块只能位于 2~31 号槽，模拟量和数字量 I/O 模块、工艺模块和点对点通信模块最多可以组态 30 个，而 PROFINET/以太网和 PROFIBUS 通信模块最多只能组态 4~8 个，具体数量依据型号而定。

带有 PROFINET 接口模块的 ET200MP 分布式 I/O 系统的硬件配置与 S7 - 1500 本机上的配置类似，其最大配置如图 2-8 所示。其中接口模块始终在 1 号槽，系统电源模块可以在 0 号槽，也可以在 2~31 号槽，最多可配置 3 块系统电源。2~31 号槽还可以配置模拟量和数字量 I/O 模块、工艺模块和点对点的通信模块，最多配置 30 个模块。

带有 PROFIBUS 接口模块的 ET200MP 分布式 I/O 系统最多允许 13 个模块，最大硬件配置如图 2-9 所示。接口模块位于 2 号槽，3~14 号槽最多可配置 12 个模拟量和数字量 I/O 模块、工艺模块和点对点的通信模块。

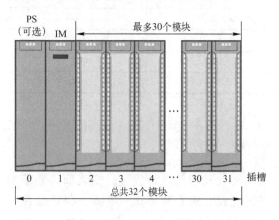

图 2-8　带有 IM155-5PN 的 ET200MP 最大配置

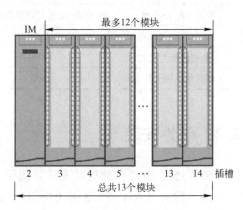

图 2-9　带有 IM155-5DP 的
ET200MP 最大配置

2.2.2　硬件安装

S7 - 1500 本机系统和 ET200MP 分布式 I/O 系统的所有模块都是开放式设备，需要安装在外柜、控制柜或电气操作区中，采用水平安装可在最高 60℃ 的环境温度下使用；采用垂直安装可在最高 40℃ 的环境温度下使用。

与 S7 - 300/400 PLC 类似，安装导轨作为 S7 - 1500 PLC 的机架，S7 - 1500 的模块可以直接挂装在导轨上，符合 EN 60715 标准的组件则可以直接安装在导轨下半部分所集成的标准顶帽翼型导轨上。为了方便使用，安装导轨有 160~830 mm 不等的 5 种标准规格，还有 2000 mm 不带安装孔的特殊规格，用于特殊长度的安装场合。

放置安装导轨，需要保留足够的空间来安装模块和散热，保证安装完毕的模块和导轨底部和顶部至少保留 25 mm 的最小间隙，如图 2-10 所示。

安装导轨还需要连接保护导线，以确保电气安全。如图 2-11 所示，将导轨附带的 M6号螺栓滑入导轨底部 T 型槽中，将垫片、带接地连接器的环形端子（已连接最小直径为 10 mm² 的接地导线）、扁平垫圈和锁定垫圈插入螺栓（按该顺序），并旋转六角头螺母，通过该螺母将组件拧紧到位，将接地电缆的另一端连接到中央接地点/保护性母线（PE）。

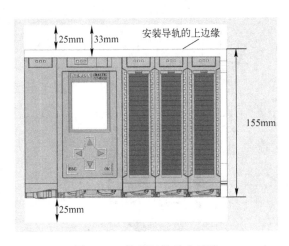

图 2-10　控制柜的最小间隙

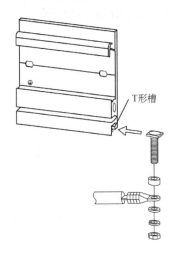

图 2-11　连接保护性导线

导轨安装完毕后，将 S7 - 1500 的模块按照槽号从低到高的顺序依次挂接在安装导轨上。在安装过程中，除了负载电源，其他相邻模块间要安装 U 型连接器，构成背板总线，在模块之间进行信号传递。U 型连接器的外观如图 2-12 所示。

各模块依次安装完毕后，对信号模块和工艺模块连接前连接器。前连接器的外观如图 2-13 所示，用于对 I/O 模块进行外部输入/输出设备接线。其中，推入式前连接器使接线更加轻松。

图 2-12　U 型连接器

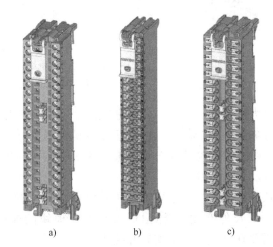

a)　　　　　　b)　　　　　　c)

图 2-13　前连接器

a）35 mm 螺钉式　b）25 mm 推入式　c）35 mm 推入式

在使用工艺模块和模拟量模块的前连接器时，必须带有屏蔽支架、电源元件和屏蔽线夹，外观如图 2-14 ~ 图 2-16 所示。屏蔽支架是一个适用于使用 EMC 信号的模块（例如，模拟量模块、工艺模块）的插入式支架，而且与屏蔽线夹一起使用时，可确保在最短安装时间内实现低阻抗屏蔽应用。屏蔽线夹用于将屏蔽电缆连接到屏蔽支架。电源元件插入在前

25

电缆连接器中，可用作使用 EMC 信号的模块的电源。屏蔽支架、电源元件和屏蔽线夹与前连接器的装配如图 2-17 所示。

图 2-14　屏蔽支架

图 2-15　屏蔽线夹

图 2-16　电源元件

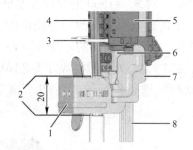

图 2-17　屏蔽元件与前连接器装配

1—屏蔽线夹　2—电缆套管（约 20 mm）　3—固定夹（电缆扎带）

4—信号电缆　5—前连接器　6—电源元件　7—屏蔽支架　8—电源线

对于最大额定电压为 DC 24 V 的数字量模块，使用前连接器备件中的电位桥（如图 2-18 所示），可以桥接电源电压的端子，从而减少接线工作量。可以使用电路桥分别连接相对的端子 9 和 29、10 和 30、19 和 39 以及 20 和 40。

图 2-18　电位桥

各模块安装完毕后，还要对电源模块和 CPU 或接口模块进行电源线的连接，以及外部输入/输出设备与 I/O 模块的连接。需要注意，以上过程需要在断电情况下安装和接线。

与 S7 - 300/400 PLC 不同的是，S7 - 1500 的前连接器在信号模块和工艺模块上存在一个预接线的位置，此时前连接器虽然位于模块上，但位置略显凸出，与模块没有电气连接，方便接线。

2.3　Portal 软件平台

西门子的编程及组态软件为 STEP 7 系列。S7 - 300/400 专用的编程软件为 STEP 7，后来推出了 S7 - 1200 和 S7 - 1500 PLC，相应的编程及组态软件也叫 STEP 7。为了区分这两款不同的软件，S7 - 300/400 专用的 STEP 7 编程软件称为经典 STEP 7，而适用于 S7 - 1200/1500 PLC 的编程软件称为 TIA（Totally Integrated Automation）Portal 软件，也称 TIA 博途软件。

TIA Portal 软件不仅适用于 S7 - 1200/1500 PLC，也适用于 S7 - 300/400 PLC。该软件的组态设计框架将全部自动化组态设计系统完美地组合在一个开发环境中。应用该软件，不仅可以对 PLC 进行硬件及网络组态和软件编程，还可以进行上位监控组态和驱动组态等，提高了项目管理的一致性和集成性。

2.3.1 软件版本及安装

TIA Portal 软件有很多版本，其中 STEP 7 Basic 版本仅针对 S7 - 1200 PLC 进行组态，而 STEP 7 Professional 版本可以对 S7 - 300/400 PLC、WinAC 及 S7 - 1500 进行组态。STEP 7 Basic 版本自带 WinCC Basic，而对于 STEP 7 Professional 版本，需要在此基础上继续安装 WinCC Professional，才可以在 Portal 软件中实现自动化系统下位及上位的完整组态设计。

对于 Portal 软件中的 WinCC，Basic 版本只能组态精简面板（Basic Panels）；Comfort 版本可组态精简面板和精智面板（Comfort Panels），不包括微型面板（Micro Panels）；而 Advanced 版本可以组态精简面板、精智面板和基于 PC 的单站系统；Professional 版本最高级，包含 Advanced 版本所支持的面板和 PC 站都可以进行组态，且支持 SCADA。

Portal 软件中的 STEP 7 和 WinCC 不同版本所支持的硬件及其他功能见表 2-21。

表 2-21　TIA Portal 软件所支持的硬件及其他功能

TIA Portal	SIMATIC STEP 7		SIMATIC WinCC			
	Basic	Professional	Basic	Comfort	Advanced	Professional
硬件	S7 - 1200	S7 - 1200；S7 - 1500；S7 - 300/400（含 FailSafe[1]）；WinAC（含 FailSafe[1]）	精简系列面板	精简系列面板；精智面板和 x77（不包含微型面板）、移动面板	精简系列面板；精智面板和 x77（不包含微型面板）、移动面板；PC、单用户站	精简系列面板；精智面板和 x77（不包含微型面板）、移动面板；PC、单用户站；SCADA
软件功能	编程语言：LAD、FBD、STL、SCL[2]、GRAPH[2]　STEP7 Safety 可选包		机器级操作员控制和监视　　SCADA 应用			
通信	PROFIBUS、PROFINET、AS - i、IO - Link、ET200、网络拓扑；通过 PROFIBUS 和 PROFINET 进行的 PROFIsafe[1]					
通用功能	系统诊断、导入/导出到 Excel					

[1] 安装了选件包"STEP 7 Safety Advanced"时。

[2] 仅用于 S7 - 300/400/WinAC 和 S7 - 1500 的 Professional。

目前最新的 STEP 7 Professional 和 WinCC Professional 版本为 V13，支持 64 位 Windows7 等操作系统。可选包有用于参数调试的 STEP 7 Safety，用于 S7 - 1200/300/400/WinAC 的 PID 控制的 PID Professional，还有用于 S7 - 1200/300/400/WinAC 运动控制的 STEP 7 Easy Motion。

1. 系统要求

TIA Portal 软件的安装，对 PG/PC 的硬件配置有一定的要求，如处理器为 Intel Core i5-3320M 3.3 GHz 或更好，内存最小为 8 GB，显示器大小最低为 15 in，分辨率最低为 1920 × 1080。操作系统为 Windows 7 或 Windows 8，具体见表 2-22，不再支持 Windows XP 操作系统。

表 2-22　安装系统要求

TIA Portal 组态设计包	SIMATIC STEP 7 Basic SIMATIC STEP 7 Professional	SIMATIC WinCC Basic SIMATIC WinCC Comfort SIMATIC WinCC Advanced SIMATIC WinCC Professional
PG/PC 推荐硬件配置 –处理器（最小） –内存（最小） –显示器（最小）	Intel® Core™　i5-3320M 3.3GHz 或更好 8 GB 15 in　1920×1080	
操作系统	Microsoft Windows 7 Home Premium SP1（仅限 STEP 7 Basic） Microsoft Windows 7 Professional SP1 Microsoft Windows 7 Enterprise SP1 Microsoft Windows 7 Ultimate SP1 Microsoft Windows 8.1（仅限 STEP 7 Basic） Microsoft Windows 8.1 Professional Microsoft Windows 8.1 Enterprise Microsoft Server 2008R2 StdE SP1（仅限 STEP 7 Professional） Microsoft Server 2012 R2 StdE	Microsoft Windows 7 Home Premium SP1（仅限 WinCC Basic） Microsoft Windows 7 Professional SP1 Microsoft Windows 7 Enterprise SP1 Microsoft Windows 7 Ultimate SP1 Microsoft Windows 8.1（仅限 WinCC Basic） Microsoft Windows 8.1 Professional Microsoft Windows 8.1 Enterprise Microsoft Server 2008 R2 StdE SP1（不支持 WinCC Basic） Microsoft Server 2012 R2 StdE

如果同时安装的 STEP 7 和 WinCC 不兼容，将无法启动 TIA Portal。安装期间会弹出一个对话框，通知用户同时安装时出现的任何不一致情况。在 TIA Portal 中允许同时安装 STEP 7 V13 和 WinCC V13。另外，工程组态系统和运行系统在安装后必须总是具有相同的版本，例如允许同时安装 WinCC V13 和 RT Advanced V13，或者 WinCC V13 和 RT Professional V13。

若同时安装 WinCC V13 与其他 SIMATIC HMI 产品，则需要注意，不允许同时安装 WinCC V13 与 WinCC flexible 2008 SP1 之前版本的 WinCC flexible；不允许同时安装 WinCC V13 与 WinCC V7.0 SP2 之前版本的 WinCC，但允许同时安装 WinCC Professional V13 与 WinCC V7.0 SP2 或 WinCC V7.0 SP3。

如果安装后在软件的名称或许可证密钥中出现术语 "Combo"，例如对于 "WinCC V13 Comfort Combo" 许可证，表示除 WinCC V13 外还允许使用 WinCC flexible 2008 标准版；对于 "WinCC V13 Advanced Combo" 许可证，表示除 WinCC V13 外还允许使用 WinCC flexible 2008 高级版。

2. 安装及卸载

当 PG/PC 的硬件和软件满足系统要求，且具有计算机的管理员权限时，关闭所有正在运行的程序，将 Portal 软件包安装介质插入驱动器后，安装程序便会立即启动。

如果安装程序没有自动启动，则可通过双击 "Start. exe" 文件手动启动。

启动后，首先打开选择安装语言的对话框。选择用来显示安装程序对话框的语言后，单击"阅读说明"（Read Notes）或"安装说明"（Installation Notes）按钮，阅读关于产品和安装的信息。阅读后，关闭文件并单击"下一步"（Next）按钮，打开选择产品语言的对话框。选择产品用户界面使用的语言（始终将"英语"作为基本产品语言安装），然后单击"下一步"（Next）按钮。打开选择产品组态的对话框，单击"最小"（Minimal）／"典型"（Typical）／"用户自定义"（User - defined）按钮选择要安装的产品。

如果要在桌面上创建快捷方式，请选中"创建桌面快捷方式"（Create desktop shortcut）复选框。如果要更改安装的目标目录，请单击"浏览"（Browse）按钮。注意，安装路径的长度不能超过 89 个字符。单击"下一步"（Next）按钮，打开许可条款对话框。要继续安装，请阅读并接受所有许可协议，并单击"下一步"（Next）按钮。

如果在安装 TIA Portal 软件时需要更改安全和权限设置，则打开安全设置对话框，接受对安全和权限设置的更改，并单击"下一步"（Next）按钮。

下一对话框将显示安装设置概览。检查所选的安装设置。如果要进行任何更改，请单击"上一步"（Back）按钮，直到到达想要在其中进行更改的对话框位置。完成所需更改之后，通过单击"下一步"（Next）按钮返回概述部分。单击"安装"（Install）按钮，安装随即启动。

如果安装过程中未找到许可密钥，则可以将其传送到 PC 中。如果跳过许可密钥传送，稍后可通过 Automation License Manager 进行注册。

安装后，将收到一条消息，指示安装是否成功。

2.3.2　软件界面及使用

TIA Portal 软件的开始界面有两种视图，一种是面向任务的 Portal 视图，另一种是包含项目各组件的项目视图。

用鼠标双击桌面上"TIA Portal V13"图标，或鼠标单击"开始"的"所有程序"中"Siemens Automation"下的"TIA Portal V13"，即可打开 Portal 视图界面，如图 2-19 所示。在 Portal 视图中，主要分为左、中、右三个区。左区为 Portal 任务区，显示启动、设备与网络、PLC 编程、可视化以及在线诊断等自动化任务，用户可以快速选择要执行的任务。中区为操作区，提供了在所选 Portal 任务中可使用的操作。右区为选择窗口区，该窗口的内容取决于所选的 Portal 任务和操作。

在 Portal 视图中，还可以通过单击左下角的"项目视图"按钮，将 Portal 视图切换至项目视图。项目视图中上、下区域主要包括菜单栏、工具条和任务条，中间区域主要包括项目导览（也称项目树）、细节窗口、工作区、监视窗口以及任务卡等，如图 2-20 所示。项目视图与 S7 - 300/400 编程软件类似，故使用过 S7 - 300/400 编程软件的用户，通常更习惯于应用项目视图进行自动化项目的设计。

图 2-20 中的项目树用于访问所有组件和项目数据。如果选择了项目树下的某一对象，则工作区将显示出该对象的编辑器或窗口。监视窗口显示有关所选对象或已执行动作的其他信息。详细视图显示了所选对象的特定内容（包括文本列表或变量）。任务卡将可以操作的功能进行分类显示，使软件的使用更加方便。可用的任务卡取决于所编辑或选择的对象。

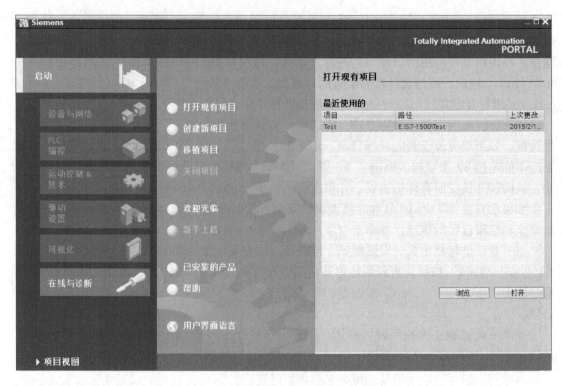

图 2-19　Portal 视图

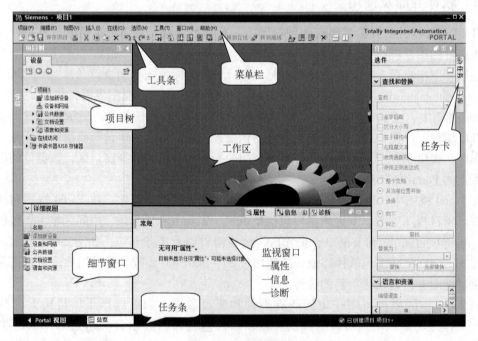

图 2-20　项目视图

第 3 章　S7 – 1500 PLC 项目设计

3.1　工业自动化项目设计流程

自动化控制系统的被控对象一般为机械加工设备、电气设备、生产线或生产过程。控制方案设计主要包括硬件设计、软件程序设计、施工设计及现场调试等几部分内容。自动化控制系统设计流程如图 3-1 所示。

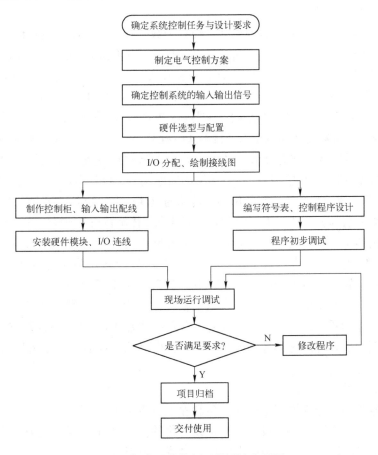

图 3-1　自动化控制系统设计流程图

3.1.1　确定任务及设计要求

首先要了解机械运动与电气执行元件之间的关系，仔细分析被控对象的控制过程和控制要求，熟悉工艺流程及设备性能，明确各项任务的要求、约束条件及控制方式。对于较复杂的控制系统，还可将控制任务分成几个独立的部分，这样可以化繁为简，有利于编程和调试。

3.1.2　制定电气控制方案

根据生产工艺和机械运动的控制要求，确定控制系统的工作方式，例如全自动、半自动、手动、单机运行以及多机联线运行等。还要确定控制系统应有的其他功能，例如故障诊断与显示报警、紧急情况的处理、管理功能以及网络通信等。

3.1.3　控制系统硬件设计

根据被控对象对控制系统的功能要求，分析控制对象，明确控制对象输入/输出信号的类型及信号数值范围，然后进行硬件选型与配置，并进行 I/O 地址分配。

1. 分析控制对象

控制对象根据输入/输出信号类型分为数字(开关)量类型和模拟量类型。

(1) 数字(开关)量类型

数字量信号类型又称开关量信号类型，细分为数字量输入类型和数字量输出类型。

数字量输入类型的特点是输入设备传递给 PLC 的信号只有接通和断开两种状态，可以用信号"0"和信号"1"表示。通常信号"0"表示设备断开状态，信号"1"表示设备接通状态。数字量输入设备的外部输入信号电压等级有 DC24 V、DC48 ~ 125 V 及 AC120/230 V 等类型。

数字量输入设备主要有接近式传感器（即接近开关）、各种型式的开关或按钮、继电器的常开或常闭触点、接触器的辅助触点以及接触式行程开关等设备。另外，还有一些数字量输入设备可连续输入通断信号（称为计数脉冲或高速输入脉冲）或数字量代码。如增量式光电编码器和光栅检测传感器，传递给 PLC 的是连续的通断信号，PLC 可以通过检测通断信号次数，即计数脉冲的个数，来测量物体运动的位移或转动的速度；再如绝对式光电编码器和拨码开关，输入的信号是数字量代码，PLC 可以读入该代码来获取物体旋转角度或操作员输入的数值。

数字量输出类型的特点是输出设备只有通电和断电两种状态，可以用信号"0"和信号"1"表示。通常信号"0"表示设备断电状态，信号"1"表示设备通电状态。数字量输出设备的外部负载电压等级有 DC24/48 V、DC48 ~ 125 V、AC120/230 V 等类型。

数字量输出设备有继电器、接触器及电磁换向阀等电器，各种型式的指示灯、报警器、蜂鸣器及电动机起动器等设备。另外，还有一些数字量输出设备需要连续通断的脉冲信号或数字量代码，例如需要连续脉冲控制的步进电动机驱动器，或需要数字量代码控制显示数值的数码管显示器等。

(2) 模拟量类型

模拟量信号类型细分为模拟量输入类型和模拟量输出类型。

模拟量输入类型指的是输入设备输出连续变化的信号（如温度、压力、流量和速度等）给 PLC。模拟量输入设备的信号类型有电压、电流及电阻等。

通常模拟量输入设备内部或外部配有放大、滤波以及转换等装置（如变换器），将连续变化的信号转换为标准的电信号（如电阻、电压和电流等），才能与 PLC 相连。这类设备有电位器、测速电动机和带变送器的压力传感器、流量传感器和湿度传感器。

模拟量输出类型对应的设备指的是采用标准模拟输入信号的模拟执行器，信号类型可以是电压或电流类型。模拟量输出设备有电动调节阀和变频器等。

在项目中，需要根据所使用的输入/输出设备，确定数字量输入信号和数字量输出信号的个数，以及数字量输入信号电压和负载电压的类型，明确模拟量输入信号和模拟量输出信号的个数，以及相应的测量/输出信号类型和量程范围。

2. 硬件选型与配置

硬件选型与配置的依据主要有以下几点：

1）已经确定的输入输出信号的类型、信号数值范围以及点数。

2）特殊功能需求，例如现场有高速计数或高速脉冲输出要求、位置控制要求等。

3）控制系统要求的信号传输方式所需要的网络接口形式，例如现场总线网络、工业以太网络或点对点通信等。

考虑到生产规模的扩大、生产工艺的改进、控制任务的增加以及维护重接线的需要，在选择硬件模块时要留有适当的余量。例如选择 I/O 信号模块时预留 10% ~15% 的容量。

3. I/O 分配

通过对输入输出设备的分析、分类和整理，进行相应的 I/O 地址分配，应尽量将相同类型的信号、相同电压等级的信号地址安排在一起，以便施工和布线，并绘制 I/O 接线图。

3.1.4 软件程序设计

按照控制系统的要求进行 PLC 程序设计是工程项目设计的核心。程序设计时应将控制任务进行分解，编写完成不同功能的程序块，包括循环扫描主程序、急停处理子程序、手动运行子程序、自动运行子程序以及故障报警子程序等。

编写的程序要进行模拟运行与调试，检查逻辑及语法错误，观察在各种可能的情况下各个输入量、输出量之间的变化关系是否符合设计要求，发现问题及时修改设计。

3.1.5 上位监控组态

通过在计算机组态上位监控系统，来对控制系统的运行情况进行实时监视，还可以对某些数据进行修改设置，对某些功能进行上位控制。最关键的是，通过组态上位监控系统，可以对关键数据进行趋势显示和数据归档，对故障报警信息和状态进行实时显示和归档，实际工程项目中非常需要具备这些功能。

3.1.6 联机调试

在工业现场所有的设备都安装到位且所有的硬件连接都调试好后，要进行程序的现场运行与调试。在调试过程中，不仅要进行正常控制过程的调试，还要进行故障情况的测试，应当尽量将可能出现的情况全部加以测试，避免程序存在缺陷，确保控制程序的可靠性。只有经过现场运行的检验，才能证明设计是否成功。

3.1.7 项目归档

在设计任务完成后，要编制工程项目的技术文件。技术文件是用户将来使用、操作和维护的依据，也是这个控制系统档案保存的重要材料，包括总体说明、电气原理图、电器布置图、硬件组态参数、符号表、软件程序清单及使用说明等。

3.2 自动灌装生产线项目实例

为了使读者能够从理论到实践融会贯通地掌握 S7 - 1500 PLC 技术，本书使用一个简化的自动灌装生产线模型作为自动化控制项目实例，该实例贯穿本书始终。

　　自动灌装生产线由传送带和灌装罐组成，传送带由电动机驱动，电动机正转时传送带向右运动，输送瓶子依次经过瓶子检测位置、物料灌装位置和成品检测位置。自动灌装生产线在手动模式下，可以对传输线进行点动控制和进行数据复位或设置；在自动模式下，系统自动传输瓶子、灌装和称重检测，同时统计产量。从安全角度考虑，系统要有急停和报警功能。

　　自动灌装生产线的运行过程由 S7 - 1500 PLC 控制，控制信息通过网络传送到中央控制室内的 PC，应用 TIA Portal 软件可以在 PC 上对现场的运行状况进行实时监视和控制。

　　生产线现场的操作面板布局如图3-2所示。

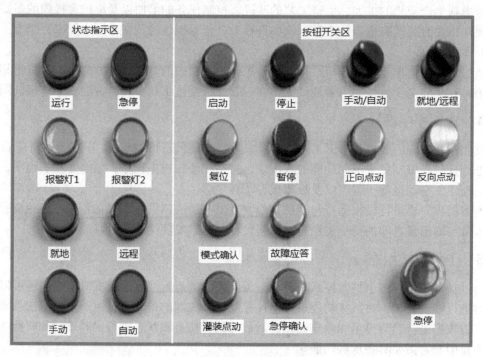

图3-2　操作面板布局

　　（1）就地/远程方式选择

　　自动灌装生产线设计了就地和远程两种控制方式，可以通过就地/远程开关进行方式选择，同时通过就地或远程指示灯进行状态指示。在就地控制方式下，用操作面板上的按钮和开关来控制设备的运行。在远程控制方式下，通过网络用上位监控系统来控制设备的运行。

　　（2）手动/自动模式选择

　　自动灌装生产线设计了手动和自动两种工作模式。在生产线停止运行的状态下，允许通过手动/自动选择开关和确认按钮，选择手动模式或自动模式。手动模式用于设备的调试和系统复位，通过上位监控系统设置参数。自动模式下允许启动生产线运行。手动模式和自动模式的状态通过手动模式指示灯和自动模式指示灯进行状态指示。

　　（3）启动/停止

　　在自动模式下，按下启动按钮，启动生产线运行。传送带正向传输，当空瓶子到达灌装位置时停止传输，灌装阀门打开，开始灌装物料，并计时；灌装时间到，灌装阀门关闭，传送带继续正向传输，直到下一个空瓶子到达灌装位置。

在自动模式下，按下停止按钮，停止生产线运行，传送带停止传输，灌装阀门关闭。

（4）急停

当设备发生故障时，按下急停按钮，停止生产线的一切运行，同时急停指示灯亮，直到急停按钮复位。

（5）点动控制

在手动模式下，正向点动/反向点动按钮用于调试设备。按下正向点动按钮，传送带正向传输，松手后传送带停止传输；按下反向点动按钮，传送带反向传输，松手后传送带停止传输。灌装点动按钮用于控制灌装阀门实现点动灌装控制。

（6）暂停按钮

在自动模式下，按下暂停按钮，则阀门关闭，传送带停止传输，运行指示灯闪，直到按下启动按钮，生产线继续运行，运行指示灯变为常亮。

（7）复位按钮

在自动模式下，要求控制系统可以实现工件的计数统计，包括空瓶数、成品数和废品数；在手动模式下，按下复位按钮，将统计数据清零。

（8）故障报警及应答按钮

当设备发生故障时，控制系统能够立即响应，操作面板上相应的报警指示灯会闪亮。按下应答按钮后，如果故障已经排除则相应报警灯灭；如果故障依然存在，则相应报警灯常亮。

（9）模拟量检测

当灌装后的成品到达称重台，此时对成品重量进行检测，当重量位于限定范围内，则判定为合格品，否则为不合格品。对于灌装罐内的液位也进行检测，保证液位在正常范围内。如果重量不合格或液位不在正常范围内，则上位报警。

（10）上位监控系统

在计算机组态上位监控系统，能够实时监视与控制生产线的运行，并可以进行参数设置和显示，且具有报警功能。

自动灌装生产线实物模型如图3-3所示。

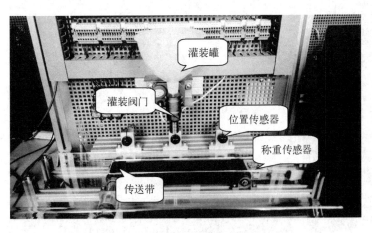

图3-3　自动灌装生产线实物模型

任务1　自动灌装生产线整体方案设计

请针对自动灌装生产线的控制任务要求，进行控制系统整体方案设计。方案设计内容包括任务分解、确定工作方式、报警及急停等电气控制方案、控制器、网络及相应软件的选择等。

3.3　新建 TIA 项目

在电气控制系统中，由于 PLC 是专为工业设计的控制器，安全性及可靠性高，可扩展能力强，为自动灌装生产线最佳的控制器选择方案；对于急停等控制功能，从安全性考虑，使用传统电气控制方式结合 PLC 实现。自动灌装生产线工作方式分为就地和远程控制，其控制功能主要由 PLC 实现，而远程上位监控由上位监控系统实现。

对于 PLC 的选型，需要结合控制工艺要求，选择 PLC 品牌和具体型号，这里直接选择性能强大的 S7 – 1500。PLC 和上位监控系统选择工业以太网通信方式。

对自动灌装生产线应用 S7 – 1500 PLC 进行控制系统设计，首先需要使用 Portal 软件创建项目。鼠标双击桌面"TIA Portal V13"图标，打开 Portal 软件。在 Portal 视图下，鼠标单击启动选项下的创建新项目，并在右侧创建新项目的窗口中设置项目路径，添加项目名称、作者和注释等信息，如图3-4所示，并单击"创建"按钮。本实例项目名称为"FillingLine"。

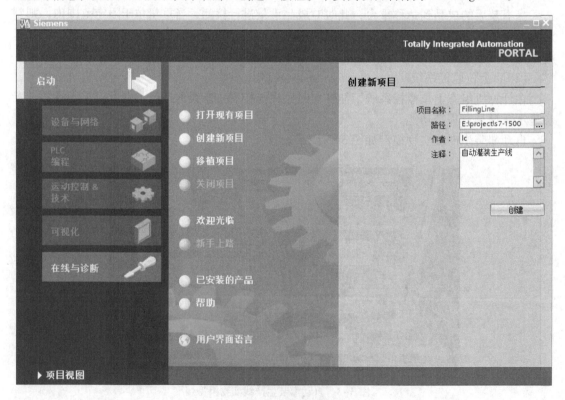

图 3-4　新建自动灌装生产线项目

如果该项目已创建好，下一次需要打开，则选择打开现有项目。对于 Portal 软件，每次只能打开一个项目，这一点与 S7 - 300/400 所使用的 STEP 7 软件（可同时打开多个项目）不同。

任务 2　创建自动灌装生产线项目

启动 Portal 软件，新建自动灌装生产线项目 FillingLine。

第4章 S7-1500 PLC硬件系统设计

PLC硬件系统设计主要包括根据控制任务分析I/O信号类型及点数、硬件选型及参数设置、I/O分配、硬件电路设计及接线、设备测试等。

4.1 信号分析

根据自动灌装生产线的控制要求，操作面板及灌装生产线上的数字量输入信号见表4-1，数字量输出信号见表4-2，模拟量输入信号见表4-3。因此，自动灌装生产线共有15点数字量输入、10点数字量输出和2点模拟量输入。

表4-1 数字量输入信号

序　号	名　　称	序　号	名　　称
1	启动按钮	9	复位按钮
2	停止按钮	10	模式确认按钮
3	正向点动按钮	11	故障应答按钮
4	反向点动按钮	12	急停状态输入
5	灌装点动按钮	13	起始位置接近开关
6	手动/自动模式选择开关	14	灌装位置接近开关
7	就地/远程控制选择开关	15	成品位置接近开关
8	暂停按钮		

表4-2 数字量输出信号

序　号	名　　称	序　号	名　　称
1	就地控制指示灯	6	故障报警指示灯
2	远程控制指示灯	7	检测合格指示灯
3	生产线运行指示灯	8	物料灌装阀门
4	手动模式指示灯	9	传送带正向运行
5	自动模式指示灯	10	传送带反向运行

表4-3 模拟量输入信号

序　号	名　　称	序　号	名　　称
1	成品称重传感器	2	灌装罐液位传感器

4.2 模块选型及硬件组态

根据工艺要求、I/O点数及网络类型等方面选择满足要求的具体模块类型，并在硬件组态的过程中对模块参数进行设置，使其实现需要的功能。

由于 PLC 模块在出厂时带有预置参数，对于 S7 - 300/400 PLC 来说，如果这些默认设置能够满足工程项目要求，可以不对硬件进行组态；但是，在绝大多数情况下都需要配置硬件组态。对于 S7 - 1500 PLC 来说，则必须进行硬件组态。

4.2.1 组态模块类型

自动灌装生产线的控制器包括电源模块、CPU 模块、I/O 模块和通信模块等。根据任务分析及后续扩展需要，CPU 模块选择 CPU1516 - 3PN/DP，电源模块选择 PM1507 70W，数字量输入模块选择 DI32xDC 24V，数字量输出模块选择 DO32xDC 24V/0.5A，模拟量输入模块选择 AI8xU/I/RTD/TC。

组态硬件模块工作可以在 Portal 视图或项目视图下进行。当新建自动灌装生产线后，Portal 视图自动显示"新手上路"界面，可通过鼠标双击组态设备进行模块组态，如图 4-1 所示；或者切换至项目视图，展开项目树设备标签页中的项目名左侧的三角符号，双击"添加新设备"，如图 4-2 所示。

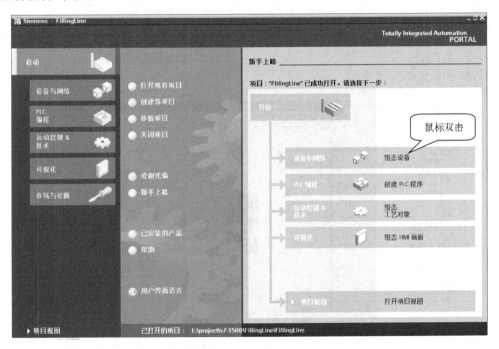

图 4-1　Portal 视图进入硬件组态方式

本书以项目视图为例进行介绍。双击项目树下的"添加新设备"后，弹出添加新设备窗口，如图 4-3 所示。在该窗口下，设备名称默认为 PLC_1，可以更改，如改为 PLC_FillingLine；组态硬件模块时需用鼠标选中左侧的控制器图标，在窗口中部选择正确的 CPU 型号和订货号，在窗口右侧选择正确的版本号，订货号和版本号必须和实际 CPU 一致（实际 CPU 信息可通过 CPU 模块的显示面板进行查询），并单击确定按钮，将在设备视图中显示 S7 - 1500 PLC 的导轨及 CPU 模块，同时在项目树中增加了 PLC_FillingLine[CPU1516 - 3PN/DP]条目及其子项，如图 4-4 所示。

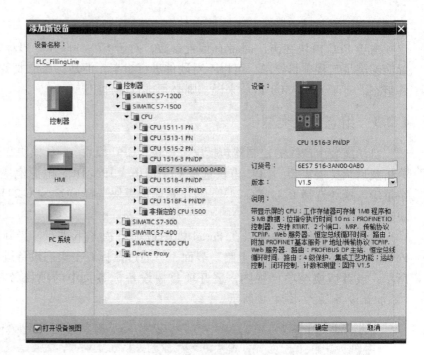

图 4-2   项目视图
进入硬件组态方式

图 4-3   添加新设备窗口

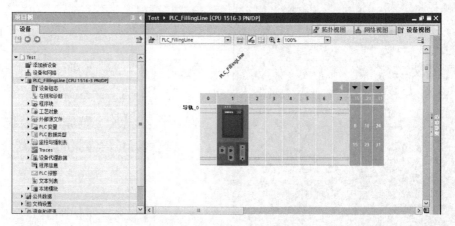

图 4-4   添加 CPU 模块

接下来在项目视图的硬件目录任务卡下，找到正确的电源模块、数字量输入模块、数字量输出模块和模拟量输入模块，并通过鼠标拖曳的方式，依次拖至导轨的 0 号槽、2 号槽、3 号槽和 4 号槽，结果如图 4-5 所示。如果设备组态没完成就关闭项目，下次打开项目时，可直接双击项目树/设备名称下的"设备组态"，则可直接进入硬件模块组态界面，继续完成硬件组态。

对于经典 STEP 7 软件，则必须在项目下创建 PLC 站点，在站点下双击"硬件"图标，才可以打开硬件组态的窗口，进行硬件组态。

添加非 CPU 模块时，同样不仅需要保证所选择的订货号与实际模块保持一致，还需要保证选择与实际模块一致的版本号。当鼠标选中硬件目录的设备订货号时，展开硬件目录下方的信息窗口，可进行该设备版本号的选择，如图 4-6 所示。

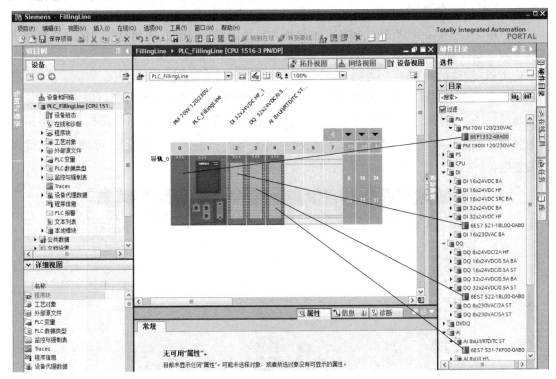

图 4-5　添加模块

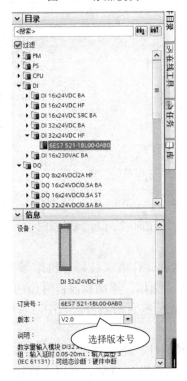

图 4-6　版本号选择

4.2.2 配置模块参数

每个模块在出厂时都有默认属性，如果用户想更改默认属性，需要对模块的属性参数进行更改或重新配置。

1. CPU 模块的属性

在设备视图中用鼠标单击 CPU 模块，随后在监视窗口的属性标签页中可以看到 CPU 模块的属性视图。为详细浏览属性参数，可单击监视窗口右上角的"浮动"图标 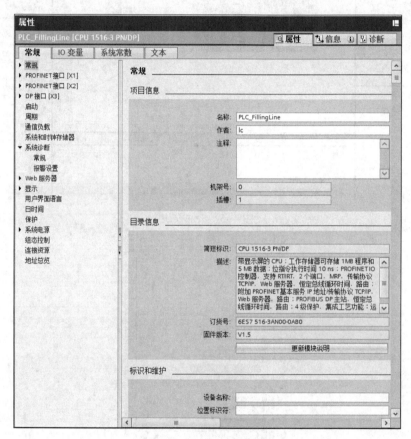，将属性视图弹出，如图 4-7 所示。单击浮动属性视图右上角的"嵌入"图标，可将浮动属性视图恢复原位。

图 4-7　CPU 属性视图

（1）常规

包括 CPU 项目信息（设备名称、作者、注释、机架号和插槽号）、该 CPU 硬件目录中的只读信息及标识和维护信息等。例如，添加新设备时使用了默认名称 PLC_1，事后想更改为 PLC_FillingLine，则可以在常规标签页的项目信息中对名称进行更改。

（2）PROFINET 接口

包括接口常规信息、以太网地址、时间同步、操作模式、硬件标识符、Web 服务器访问及以太网接口和端口的高级设置选项。例如，在以太网地址中，可以新建子网、修改接口的 IP 地址等。

CPU1516 – 3PN/DP 有两个 PROFINET 接口，分别为 PROFINET 接口［X1］和 PROFINET 接口［X2］。其中接口 ［X1］有两个端口，而接口［2］只有一个端口。例如，选择属性中 PROFINET 接口［X2］，以太网地址选项中的"子网"显示"未联网"，单击"添加新子网"按钮，则子网显示默认名称"PN/IE_ 1"，如图 4-8 所示。在图 4-8 的 IP 协议中，该接口的 IP 地址可以使用默认的地址"192.168.1.1"，也可以更改为其他地址。切换至网络视图，可看到该 CPU 的 PN X2 接口已连接名称为 PN/IE_1 的以太网，如图 4-9 所示。

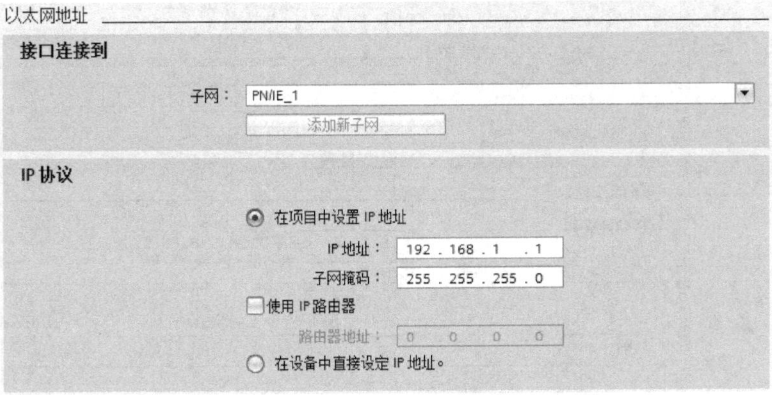

图 4-8　配置 CPU 的 PN X2 接口的网络属性

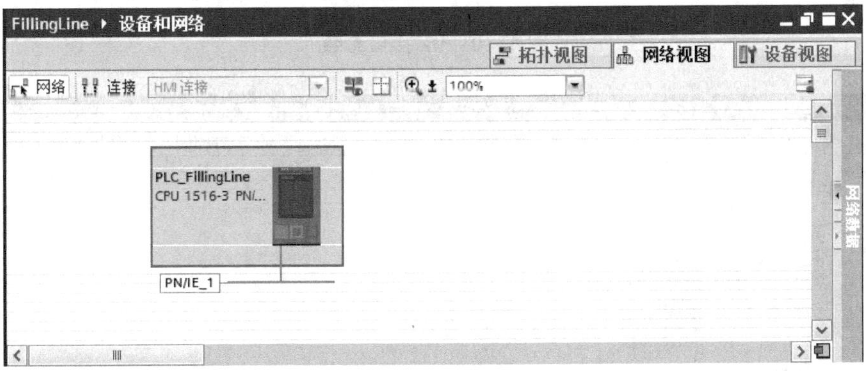

图 4-9　网络视图

（3）DP 接口

包括接口常规信息、PROFIBUS 地址、操作模式、时钟、同步/冻结和硬件标识符等信息或设置参数。例如，在 PROFIBUS 地址中，可以新建子网、修改 DP 站地址等。

以 CPU1516 – 3PN/DP 为例，如果需要将 CPU 连接至 PROFIBUS – DP 网络，则可用鼠标选择 CPU 属性中的 DP 接口［X3］，进入 DP 接口参数设置。在"接口连接到"选项中，单击"添加新子网"，则"子网"处默认显示"PROFIBUS_1"，表示 CPU 的 DP 接口将连接至"PROFIBUS_1"网络中；如果已有多个 DP 网络，则需要在"子网"处选择 CPU 的 DP 接口将要连接的网络名称。CPU 的 DP 接口连接网络，还需要指定 DP 站地址，在参数选项指定 CPU 的 DP 接口的站地址为 2。上述参数设置如图 4-10 所示。参数中的"最高地址"和"传输率"在此处不可修改，可以切换到网络视图，选中"PROFIBUS_1"网络，在常规属性中选择"网络设置",就可以对上述参数进行修改了,如图4-11所示。

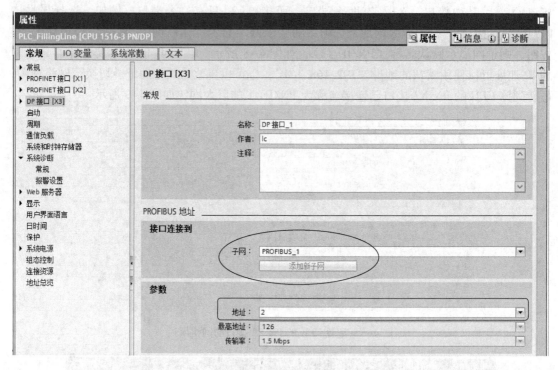

图4-10 DP接口参数

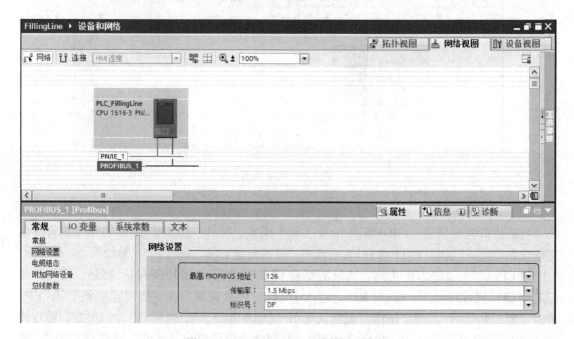

图4-11 PROFIBUS-DP网络设置参数

(4)启动

在该标签页中可以设置CPU上电后的启动方式、当预设组态与实际组态不一致时是否启动以及集中式和分布式 I/O 必须准备就绪的最大时间段。

（5）周期

在该标签页中指定最大循环时间或固定的最小循环时间。如果循环时间超出最大循环时间，CPU 将转入 STOP 模式。超出的原因可能是通信过程、中断事件的累积或 CPU 程序错误。如果循环时间短于输入的最小循环时间，则 CPU 将处于等待状态，直至达到最小循环时间。

（6）通信负载

在该标签页中设置通信时间占循环扫描时间的最大比例。

（7）系统和时钟存储器

在该标签页中可以启用系统存储器功能和时钟存储器功能。若启用，则 CPU 为系统存储器功能和时钟存储器功能各设置一个字节的 M 存储器单元。系统存储器字节每一位的含义见表 4-4，其中第 0 位的含义与 S7-200 PLC 中的 SM0.1 相同，第 2 位的含义与 S7-200 PLC 中的 SM0.0 相同。时钟存储器是按 1∶1 占空比周期性改变二进制状态的位存储器（可作为时钟信号），每一位的含义见表 4-5，与 S7-300/400 PLC 中的时钟存储器功能相同。

表 4-4　系统存储器各个位的含义

系统存储器字节的位	7	6	5	4	3	2	1	0
含义	保留（=0）	保留（=0）	保留（=0）	保留（=0）	=0	=1	=1 表示与上一个循环相比诊断状态发生变化	启动后的第一个程序循环中为 1，否则为 0

表 4-5　时钟存储器各个位的含义

时钟存储器字节的位	7	6	5	4	3	2	1	0
周期/s	2.0	1.6	1.0	0.8	0.5	0.4	0.2	0.1
频率/Hz	0.5	0.625	1	1.25	2	2.5	5	10

（8）系统诊断

在常规选项中，可以激活对 PLC 的系统诊断。系统诊断就是记录、评估和报告自动化系统内的错误，例如 CPU 程序错误、模块故障、传感器和执行器断路等。对于 S7-1500，系统诊断功能自动激活，无法禁用。

在报警设置选项中，可针对每种报警类别进行设置，例如错误、要求维护、需要维护以及信息。

（9）Web 服务器

通过 Web 服务器，用户可以读出常规 CPU 信息、诊断缓冲区中的内容、查询模块信息、报警和变量状态等。

Web 服务器属性下有常规、自动更新、用户管理、监视表、用户自定义 Web 页面和接口概览等子项。CPU 可通过集成的 Web 服务器进行诊断访问。在常规子项中勾选"启用模块上的 Web 服务器"前的复选框，可激活 Web 服务器的功能。在自动更新子项中，可激活自动更新功能并设置自动更新的时间间隔。在用户管理子项中，可添加管理用户。在监视表中，可添加 Web 服务器所能显示的监控表。用户自定义 Web 页面中可设置通过 Web 浏览器访问任何设计的 CPU Web 页面。接口概览子项中使用表格表示该设备中具有 Web 服务器功能的所有模块及其以太网接口，在此处可以通过设备（CPU、CP、CM）的每个以太网接口的各个界面允许或拒绝访问 Web 服务器。

（10）显示

显示属性用于设置显示屏的属性。显示属性下有常规、自动更新、密码、监视表和用户自定义徽标等子项。常规子项中可禁用待机模式（黑屏）或设置待机模式的时间，也可禁用节能模式（低亮度显示）或设置待机模式的时间，还可设置显示屏显示的默认语言。自动更新子项中可设置更新显示的时间间隔。密码子项中可启用屏保功能，并设置密码，还可设置密码自动注销的时间或禁用自动注销功能。监视表子项可选择组态的监控表，以便在显示屏上使用选择的监控表。用户自定义徽标可以选择用户自己定义的徽标并将其与硬件配置一起装载到 CPU。

（11）用户界面语言

Web 服务器和 CPU 显示支持不同的用户界面语言。可以给 Web 服务器的每种语言指定一个项目语言以显示项目文本（最多支持 2 种语言）。

（12）日时间

在日时间属性中可选择 CPU 的运行时区并设置标准/夏令时。

（13）保护

保护属性可设置 CPU 的读/写保护以及访问密码。保护等级从低到高而权限从高到低依次为完全访问权限（无任何保护）、读访问权限、HMI 访问权限和不能访问（完全保护）四级，如图 4-12 所示。如果设置为完全访问权限，则对 PLC 读写和 HMI 的操作没有保护；如果设置为读访问权限，则可以操作 HMI，而对 PLC 只能做读操作，除非输入完全访问权限的密码，才可以对 PLC 进行写操作；如果设置为 HMI 访问权限，则不可访问 PLC，除非具有读访问权限或完全访问权限的密码；若设置为不能访问权限，则必须具有高等级权限的密码，才可对 HMI 和 PLC 做相应的访问。

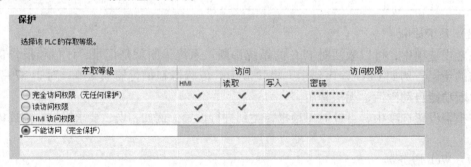

图 4-12　保护属性

（14）系统电源

系统电源属性包括常规和电源段概览子项。常规子项可指定是否为 CPU 接通 24V 的外部电源。在电源段概览中，CPU 和电源模块提供的电量将与信号模块所需的电量进行比较，并给出模块的电源/损耗值。如果供电/损耗汇总值为正数，即 CPU 和电源模块提供的电源满足其他模块对电源的需求；否则，需要重新配置系统电源。

（15）组态控制

在组态控制属性中，如果勾选"允许通过用户程序重新组态设备"选项前的复选框，则可以通过程序更改硬件组态。

（16）连接资源

连接资源属性页中显示 CPU 连接的预留资源和动态资源的概述信息。在在线视图中还将显示当前所用的资源。

（17）地址总览

地址总览中以表格形式显示 CPU 集成的输入/输出和插入模块使用的全部地址。未被任何模块使用的地址以间隙表示。该表格可按照以输入地址、输出地址和地址间隙进行过滤，并可显示/隐藏插槽号。

2. I/O 模块的属性

在硬件组态界面中，双击某个 I/O 模块，在监视窗口区域的属性标签页上，将显示该模块的属性。在该属性窗口中，可以对 I/O 模块的参数进行配置。这些参数主要包括常规信息、I/O 通道的诊断组态信息及 I/O 地址的分配信息等。

I/O 模块的属性包括常规、模块参数和输入或输出选项。

（1）常规

在常规选项中，包括项目信息、目录信息以及标识和维护三个子项。项目信息中显示该模块名称、项目作者、注释及所属的机架号和槽号。目录信息显示该模块的简短标识、具体描述、订货号和固定版本信息等。标识和维护中可设置设备名称、位置标识符、安装日期以及附加信息。

（2）模块参数

在模块参数选项中，包括常规、通道模板以及 DI（或 DQ/AI/AQ）组态三个子项。常规子项中可设置当预设组态与实际组态不一致时是否启动。DI（或 DQ/AI/AQ）组态子项可启用值状态（QI，质量信息）。

值状态是指通过过程映像输入（PII）为用户程序提供 I/O 通道诊断信息。值状态的每个位均指定给一个通道，并提供有关值有效性的信息（0 = 值不正确）。

例如，自动灌装生产线项目中的 DI32 模块字节地址设为 0 ~ 3，若启用值状态，则系统为该模块再分配字节地址 4 ~ 7（可更改）的每一位存储字节地址 0 ~ 3 所对应的输入通道的诊断状态。若 DQ32 模块也启用值状态，输出字节地址为 4 ~ 7，同时系统自动指定输入字节地址 8 ~ 11（此时 DI32 模块已占用字节地址 0 ~ 7）存储输出字节地址 4 ~ 7 所对应的输出通道的诊断状态。AI8 模块起始地址设为 256，若启用值状态，则结束地址为 272，其中 256 ~ 271 为 8 路 AI 通道地址，字节地址 272 的每一位存储该 8 路 AI 通道的诊断状态。

模块参数选项中通道模板子项中的内容因模块类型的不同而不同。通道模板中的参数设置可以作为模板自动分配给具体的 I/O 通道。

以 DI32xDC 24V HF 模块为例，该模块具有故障诊断功能，其通道模板属性中可激活所有通道的诊断功能，诊断包括无电源电压 L + 和断路。在通道模板属性中，还可在输入参数子项中设置输入延时的时间，如图 4-13 所示。

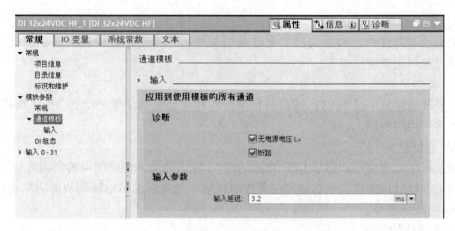

图4-13　数字量输入模块的通道模板属性

数字量输出的通道模板属性主要设置输出值在 CPU 停机时的响应，如图4-14 所示。

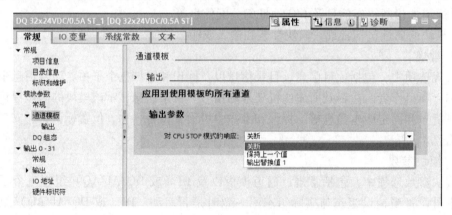

图4-14　数字量输出的通道模板属性

输出值对 CPU 停机时的响应有三种情况：关断、保持上一个值以及输出替换值1。如果选择关断，则停机时该输出模块的所有通道输出值为 0；如果选择输出替换值 1，则停机时该模块的所有通道输出值为 1；如果选择保持上一个值，则停机时该模块输出通道值保持停机前的最后状态。

对于模拟量模板，通道模板属性中可激活通道的诊断功能，并设置模拟量通道的测量类型和测量范围。模拟量模板的参数设置将在后续的模拟量处理章节中介绍。

（3）输入（输出）

在输入（输出）属性中，主要包括常规、输入（或输出）、I/O 地址和硬件标识符子项。在常规子项属性中显示模块名称，并可以添加作者和注释信息。在 I/O 地址子项中对模块 I/O 的起始地址进行设置。硬件标识符子项中显示该模块的硬件标识。在输入或输出子项中对各个通道的参数进行设置，可以选择手动设置，也可以应用通道模板所设置的参数进行自动配置。

以设置 DI32xDC 24V HF 模块通道 0 的参数为例，如图 4-15 所示。在参数设置中如果选择来自模板，则诊断和输入参数项中的参数设置自动与通道模板中设置的参数一致，且不可更改。如果选择手动,则可手动更改该通道的参数。本模块的输入通道还可以激活上升沿或下降沿的硬件中断。

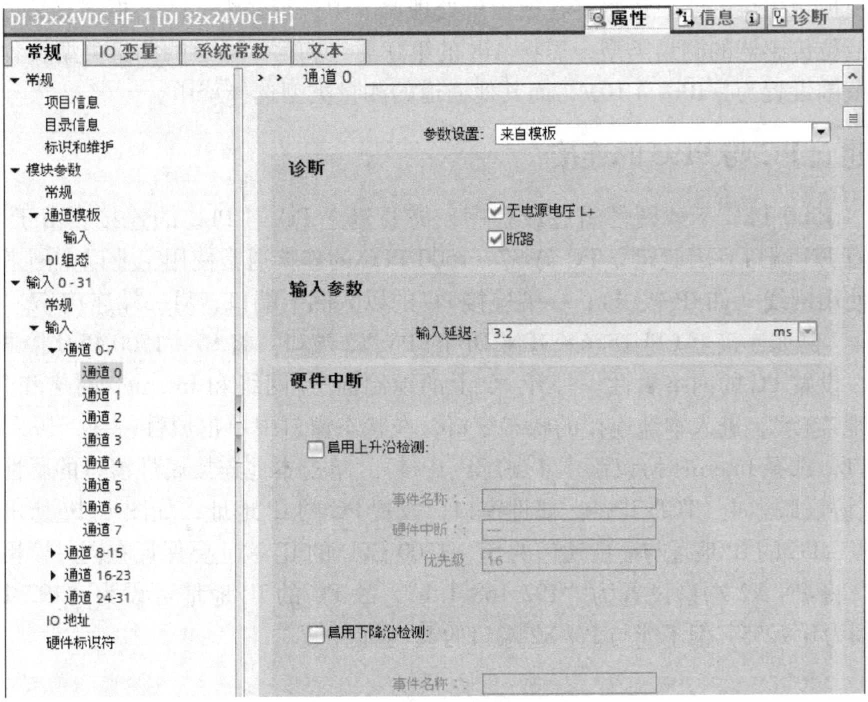

图 4-15　通道参数设置

在机架上插入 I/O 模块时,系统自动为每个模块分配 I/O 地址。删除或添加模块不会导致 I/O 地址冲突。在 I/O 地址属性中,也可修改模块的起始地址(结束地址会随起始地址自动更新),如果修改后的地址与其他模块的地址相冲突,系统会自动提示冲突信息,修改将不被接受。同时,在 I/O 地址属性中还可为该模块的 I/O 更新指定组织块和过程映像区(或者选择自动更新)。如果为模块更新指定相应的组织块和过程映像分区,将减少总的更新时间。I/O 地址参数设置如图 4-16 所示。

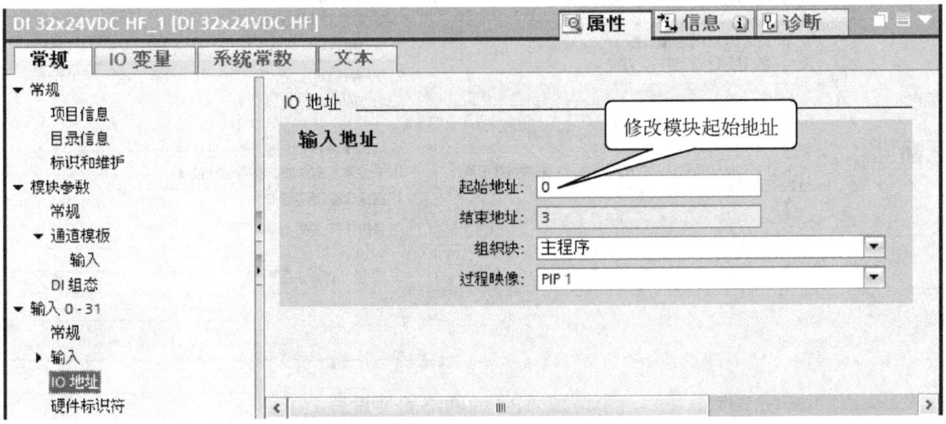

图 4-16　I/O 地址参数设置

以自动灌装生产线项目为例，可分配 DI32 模块的字节地址为 0 ~ 3，DO32 模块的字节地址为 4 ~ 7，AI8 模块的字节地址为 256 ~ 271。

对于模拟量模块的参数设置将在模拟量处理章节中进行详细介绍。根据成品称重传感器和灌装罐液位传感器的测量类型，需将 AI8 的第 0 通道和第 1 通道的测量类型设置为电压类型，测量范围设置为 – 10 ~ + 10V，而其他通道的测量类型选择禁用。

4.2.3　建立 PC 与 PLC 的连接

对 S7 – 1500 PLC 下载硬件组态或程序，需要建立 PC 与 PLC 的连接。由于 S7 – 1500 CPU 都具有 PN 端口，因此建立 PC 与 S7 – 1500 PLC 的连接通常使用工业以太网来实现。

首先使用网线（如 IP 软线），一端连接 PC 的以太网卡端口，另一端连接 S7 – 1500 CPU 的 PN 端口，例如连接至 CPU1516 – 3PN/DP 的 PN X2 端口。将 S7 – 1500 PLC 接通电源。

然后，设置 PC 的网络属性。打开 PC 上的控制面板/网络和 Internet/网络和共享中心，单击"本地连接"，进入本地连接的状态窗口，在状态窗口中单击属性按钮，进入本地连接的属性窗口，选择 Internet 协议版本 4（TCP/IPv4），单击本地连接属性窗口的属性按钮，进入 Internet 协议版本 4（TCP/IPv4）属性窗口，设置 PC 的 IP 地址，如图 4-17 所示。这里需要注意一点，PC 的 IP 地址与需要通信的 S7 – 1500 CPU 的 IP 地址要保证在同一个网段上。硬件组态时，将 PN X2 端口设置为"192.168.1.1"，故 PC 的 IP 地址可设为"192.168.1.X"，X 值的范围为 0 ~ 255，但不能与 PN X2 端口的 IP 地址重复。

图 4-17　PC 的网络属性设置

打开预建立 PC 与 PLC 连接的项目，在项目树中，鼠标双击设备名称（如"PLC_Fill-ingLine［CPU 1516 - 3 PN/DP］"）下的"在线和诊断"，在工作区中显示"在线访问"窗口，根据实际情况设置 PG/PC 接口参数，如图 4-18 所示。

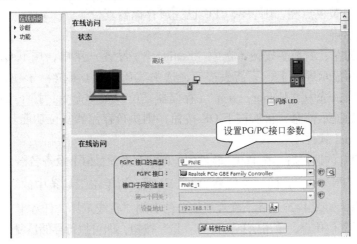

图 4-18　设置 PG/PC 接口参数

由于选择的是以太网连接，故这里 PG/PC 接口类型选择"PN/IE"，PG/PC 接口选择 PC 实际使用的网卡，这里为"Realtek PCIe GBE Family Controller"。接口/子网的连接选择实际 CPU 的 PN X2 端口连接的网络，这里为"PN/IE_1"。

勾选"闪烁 LED"，如果 PC 与 PLC 成功连接，则 CPU 模块上的状态指示灯进入闪烁状态。单击"转到在线"按钮，则在"监视窗口"中显示连接结果，在线状态显示为"确定"表示成功连接，如图 4-19 所示。

图 4-19　通信连接结果

4.2.4　CPU 存储器复位

在进行一个新项目设计之前，通常需要将 CPU 进行存储器复位或将 CPU 恢复至出厂设置，以避免 CPU 原有内容影响新项目的运行。

1. CPU 存储器复位

除了少数例外情况之外，"存储器复位"将清除所有的内部存储器，然后再读取 SIMATIC 存储卡上的数据。可使用以下三种方式来复位 CPU 的存储器，具体步骤如下：

（1）使用模式选择器开关

将模式选择器开关设置为 STOP，然后将模式选择器开关切换到 MRES 位置并保持在此位置，直至 RUN/STOP LED 指示灯呈黄色第二次点亮并持续处于点亮状态（需要 3 s）。此后，松开开关。在接下来 3 s 内，将模式选择器开关再次切换回 MRES，然后重新返回到 STOP 模式。此时 CPU 将执行存储器复位，在此期间 RUN/STOP LED 指示灯黄色闪烁。如果 RUN/STOP LED 呈黄色点亮，则表示 CPU 已完成存储器复位。

（2）使用显示屏

利用显示屏的左、右箭头按钮，选中"Settings"（设置）菜单，按下 OK 按钮，进入设置菜单子项；利用显示屏的上、下箭头按钮，选中"Reset"（复位）子项，按下 OK 按钮，进入复位菜单子项；选中"Memory reset"（存储器复位）菜单命令，按下 OK 按钮，显示屏显示存储器复位的提示信息，再次按下 OK 按钮，则执行存储器复位功能。

（3）使用 Portal 软件

建立 PC 与 PLC 的连接后，在 Portal 软件中，鼠标双击项目树下设备名称（如"PLC_Filling-Line［CPU 1516 - 3 PN/DP］"）的"在线和诊断"子项，再单击工具条中的" 转到在线 "按钮，进入在线状态，如图 4-20 所示。在在线窗口的右侧"在线工具"任务卡中，单击"MRES"按钮，弹出存储器复位信息，单击信息窗口的"是"按钮，即可执行存储器复位。

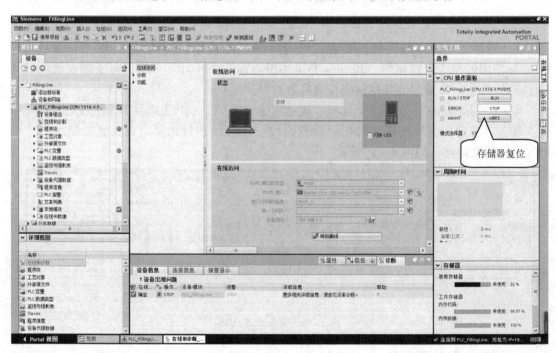

图 4-20　设备在线

存储器复位后，数据块和背景数据块的实际值、存储器位、定时器、计数器和非保持性区域的诊断缓冲区条目被初始化，工艺对象中的某些保持性变量（例如，绝对编码器的校准值）、保持性区域的诊断缓冲区条目等数据被保留。

2. 重置 CPU 为出厂设置

"重置为出厂设置"功能可以将 CPU 恢复到出厂设置，删除 CPU 中内部存储的所有数据，包括 IP 地址参数。

可使用三种方法将 CPU 恢复到出厂设置，具体步骤如下：

（1）使用模式选择器开关

在没有插入 SIMATIC 存储卡时，将模式选择器开关设置为 STOP。然后将模式选择器开关切换到 MRES 位置并保持在此位置，直至 RUN/STOP LED 指示灯第二次呈黄色点亮并持续处于点亮状态（需要 3 s），松开开关。在接下来 3 s 内，将模式选择器开关切换回 MRES，然后重新返回到 STOP 模式。此时，RUN/STOP LED 指示灯呈黄色闪烁。当 RUN/STOP LED 指示灯呈黄色亮起时，CPU 将恢复到出厂设置，并处于 STOP 模式。同时，"重置为出厂设置"事件进入诊断缓冲区。

（2）使用显示屏

在 CPU 处于 STOP 模式（RUN/STOP LED 指示灯呈黄色点亮）且无 SIMATIC 存储卡的情况下，顺序选择"设置"→"复位"→"出厂设置"（Settings → Reset → Factory settings）菜单命令，并在每一步中单击"确定"（OK）按钮进行确认。

（3）使用 Portal 软件

建立 PC 与 PLC 的连接后，在 Portal 软件中，双击设备名称下的"在线与诊断"子项，打开 CPU 的在线与诊断视图。单击"转到在线"按钮，进入在线状态。

在工作区的在线与诊断视图中，展开"功能"（Functions）文件夹，选择"重置为出厂设置"（Reset to factory settings），打开重置为出厂设置界面，如图 4-21 所示。如果要保留 IP 地址，则需选择"保留 IP 地址"（Retain IP address）选项按钮；如果要删除 IP 地址，则选择"删除 IP 地址"（Reset IP address）选项按钮。单击"重置"（Reset）按钮，弹出复位确认信息窗口。单击"是"（OK）按钮，CPU 将执行重置为出厂设置操作。

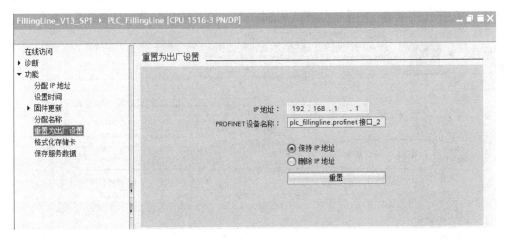

图 4-21　使用 Portal 软件重置 CPU 为出厂设置

4.2.5　下载硬件组态

在 Portal 软件的硬件组态界面中，鼠标选中设备视图中的硬件模块，单击工具条中的"编译"图标"　"，完成硬件组态的编译，如图 4-22 所示。如果硬件组态没有错误，则编译成功，在监视窗口中的信息标签页下，显示编译结果"编译已完成（错误：0；警告：0）"。此时，可单击工具条中的"下载到设备"图标"　"，执行下载操作。

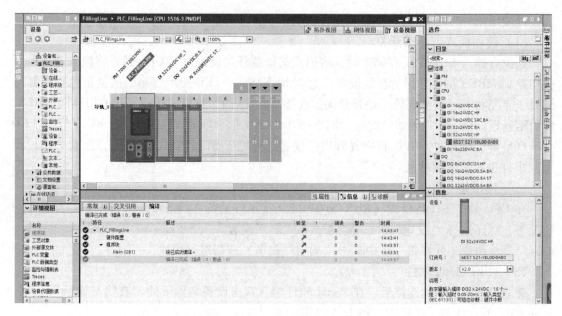

图 4-22　硬件组态编译

　　如果之前没有建立 PC 与 PLC 之间的连接，则直接弹出下载到设备界面。在下载到设备界面中，需要根据实际情况对 PG/PC 接口参数进行设置，然后单击"开始搜索"按钮，找到所连接的 CPU，如图 4-23 所示。选中该 CPU，单击"下载"按钮，弹出下载前检查窗口，如图 4-24所示。如果之前已建立好 PC 与 PLC 之间的连接，则直接弹出下载前检查窗口。

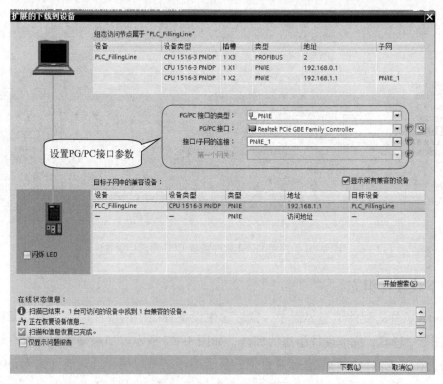

图 4-23　下载到设备

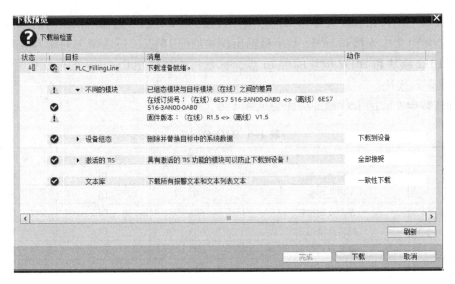

图 4-24　下载前检查窗口

在下载前检查窗口中，如果组态信息与实际设备不一致，将显示二者之间的差异信息。保证组态信息中硬件模块的订货号和版本号与实际设备一致，即可单击"下载"按钮，执行硬件组态的下载操作。如果组态的硬件模块与实际设备差异较大，将弹出如图 4-25 所示的窗口，提示无法完成下载。如果组态顺利下载，则弹出如图 4-26 所示的提示窗口。

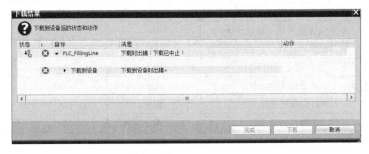

图 4-25　下载出错

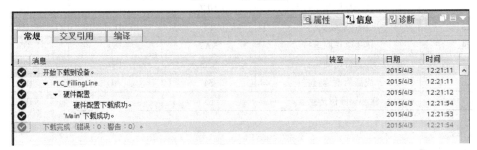

图 4-26　下载成功

4.3　I/O 分配

完成硬件组态之后，就可以将 I/O 模块的地址分配给自动灌装生产线上的传感器和执行器。操作面板上的按钮和开关等输入信号集中连接到 DI32 数字量输入模块的前 16 点，操作面板上的指示灯集中连接到 DO32 数字量输出模块的前 16 点，传送带上的输入/输出信号集中连接到 DI32 模块和 DO32 模块的后 16 点，称重传感器输出 0～10V 的电压信号，连接到 AI8 模拟量输入模块。

自动灌装生产线的 I/O 地址分配表见表 4-6。

表 4-6　I/O 分配表

序　号	名　　称	文字符号	类　型	端口地址
1	启动按钮	SB1	DI	I0.0
2	停止按钮	SB2	DI	I0.1
3	正向点动按钮	SB3	DI	I0.2
4	反向点动按钮	SB4	DI	I0.3
5	灌装点动按钮	SB5	DI	I0.4
6	手动/自动模式选择开关	SA1	DI	I0.5
7	模式确认按钮	SB6	DI	I0.6
8	暂停按钮	SB7	DI	I0.7
9	就地/远程控制选择开关	SA2	DI	I1.0
10	故障应答按钮	SB8	DI	I1.1
11	复位按钮	SB9	DI	I1.2
12	急停状态输入	KA1	DI	I1.3
13	空瓶位置传感器（接近开关）	S1	DI	I2.0
14	灌装位置传感器（接近开关）	S2	DI	I2.1
15	成品位置传感器（接近开关）	S3	DI	I2.2
16	生产线运行指示灯	HL1	DO	Q4.1
17	手动模式指示灯	HL2	DO	Q4.2
18	自动模式指示灯	HL3	DO	Q4.3
19	就地控制指示灯	HL4	DO	Q4.4
20	远程控制指示灯	HL5	DO	Q4.5
21	检测合格指示灯	HL6	DO	Q4.6
22	故障报警指示灯	HL7	DO	Q4.7
23	物料灌装阀门	YV	DO	Q5.0
24	传送带正向运行	KA2	DO	Q5.1
25	传送带反向运行	KA3	DO	Q5.2
26	成品称重传感器	S4	AI	IW256
27	灌装罐液位传感器	S5	AI	IW258

4.4　硬件接线

硬件接线部分主要包括传统电气接线及 S7 - 1500 PLC 接线部分。传统电气接线部分包括电源引入、传送带电动机和急停部分的接线。PLC 接线部分包括电源接线和各个模块的接线。

传统电气部分接线电路原理图如图 4-27 所示。

S7 - 1500 PLC 电源接线原理图如图 4-28 所示。

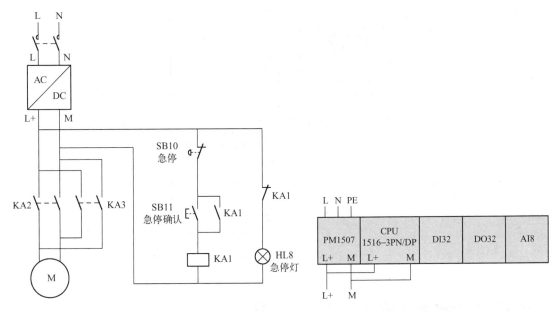

图 4-27 传统电气部分接线原理图   图 4-28 PLC 电源接线原理图

　　数字量输入模块 DI32、数字量输出模块 DO32 及模拟量输入模块 AI8 的接线原理图如图 4-29 ~ 图 4-31 所示。其中 DO32 模块的 1L + 端与电源间串联了一个 KA1 的动合触点，以实现急停时的输出设备断电，同时点亮急停灯（HL8）。

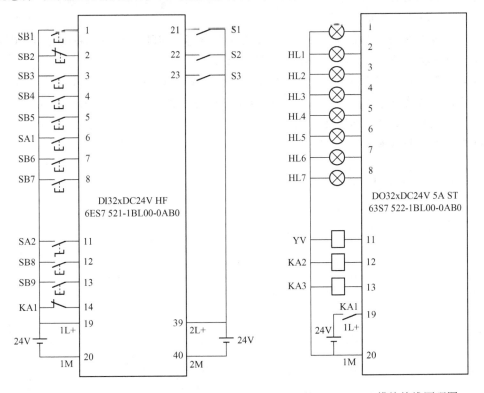

图 4-29　DI32 模块接线原理图   图 4-30　DO32 模块接线原理图

57

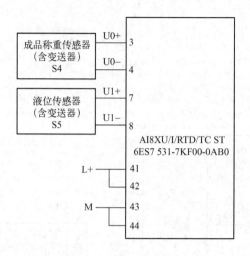

图 4-31　AI8 模块接线原理图

任务3　自动灌装生产线项目硬件设计

（1）根据项目任务要求进行信号分析，统计数字量输入、数字量输出、模拟量输入/输出信号的个数。

（2）根据项目任务功能和信号分析，选择合适的 PLC，包括 CPU 模块和 I/O 模块，进行硬件组态过程中的模块配置。

（3）对各个模块的参数进行分配，设置时钟存储器（MB0）和系统存储器（MB1），设置 CPU 的 PN 接口的网络参数，分配 I/O 模块地址。

（4）选择 PROFINET 接口［X2］，IP 地址设为 192.168.0.1，建立 PG/PC 与 S7 – 1500 CPU 之间的通信连接，并复位 CPU，实现 CPU 中组态参数、程序和数据的清零操作。

（5）下载硬件组态至 S7 – 1500 CPU 中。

（6）绘制模块接线图。

第5章 S7 – 1500 PLC 软件程序设计

5.1 S7 – 1500 PLC 编程基础

5.1.1 数制及编码

1. 数制

数制，即数的制式，是人们利用符号计数的一种方法。数制有很多种，常用的有十进制、二进制和十六进制。

在 S7 系列 PLC 中表示二进制常数时，需要在数据之前加 2#；表示十六进制时，需要在数据之前加 16#；对于十进制常数的表示只需要正常书写即可。S7 系列 PLC 的数制表示主要有下面三种。

（1）十进制（Decimal）

数码：0 1 2 3 4 5 6 7 8 9 共 10 个

基数：10

计数规则：逢十进一

日常生活中人们习惯于十进制计数制，但是对于计算机硬件电路，只有"通"／"断"或电平的"高"／"低"两种状态，为便于对数字信号的识别与计算，通常采用二进制表示数据。

（2）二进制（Binary）

数码：0 1 共 2 个

基数：2

计数规则：逢二进一

对于 S7 系列 PLC，在数据前加 2# 表示该数据为二进制数，例如 2#1101110，其十进制数为 110（利用按权展开相加法，$2\#1101110 = 1 \times 2^6 + 1 \times 2^5 + 1 \times 2^3 + 1 \times 2^2 + 1 \times 2^1 = 110$）。

二进制数较大时，书写和阅读均不方便，通常将四位二进制数合并为一位，用十六进制数表示。

（3）十六进制（Hexadecimal）

数码：0 1 2 3 4 5 6 7 8 9 A B C D E F 共 16 个

基数：16

计数规则：逢十六进一

对于 S7 系列 PLC，在数据前加 16# 表示该数据为十六进制数，如十六进制数 16#6E，其值为十进制数 110（利用按权展开相加法，$16\#6E = 6 \times 16^1 + 14 \times 16^0 = 110$）。

2. 编码

（1）补码

在 PLC 数字系统中，对有符号整数最常用的表示方法是使用二进制数的补码形式表

59

示，即该二进制数的最高有效位是符号位，正整数的补码同该二进制数，负整数的补码是该二进制数除了符号位外按位取反后加1。例如，-7~7的16位二进制补码见表5-1。

表5-1 整数的补码表示形式

正 数	二进制表示	补码表示	负 数	二进制表示	补码表示
+7	+000000000000111	0000000000000111	-1	-000000000000001	1111111111111111
+6	+000000000000110	0000000000000110	-2	-000000000000010	1111111111111110
+5	+000000000000101	0000000000000101	-3	-000000000000011	1111111111111101
+4	+000000000000100	0000000000000100	-4	-000000000000100	1111111111111100
+3	+000000000000011	0000000000000011	-5	-000000000000101	1111111111111011
+2	+000000000000010	0000000000000010	-6	-000000000000110	1111111111111010
+1	+000000000000001	0000000000000001	-7	-000000000000111	1111111111111001
0	+000000000000000	0000000000000000			

（2）BCD码

有些场合，计算机输入/输出数据时仍使用十进制数，以适应人们的习惯。为此，十进制数必须用二进制码表示，这就形成了二进制编码的十进制数，称为BCD码（Binary Coded Decimal）。

BCD码是用四位二进制数表示一位十进制数，它们之间的对应关系见表5-2。例如157，其BCD码的二进制表示为0001 0101 0111。

表5-2 四位二进制BCD码与十进制数的关系

BCD码	十进制数	BCD码	十进制数
0000	0	0101	5
0001	1	0110	6
0010	2	0111	7
0011	3	1000	8
0100	4	1001	9

需要注意的是，四位二进制代码1010、1011、1100、1101、1110和1111为非法BCD码。

（3）ASCII码

ASCII码（American Standard Coded for Information Interchange）是美国信息交换标准代码。

在计算机系统中，除了数字0~9以外，还常用到其他各种字符，如26个英文字母、各种标点符号以及控制符号等，这些信息都要编成计算机能接受的二进制码。

ASCII码由8位二进制数组成，最高位一般用于奇偶校验，其余7位代表128个字符编码。其中图形字符96个（10个数字、52个字母及34个其他字符），控制字符32个（回车、换行、空格及设备控制等）。常用字符的ASCII码见表5-3。

表 5-3　常用字符的 ASCII 码

字符	ASCII 码	字符	ASCII 码	字符	ASCII 码
A	100 0001	P	101 0000	4	011 0100
B	100 0010	Q	101 0001	5	011 0101
C	100 0011	R	101 0010	6	011 0110
D	100 0100	S	101 0011	7	011 0111
E	100 0101	T	101 0100	8	011 1000
F	100 0110	U	101 0101	9	011 1001
G	100 0111	V	101 0110	空格	010 0000
H	100 1000	W	101 0111	.	010 1110
I	100 1001	X	101 1000	,	010 1100
J	100 1010	Y	101 1001	+	010 1011
K	100 1011	Z	101 1010	−	010 1101
L	100 1100	0	011 0000	#	010 0011
M	100 1101	1	011 0001	(	010 1000
N	100 1110	2	011 0010	%	010 0101
O	100 1111	3	011 0011	=	011 1101

5.1.2　基本数据类型

用户在编写程序时，变量的格式必须与指令的数据类型相匹配。S7 系列 PLC 的数据类型主要分为基本数据类型、复合数据类型和参数类型，对于 S7 - 1500 PLC，还包括系统数据类型和硬件数据类型。

基本数据类型的操作数通常是 32 位以内的数据。基本数据类型分为位数据类型、数学数据类型、字符数据类型、定时器数据类型以及日期和时间数据类型。在日期和时间数据类型中，存在超过 32 位的数据类型；对于 S7 - 1500 PLC 而言，还增加了许多超过 32 位的此类数据类型。为方便比较学习，故一并放在基本数据类型中进行介绍。

1. 位数据类型

位数据类型主要有布尔型（Bool）、字节型（Byte）、字型（Word）和双字型（DWord），对于 S7 - 1500 PLC，还支持长字型（LWord），而 S7 - 300/400 PLC 仅支持前 4 种。

在位数据类型中，只表示存储器中各位的状态是 0（FALSE）还是 1（TURE）。其长度可以是一位（Bit）、一个字节（Byte，8 位）、一个字（Word，16 位）、一个双字（Double Word，32 位）或一个长字（Long Word，64 位），分别对应 Bool、Byte、Word、DWord 和 LWord 类型。位数据类型通常用二进制或十六进制格式赋值，如 2# 01010101、16# 2B3C 等。需注意的是，一位布尔型数据类型不能直接赋常数值。

位数据类型的常数表示需要在数据之前根据存储单元长度（Byte、Word、DWord、LWord）加上 B#、W#、DW# 或 LW#（Bool 型除外），所能表示的数据范围见表 5-4。

表 5-4　位数据类型的数据表示范围

数 据 类 型	数 据 长 度	数 值 范 围
Bool	1 bit	TRUE, FALSE
Byte	8 bit	B#16#0 ~ B#16#FF
Word	16 bit	W#16#0 ~ W#16#FFFF
DWord	32 bit	DW#16#0 ~ DW#16#FFFFFFFF
LWord	64 bit	LW#16#0 ~ LW#16#FFFFFFFFFFFFFFFF

2. 数学数据类型

对于 S7-1500 PLC，数学数据类型主要有整数类型和实数类型（浮点数类型）。

整数类型又分为有符号整数类型和无符号整数类型。有符号整数类型包括短整数型（SInt）、整数型（Int）、双整数型（DInt）和长整数型（LInt）；无符号整数类型包括无符号短整数型（USInt）、无符号整数型（UInt）、无符号双整数型（UDInt）和无符号长整数型（ULInt）。对于 S7-300/400 PLC，仅支持整数型 Int 和双整数型 DInt。

短整数型、整数型、双整数型和长整数型数据为有符号整数，分别为 8 位、16 位、32 位和 64 位，在存储器中用二进制补码表示，最高位为符号位（0 表示正数、1 表示负数），其余各位为数值位。而无符号短整数型、无符号整数型、无符号双整数型和无符号长整数型数据均为无符号整数，每一位均为有效数值。

实数类型具体包括实数型（Real）和长实数型（LReal），均为有符号的浮点数，分别占用 32 位和 64 位，最高位为符号位（0 表示正数、1 表示负数），接下来的 8 位（或 11 位）为指数位，剩余位为尾数位，共同构成实数数值。实数的特点是利用有限的 32 位或 64 位可以表示一个很大的数，也可以表示一个很小的数。对于 S7-300/400 PLC，仅支持实数型 Real。

数学数据类型所能表示的数据范围及常数格式示例见表 5-5。

表 5-5　数学数据类型的数据表示范围

数 据 类 型	数 据 长 度	数 值 范 围
USint	8 bit	0 ~ 255
SInt	8 bit	-128 ~ 127
UInt	16 bit	0 ~ 65535
Int	16 bit	-32768 ~ 32767
UDInt	32 bit	0 ~ 4294967295
DInt	32 bit	L# -2147483648 ~ L# 2147483647
ULInt	64 bit	0 ~ 18446744073709551615
LInt	64 bit	-9223372036854775808 ~ +9223372036854775807
Real	32 bit（8 位指数位）	-3.402823e +38 ~ -1.175495e -38 ±0.0 +1.175495e -38 ~ +3.402823e +38
LReal	64 bit（11 位指数位）	-1.7976931348623158e +308 ~ -2.2250738585072014e -308 ±0.0 +2.2250738585072014e -308 ~ +1.7976931348623158e +308

3. 字符数据类型

原有的字符数据类型（Char）长度为 8 bit，操作数在存储器中占一个字节，以 ASCII 码格式存储单个字符。常量表示时使用单引号，例如常量字符 A 表示为 'A' 或 CHAR#'A'。表 5-6 列出了 Char 数据类型的属性。

表 5-6　Char 数据类型的属性

长度/bit	格　　式	取 值 范 围	输入值示例
8	ASCII 字符	ASCII 字符集	'A'，CHAR#'A'

对于 S7-1500 PLC，还支持宽字符类型（WChar），其操作数长度为 16 bit，即在存储器中占用 2 B，以 Unicode 格式存储扩展字符集中的单个字符。但只涉及整个 Unicode 范围的一部分。常量表示时需要加 WCHAR#前缀及单引号，例如常量字符 a 表示为 WCHAR#'a'。控制字符在输入时，以美元符号表示。表 5-7 列出了 WChar 数据类型的属性。

表 5-7　WChar 数据类型的属性

长度/bit	格　　式	取 值 范 围	输入值示例
16	Unicode 字符	$0000 ~$D7FF	WCHAR#'A'，WCHAR#'$0041'

4. 定时器数据类型

定时器数据类型主要包括时间（Time）和 S5 时间（S5Time）数据类型。与 S7-300/400 PLC 相比，S7-1500 PLC 还支持长时间（LTime）数据类型。

时间（Time）数据类型为 32 位的 IEC 定时器类型，内容用毫秒（ms）为单位的双整数表示，可以是正数或负数，表示信息包括天（d）、小时（h）、分钟（m）、秒（s）和毫秒（ms）。表 5-8 列出了 Time 数据类型的属性。

表 5-8　Time 数据类型的属性

长度/bit	格　　式	取 值 范 围	输入值示例
32	有符号的持续时间	T#-24d20h31m23s648ms ~ T#+24d20h31m23s647ms	T#10d20h30m20s630ms，TIME#10d20h30m20s630ms
	十六进制的数字	16#00000000 ~ 16#7FFFFFFF	16#0001EB5E

S5 时间（S5Time）数据类型变量为 16 bit，其中最高两位未用，接下来的两位为时基信息（00 表示 0.01 s，01 表示 0.1 s，10 表示 1 s，11 表示 10 s），剩余 12 位为 BCD 码格式的时间常数，其范围为 0~999，如图 5-1 所示。该格式所表示的时间为时间常数与时基的乘积。S5Time 的常数格式为时间之前加 S5T#，例如 S5T#16s100ms，以时基 0.1 s 表示的时间常数为 161，故对应的变量内容为 2#0001 0001 0110 0001。

表 5-9 列出了 S5Time 数据类型的取值范围等属性。

表 5-9　S5Time 数据类型的属性

长度/bit	格　　式	取 值 范 围	输入值示例
16	10 ms 增长的 S7 时间（默认值）	S5T#0MS ~ S5T#2H_46M_30S_0MS	S5T#10s，S5TIME#10s
	十六进制的数字	16#0 ~ 16#3999	16#2

图5-1　S5Time 时间格式

长时间（LTime）数据类型为 64 位 IEC 定时器类型，操作数内容以纳秒（ns）为单位的长整数表示，可以是正数或负数。表示信息包括天（d）、小时（h）、分钟（m）、秒（s）、毫秒（ms）、微秒（μs）和纳秒（ns）。常数表示格式为时间前加 LT#，如 LT#11ns。表 5-10 列出了 LTime 数据类型的属性。

表 5-10　LTime 数据类型的属性

长度/bit	格　式	取 值 范 围	输入值示例
64	有符号的持续时间	LT# - 106751d23h47m16s854 ms775us808ns ~ LT# + 106751d23h47m16s854 ms775us807ns	LT#35d2h25m14s830 ms652us315ns, LTIME#35d2h25m14s830 ms652us315ns
	十六进制的数字	16#0 ~ 16#8000000000000000	16#2

5. 日期和时间数据类型

日期和时间数据类型主要包括日期（Date）、日时间（Time_Of_Day）和日期时间 DT（Date_And_Time）数据类型，对于 S7 - 1500 PLC 还支持长日时间 LTOD（LTime_Of_Day）、日期长时间 LDT（Date_And_LTime）和长日期时间 DTL 数据类型。

（1）日期

日期 Date 数据类型在内存中占用 16 bit，变量格式为有符号整数格式，变量内容用距离 1990 年 1 月 1 日的天数以整数格式进行表示。常数格式为日期前加 D#，例如 D#2168 - 12 - 31 表示的日期为 2168 年 12 月 31 日，相应变量的内容为 W#16#FF62。表 5-11 列出了 Date 数据类型的属性。

表 5-11　Date 数据类型的属性

长度/bit	格　式	取 值 范 围	输入值示例
2	IEC 日期（年 - 月 - 日）	D#1990 - 01 - 01 ~ D#2168 - 12 - 31	D#2009 - 12 - 31，DATE#2009 - 12 - 31
	十六进制的数字	16#0000 ~ 16#FF62	16#00F2

（2）日时间

日时间（Time_Of_Day）数据类型的变量占用一个双字，包含用无符号整数形式表示的从每天 0:00 开始的 ms 数。常数表示格式为时间前加 DOT#，如 DOT#23:59:59.999 = DW#16#05265B7。日时间 Time_Of_Day 数据类型的数据范围等属性见表 5-12。

表 5-12　日时间 Time_Of_Day 数据类型的属性

长度/bit	格　式	取 值 范 围	输入值示例
32	时间（小时:分钟:秒）	TOD#00:00:00.000 ~ TOD#23:59:59.999	TOD#10:20:30.400, TIME_OF_DAY#10:20:30.400

（3）长日时间

长日时间 LTOD（LTime_Of_Day）数据类型占用 2 个双字，存储从当天 0:00 开始的 ns 数，为无符号整数。表 5-13 列出了 LTOD 数据类型的属性。

表 5-13 长日时间 LTOD 数据类型的属性

长度/bit	格式	取值范围	输入值示例
64	时间（小时：分钟：秒.毫秒.微秒.纳秒）	LTOD#00:00:00.000000000 ~ LTOD#23:59:59.999999999	LTOD#10:20:30.400_365_215，LTIME_OF_DAY#10:20:30.400_365_215

（4）日期时间

日期时间 DT（Date_And_Time）数据类型存储日期和时间信息，格式为 BCD。表 5-14 列出了 DT 数据类型的属性。表 5-15 列出了 DT 数据类型的结构。

表 5-14 日期时间 DT 数据类型的属性

长度/bit	格 式	取 值 范 围	输入值示例
64	日期和时间（年-月-日-小时：分钟：秒：毫秒））	最小值：DT#1990-01-01-00:00:00.000 最大值：DT#2089-12-31-23:59:59.999	DT#2008-10-25-8:12:34.567，DATE_AND_TIME#2008-10-25-08:12:34.567

表 5-15 日期时间 DT 数据类型的结构

字 节	内 容	取 值 范 围
0	年	0~99（1990~2089 年）BCD#90=1990…BCD#0=2000…BCD#89=2089
1	月	BCD#0~BCD#12
2	日	BCD#1~BCD#31
3	小时	BCD#0~BCD#23
4	分钟	BCD#0~BCD#59
5	秒	BCD#0~BCD#59
6	毫秒的两个最高有效位	BCD#0~BCD#99
7（高 4 位）	毫秒的最低有效位	BCD#0~BCD#9
7（低 4 位）	星期	BCD#1~BCD#7 BCD#1=星期日…BCD#7=星期六

（5）日期长时间

日期长时间 LDT（Date_And_LTime）数据类型可存储自 1970 年 1 月 1 日 0:00 以来的日期和时间信息（单位为 ns）。表 5-16 列出了 LDT 数据类型的属性。

（6）长日期时间

长日期时间（DTL）数据类型的操作数长度为 12 B，以预定义结构存储日期和时间信息。表 5-17 列出了 DTL 数据类型的属性。

表 5-16　LDT 数据类型的属性

长度/bit	格　　式	取 值 范 围	输入值示例
64	日期和时间 （年－月－日－ 小时：分钟：秒）	最小值：LDT＃1970－01－01－0： 0；0. 000000000 最大值：LDT＃2263－04－11－23： 47；16. 854775808	LDT#2008－10－25－8；12；34. 567
	十六进制的数字	16#0～16#7FFF_FFFF_FFFF_FFFF	16#7FFF

表 5-17　DTL 数据类型的属性

长度/bit	格　　式	取 值 范 围	输入值示例
12	日期和时间 （年－月－日－小时： 分钟：秒：纳秒）	最小值：DTL#1970－01－01－00；00；00. 0 最大值：DTL#2200－12－31－23；59；59. 999999999	DTL#2008－12－16－20；30；20. 250

DTL 数据类型的结构由几个部分组成，每一部分都包含不同的数据类型和取值范围。指定值的数据类型必须与相应元素的数据类型相匹配。表 5-18 给出了 DTL 数据类型的结构组成。

表 5-18　DTL 数据类型的结构

字　　节	内　　容	数 据 类 型	取 值 范 围
0 1	年	UINT	1970～2200
2	月	USINT	1～12
3	日	USINT	1～31
4	星期	USINT	1（星期日）～7（星期六）
5	小时	USINT	0～23
6	分钟	USINT	0～59
7	秒	USINT	0～59
8 9 10 11	纳秒	UDINT	0～999999999

5.1.3　复合数据类型

基本数据类型可以组合为复合数据类型。复合数据类型主要包括字符串 String、数组 Array、结构 Struct 及 PLC 数据类型（UDT）等。对于 S7－1500 PLC，还包括长日期时间（DTL）、宽字符串（WString）等数据类型。

1. 字符串与宽字符串类型

（1）字符串

字符串（String）数据类型的操作数在一个字符串中存储多个字符，最多可包括 254 个字符。

在字符串中，可使用所有 ASCII 码字符。常量字符使用单引号中表示，例如 'ABC'。

表 5-19 列出了 String 数据类型的属性。字符串也可使用特殊字符，控制字符、美元符号和单引号在表示时需在字符前加转义字符 $ 标识。表 5-20 给出了特殊字符表示法示例。

表 5-19　String 数据类型的属性

长度/B	格　　式	取 值 范 围	输入值示例
$n + 2$① （n 指定字符串的长度）	ASCII 字符串，包括特殊字符	0 ~ 254 个 ASCII 字符	'Name '，STRING#'Name '

① 数据类型为 String 的操作数在内存中占用的字节数比指定的最大长度要多 2 B。

表 5-20　特殊字符在 String 数据类型中的表示法示例

字　　符	十 六 进 制	含　　义	示　　例
$L 或 $l	0A	换行	'$LText '，'$0AText '
$N	0A 和 0D	断行（断行在字符串中占用 2 个字符）	'$NText '，'$0A$0DText '
$P 或 $p	0C	分页	'$PText '，'$0CText '
$R 或 $r	0D	回车（CR）	'$RText '，'$0DText '
$T 或 $t	09	切换	'$TText '，'$09Text '
$$	24	美元符号	'100$$'，'100$24 '
$'	27	单引号	'$'Text$''，'$27Text$27 '

使用时，可在关键字 STRING 后使用方括号指定操作数声明期间的字符串最大长度（例如 STRING[4]）。若不指定最大长度，则相应的操作数长度设置为标准的 254 个字符。如果指定字符串的实际长度小于所声明的最大长度，则字符将以左对齐方式写入字符串，并将剩余的字符空间保持为未定义，在值处理过程中仅考虑已占用的字符空间。

图 5-2 的示例显示对输出值"AB"指定了 STRING[4]数据类型时的字节序列。

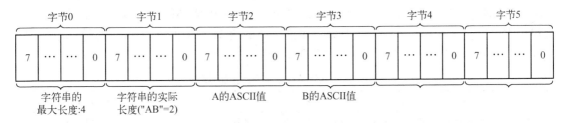

图 5-2　对输出值"AB"指定了 STRING[4]数据类型时的字节序列

（2）宽字符串

宽字符串（WString）数据类型的操作数存储一个字符串，字符串中字符的数据类型为 WChar。如果不指定长度，则字符串的长度为预置的 254 个字符。在字符串中，可使用所有 Unicode 格式的字符，这意味着也可在字符串中使用中文字符。

同字符串 String 数据类型类似，宽字符串 WString 数据类型的操作数也可在关键字 WSTRING 后使用方括号定义其长度（例如 WSTRING[10]），可声明最多 16382 个字符的长度。若不指定长度，则在默认情况下，将相应的操作数长度设置为 254 个字符。表 5-21 列出了 WString 数据类型的属性。

表 5-21　WString 数据类型的属性

长度/字	格　式	取 值 范 围	输入值示例
$n+2$[①] (n 指定字符串的长度)	Unicode 字符串	预设值：0~254 个字符 可能的最大值：0~16382	WSTRING#'HelloWorld'

① 数据类型为 WSTRING 的操作数在内存中占用的字数比指定的最大长度要多 2 个字。

　　宽字符串也可使用特殊字符，其用法与字符串用法类似，表 5-22 给出了宽字符串中特殊字符表示法示例。

表 5-22　特殊字符在 WString 数据类型中的表示法示例

字　符	十 六 进 制	含　义	示　例
$L 或 $I	000A	换行	'$LText'，'$000AText'
$N	000A 和 000D	断行（断行在字符串中占用 2 个字符）	'$NText'，'$000A$000DText'
$P 或 $p	000C	分页	'$PText'，'$000CText'
$R 或 $r	000D	回车（CR）	'$RText'，'$000DText'
$T 或 $t	0009	切换	'$TText'，'$0009Text'
$$	0024	美元符号	'100$$'，'100$0024'
$'	0027	单引号	'$'Text$''，'$0027Text$0027'

2. 数组和结构类型

（1）数组

　　数组（Array）数据类型表示一个由固定数目的同一种数据类型元素组成的数据结构，数组中的元素允许使用除了 Array 之外的所有数据类型。

　　数组元素通过下标进行寻址。对于不同型号的 PLC，数组下标有 16 位限值和 32 位限值之分，S7-1200 和 S7-1500 PLC 使用 32 位限值的数组。数组使用前需要声明，在数组声明中，下标限值定义在 Array 关键字之后的方括号中，下限值必须小于或等于上限值。一个数组最多可以包含 6 维，并使用逗号隔开维度限值。表 5-23 列出了 Array 数据类型的属性。表 5-24 给出了声明 Array 数据类型的操作数的示例。

表 5-23　数组 Array 数据类型的属性

长　度	格　式	下 标 限 值
元素数量 ＊ 数据类型的长度	Array[下限值..上限值] of ＜数据类型＞	[2147483648..2147483647]

表 5-24　数组 Array 数据类型的声明示例

数 组 名 称	声　明	注　释
测量值	Array[1..20] of REAL	包括 20 个 Real 数据类型元素的一维数组
时间	Array[-5..5] of INT	包括 11 个 Int 数据类型元素的一维数组
字符	Array[1..2,3..4] of CHAR	包括 4 个 Char 数据类型元素的二维数组

（2）结构

　　结构（Struct）数据类型表示由固定数目的多种数据类型的元素组成的数据结构。数据类型 Struct 和 Array 的元素还可以在结构中嵌套，嵌套深度限制为 8 级。结构可用于根据过程控制系统分组数据以及作为一个数据单元来传送参数。

对于 S7 – 1200 或 S7 – 1500 系列 CPU，可最多创建 65534 个结构，其中每个结构可最多包括 252 个元素。此外，还可创建最多 65534 个函数块、65535 个函数和 65535 个组织块，每个块最多具有 252 个元素。

3. PLC 数据类型（UDT）

PLC 数据类型是可在程序中多次使用的数据结构模板，该结构由几个部分组成，每部分可包含不同的数据类型。PLC 数据类型不能被直接使用，但可以通过创建基于 PLC 数据类型的数据块或定义基于 PLC 数据类型的变量来进行使用。

对于 S7 – 1200 或 S7 – 1500 系列 CPU，可最多创建 65534 个 PLC 数据类型。其中每个 PLC 数据类型可最多包括 252 个元素。

在 TIA Portal 软件中，鼠标双击 PLC 站点下 PLC 数据类型文件夹中的"添加新数据类型"，则在 PLC 数据类型文件夹中增加了一项"用户数据类型_1"，可通过鼠标右键弹出的快捷菜单选择"重命名"。例如，将"用户数据类型_1"重命名为"电机参数"，鼠标双击"电机参数"，在右侧工作区中可以定义该 PLC 数据类型的数据结构，如图 5–3 所示。

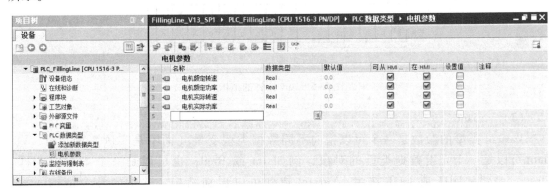

图 5–3　创建 PLC 数据类型

5.1.4　其他数据类型

对于 S7 – 1500 PLC，除了基本数据类型和复合数据类型外，还包括指针、参数类型、系统数据类型和硬件数据类型等其他数据类型。

1. 指针类型

S7 – 1500 PLC 支持 Pointer、Any 和 Variant 三种类型指针，S7 – 300/400 PLC 只支持前两种，S7 – 1200 PLC 只支持最后一种。

（1）Pointer

Pointer 类型的参数是一个可指向特定变量的指针。它在存储器中占用 6 B（48 bit），可能包含数据块编号或 0（若数据块中没有存储数据）、CPU 中的存储区和变量起始地址（格式为"字节 . 位"）等信息，图 5–4 显示了 Pointer 指针的结构。

（2）Any

Any 类型的参数指向数据区的起始位置，并指定其长度。Any 指针使用存储器中的 10 个字节，图 5–5 给出了 Any 指针的结构。Any 指针不仅包含 Pointer 指针所包含的内容（DB

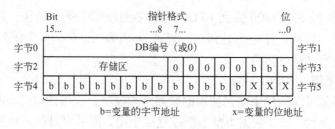

图 5-4 Pointer 指针的结构

编号、存储区和数据的起始地址），还可能包含数据类型（数据区元素的数据类型）、零指针（使用零指针，可以指出缺少的值）和重复系数（系统区的元素数）等。

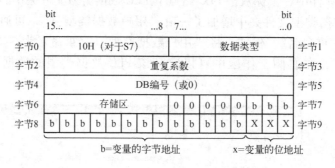

图 5-5 Any 指针的结构

（3）Variant

Variant 类型的参数是一个可以指向不同数据类型变量（而不是实例）的指针。Variant 可以是一个元素数据类型的对象，例如 Int 或 Real；也可以是一个 String、DTL、Struct、数组、UDT 或 UDT 数组。Variant 指针可以识别结构，并指向各个结构元素。Variant 数据类型的操作数在背景 DB 或 L 堆栈中不占用任何空间，但是将占用 CPU 上的存储空间。

Variant 类型的变量不是一个对象，而是对另一个对象的引用。Variant 类型的各元素只能在函数的块接口中声明。因此，不能在数据块或函数块的块接口静态部分中声明，例如，因为各元素的大小未知，所引用对象的大小可以更改。

Variant 数据类型只能在块接口的形参中定义。

2. 参数类型

参数类型是传递给被调用块的形参的数据类型。参数数据类型及其用途见表 5-25。

表 5-25　可用的参数数据类型及用途

参 数 类 型	长度/bit	用 途 说 明
Timer	16	可用于指定在被调用代码块中所使用的定时器。如果使用 Timer 参数类型的形参，则相关的实参必须是定时器。 示例：T1
Counter	16	可用于指定在被调用代码块中使用的计数器。如果使用 Counter 参数类型的形参，则相关的实参必须是计数器。 示例：C10

参 数 类 型	长度/bit	用 途 说 明
BLOCK_FC、BLOCK_FB、BLOCK_DB、BLOCK_SDB、BLOCK_SFB、BLOCK_SFC、BLOCK_OB	16	可用于指定在被调用代码块中用作输入的块。参数的声明决定所要使用的块类型（例如，FB、FC、DB）。如果使用 BLOCK 参数类型的形参，则将指定一个块地址作为实参。 示例：DB3
VOID	－	VOID 参数类型不会保存任何值。如果输出不需要任何返回值，则使用此参数类型。例如，如果不需要显示错误信息，则可以在输出 STATUS 中指定 VOID 参数类型

3. 系统数据类型

系统数据类型（SDT）由系统提供并具有预定义的结构。表 5-26 给出了 S7-1500 PLC 可用的系统数据类型及其用途。

表 5-26　可用的系统数据类型及用途

系统数据类型	长度/B	用 途 说 明
IEC_TIMER	16	定时值为 TIME 数据类型的定时器结构。例如，此数据类型可用于 "TP" "TOF" "TON" "TONR" "RT" 和 "PT" 指令
IEC_LTIMER	32	定时值为 LTIME 数据类型的定时器结构。例如，此数据类型可用于 "TP" "TOF" "TON" "TONR" "RT" 和 "PT" 指令
IEC_SCOUNTER	3	计数值为 SINT 数据类型的计数器结构。例如，此数据类型用于 "CTU" "CTD" 和 "CTUD" 指令
IEC_USCOUNTER	3	计数值为 USINT 数据类型的计数器结构。例如，此数据类型用于 "CTU" "CTD" 和 "CTUD" 指令
IEC_COUNTER	6	计数值为 INT 数据类型的计数器结构。例如，此数据类型用于 "CTU" "CTD" 和 "CTUD" 指令
IEC_UCOUNTER	6	计数值为 UINT 数据类型的计数器结构。例如，此数据类型用于 "CTU" "CTD" 和 "CTUD" 指令
IEC_DCOUNTER	12	计数值为 DINT 数据类型的计数器结构。例如，此数据类型用于 "CTU" "CTD" 和 "CTUD" 指令
IEC_UDCOUNTER	12	计数值为 UDINT 数据类型的计数器结构。例如，此数据类型用于 "CTU" "CTD" 和 "CTUD" 指令
IEC_LCOUNTER	24	计数值为 UDINT 数据类型的计数器结构。例如，此数据类型用于 "CTU" "CTD" 和 "CTUD" 指令
IEC_ULCOUNTER	24	计数值为 UINT 数据类型的计数器结构。例如，此数据类型用于 "CTU" "CTD" 和 "CTUD" 指令
ERROR_STRUCT	28	编程错误信息或 I/O 访问错误信息的结构。例如，此数据类型用于 "GET_ERROR" 指令
CREF	8	数据类型 ERROR_STRUCT 的组成，在其中保存有关块地址的信息
NREF	8	数据类型 ERROR_STRUCT 的组成，在其中保存有关操作数的信息
STARTINFO	12	指定保存启动信息的数据结构。例如，此数据类型用于 "RD_SINFO" 指令
SSL_HEADER	4	指定在读取系统状态列表期间保存有关数据记录信息的数据结构。例如，此数据类型用于 "RDSYSST" 指令
CONDITIONS	52	用户自定义的数据结构，定义数据接收的开始和结束条件。例如，此数据类型用于 "RCV_CFG" 指令
TADDR_Param	8	指定用来存储那些通过 UDP 实现开放用户通信的连接说明的数据块结构。例如，此数据类型用于 "TUSEND" 和 "TURSV" 指令
TCON_Param	64	指定用来存储那些通过工业以太网（PROFINET）实现开放用户通信的连接说明的数据块结构。例如，此数据类型用于 "TSEND" 和 "TRSV" 指令

系统数据类型的结构由固定数目的可具有各种数据类型的元素构成，用户不能更改系统数据类型的结构。系统数据类型只能用于特定指令。

4. 硬件数据类型

硬件数据类型由 CPU 提供。可用硬件数据类型的数目取决于 CPU。

根据硬件配置中设置的模块存储特定硬件数据类型的常量。在用户程序中插入用于控制或激活已组态模块的指令时，可将这些可用常量用作参数。表 5-27 给出了可用的硬件数据类型示例及其用途。由于硬件数据类型比较多，使用时可查手册。

表 5-27　可用的硬件数据类型示例及其用途

硬件数据类型名称	基本数据类型	说　　明
REMOTE	ANY	用于指定远程 CPU 的地址。例如，此数据类型用于 "PUT" 和 "GET" 指令
GEOADDR	HW_IOSYSTEM	实际地址信息
HW_ANY	WORD	任何硬件组件（如模块）的标识
HW_DEVICE	HW_ANY	DP 从站/PROFINET IO 设备的标识
HW_DPMASTER	HW_INTERFACE	DP 主站的标识
HW_DPSLAVE	HW_DEVICE	DP 从站的标识

5.1.5　S7-1500 PLC 存储区

PLC 的存储器与计算机的存储器功能相似，用来存储系统程序、用户程序和数据。S7 系列的 PLC 根据不同功能，将存储器细分为若干个不同的存储区，如装载存储器（Load Memory）区、工作存储器（Work Memory）区、保持存储器（Retentive Memory）区和系统存储器（System Memory）区。

1. 装载存储器

用户项目中的程序块、数据块以及系统数据下载到装载存储器中。程序块用来存储用户程序。数据块用来存储用户数据，数据块的地址标识符为 DB（Data Block）。系统数据指的是用户进行硬件配置和网络参数配置等操作后由 PLC 自动生成的数据。

对于 S7-300/400 PLC，装载存储器不包含项目中的符号和注释等信息，但 S7-1500 PLC 的装载存储器还包含了符号和注释信息。

S7-400 CPU 和早期 S7-300 CPU 的装载存储器集成在 CPU 内部，类型是 RAM，断电后如果没有备份电池支持则信息会丢失。可以通过外插存储器卡（Flash Memory）扩展装载存储器区的容量，并具有断电保存信息的功能。新型 S7-300 CPU 的装载存储区为外插的 MMC 卡，类型是 Flash Memory，所有信息保存在 MMC 卡中，断电后不会丢失。对于 S7-1500 CPU 的装载存储器，只能通过外插存储器卡来扩展装载存储器区的容量，容量大小取决于存储器卡的容量大小。

2. 工作存储器

工作存储器是集成在 CPU 内部的 RAM 存储器，容量不能扩展。工作存储器被分成程序工作存储器和数据工作存储器，分别用来保存与程序运行有关的程序块和数据块。用户在向 CPU 装载存储器下载程序块和数据块时，与程序执行有关的块被自动装入工作存储器。工作存储器区内的数据在掉电时丢失，在恢复供电时由 CPU 恢复。

3. 系统存储器

系统存储器是集成在 CPU 内部的 RAM 存储器，数据掉电丢失，容量不能扩展。系统存储器区主要包括输入过程映像（I）区、输出过程映像（Q）区、位存储器（M）区、定时器（T）区、计数器（C）区、局部数据（L）区和 I/O 外设存储器区。

（1）输入过程映像区 I

在每个循环扫描的开始，CPU 读取数字量输入模块的状态值，并保存到输入过程映像区。输入过程映像区的地址标识符为 I。

（2）输出过程映像区 Q

程序运行过程中，输出的状态值被写入输出过程映像区。当所有指令执行完毕后，CPU 将输出过程映像区的状态写到数字量输出模块。输出过程映像区的地址标识符为 Q。

（3）位存储器 M

位存储器为用户提供了存放程序中间计算结果和数据的存储空间，可以按位、字节、字或双字存取数据。位存储器区的地址标识符为 M。

（4）定时器 T

定时器为用户提供了定时控制功能，每个定时器占用定时时间值的 16 位地址空间和定时器状态的 1 位地址空间。定时器的地址标识符为 T。

（5）计数器 C

计数器为用户提供了计数控制功能，每个计数器占用计数值的 16 位地址空间和计数器状态的 1 位地址空间。计数器的地址标识符为 C。

（6）局域数据区 L

局域数据区是一个临时数据存储区，用来保存程序块中的临时数据。局域数据区的地址标识符为 L。

（7）I/O 外设存储器区

I/O 外设存储器区允许用户不经过输入/输出过程映像区而直接访问输入/输出模块。I/O外设存储器的地址标识符为 I/O 地址后加"：P"。

4. 保持存储器

保持存储器是集成在 CPU 内部的非易失存储器，保存有限数量的数据，使之掉电不丢失。可以通过参数设置，指定相应的存储器单元为可保持性，则该存储器单元内的数据在掉电时将被保存在保持存储器中。设置为可保持性的数据可以是 M、T、C 和数据块内的数据。

5.1.6 寻址方式

寻址方式，即对数据存储区进行读写访问的方式。S7 系列 PLC 的寻址方式有立即数寻址、直接寻址和间接寻址三大类。立即数寻址的数据在指令中以常数（常量）形式出现；直接寻址是指在指令中直接给出要访问的存储器或寄存器的名称和地址编号，直接存取数据；间接寻址是指使用地址指针间接给出要访问的存储器或寄存器的地址。

1. 直接寻址

对于系统存储器中的 I、Q、M 和 L 存储区，是按字节进行排列的，对其中的存储单元进行的直接寻址方式包括位寻址、字节寻址、字寻址和双字寻址。

位寻址是对存储器中的某一位进行读写访问。

格式：地址标识符　字节地址．位地址

其中，地址标识符指明存储区的类型，可以是 I、Q、M 和 L。字节地址和位地址指明寻址的具体位置。例如，访问输入过程映像区 I 中的第 3 字节第 4 位，如图 5-6 阴影部分所示，地址表示为 I3.4。

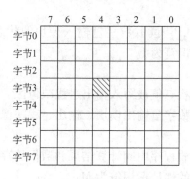

图 5-6　位寻址示意

对 I、Q、M 和 L 存储区也可以以 1 B 或 2 B 或 4 B 为单位进行一次读写访问。

格式：地址标识符　长度类型　字节起始地址

其中，长度类型包括字节、字和双字，分别用"B"（Byte）、"W"（Word）和"D"（Double Word）表示。

例如，VB100 表示变量存储器区中的第 100 字节，VW100 表示变量存储器区中的第 100 和 101 两个字节，VD100 表示变量存储器区中的第 100、101、102 和 103 四个字节。需要注意，当数据长度为字或双字时，最高有效字节为起始地址字节。图 5-7 所示为 VB100、VW100、VD100 三种寻址方式所对应访问的存储器空间及高低位排列的方式。

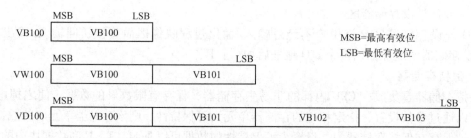

图 5-7　字节/字/双字寻址举例

对于 I/O 外设，也可以使用位寻址、字节寻址、字寻址和双字寻址。例如 IB0：P，表示输入过程映像区第 0 字节所对应的输入外设存储器单元；再如 Q1.2：P，表示输出过程映像区第 1 字节第 2 位所对应的输出外设存储器单元。

数据块存储区也是按字节进行排列的，也可以使用位寻址、字节寻址、字寻址和双字寻址方式对数据块进行读写访问。其中字节、字和双字的寻址格式同 I、Q、M、L 存储区，位寻址的格式需要在地址标识符 DB 后加 X。如 DBX2.3，表示寻址数据块第 2 字节第 3 位；DBB10 表示寻址数据块第 10 字节；DBW4 表示寻址数据块第 4、5 两个字节；DBD20 表示寻址数据块第 20、21、22 和 23 四个字节。表 5-28 为 I、Q、M、L、I/O 外设和数据块存储区的直接寻址方式。

表 5-28　存储区的直接寻址方式

存　储　区	可访问的地址单元	地址标识符	举　例
输入过程映像区	位	I	I0.0
	字节	IB	IB1
	字	IW	IW2
	双字	ID	ID0
输出过程映像区	位	Q	Q8.5
	字节	QB	QB5
	字	QW	QW6
	双字	QD	QD10
位存储器区	位	M	M10.3
	字节	MB	MB30
	字	MW	MW32
	双字	MD	MD34
输入外设存储区	位	I：P	I0.5：P
	字节	IB：P	IB50：P
	字	IW：P	IW62：P
	双字	ID：P	ID86：P
输出外设存储区	位	Q：P	Q2.1：P
	字节	QB：P	QB99：P
	字	QW：P	QW106：P
	双字	QD：P	QD168：P
数据块	位	DBX	DBX3.4
	字节	DBB	DBB3
	字	DBW	DBW6
	双字	DBD	DBD8

2. 间接寻址

采用间接寻址时，只有当程序执行时，用于读或写数值的地址才得以确定。使用间接寻址，可实现每次运行该程序语句时使用不同的操作数，从而减少程序语句并使得程序更灵活。

对于 S7-1500 PLC，所有的编程语言都可以通过指针、数组元素的间接索引等方式进行间接寻址。当然，不同的语言也支持特定的间接寻址方式，如在 STL 编程语言中，可以直接通过地址寄存器寻址操作数。

由于操作数只在运行期间通过间接寻址计算，因此可能会出现访问错误，而且程序可能会使用错误值来操作。此外，存储区可能会无意中被错误值覆盖，从而导致系统做出意外响应。因此，使用间接寻址时需格外小心。

本章节只对间接寻址作简单介绍，具体使用时需查询手册。

（1）通过指针间接寻址

对于间接寻址，可以使用以下类型的指针：Pointer、Any（S7 – 1500，仅适用于可标准访问的块）和 Variant。表 5-29 所示为声明各种 Pointer 指针类型的格式，表 5-30 所示为声明各种 Any 指针类型的格式，表 5-31 所示为声明各种 Variant 指针类型的格式。

表 5-29 声明各种 Pointer 指针类型的格式

指针表示方式	格　　式	输入值示例	说　　明
符号寻址	P#Byte. Bit	"MyTag"	内部区域指针
	P#OperandArea Byte. Bit	"MyTag"	跨区域指针
	P#Data_block. Data_operand	"MyDB". "MyTag"	DB 指针
	P#零值	–	零指针
绝对地址寻址	P#Byte. Bit	P#20. 0	内部区域指针
	P#OperandAreaByte. Bit	P#M20. 0	跨区域指针
	P#Data_block. Data_operand	P#DB10. DBX20. 0	DB 指针
	P#零值	P#0. 0，ZERO	零指针

表 5-30 声明各种 Any 指针类型的格式

指针表示方式	格　　式	输入值示例	说　　明
符号寻址	P#DataBlock. MemoryArea DataAddress Type Number	"MyDB". StructTag. Initial Components	全局 DB11 中从 DBW20 开始带有 10 个字（Int 类型）的区域
	P#MemoryArea DataAddress Type Number	"MyMarkerTag"	以 MB20 开始包含 4 个字节的区域
		"MyTag"	输入 I1. 0
	P#零值	–	零值
绝对地址寻址	P#DataBlock. MemoryArea DataAddress Type Number	P#DB11. DBX20. 0 INT 10	全局 DB11 中从 DBW20 开始带有 10 个字（Int 类型）的区域
	P#MemoryArea DataAddress Type Number	P#M20. 0 BYTE 10	以 MB 20 开始包含 10 个字节的区域
		P#I1. 0 BOOL 1	输入 I1. 0
	P#零值	P#0. 0 VOID 0，ZERO	零值

表 5-31 声明各种 Variant 指针类型的格式

指针表示方式	格　　式	输入值示例	说　　明
符号寻址	操作数	"TagResult"	MW10 存储区
	数据块名称. 操作数名称. 元素	"Data_TIA_Portal". Struct Variable. FirstComponent	全局 DB10 中从 DBW10 开始带有 12 个字（Int 类型）的区域
绝对地址寻址	操作数	% MW10	MW10 存储区
	数据块编号. 操作数 类型长度（仅对可标准访问的块有效）	P#DB10. DBX10. 0 INT 12	全局 DB10 中从 DBW10 开始带有 12 个字（Int 类型）的区域
	P#零值	P#0. 0 VOID 0，ZERO	零值

（2）Array 元素的间接索引

要寻址 Array 元素，可以指定整型数据类型的变量并指定常量作为下标。在此，只能使用长度最长为 32 位的整数。使用变量时，则可在运行过程对索引进行计算。例如，在程序循环中，每次循环都使用不同的下标。

用于一维数组 Array 的间接索引格式为" < Data block > ". < ARRAY > ["i"]；用于二维数组 Array 的间接索引格式为" < Data block > ". < ARRAY > ["i","j"]。其中 < Data block > 为数据块名称，< ARRAY > 为数组变量名称，"i" 和 "j" 为用作指针的整型变量。

例如，图 5-8 所示为使用梯形图（LAD）编程语言对 Array 中的元素进行寻址，并将值传送到另一个变量中。在被传送的操作数中，"MyDB" 为一数据块名称，ARRAY 为数据块 "MyDB" 中的某三维数组名称，"Tag_1" "Tag_2" "Tag_3" 为指示该三维数组的下标指针，故操作数 "MyDB". ARRAY ["Tag_1"，"Tag_2"，"Tag_3"] 表示数据块 "MyDB" 中下标依次为 "Tag_1" "Tag_2" "Tag_3" 三个变量所指定的三维数组 ARRAY 的元素。

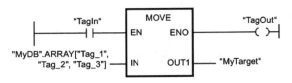

图 5-8　Array 元素的间接索引示例

（3）间接寻址 String 的各字符

要寻址 String 或 WString 的各字符，可以将常量和变量指定为下标。该变量必须为整型数据类型。使用变量时，则可在运行过程中对索引进行计算。例如，在程序循环中，每次循环都使用不同的下标。

用于 String 的间接索引的格式为" < Data block > ". < STRING > ["i"]；用于 WString 的间接索引的格式为" < Data block > ". < WSTRING > ["i"]。

（4）STL 编程语言中的间接寻址

在 STL 编程语言中，可以使用存储器间接寻址、寄存器间接内部区域寻址和寄存器间接跨区域寻址。

对于存储器间接寻址，可以在变量中存储地址。变量可以是 Word 或 DWord 数据类型。变量可以位于存储器区域 "数据"（DB 或 DI）、"位存储器"（M）或 "临时本地数据"（L）中。

地址寄存器有地址寄存器 1（AR1）和地址寄存器 2（AR2），长度相等，有 32 位，可以在地址寄存器中存储内部区域指针和跨区域指针，实现寄存器和其他可用存储区之间交换数据。

5.1.7　编程语言

S7 - 1500 PLC 支持五种编程语言：LAD（梯形图）、FBD（功能块图）、STL（语句表）、SCL（结构化控制语言）和 GRAPH（图形编程语言）。

1. 梯形图 LAD

梯形图 LAD（Ladder Diagram）是一种图形编程语言，采用基于电路图的表示法，在形式上与继电接触器控制系统中的电气原理图相类似，简单、直观、易读、好懂。因此所有 PLC 生产厂家均支持梯形图编程语言。程序以一个或多个程序段（梯级）表示，程序段的左右两侧各包含一条母线，分别称为左母线和右母线，程序段由各种指令组成，程序外观如图5-9所示。程序中，在绝对地址之前加"%"是Portal软件对变量绝对地址的表达方式。

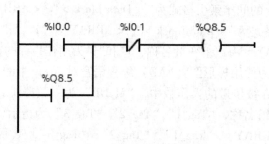

图5-9 LAD程序举例

2. 功能块图 FBD

功能块图FBD（Function Block Diagram）的程序外观与数字电路中的逻辑门电路结构比较相似，所有的逻辑运算、算术运算和数据处理指令均用一个功能方块图表示，通过一定的逻辑关系将它们连接起来。

对应于图5-9的梯形图指令，用功能块图指令编写的程序如图5-10所示。

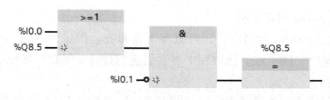

图5-10 FBD程序举例

3. 语句表 STL

语句表STL（Statement List）类似于计算机中的汇编语言，使用指令的助记符进行文本编程。对于有计算机编程基础的用户来说，使用语句表编程比较方便，且功能强大，使用灵活。但是不同的PLC生产厂家所用的CPU芯片不同，语句表指令的助记符和操作数的表示方法也不相同。

对应于图5-9的梯形图指令，用语句表指令编写的程序为

```
A      % I0.0
O      % Q8.5
AN     % I0.1
=      % Q8.5
```

4. 结构化控制语言 SCL

结构化控制语言SCL（Structured Control Language）是一种类似于PASCAL的高级编程语言，符合国际标准IEC 61131-3。SCL编程语言对工程设计人员要求较高，需要其具有一定的计算机高级语言的知识和编程技巧。

5. GRAPH 编程语言

GRAPH是创建顺序控制系统的图形编程语言。使用GRAPH编程语言，可以更为快速便捷和直观地对顺序控制进行编程。GRAPH将过程分解为多个步，步与步之间存在转换条

件，每个步都有明确的功能范围，然后再将这些步组织到顺控程序中。TIA Portal 软件允许对功能块程序使用 GRAPH 编程语言进行编程。

5.2 变量表与符号寻址

在开始项目编程之前，首先花一些时间规划好所用到的内部资源，并创建一个符号表。在符号表中为绝对地址定义具有实际意义的符号名，这样可以增强程序的可读性、简化程序的调试和维护，为后面的编程和维护工作节省更多的时间。

STEP 7 中可以定义两类符号：全局符号和局部符号。全局符号利用变量表（Tag table）来定义，可以在用户项目的所有程序块中使用。局部符号是在程序块的变量声明表中定义，只能在该程序块中使用。

5.2.1 变量表

PLC 变量表（Tag table）包含在整个 CPU 范围有效的变量和符号常量的定义。系统会为项目中使用每个 CPU 自动创建一个 PLC 变量表，用户也可以创建其他变量表用于对变量和常量进行归类与分组。

在 TIA Portal 软件中添加了 CPU 设备后，会在项目树中 CPU 设备下出现一个 PLC 变量（PLC tags）文件夹，在该文件夹下显示三个选项，分别是"显示所有变量"（Show all tags）、"添加新变量表"（Add new table）和"默认变量表"。

双击"显示所有变量"，则工作区中以三个选项卡（变量、用户常量和系统常量）分别显示全部的 PLC 变量、用户常量和 CPU 系统常量，如图 5-11 所示。该表不能删除或移动。

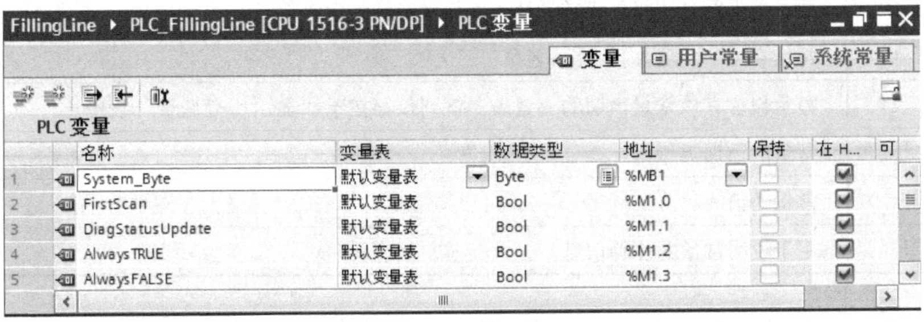

图 5-11 显示所有变量

"默认变量表"为系统自动创建，包含 PLC 变量、用户常量和系统常量。该表不能删除、重命名或移动。用户可以在默认变量表中定义所有的 PLC 变量和用户常量，也可以在用户自定义变量表中定义。

通过双击"添加新变量表"可以创建用户自定义变量表。用户定义变量表包含 PLC 变量和用户常量。用户根据需要在用户自定义变量表中定义所需要的变量和常量。用户自定义变量表可以有多个，可以对其进行重命名、整理合并为组或删除。

变量表中均有"变量"和"用户常量"选项卡，而"显示所有变量"和"默认变量表"中还有"系统常量"选项卡。

在"变量"选项卡中，声明程序中所需的全局变量。表 5-32 显示了该选项卡中各列的含义。每列均可以根据需要使用鼠标右键调出快捷菜单的方式显示或隐藏列。

表 5-32　变量表中"变量"选项卡各列的含义

列	含　义
	通过单击符号并将变量拖动到程序中作为操作数
名称	变量在 CPU 范围内的唯一名称
变量表	显示包含有该变量声明的变量表。该列仅存在于"显示所有变量"表中
数据类型	变量的数据类型
地址	变量地址
保持性	将变量标记为具有保持性。保持性变量的值在电源关闭后将保留
在 HMI 可见	显示默认情况下，在选择 HMI 的操作数时变量是否显示
可从 HMI 访问	显示运行期间 HMI 是否可访问此变量
监视值	CPU 中的当前数据值。只有建立了在线连接并选择"监视所有"按钮时，才会显示该列
注释	用于说明变量的注释信息

在"用户常量"选项卡中，可以定义整个 CPU 范围内有效的符号常量。系统所需的常量将显示在"系统常量"选项卡中。表 5-33 列出了"用户常量"和"系统常量"各列的含义。每列均可以根据需要显示或隐藏列。

表 5-33　变量表中"用户常量"和"系统常量"选项卡各列的含义

列	含　义
	通过单击符号并将用户常量拖动到程序中作为操作数
	通过单击符号并将系统常量拖动到程序中作为操作数
名称	常量在 CPU 范围内的唯一名称
变量表	显示包含有该常量声明的变量表。该列仅存在于"显示所有变量"表中
数据类型	常量的数据类型
值	常量的值
注释	用于说明常量的注释信息

在变量选项卡中，工具条显示 ，各工具按钮的含义依次为：在所选行前插入行，在所选行后添加行，将变量或常量导出到 Excel 文件中，监视变量表中变量的值，设置 M、T、C 为可保持的区域大小。用户常量选项卡中只有前三个工具按钮，而系统常量没有工具按钮。

5.2.2　定义全局符号

在变量表中定义变量和常量，所定义的符号名称允许使用字母、数字和特殊字符，但不能使用引号。变量表中的变量均为全局变量，在编程时可以使用全局变量的符号进行寻址，从而提高程序的可读性。

对于自动灌装生产线，可将 I/O 变量和需要使用的内存变量在变量表中定义全局符号。在项目树中，双击"PLC 变量"文件夹下的"添加新变量表"，在该文件夹下自动生成"变量 table_1［0］", 其中［0］表示该变量表中变量的个数为 0。对"变量 table_1［0］"通过鼠标右键弹出快捷菜单, 在快捷菜单中选择"重命名", 更名为"FillingLine"。使用同样的方法, 创建变量表"MTC", 用于定义 M、T、C 等 PLC 变量。最终结果如图 5-12 所示。

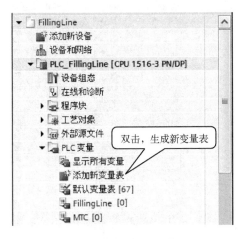

图 5-12　添加变量表

双击"FillingLine"打开该变量表, 并定义 I/O 变量的符号, 如图 5-13 所示。在变量表"MTC"所定义的符号如图 5-14 所示, 后续可根据编程需要进行添加。

	名称	数据类型	地址 ▲	保持	在 H...	可从 ...	注释
1	启动按钮	Bool	%I0.0		☑	☑	SB1
2	停止按钮	Bool	%I0.1		☑	☑	SB2
3	正向点动按钮	Bool	%I0.2		☑	☑	SB3
4	反向点动按钮	Bool	%I0.3		☑	☑	SB4
5	灌装点动按钮	Bool	%I0.4		☑	☑	SB5
6	手动/自动模式选择开关	Bool	%I0.5		☑	☑	SA1
7	模式确认按钮	Bool	%I0.6		☑	☑	SB6
8	暂停按钮	Bool	%I0.7		☑	☑	SB7
9	就地远程控制选择开关	Bool	%I1.0		☑	☑	SA2
10	故障应答按钮	Bool	%I1.1		☑	☑	SB8
11	复位按钮	Bool	%I1.2		☑	☑	SB9
12	急停状态输入	Bool	%I1.3		☑	☑	KA1
13	空瓶位置接近开关	Bool	%I2.0		☑	☑	S1
14	灌装位置接近开关	Bool	%I2.1		☑	☑	S2
15	成品位置接近开关	Bool	%I2.2		☑	☑	S3
16	成品称重传感器	Int	%IW256		☑	☑	S4
17	灌装罐低液位传感器	Int	%IW258		☑	☑	S5
18	生产线运行指示灯	Bool	%Q4.1		☑	☑	HL1
19	手动模式指示灯	Bool	%Q4.2		☑	☑	HL2
20	自动模式指示灯	Bool	%Q4.3		☑	☑	HL3
21	就地控制指示灯	Bool	%Q4.4		☑	☑	HL4
22	远程控制指示灯	Bool	%Q4.5		☑	☑	HL5
23	检测合格指示灯	Bool	%Q4.6		☑	☑	HL6
24	故障报警指示灯	Bool	%Q4.7		☑	☑	HL7
25	物料灌装阀门	Bool	%Q5.0		☑	☑	YV
26	传送带正向运行	Bool	%Q5.1		☑	☑	KA2
27	传送带反向运行	Bool	%Q5.2		☑	☑	KA3

图 5-13　定义 I/O 变量全局符号

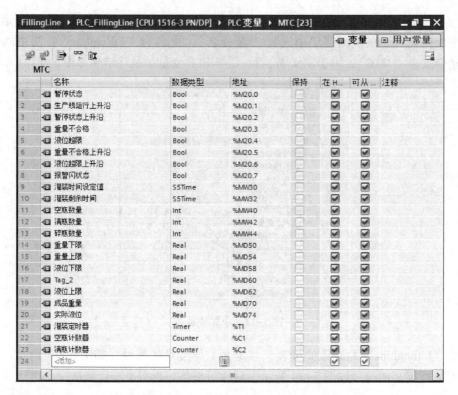

图 5-14 定义内存变量全局符号

任务4 定义全局符号

新建变量表，根据硬件设计的 I/O 地址分配和数据处理占用的内存单元，分别在不同的变量表中定义符号名称。

5.3 监控表与设备测试

硬件接线完成后，需要对所接线的输入和输出设备进行测试，即 I/O 设备测试。I/O 设备测试可以使用 Portal 软件所提供的监控表实现。当然，监控表还可以用来调试程序。Portal 软件的监控表的功能相当于经典 STEP 7 软件中的变量表的功能。

5.3.1 监控表

监控表（Watch table）也称监视表，可以在 PG/PC 上显示 CPU 中或用户程序中的各个变量的当前值，也可以将特定值分配给用户程序中或 CPU 中的各个变量。使用这两项功能可以检查 I/O 设备接线情况。

当在 Portal 项目中添加了 PLC 设备后，系统会为该 PLC 的 CPU 自动生成一个"监控和强制表"（Watch and force tables）文件夹。通过在项目树中找到该文件夹，双击该文件夹下"添加新监控表"（Add new watch table）选项，即可在该文件夹中创建新的监控表，默认名称为"监控表_1"（Watch table_1），并在工作区中显示该监控表，如图 5-15 所示。

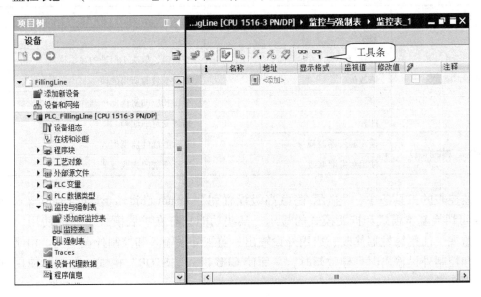

图 5-15　添加新监控表

监视表有基本模式和扩展模式两种显示模式，默认显示基本模式。扩展模式中显示的列比基本模式多两项："使用触发器监视"和"使用触发器修改"。

表 5-34 列出了监控表中的工具条各项含义。表 5-35 列出了基本模式和扩展模式下各列的含义。

表 5-34　监控表中工具条各项含义

图　标	含　义
	在所选行之前插入一行
	在所选行之后插入一行
	显示所有修改列。如果再次单击该图标，将隐藏修改列
	显示扩展模式的所有列。如果再次单击该图标，将隐藏扩展模式的列
	立即修改所有选定变量的地址一次。该命令将立即执行一次，而不参考用户程序中已定义的触发点
	参考用户程序中定义的触发点，修改所有选定变量的地址
	禁用外设输出的输出禁用命令。因此用户可以在 CPU 处于 STOP 模式时修改外设输出
	开始对激活监控表中的可见变量进行监视。在基本模式下，监视模式的默认设置是"永久"；在扩展模式下，可以为变量监视设置定义的触发点
	开始对激活监控表中的可见变量进行监视。该命令将立即执行并监视变量一次

表 5-35　监控表各列的含义

模　式	列	含　义
基本模式	ⓘ	标识符列
	名称	插入变量的名称
	地址	插入变量的地址

模 式	列	含 义
基本模式	显示格式	所选的显示格式
	监视值	变量值，取决于所选的显示格式
	修改值	修改变量时所用的值
	⚡	单击相应的复选框可选择要修改的变量
	注释	描述变量的注释
扩展模式（增加项）	使用触发器监视	显示所选的监视模式
	使用触发器修改	显示所选的修改模式

在监控表的工具条中，"显示/隐藏高级设置列"（Show/hide advanced setting columns）图标 ⬛ 可切换基本模式和扩展模式的显示。某些功能只有在扩展模式下才能使用，如使用触发器监视、使用触发器修改、启用外设输出、监视外设输入和控制外设输出。由于监视外设输入和控制外设输出时可导致超时，从而使 CPU 进入"STOP"模式，在实际使用过程中需要特别注意。

另外，在使用监控表时还会出现一些其他的符号，符号的功能见表 5-36。

表 5-36　监控表中其他符号含义

图标	含 义	图标	含 义
⬛	表示所选变量的值已被修改为"1"	F	表示该地址正在被强制
⬜	表示所选变量的值已被修改为"0"	F	表示该地址正在被部分强制
=	表示将多次使用该地址	E	表示相关的 I/O 地址正在被完全/部分强制
📎	表示将使用该替代值	E	表示相关的 I/O 地址正在被完全/部分强制
🔒	表示地址因已修改而被阻止	✖	表示发生语法错误
🔒	表示无法修改该地址	⚠	表示选择了该地址但该地址尚未更改
🔒	表示无法监视该地址		

5.3.2　I/O 设备测试

双击"添加新建监控表"，新建"监控表_1"，并通过单击鼠标右键弹出快捷菜单，选择重命名选项，将"监控表_1"重命名为"I/O 测试"。双击打开"I/O 测试"监控表，在该表中"名称"一列输入待测试的 I/O 变量，可以输入绝对地址，也可以输入符号名，如图 5-16 所示。在名称列若输入的是绝对地址，回车后，该地址会自动显示在地址列。其中，绝对地址输入后，系统会自动在地址前添加"%"。

在变量表中，对数据的编辑功能与 EXCEL 表类似。因此，监控表中变量的输入支持复制、粘贴和拖曳功能，变量可以从其他表中复制进来，也可以通过拖曳的方法实现变量的添加。

单击监控表中工具条的"监视变量"工具 🔍，可实现 I/O 变量状态的监视。改变现场输入设备的状态，通过监控表监视输入变量，从而实现输入设备的测试。在输出变量的"修改值"列输入待修改值，然后单击监控表工具条中"立即修改"命令 ✏️，可以实现对输出变量值的修改，如图 5-17 所示。通过逐一修改输出变量值，可测试输出设备是否正常工作。

	名称	地址	显示格式	监视值	修改值
1	"启动按钮"	%I0.0	布尔型		
2	"停止按钮"	%I0.1	布尔型		
3	"正向点动按钮"	%I0.2	布尔型		
4	"反向点动按钮"	%I0.3	布尔型		
5	"灌装点动按钮"	%I0.4	布尔型		
6	"手动/自动模式选择开关"	%I0.5	布尔型		
7	"模式确认按钮"	%I0.6	布尔型		
8	"暂停按钮"	%I0.7	布尔型		
9	"就地/远程控制选择开关"	%I1.0	布尔型		
10	"故障应答按钮"	%I1.1	布尔型		
11	"复位按钮"	%I1.2	布尔型		
12	"急停状态输入"	%I1.3	布尔型		
13	"空瓶位置接近开关"	%I2.0	布尔型		
14	"灌装位置接近开关"	%I2.1	布尔型		
15	"成品位置接近开关"	%I2.2	布尔型		
16	"成品称重传感器"	%IW256	带符号十进制		
17	"灌装罐低液位传感器"	%IW258	带符号十进制		
18	"生产线运行指示灯"	%Q4.1	布尔型		
19	"手动模式指示灯"	%Q4.2	布尔型		
20	"自动模式指示灯"	%Q4.3	布尔型		
21	"就地控制指示灯"	%Q4.4	布尔型		
22	"远程控制指示灯"	%Q4.5	布尔型		
23	"检测合格指示灯"	%Q4.6	布尔型		
24	"故障报警指示灯"	%Q4.7	布尔型		
25	"物料灌装阀门"	%Q5.0	布尔型		
26	"传送带正向运行"	%Q5.1	布尔型		
27	"传送带反向运行"	%Q5.2	布尔型		
28	"原料1进料阀门"	%Q6.0	布尔型		
29	"原料1卸料阀门"	%Q6.1	布尔型		
30	"原料2进料阀门"	%Q6.2	布尔型		
31	"原料2卸料阀门"	%Q6.3	布尔型		
32	"混料罐卸料阀门"	%Q6.4	布尔型		
33	"搅拌电机"	%Q6.5	布尔型		
34		<添加>			

图 5-16 “I/O 测试”监控表

	名称	地址	显示格式	监视值	修改值	注释
1	"启动按钮"	%I0.0	布尔型	FALSE		
2	"停止按钮"	%I0.1	布尔型	TRUE		
3	"正向点动按钮"	%I0.2	布尔型	FALSE		
4	"反向点动按钮"	%I0.3	布尔型	FALSE		
5	"灌装点动按钮"	%I0.4	布尔型	FALSE		
6	"手动/自动模式选择开关"	%I0.5	布尔型	FALSE		
7	"模式确认按钮"	%I0.6	布尔型	FALSE		
8	"暂停按钮"	%I0.7	布尔型	FALSE		
9	"就地/远程控制选择开关"	%I1.0	布尔型	FALSE		
10	"故障应答按钮"	%I1.1	布尔型	FALSE		
11	"复位按钮"	%I1.2	布尔型	FALSE		
12	"急停状态输入"	%I1.3	布尔型	TRUE		
13	"空瓶位置接近开关"	%I2.0	布尔型	FALSE		
14	"灌装位置接近开关"	%I2.1	布尔型	FALSE		
15	"成品位置接近开关"	%I2.2	布尔型	FALSE		
16	"成品称重传感器"	%IW256	带符号十进制	0		
17	"灌装罐低液位传感器"	%IW258	带符号十进制	0		
18	"生产线运行指示灯"	%Q4.1	布尔型	TRUE	TRUE	
19	"手动模式指示灯"	%Q4.2	布尔型	FALSE		
20	"自动模式指示灯"	%Q4.3	布尔型	FALSE		
21	"就地控制指示灯"	%Q4.4	布尔型	FALSE		
22	"远程控制指示灯"	%Q4.5	布尔型	FALSE		
23	"检测合格指示灯"	%Q4.6	布尔型	FALSE		
24	"故障报警指示灯"	%Q4.7	布尔型	FALSE		
25	"物料灌装阀门"	%Q5.0	布尔型	FALSE		
26	"传送带正向运行"	%Q5.1	布尔型	FALSE		
27	"传送带反向运行"	%Q5.2	布尔型	FALSE		
28		<添加>				

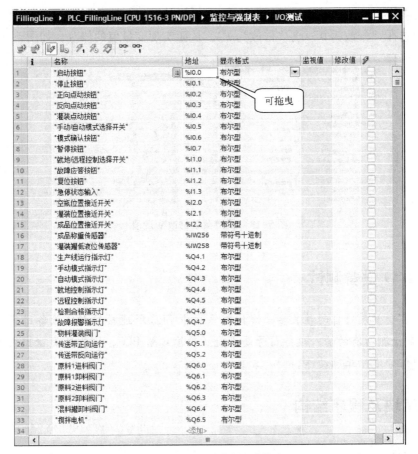

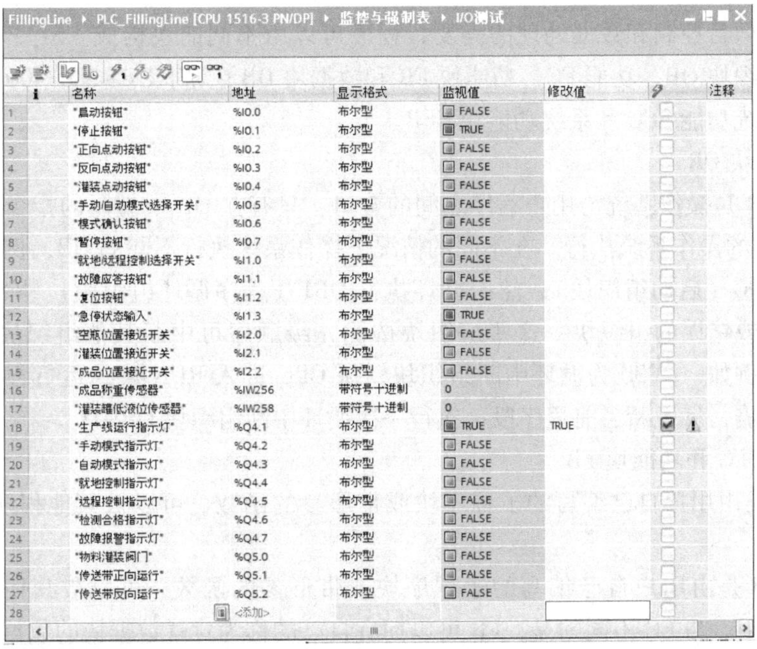

图 5-17 I/O 测试

对于数字量变量，也可以通过选中变量或变量所在行鼠标右键弹出快捷菜单，在"修改"选项中选择"修改为0"或"修改为1"，从而实现变量值的修改，如图5-18所示。

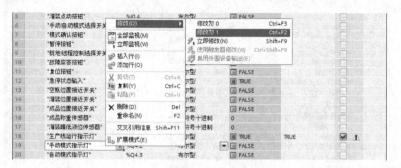

图 5-18　快捷菜单修改变量值

任务 5　I/O 设备测试

使用 PLC 变量表对自动灌装生产线控制系统中 PLC 所连接的 I/O 设备进行测试，依据 I/O 地址分配检测所有的输入设备信号是否能正确输入给 PLC，检测所有输出设备是否可根据 PLC 输出信号进行正确动作。

5.4　程序块及程序结构

5.4.1　程序块类型

根据工程项目控制和数据处理的需要，程序可以由不同的块构成。S7 - 1500 PLC 的程序块主要有组织块 OB、功能 FC、功能块 FB 和数据块 DB。对于 S7 - 300/400 PLC 而言，程序块还包括系统功能 SFC 和系统功能块 SFB。

（1）组织块 OB

组织块 OB 是操作系统与用户程序之间的接口，只有在 OB 中编写的指令或调用的程序块才能被 CPU 的操作系统执行。在不同的情况下操作系统执行不同的 OB，例如系统上电时执行一次 OB100（启动组织块），然后循环执行 OB1（程序循环组织块）。除此之外，还有其他处理中断或错误的组织块，这些组织块按优先级顺序可中断其他组织块（包括 OB1）的程序运行。例如，OB30 为循环中断组织块，从 CPU 进入 RUN 模式运行程序开始，每隔设定的时间间隔，将中断当前程序段，执行一次循环中断组织块 OB30。

（2）功能 FC 和功能块 FB

功能 FC 是由用户自己编写的子程序块或带形参的函数，可以被其他程序块（OB、FC 和 FB）调用。

功能块 FB 是由用户自己编写的子程序块或带形参的函数，可以被其他程序块（OB、FC 和 FB）调用。与 FC 不同的是，FB 可以拥有自己的称为背景数据块的数据存储区，常用于编写复杂功能的函数，例如闭环控制任务。

（3）数据块 DB

广义数据块包括用户数据块 DB 和系统数据块 SDB。其中，用户数据块 DB 用来保存程序数据。系统数据块 SDB 包含硬件组态及网络参数配置等信息，用户不能直接创建或修改，而是通过 TIA Portal 软件上的硬件组态等工具来进行配置。

（4）系统功能 SFC 和系统功能块 SFB

对于 S7 – 300/400 PLC，程序块还包括系统功能 SFC 和系统功能块 SFB。这些程序块带有形参，由厂家预先编好并固化在 CPU 中，用户可以从经典 STEP 7 编程软件的库中调用 SFC 或 SFB 程序块来实现某些标准功能。其中 SFC 不带背景数据块，而 SFB 带背景数据块。而对于 S7 – 1500 PLC，这些程序块的功能已经以指令形式出现。

5.4.2　程序结构形式

1. 线性编程设计

将用户的所有指令均放在 OB1 中，从第一条到最后一条顺序执行。这种方式适用于一个人完成的小项目，不适合多人合作设计和程序调试。

2. 模块化编程设计

当工程项目比较大时，可以将大项目分解成多个子项目，由不同的人员编写相应的子程序块，在 OB1 中调用，最终多人合作完成项目的设计与调试。

模块化的程序设计结构使程序较清晰，可读性强，便于修改、扩充或删减，程序设计与调试可分块进行，便于发现错误及时修改，提高程序设计和调试的效率，因此被程序设计人员普遍使用。

模块化程序设计支持程序块的嵌套调用，如图 5-19 所示。程序块的嵌套深度取决于 CPU 型号。

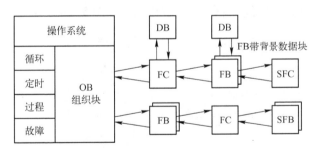

图 5-19　程序块的嵌套调用

3. 参数化编程设计

如果项目中多处使用的控制程序指令相同，只是程序中所用的地址不同，为了避免重复编写相同的指令，减少程序量，可以编写带形参的程序块，在每次调用时赋给程序块不同的实参。参数化编程设计有利于对常用功能进行标准化设计，减少重复劳动。

5.4.3　自动灌装生产线项目程序结构

根据控制任务要求，将自动灌装生产线项目分解成若干个子任务，如急停处理、手动运行、自动运行、计数统计、故障处理和模拟量处理。对每个子任务编写相应的子程序进行控制。

1. 子程序块

手动运行 FC1 实现在手动模式下，可以进行本地/远程控制模式的选择；可以通过点动正向/反向按钮使传送带正向或反向运行，进行设备的调试；可以按下复位按钮对计数统计值进行复位。只有在设备停止运行时，允许切换到手动模式

自动运行 FC2 实现在自动模式下，按下启动或停止按钮，控制生产线的运行或停止。当生产线运行时，传送带正向输送瓶子。空瓶子到达灌装位置时电动机停止转动，灌装阀门打开，开始灌装物料。灌装时间到，灌装阀门关闭，电动机正转，传送带继续运行，直到下一个空瓶子到达灌装位置。只有在设备停止运行时，允许切换到自动模式。

计数统计 FC3 实现与生产线运行相关的计数统计与处理功能。需要统计的数值有空瓶数、成品数、废品数、包装箱数以及废品率等。计数统计功能需要在自动模式下完成。

故障处理 FC4 实现相应的故障报警指示功能。当设备发生故障时，对应的故障报警指示灯闪烁。按下故障应答按钮以后，如果故障已经消失则故障报警灯熄灭，如果故障依然存在则故障报警灯常亮。

急停处理 FC5 实现对急停按钮的处理指令，按下急停按钮后停止设备的一切运行。

模拟量处理 FC6 采集灌装液罐上液位传感器的数值并进行处理。液位低于设定的下限时要打开进料阀门，液位高于设定的上限时要关闭进料阀门。

2. 程序结构

由于模拟量采集通常需要以固定间隔进行，不需要在每个循环扫描周期都进行，故模拟量处理程序块 FC6 由循环中断组织块 OB30（Cyclic interrupt）进行调用。

计数统计 FC3 子程序由自动运行 FC2 子程序调用，而 FC1、FC2、FC4 和 FC5 子程序块统一由程序循环组织块 OB1（Main）进行调用。

对于数据的初始化，可以在启动组织块 OB100 中编写程序。

因此，建立自动灌装生产线控制系统的程序结构如图 5-20 所示。

调用结构	地址
▼ 🔳 Main	OB1
🔳 故障处理	FC4
🔳 急停处理	FC5
🔳 手动运行	FC1
▼ 🔳 自动运行	FC2
🔳 计数统计	FC3
▼ 🔳 Cyclic interrupt	OB30
🔳 模拟量处理	FC6
🔳 Startup	OB100

图 5-20　自动灌装生产线控制系统的程序结构

5.5　程序块的创建、编辑及调试

5.5.1　新建用户程序块

在 TIA Portal 软件项目视图的项目树窗口，展开所添加的 PLC 设备"PLC_Filling［CPU 1516 - 3 PN/DP］"，在"程序块"下双击"添加新块"，弹出"添加新块"窗口，如图 5-21 所示。在该窗口中，选择需要创建的程序块的类型，并设置程序块的符号名称；程

序块的编号默认选择自动设定，用户也可以选择手动设定。在窗口中的下方，用户可以展开"其他信息"选项，从而添加诸如标题、版本、注释、作者等信息。

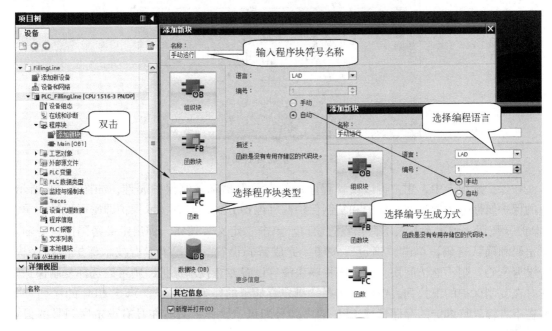

图 5-21　新建程序块

以创建手动运行程序块 FC1 为例，在该窗口的左侧选择程序块的类型"FC"，在名称处输入该程序块名称"手动运行"。程序块的编号生成有手动和自动两种方式，默认选择"自动"方式，则编号处为灰色，系统自动按增序分配编号；如果希望用户自己指定编号，则单击选择手动，并修改编号。单击"确定"按钮，生成"手动运行"程序块，并在项目树的程序块中显示。

最终创建的自动灌装生产线程序块名称及类型如图 5-22 所示。

图 5-22　自动灌装生产线程序块

5.5.2　程序块的属性

在项目树的程序块文件夹下，选择某个程序块，在鼠标右键的快捷菜单中选择"属性"，弹出该程序块的属性窗口。在块的属性窗口中，包括常规、信息、时间戳、编译、保护和属性选项，用户在此可以对程序块的属性进行查看和修改。默认显示常规属性，如手动运行程序块 FC1 的常规属性如图 5-23 所示。

在常规选项卡中显示块创建时的信息，用户也可以在此修改名称、语言及编号。

用户可以在信息选项卡中添加该程序块标题、注释、版本及作者等信息。

时间戳选项卡中显示了该程序块创建时间、程序代码和接口参数修改时间、下载时间等信息。

在编译选项卡中显示该程序块编译的结果状态及占用存储器的空间大小。

图 5-23　块的常规属性

在保护选项卡中，用户可以设置程序块的密码保护和复制保护属性，如图 5-24 所示。块的保护属性分为专有技术保护和复制保护两种保护方式。专有技术保护即密码保护。单击"保护"按钮，弹出专有技术保护设置窗口。单击"定义"按钮，弹出定义密码窗口。输入新密码和确认密码，单击"确定"按钮，完成密码设置。设置了专有技术保护的程序块，若没有密码，则不能访问块。如果该程序块没有设置专有技术保护，则可以选择复制保护方式。在复制保护的下拉列表中可以选择"绑定存储卡的序列号"或"绑定 CPU 的序列号"，并在下方输入待绑定的存储卡或 CPU 的序列号即可。这样，只有在具有设定序列号的设备中，才能执行该块。

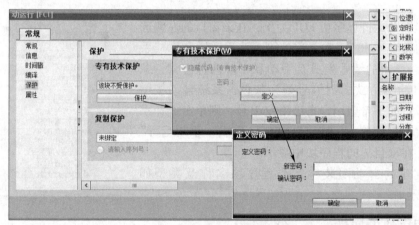

图 5-24　块的保护属性

在属性选项卡中，用户可以设置"IEC 检查"和"优化的块访问"等属性，并且显示"处理块内的错误"和"块可用作受专有技术保护的库元素"的设置状态，如图 5-25 所示。

如果程序调用了处理块内错误的函数，则"处理块内的错误"选项自动勾选。如果设置了程序块的专有技术保护属性，则"块可用作受专有技术保护的库元素"选项自动勾选。

"优化块的访问"选项默认勾选，指的是所创

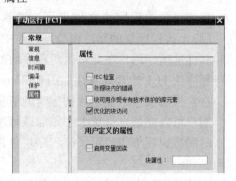

图 5-25　块的属性

建块的变量由系统自动优化并管理地址，在针对优化访问块的变量声明中只包含数据元素的符号名称，用户只能通过符号对变量进行访问。使用优化块的属性将提高 CPU 的性能并有效防止来自上位监控设备的访问错误。

5.5.3 程序块的编辑

双击需要编辑的程序块，打开程序编辑器。程序编辑器窗口主要包括编程窗口的工具条、变量声明表、快捷指令、代码区和细节窗口，在任务卡区域显示"指令""测试"等选项卡，如图 5-26 所示。

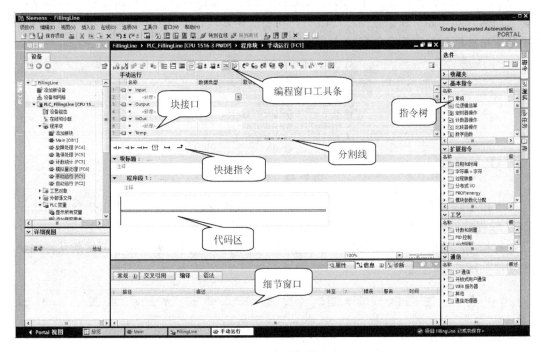

图 5-26　程序编辑器窗口

代码区为程序编写区，不同的编程语言显示的代码区外观不同。对于 LAD、FBD 或 STL 编程语言界面，用户可以将程序分成独立的段进行编写。对于 SCL 创建的程序块的代码区，按指令行进行显示。对于使用 LAD 或 FBD 编程语言创建的程序块，可以进行 LAD 和 FBD 编程界面之间的转换，但 STL 编程语言不能与 LAD 或 FBD 之间进行切换，这与经典 STEP 7 编程软件不同。

块接口属于各自的程序块，用于为程序块定义接口参数和临时变量等，也称块的变量声明表。块接口默认不显示，可通过拖曳分割线显示块接口，也可以单击分割线上的"▼"显示块接口；单击分割线上的"▬"则关闭块接口的显示。

在细节窗口中，可快速查看相关的信息，包括块的属性、程序块的交叉参考、程序编译结果和诊断信息等窗口。

快捷指令用于为编程人员提供常用的指令，编程时直接使用快捷指令，而不需要从指令树中寻找，从而实现快速编程。快捷指令来自于指令任务卡中的收藏夹所收藏的指令，用户可以通过拖曳的方式从指令树中将常用的指令放入收藏夹，也可以直接删除指令。默认的快捷指令及主要指令功能如图 5-27 所示。

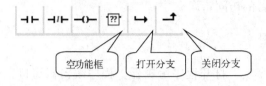

图 5-27　常用的快捷指令

"指令"选项卡显示指令树，内容取决于所选择的编程语言。双击指令树中的指令，可以将它们插入到光标所在位置的程序段中，利用拖曳方式也可以插入指令。例如默认快捷指令中的空功能框和分支指令就包含在常规指令中，如图 5-28 所示。

图 5-28　常规指令

指令树中除了常规指令，还包括基本指令、扩展指令、工艺指令和通信指令。这比经典 STEP 7 编程软件将非基本指令都存在指令库中显得更为方便。

进行程序编辑时，经常需要使用编程窗口工具条内的工具。编程窗口工具条及各主要工具的功能如图 5-29 所示。

图 5-29　编程窗口工具条

对于 TIA Portal 软件，程序块没有单独的保存操作。但在程序块的编辑期间，随时都可以通过工具条中项目保存按钮"🖫 保存项目"将它保存到硬盘上，并且保存操作不检查语法错误。而经典 STEP 7 编程软件虽然可以单独保存程序块，但要求程序块没有语法错误，否则无法保存。

5.5.4　程序块的调用

用户编写的子程序块 FC（或 FB）只有在 OB 组织块中调用或在被 OB 调用的程序块中嵌套调用，子程序块 FC（或 FB）中的指令才能被操作系统执行。

OB1 为程序循环组织块，CPU 运行程序时，会循环扫描 OB1，故自动灌装生产线中的 FC1 ~ FC5 子程序在 OB1 中进行调用。

在项目树窗口程序块文件夹中，将该程序块拖曳至 OB1 的程序段中，即可实现程序块的调用，如图 5-30 所示。

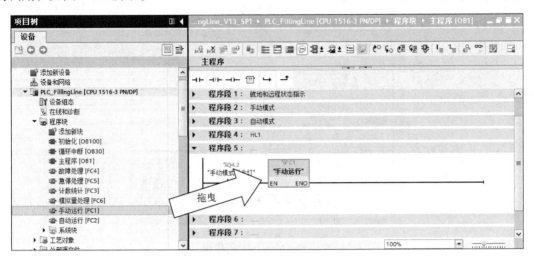

图 5-30　程序块的调用

5.5.5　编程语言的切换

使用 Portal 软件（STEP 7）添加新程序块（OB、FC 和 FB）时，在"添加新块"对话框中可以选择编程语言。对于 OB 和 FC 块，可以选择 LAD（梯形图）、FBD（功能块图）、STL（语句表）和 SCL（结构化控制语言），而对于 FB 块，则还可以选择 GRAPH（图形编程语言）。

对于使用 LAD 和 FBD 语言创建的程序块可以随时进行编程语言切换。在项目树中选中待切换语言的程序块，使用"编辑"菜单下"切换编程语言"命令，选择切换后的目标编程语言；或使用快捷菜单中"切换编程语言"命令来切换语言，如图 5-31 所示。当然，也可以在该程序块的属性的"常规"条目中对编程语言进行切换。以 SCL 或 GRAPH 编程语言创建的程序块不能更改编程语言。但对于 GRAPH 块，可以更改 LAD 和 FBD 作为程序段语言。

图 5-31　切换编程语言

对于 S7-300/400 PLC，可以在编程语言 LAD、FBA 和 STL 之间切换，也可以使用其他编程语言在块内创建程序段，然后将其复制到所需的块中；在程序切换时，如果无法更改块的个别程序段的语言，这些程序段将以其原来的语言显示。而对于 S7-1200/1500 PLC，只能实现 LAD 和 FBD 语言之间的切换，而且切换时只能更改整个块的编程语言，不能更改单个程序段的编程语言。

对于 S7-1500 PLC，虽然不能实现 LAD 或 FBD 与 STL 语言之间的切换，但可以在 LAD 和 FBD 块中创建 STL 程序段。选中要插入 STL 程序段的位置，调出快捷菜单并选择"插入 STL 程序段"命令，即可实现在 LAD 或 FBD 块中创建 STL 程序段，如图 5-32 所示（图中的程序段 3 为之前插入的 STL 程序段）。

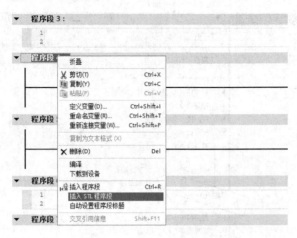

图 5-32　插入 STL 程序段

5.5.6　程序块的编译

　　程序块编辑完毕，通常需要进行编译，没有编译错误方可下载。当然，也可以在程序下载时自动进行编译检查。

　　编译操作可使用项目工具条中的编译按钮" 🔧 "进行。如果鼠标激活状态位于程序编辑器，此时单击编译按钮，实现对当前程序编辑器所打开的单个程序块进行编译。如果鼠标激活状态位于项目树中程序块文件夹下的某个程序块，则单击编译按钮，实现的是对鼠标所选程序块进行编译。当然，如果鼠标选中程序块文件夹，则实现的是对该文件夹下所有程序块进行编译。

　　编译操作还可以使用鼠标右键的快捷菜单。在程序编辑器中通过单击鼠标右键，选择"编译"选项，实现对当前打开的块进行编译。若鼠标选中项目树中程序块文件夹或程序块文件夹下的某个程序块，通过单击鼠标右键，弹出快捷菜单，可对所有程序块或单个程序块进行编译。此时编译选项下最多有三种选择，如图 5-33 所示。

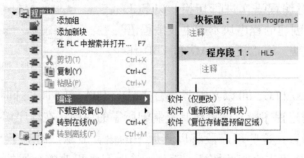

图 5-33　编译选项

　　（1）软件（仅更改）

　　将编译所选块中的所有程序更改。如果已选择了块文件夹，那么将编译该文件夹中包含的块的所有程序变更。

94

（2）软件（编译所有块）

编译所有块。建议在第一次编译时以及在进行了重大修订后执行此操作。

（3）软件（重置预留存储器）

所选块接口的预留区域中声明的所有变量都将移动到接口的标准区域中。存储器预留区域可用于进行接口扩展。

5.5.7 程序块的下载及监视

程序块的下载方式与编译类似，需要鼠标激活程序编辑器，或选中项目树程序块文件夹或某个程序块，通过项目工具条的下载按钮"▐▌"或鼠标右键的快捷菜单执行下载操作。

在程序编辑器窗口中，打开已经下载的程序块，单击工具栏中的监视按钮"▒▒"，可以监视程序块的运行情况。例如，对于LAD编写的程序，通过线型的类型（实线或虚线）和颜色可以显示触点和输出的通/断状态，如图5-34所示。

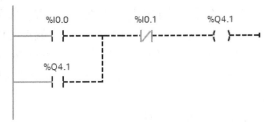

图5-34　程序块的监视

5.6　位逻辑运算指令与开关量控制

位逻辑运算指令主要有触点指令、逻辑操作结果（RLO）取反指令、输出指令、置位/复位指令和边沿检测指令等。例如，在Portal软件对创建的程序块（编程语为LAD）进行编辑时，展开右侧指令树中基本指令的位逻辑运算指令，如图5-35所示。

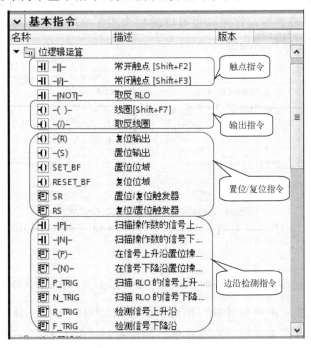

图5-35　位逻辑运算指令集

5.6.1 触点、取反 RLO 与输出指令

触点指令有两种，⊣⊢为动合触点，⊣/⊢为动断触点。由于编程所使用的这两种触点对于 PLC 来说，就是一个位的逻辑值，为避免与数字量输入设备的动合触点和动断触点混淆，故⊣⊢也称为"1"闭合触点，⊣/⊢也称为"0"闭合触点。这两种触点在使用时，均需要在触点的上方指定一个操作数，操作数为位变量，类型可以是 I、Q、M、L、T、C 和数据块。

⊣⊢上方操作数的信号状态为"1"时，该触点的值为"1"；操作数的信号状态为"0"时，该触点的值为"0"，即"1"闭合触点的值与操作数的值相等。

⊣/⊢上方操作数的信号状态为"0"时，该触点的值为"1"；操作数的信号状态为"1"时，该触点的值为"0"，即"0"闭合触点的值与操作数的值相反。

⊣NOT⊢为"取反 RLO"指令，可对逻辑运算结果（RLO）的信号状态进行取反。如果该指令之前输入的 RLO 为"1"，则指令输出的值为"0"；如果该指令之前输入的信号状态为"0"，则输出的值为"1"。

输出指令也有两种，⊣( )⊢为线圈指令，⊣(/)⊢为取反线圈指令。对于 S7 – 300/400 PLC，只有线圈指令，没有取反线圈指令。

⊣( )⊢指令实现将该指令之前输入的逻辑运算结果的值赋值给指定的操作数。操作数为一位变量，类型可以是 I、Q、M、L 和数据块。即⊣( )⊢指令之前输入的 RLO 的值为"1"，则将指定操作数的信号状态赋值为"1"。⊣( )⊢指令之前输入的 RLO 的值为"0"，则将指定操作数的信号状态赋值为"0"。而⊣(/)⊢指令则是将 RLO 的值进行取反，然后将其赋值给指定操作数。

例如，对于自动灌装生产线中的手动运行控制，要实现灌装阀门的点动控制，只需要将灌装按钮的状态送给灌装阀门的输出控制端即可，在 FC1 中编制的程序段如图 5-36 所示。当然，根据逻辑关系，程序段也可以编制为图 5-37、图 5-38 或图 5-39 所示，但没有图 5-36 所示程序段简洁易懂。

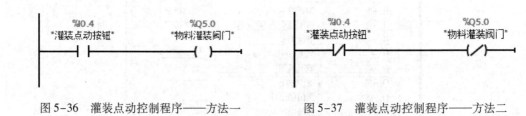

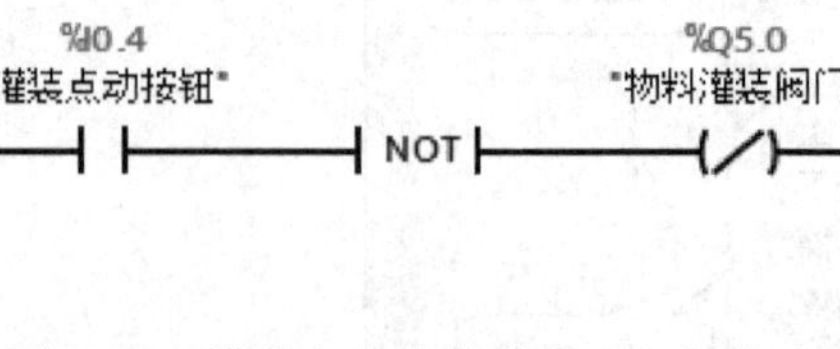

图 5-36　灌装点动控制程序——方法一 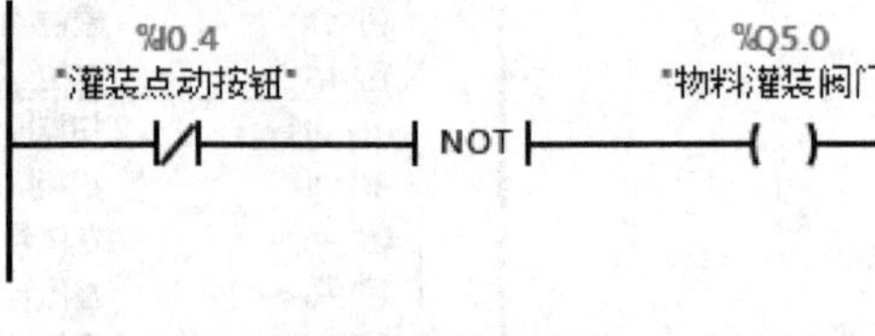　　　　图 5-37　灌装点动控制程序——方法二

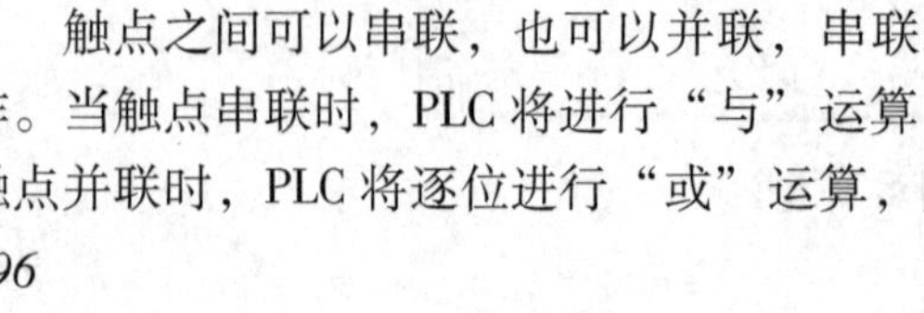

图 5-38　灌装点动控制程序——方法三 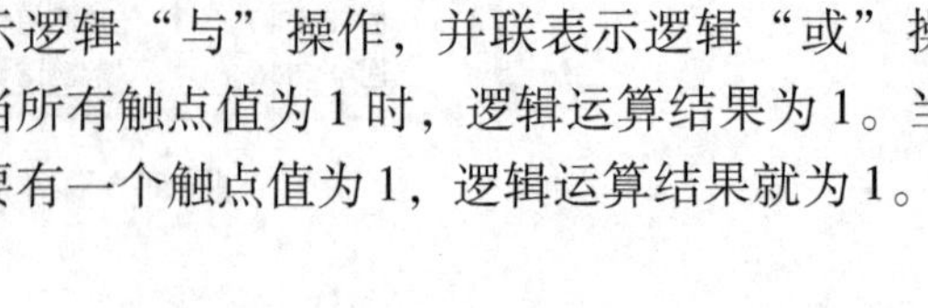　　　　图 5-39　灌装点动控制程序——方法四

触点之间可以串联，也可以并联，串联表示逻辑"与"操作，并联表示逻辑"或"操作。当触点串联时，PLC 将进行"与"运算，当所有触点值为 1 时，逻辑运算结果为 1。当触点并联时，PLC 将逐位进行"或"运算，只要有一个触点值为 1，逻辑运算结果就为 1。

例如，对于自动灌装生产线中传送带的正向点动控制，需要满足按下正向点动按钮，并且不按反向点动按钮，传送带正向运行输出才为"1"，故使用触点的串联和线圈指令实现。同理，传送带反向点动控制需要满足按下反向点动按钮，并且不按正向点动按钮，传送带反向运行输出才为"1"。FC1所编制的传送带正向和反向点动控制程序如图5-40所示。

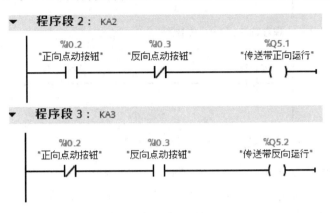

图5-40　传送带正向和反向点动控制程序

5.6.2　置位/复位指令

对变量进行赋值操作，除了可以使用输出指令外，还可以使用置位/复位指令。这类指令有置位输出指令 -(S)、复位输出指令 -(R)、置位位域指令 SET_BF、复位位域指令 RESET_BF、置位/复位触发器指令 SR 和复位/置位触发器指令 RS。

-(S) 指令之前输入的逻辑运算结果（RLO）为"1"时，则将指定的操作数置位为"1"；如果输入的 RLO 为"0"，则指定操作数的值将保持不变。

-(R) 指令之前输入的逻辑运算结果（RLO）为"1"时，则将指定的操作数复位为"0"；如果输入的 RLO 为"0"，则指定操作数的值将保持不变。

-(S) 指令与 -(R) 指令通常成对使用，指令的操作数为位变量，类型可以是 I、Q、M、L 和数据块。

例如，在 FC2 程序中实现生产线运行状态控制，运行状态使用 M21.0 进行存储。分析控制任务：按下启动按钮，生产线运行，松开启动按钮，生产线保持运行状态；按下停止按钮，生产线停止运行，松开停止按钮，生产线保持停止运行状态。由于控制生产线运行的条件为短时信号，而生产线运行状态需要保持，故可使用置位和复位指令实现生产线运行状态控制功能。程序如图5-41所示。

在图5-41程序中，由于置位 M21.0 的条件为按下启动按钮（实际设备为动合按钮），此时 I0.0 信号为1，故使用 I0.0 的"1"闭合触点（动合触点）作条件；由于复位 M21.0 的条件为按下停止按钮（实际设备为动断按钮），此时 I0.1 信号为0，故使用 I0.0 的"0"闭合触点（动断触点）作条件。

SR 指令称为置位/复位触发器，该指令将置位指令和复位指令合二为一。SR 指令有两个输入端，一个为 S，一个为 R1。如果 S 输入端的值为"1"且 R1 输入端的值为"0"，则将指定的操作数置位为"1"；如果 S 输入端的值为"0"且 R1 输入端的值为"1"，则将指定

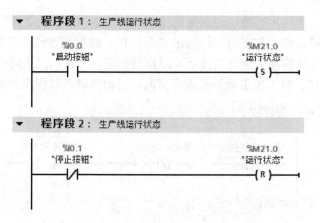

图 5-41　生产线运行状态控制程序——方法一

的操作数复位为"0"；输入 R1 的优先级高于输入 S，若 S 和 R1 的值都为"1"时，指定操作数的信号状态将复位为"0"；若 S 和 R1 的值都为"0"，则不会执行该指令，操作数的值保持不变。此外，SR 指令还有一个 Q 输出端，该输出端的值与操作数的当前值相同。

RS 指令称为复位/置位触发器，该指令与 SR 指令类似，不同的是置位优先，输入端为 S1 和 R，即当 S1 和 R 的值都为"1"时，指定操作数的信号状态将置位为"1"。

对于生产线运行状态的控制，如果使用复位优先的置位/复位触发器指令，程序如图 5-42 所示。

再如，在 FC2 程序中实现生产线暂停状态控制，暂停状态使用 M20.0 进行存储。分析控制任务：生产线运行时按下暂停按钮，生产线进入暂停状态；在暂停状态下按下启动按钮或停止按钮，生产线退出暂停状态。若希望同时按下暂停按钮和停止按钮（或启动按钮）时，优先进入暂停状态，则可使用置位优先的复位/置位触发器指令实现生产线暂停状态控制功能。程序如图 5-43 所示。

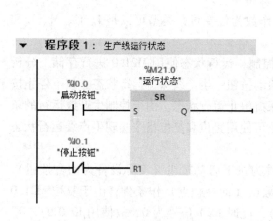

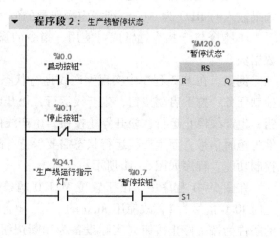

图 5-42　生产线运行状态控制
程序——方法二

图 5-43　生产线暂停状态
控制程序

在实际编程中，如果条件是短时信号，而输出状态需要保持，则通常选用置位/复位指令实现；如果输出状态与条件的逻辑运算结果的值相等或相反，此时可使用输出指令进行编程。

98

例如，对于自动灌装生产线中的就地和远程模式状态指示控制，控制任务要求：就地/远程模式选择开关位于断开状态，系统进入就地模式；若位于接通状态，系统进入远程模式。由于远程模式的信号状态与就地/远程模式选择开关的通断状态相同，就地模式的信号状态与就地/远程模式选择开关的通断状态相反，可以使用输出指令实现就地和远程的模式状态指示，在 OB1 中所编制的程序段如图 5-44 所示。

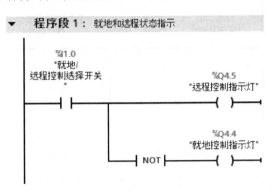

图 5-44　就地模式和远程模式状态指示控制程序

对于手动模式和自动模式的状态指示，控制任务要求：在生产线停止运行的状态下，允许通过手动/自动选择开关和确认按钮，选择手动模式或自动模式，手动模式和自动模式的状态通过指示灯进行状态指示。由于手动模式和自动模式的状态指示的条件之一为按下确认按钮，而确认按钮的信号为短时信号，且输出的状态指示信号需要保持，故使用置位/复位触发器指令实现该功能。在 OB1 中所编程的程序段（目前只考虑就地控制模式下的手动模式和自动模式控制功能）如图 5-45 和图 5-46 所示。

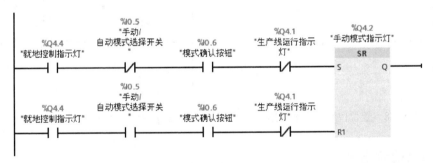

图 5-45　手动模式状态指示控制程序

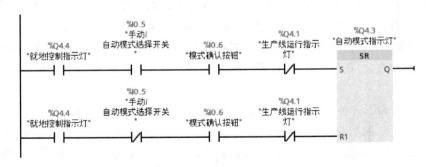

图 5-46　自动模式状态指示控制程序

生产线运行指示灯的状态有两种情况：运行状态下，运行指示灯常亮；暂停状态下，运行指示灯闪烁。由于运行状态和暂停状态分别存储在 M21.0 和 M20.0 中，闪烁状态可借助于 CPU 属性中所设置的时钟存储器 MB0（这里使用 1Hz 时钟信号 M0.5），故不需要使用置位/复位指令，仅需要使用线圈指令即可，在 OB1 中所编制的程序如图 5-47 所示。

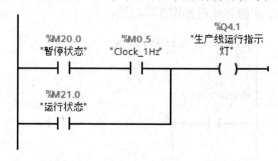

图 5-47 生产线运行状态指示控制程序

在置位/复位类型的指令中，还有置位位域指令 SET_BF 和复位位域指令 RESET_BF。SET_BF 指令实现当输入条件为 1 时，将连续的多位置位，当输入条件为 0 时，保持这些位的状态不变。RESET_BF 指令实现当输入条件为 1 时，将连续的多位复位，当输入条件为 0 时，保持这些位的状态不变。置位或复位的区域由指令上方和下方的操作数决定，指令上方的操作数为位变量，指出区域的起始位，指令下方的操作数为 UInt 类型常数，指出区域的长度（位的个数）。例如，图 5-48 所示的程序表示当 I0.0 为 1 时，将 Q0.0 ~ Q0.7 及 Q1.0 ~ Q1.1 这连续 10 个位均置 1 并保持；图 5-49 所示的程序表示当 I0.1 为 1 时，将 Q0.0 ~ Q0.7 及 Q1.0 ~ Q1.1 这连续 10 个位均复位为 0 并保持。

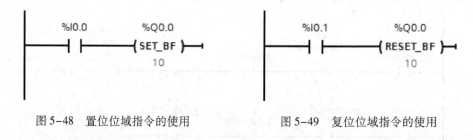

图 5-48 置位位域指令的使用　　　　图 5-49 复位位域指令的使用

5.6.3 边沿检测指令

边沿检测指令包含了扫描操作数的信号边沿指令，如扫描操作数的信号上升沿指令 -|P|- 和扫描操作数的信号下降沿指令 -|N|-，还包含了扫描 RLO 的信号边沿指令，如扫描 RLO 的信号上升沿指令 P_TRIG、扫描 RLO 的信号下降沿指令 N_TRIG、检测信号上升沿指令 R_TRIG、检测信号下降沿指令 F_TRIG、在信号上升沿置位操作数指令 -(P)- 以及在信号下降沿置位操作数指令 -(N)-。

-|P|- 指令上方和下方各有一个操作数，分别称为＜操作数 1＞和＜操作数 2＞，该指令将比较＜操作数 1＞的当前信号状态与上一次扫描的信号状态（上一次扫描的信号状态保存在边沿存储器位＜操作数 2＞中），当＜操作数 1＞从"0"变为"1"，则说明出现了一个上升沿，该指令输出值为"1"，并且只保持一个循环扫描周期，即 CPU 下次再扫描到该指令

时，由于＜操作数 1＞不再是上升沿状态，故指令输出值变为 "0"。

-(N)-指令功能及使用与-|P|-指令类同，区别是该指令将比较 ＜操作数 1＞ 的当前信号状态与上一次扫描的信号状态（保存在＜操作数 2＞中），当＜操作数 1＞从 "1" 变为 "0"，则说明出现了一个下降沿，此时该指令输出值为 "1"，并且只保持一个循环扫描周期。

例如，当故障输入信号为 1 时，故障灯亮；按下确认按钮，故障灯灭。如果故障输入为短时信号，则可直接使用置位/复位指令编程，程序如图 5-50 所示。如果故障输入信号状态为长时信号，此时使用图 5-50 的程序可能会发生按下确认按钮，故障灯灭，松开确认按钮，由于故障仍然存在，故障灯输出被置位，所以故障灯仍然亮。此时，若故障输入信号通过使用-|P|-指令把长时信号变成短时信号，则可避免该错误。正确的指令如图 5-51 所示。

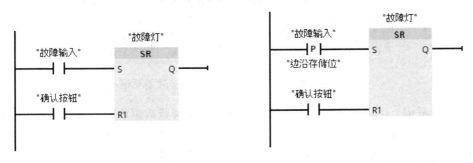

图 5-50　短时故障信号报警程序　　　　图 5-51　通用故障报警程序

P_TRIG 和 N_TRIG 为扫描 RLO 的边沿检测指令。P_TRIG 指令的下方有一个操作数，为边沿存储位，还有一个 CLK 输入端和一个 Q 输出端。该指令比较 CLK 输入端的 RLO 的当前信号状态与保存在边沿存储位（＜操作数＞）中上一次查询的信号状态，如果该指令检测到 RLO从 "0" 变为 "1"，则说明出现了一个信号上升沿，该指令的输出 Q 值变为 "1"，且只保持一个循环扫描周期。N_TRIG 指令与 P_TRIG 指令类同，不同的是该指令检测 RLO 的下降沿，当RLO 出现下降沿时，该指令的输出 Q 值变为 "1"，且只保持一个循环扫描周期。

例如，图 5-51 的故障报警程序功能也可以使用图 5-52 所示的程序实现。

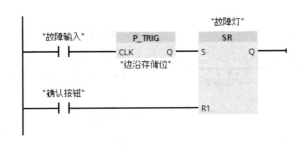

图 5-52　使用扫描 RLO 的信号上升沿指令实现故障报警程序

检测 RLO 信号边沿指令还有 R_TRIG 和 F_TRIG 指令，这两种指令与 P_TRIG 和 N_TRIG 指令类似，不同的是前者使用背景数据块存储上一次扫描的 RLO 的值及输出值。

R_TRIG 指令有一个 CLK 输入端和一个 Q 输出端，将输入 CLK 处的当前 RLO 与保存在指定背景数据块中的上次查询的 RLO 进行比较，如果检测到 RLO 从 "0" 变为 "1"，则说明出现了一个信号上升沿，则背景数据块中变量的信号状态将置位为 "1" 同时输出 Q 端输出 "1"，并保持一个循环扫描周期。F_TRIG 指令与 R_TRIG 指令类同，不同的是当检测到 RLO 从

"1"变为"0"，即出现了一个信号下降沿，则背景数据块中变量的信号状态将置位为"1"同时输出 Q 端输出"1"。

使用时，将 R_TRIG 或 F_TRIG 指令插入程序中时，将自动打开"调用选项"（Call options）对话框，如图 5-53 所示。

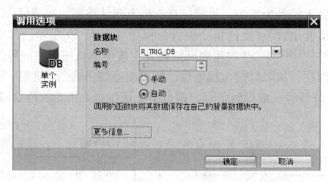

图 5-53　检测信号边沿指令的调用选项对话框

在该对话框中，可以指定将边沿存储位存储在单个背景数据块中或者作为局部变量存储在多重背景数据块接口中。所创建的单个背景数据块将保存到项目树"程序块"→"系统块"（Program blocks→System blocks）路径中的"程序资源"（Program resources）文件中。使用检测信号上升沿指令实现图 5-51 的通用故障报警程序如图 5-54 所示。

-(P)- 和 -(N)- 指令是在信号边沿对操作数进行置位的指令。-(P)- 上方和下方各有一个操作数，分别称为 < 操作数 1 > 和 < 操作数 2 >，该指令将当前 RLO 与保存在边沿存储位中（< 操作数 2 >）上次查询的 RLO 进行比较，如果 RLO 从"0"变为"1"，则说明出现了一个信号上升沿，此时，< 操作数 1 > 的信号状态将置位为"1"并保持一个循环扫描周期。-(N)- 指令与 -(P)- 类同，不同的是当 RLO 出现下降沿时，< 操作数 1 > 的信号状态将置位为"1"并保持一个循环扫描周期。例如，图 5-51 实现的故障报警程序也可以使用 -(P)- 实现，程序如图 5-55 所示。

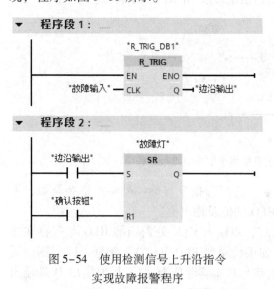

图 5-54　使用检测信号上升沿指令
实现故障报警程序

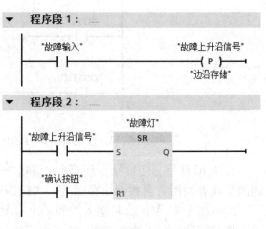

图 5-55　使用在信号上升沿置位操作
数的指令实现故障报警程序

需要注意的是，-(P)-指令后面也可以连接其他指令，如图5-56所示，但指令输出结果并非 <操作数 1>，而是 <操作数 2>。因此图5-56中程序段运行的效果与不加-(P)-指令的程序段运行的效果一致，不能实现通用故障信号（故障信号长短不确定）报警。

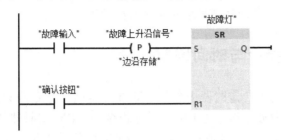

图5-56 错误故障报警程序

在使用边沿检测指令时，用于存储边沿的存储器位的地址在程序中最多只能使用一次，否则，该存储器位的内容被覆盖，将影响到边沿检测，从而导致结果不准确。

任务6 点动控制程序设计

编写自动灌装生产线项目中手动运行程序FC1，控制传送带点动正向或反向运行，点动控制灌装阀门的开与关。按下操作面板上的正向点动按钮，传送带的电动机正向转动，松开按钮，停止转动；按下操作面板上的反向点动按钮，控制传送带的电动机反向转动，松开按钮，停止转动；如果两个按钮同时按下，电动机的正反转要实现互锁；按下操作面板上的灌装点动按钮，灌装阀门开，松开按钮，灌装阀门关。

任务7 模式选择、生产线运行和急停处理程序设计

（1）生产线运行控制（FC2）

在FC2中编写程序，按下操作面板上的启动按钮，生产线进入运行状态，按下操作面板上的停止按钮，生产线退出运行状态。在运行状态下，可以按下暂停按钮，使生产线进入暂停状态，按下启动按钮或停止按钮，退出暂停状态。

注意：为保证按下停止按钮能够可靠停机，停止按钮使用的是动断按钮。

（2）模式选择（OB1）

在OB1中编写程序，实现生产线就地/远程模式和工作模式的选择。使用就地/远程控制选择开关选择就地控制或远程控制，使用手动/自动模式选择开关确定工作模式：当就地/远程控制选择开关断开时，就地模式有效；当就地/远程控制选择开关接通时，远程模式有效；当生产线不运行、手动/自动模式选择开关断开并按下确认按钮时，手动模式有效；当生产线不运行、手动/自动模式选择开关接通时，自动模式有效。就地、远程、手动及自动模式均通过相应指示灯进行状态指示。另外，运行状态下，生产线运行指示灯常亮；暂停状态下，生产线运行指示灯闪烁。

只有在手动模式下且急停无效时才允许调用手动运行程序FC1。

只有在自动模式下且急停无效时才允许调用自动运行程序FC2。

（3）急停处理（FC5）

当生产线在运行过程中出现问题时，按下急停按钮使各执行部件立即停止动作，保持在当前状态。除了在硬件接线上实现设备急停外，还需要通过软件编程实现急停功能。

在 OB1 主程序中，当急停时调用急停处理程序 FC5。

5.7 定时器操作指令与时间控制

定时器操作指令分为 IEC 定时器指令和 SIMATIC 定时器指令两大类。在经典的 STEP 7 软件中，SIMATIC 定时器放在指令树下的定时器指令中，IEC 定时器放在库函数中。在 TIA Portal 软件中，则把这两类指令都放在"指令"任务卡下"基本指令"目录的"定时器操作"指令中。具体指令如图 5-57 所示。

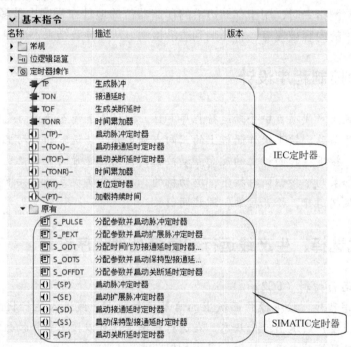

图 5-57　定时器指令集

5.7.1 SIMATIC 定时器指令

对于 SIMATIC 定时器而言，在 CPU 的系统存储器中有专门的存储区域，每个定时器均占用一个 16 位的字单元存储定时时间，还占用一个位单元存储定时器的状态。SIMATIC 定时器开始定时时，定时器的当前值从预设时间值每隔一个时基减"1"，减至"0"则认为定时时间到。

SIMATIC 定时器指令均有 S、TV、R、BI、BCD 和 Q 等参数，使用时还需要为其指定一个定时器编号。SIMATIC 定时器指令的梯形图形式如图 5-58 所示。

其中，S 为定时器启动端，TV 为预设时间值输入端，R 为定时器复位端，BI、BCD 为剩余时间常数值输出端的两种数据格式，Q 为定时器状态输出端。定时器计时时，其当前时

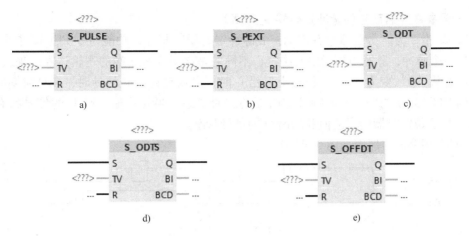

图 5-58　SIMATIC 定时器指令

a）S_PULSE 指令　b）S_PEXT 指令　c）S_ODT 指令
d）S_ODTS 指令　e）S_OFFDT 指令

间值表示的是计时剩余时间，在输出 BI 处以二进制编码格式（无时基信息）输出，在输出 BCD 处以 BCD 编码格式（含时基信息，格式同 S5Time）输出。

1. 分配参数并启动脉冲定时器 S_PULSE

S_PULSE 指令为"分配参数并启动脉冲定时器"指令，功能与 TP 指令相同，可以输出一个脉冲，脉宽由预设时间决定。当输入 S 的逻辑运算结果（RLO）的信号状态从"0"变为"1"（信号上升沿）并保持时，启动定时器开始计时，同时 Q 输出为"1"。当计时时间达到预设的持续时间（TV）后计时结束。如果输入 S 的信号状态在已设定的持续时间计时结束之前变为"0"，则定时器停止，Q 输出的信号状态变为"0"。如果定时器正在计时且输入端 R 的信号状态变为"1"，则当前时间值和时间基准 Q 输出也将设置为 0。

S_PULSE 指令的时序图如图 5-59 所示。

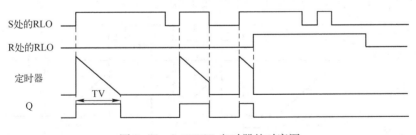

图 5-59　S_PULSE 定时器的时序图

使用 S_PULSE 定时器指令实现自动灌装生产线的灌装功能，程序段如图 5-60 所示。

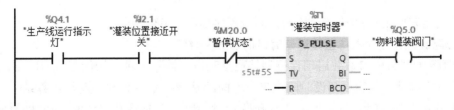

图 5-60　使用 S_PULSE 指令实现灌装功能

2. 分配参数并启动扩展脉冲定时器 S_PEXT

S_PEXT 指令为"分配参数并启动扩展脉冲定时器"指令，功能与 S_PULSE 指令类似，可以输出一个脉冲，脉宽由预设时间决定，不同的是该指令在 S 端的逻辑运算结果（RLO）的信号状态从"0"变为"1"（信号上升沿）时，启动定时器开始计时，在计时期间，如果 S 端的 RLO 变为"0"，不影响该定时器的定时状态。当复位输入端 R 的信号状态变为"1"时，将复位定时器的当前值和输出 Q 的信号状态。

S_PEXT 指令的时序图如图 5-61 所示。

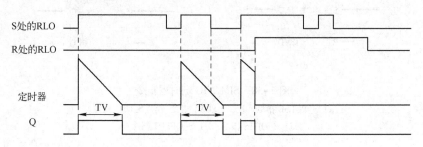

图 5-61　S_PEXT 定时器的时序图

3. 分配时间作为接通延时定时器参数并启动 S_ODT

S_ODT 定时器指令名称为"分配时间作为接通延时定时器参数并启动"，指令功能与 TON 指令类同，实现当条件 S 从"0"变为"1"并保持为"1"时启动定时器。如果定时器正常计时结束且输入 S 的信号状态仍为"1"，则输出 Q 将返回信号状态"1"。如果定时器运行期间输入 S 的信号状态从"1"变为"0"，定时器将停止；如果正常计时结束后输入 S 的信号状态从"1"变为"0"，输出 Q 的信号状态将复位为"0"。当复位输入端 R 的信号状态变为"1"时，将复位定时器的当前值和输出 Q 的信号状态。

S_ODT 定时器的时序图如图 5-62 所示，由图中可知，S_ODT 定时器在工作时，必须要求启动端 S 保持"1"信号，否则定时器将停止工作。

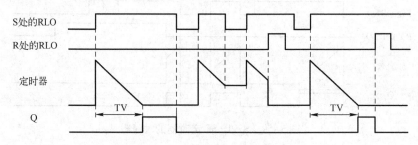

图 5-62　S_ODT 定时器的时序图

灌装功能若使用 S_ODT 指令实现，对应程序如图 5-63 所示。

4. 分配参数并启动保持型接通延时定时器 S_ODTS

S_ODTS 为"分配参数并启动保持型接通延时定时器"指令，功能与 S_ODT 指令类似，可以输出一个脉冲，脉宽由预设时间决定，不同的是该指令在 S 端的逻辑运算结果（RLO）的信号状态从"0"变为"1"（信号上升沿）时，启动定时器开始计时，在计时期间，如果 S 端的 RLO 变为"0"，不影响该定时器的定时状态。只要定时器计时结束，输出 Q 都将

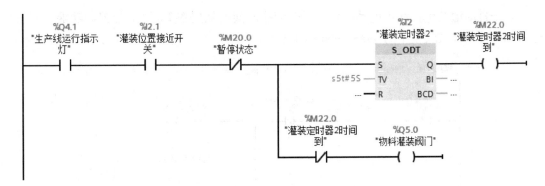

图 5-63　使用 S_ODT 指令实现灌装功能

返回信号状态"1"。如果定时器计时期间输入 S 的信号状态从"0"变为"1"，定时器将在输入（TV）中设定的持续时间处重新启动。当复位输入端 R 的信号状态变为"1"时，将复位定时器的当前值和输出 Q 的信号状态。

S_ODTS 指令的时序图如图 5-64 所示。

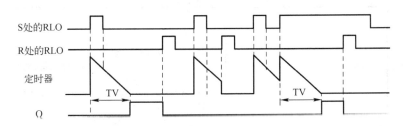

图 5-64　S_ODTS 定时器的时序图

5. 分配参数并启动关断延时定时器 S_OFFDT

S_OFFDT 定时器指令名称为"分配参数并启动关断延时定时器"，指令功能与 TOF 指令类同，实现当条件 S 从"0"变为"1"后使 Q 输出为"1"，当 S 从"1"变为"0"后开始计时，时间达到后复位 Q 输出。如果定时器运行期间输入 S 的信号状态从"0"变为"1"，定时器将停止，只有在检测到输入 S 的信号下降沿后，才会重新启动定时器。当复位输入端 R 的信号状态变为"1"时，将复位定时器的当前值和输出 Q 的信号状态。

S_OFFDT 定时器的时序图如图 5-65 所示。

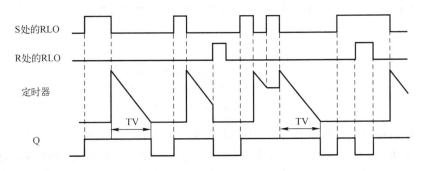

图 5-65　S_OFFDT 定时器的时序图

对于自动灌装生产线中电动机正、反转切换时间间隔要在 2 s 以上的控制功能，若使用 S_OFFDT 定时器指令，程序如图 5-66 所示。

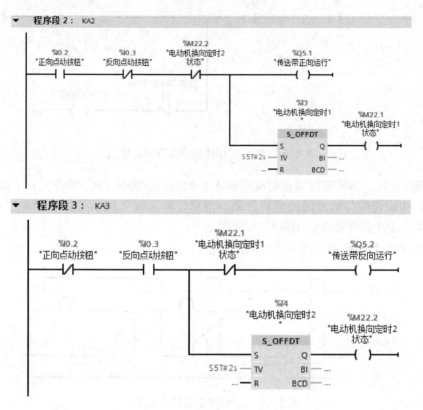

图 5-66　使用 S_OFFDT 指令实现点动换向功能

不管是 IEC 定时器还是 SIMATIC 定时器，在使用时，如果定时时间不是固定值，需要根据控制要求输入不同的值，那么可先将不同的时间值写入存储器（通过指令或上位监控设备），然后再以存储器的方式赋值给定时器预设时间。

6. SIMATIC 定时器直接启动指令

SIMATIC 定时器也有直接启动的指令形式，其梯形图指令如图 5-67 所示。

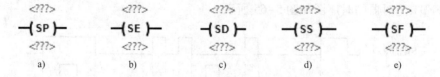

图 5-67　SIMATIC 直接启动定时器指令
a) S_PULSE 直接启动　b) S_PEXT 直接启动　c) S_ODT 直接启动
d) S_ODTS 直接启动　e) S_OFFDT 直接启动

SIMATIC 直接启动定时器指令比 SIMATIC 定时器指令少了定时器复位端 R、剩余时间常数值输出端 BI 和 BCD 以及定时器状态输出端 Q。可以通过触点指令查询定时器输出端 Q 的信号状态，通过复位输出指令实现定时器复位，通过"L"指令查询定时器二进制编码格式的当前时间值，通过"LC"指令查询定时器 BCD 编码格式的当前时间值。

5.7.2 IEC 定时器指令

IEC 定时器是一个具有特殊数据类型（IEC_TIMER、IEC_LTIMER、TP_TIME 或 TP_LTIME）的结构，可声明为一个系统数据类型为 IEC_TIMER 或 IEC_LTIMER 的数据块或声明为块中"Static"部分的 TP_TIME、TP_LTIME、IEC_TIMER 或 IEC_LTIMER 类型的局部变量。

在程序中插入该指令时，将打开"调用选项"（Call options）对话框，可以指定 IEC 定时器将存储在自身数据块中（单个背景）或者作为局部变量存储在块接口中（多重背景），"调用选项"对话框如图 5-68 所示。

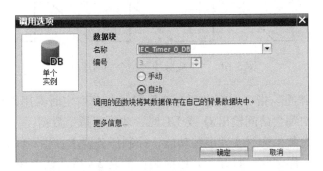

图 5-68　IEC 定时器指令的"调用选项"（Call options）对话框

若指定一个新的单个数据块，如图 5-68 中的"IEC_Timer_0_DB"，则该数据块将保存到项目树"程序块"（Program blocks）→"系统块"（System blocks）路径中的"程序资源"（Program resources）文件夹内。

IEC 定时器指令的梯形图形式如图 5-69 所示。

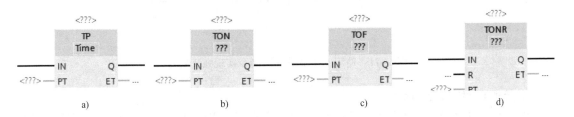

图 5-69　IEC 定时器指令的梯形图形式

a）TP 指令　b）TON 指令　c）TOF 指令　d）TONR 指令

1. 生成脉冲定时器 TP

TP 指令为"生成脉冲"指令，可以输出一个脉冲，脉宽由预设时间决定。该指令有 IN、PT、ET 和 Q 等参数，当输入参数 IN 的逻辑运算结果（RLO）从"0"变为"1"（信号上升沿）时，启动该指令，开始计时，计时的时间由预设时间参数 PT 设定，同时输出参数 Q 的状态在预设时间内保持为 1，即 Q 输出一个宽度为预设时间 PT 的脉冲。在计时时间内，即使检测到 RLO 新的信号上升沿，输出 Q 的信号状态也不会受到影响。

可以在输出参数 ET 处查询到当前时间值，该时间值从 T#0s 开始，在达到持续时间 PT

后保持不变。如果达到已组态的持续时间 PT，并且输入 IN 的信号状态为"0"，则输出 ET 将复位为 0。

"生成脉冲"指令的时序图如图 5-70 所示。

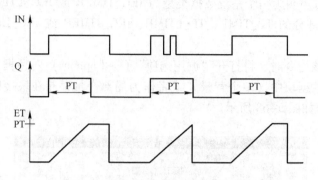

图 5-70 "生成脉冲"指令的时序图

每次调用"生成脉冲"指令，都必须为其分配一个 IEC 定时器用以存储该指令的数据。只有在调用指令且每次都会访问输出 Q 或 ET 时，才更新指令数据。

例如，对于自动灌装生产线实现灌装功能，控制任务要求：生产线运行后，灌装位置接近开关检测到有瓶子，灌装阀门打开，开始灌装；灌装 5 s 后，认为瓶子灌满，灌装阀门关闭。使用"生成脉冲"指令实现该功能的程序如图 5-71 所示，其中 DB2（符号为 IEC_Timer_1_DB）是用户指定的存储该 IEC 定时器的数据块。

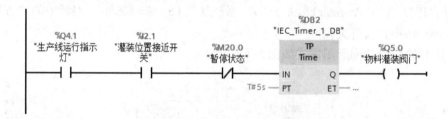

图 5-71 使用"生成脉冲"指令实现灌装功能

2. 接通延时定时器 TON

TON 指令为"接通延时"定时器指令。该指令有 IN、PT、ET 和 Q 等参数，当输入参数 IN 的逻辑运算结果（RLO）从"0"变为"1"（信号上升沿）时，启动该指令，开始计时，计时的时间由预设时间参数 PT 设定，当计时时间到达后，输出 Q 的信号状态为"1"。

此时，只要输入参数 IN 仍为"1"，输出 Q 就保持为"1"，直到输入参数 IN 的信号状态从"1"变为"0"时，将复位输出 Q。当输入参数 IN 检测到新的信号上升沿时，该定时器功能将再次启动。

可以在输出参数 ET 处查询到当前时间值，该时间值从 T#0s 开始，在达到持续时间 PT 后保持不变。只要输入 IN 的信号状态变为"0"，输出 ET 就复位。

"接通延时"定时器指令的时序图如图 5-72 所示。

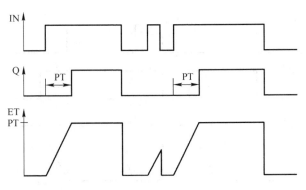

图 5-72 "接通延时"指令的时序图

　　每次调用"接通延时"指令，必须将其分配给存储指令数据的 IEC 定时器。只有在调用指令且每次都会访问输出 Q 或 ET 时，才更新指令数据。

　　灌装功能也可以使用"接通延时"指令实现，对应程序如图 5-73 所示。由于"接通延时"定时器定时期间，指令前的条件如果变为"0"，则定时器立即复位，故不需要使用"复位定时器"指令完善灌装功能。

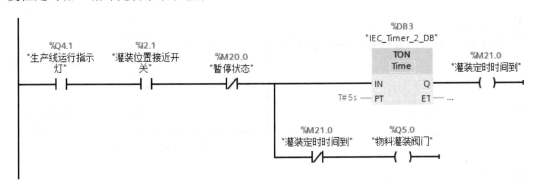

图 5-73 使用"接通延时"指令实现灌装功能

3. 关断延时定时器 TOF

　　TOF 为"关断延时"定时器指令。该指令有 IN、PT、ET 和 Q 等参数，当输入 IN 的逻辑运算结果（RLO）从"0"变为"1"（信号上升沿）时，输出 Q 变为"1"；当输入 IN 处的信号状态变回"0"时，开始计时，计时时间由预设时间参数 PT 设定；当计时时间到达后，输出 Q 变为"0"。如果输入 IN 的信号状态在计时结束之前再次变为"1"，则复位定时器，而输出 Q 的信号状态仍将为"1"。

　　可以在 ET 输出查询当前的时间值。时间值从 T#0s 开始，达到 PT 时间值时结束。当持续时间 PT 计时结束后，在输入 IN 变回"1"之前，ET 输出仍保持置位为当前值。在持续时间 PT 计时结束之前，如果输入 IN 的信号状态切换为"1"，则将 ET 输出复位为值 T#0s。

　　"关断延时"定时器指令的时序图如图 5-74 所示。

　　每次调用"关断延时"指令，必须将其分配给存储指令数据的 IEC 定时器。只有在调用指令且每次都会访问输出 Q 或 ET 时，才更新指令数据。

　　在自动灌装生产线手动模式控制中，为防止电动机正、反转频繁切换造成负载变化太

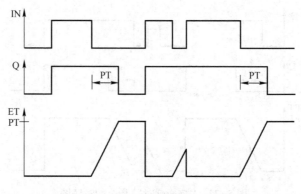

图 5-74 "关断延时"指令的时序图

大，电动机正、反向切换之间要有时间限制，切换时间间隔要在 2 s 以上。即点动电动机正转停下来 2 s 后点动反转才有效；点动电动机反转停下来 2 s 后点动正转才有效。对于这项控制功能，可以使用"关断延时"定时器指令，程序如图 5-75 所示。

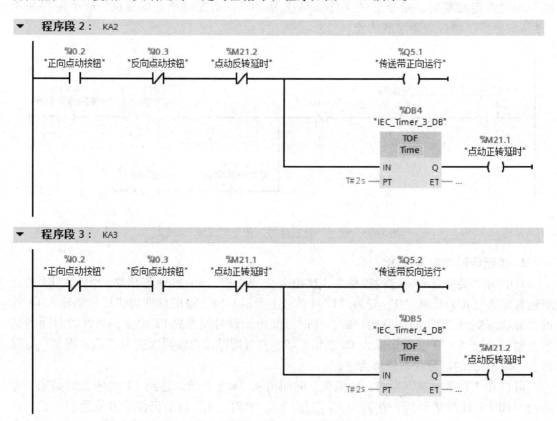

图 5-75 使用"关断延时"指令实现点动换向功能

4. 时间累加器 TONR

TONR 为"时间累加器"指令，实现累计定时。该指令有 IN、R、PT、ET 和 Q 等参数，当输入 IN 的信号状态从"0"变为"1"时（信号上升沿），将执行该指令，同时开始计时（计时时间由 PT 设定）。在计时过程中，累加 IN 输入的信号状态为"1"时所持续的时间值，累加的时间通过 ET 输出。当持续时间达到 PT 设定时间后，输出 Q 的信号状态变为"1"。即使 IN 参数的信号状态从"1"变为"0"（信号下降沿），Q 参数仍将保持置位为"1"；而输入 R 端信号为"1"时，将复位输出 ET 和 Q。

"时间累加器"指令的时序图如图 5-76 所示。

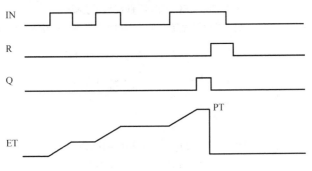

图 5-76 "时间累加器"指令的时序图

每次调用"时间累加器"指令，必须将其分配给存储指令数据的 IEC 定时器。只有在调用指令且每次都会访问输出 Q 或 ET 时，才更新指令数据。

对于自动灌装生产线，如果要求灌装时间累计达到 10 d 时，需要对物料灌装阀门进行一次检修，避免堵塞，则可以使用"时间累加器"指令实现检修状态指示，程序如图 5-77 所示。该程序段实现物料灌装阀门累计灌装时间达到 10 d，则变量 M21.3 信号为 1，提示灌装阀门进入检修状态；当按下检修确认按钮（该按钮可设置在上位监控界面），使变量 M21.4 为 1，实现对该"时间累加器"进行复位。

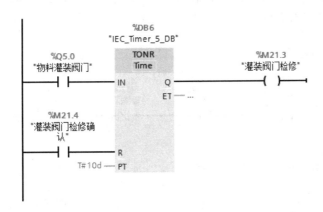

图 5-77 使用"时间累加器"指令实现灌装阀门检修状态指示

5. 定时器直接启动、复位和加载持续时间指令

对于 IEC 定时器指令，还有简单的指令形式，包括直接启动、复位和加载持续时间指令。

直接启动定时器指令没有 PT、ET 和 Q 等参数，梯形图指令形式如图 5-78 所示。如果需要对定时器复位或直接设置定时器时间，则可以使用复位定时器和加载持续时间指令，指令的梯形图形式如图 5-79 所示。

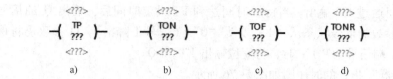

图 5-78　IEC 定时器直接启动指令

a）启动脉冲定时器　b）启动接通延时定时器　c）启动关断延时定时器　d）时间累加器

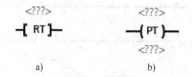

图 5-79　复位及加载持续时间指令

a）复位定时器　b）加载持续时间

使用"复位定时器"指令，可将 IEC 定时器复位为"0"。仅当输入的逻辑运算结果（RLO）为"1"时，才执行该指令，如果该指令输入的 RLO 为"0"，则该定时器保持不变。

可以使用"加载持续时间"指令为 IEC 定时器设置时间。如果该指令输入逻辑运算结果（RLO）的信号状态为"1"，则每个周期都执行该指令。该指令将指定时间写入指定 IEC 定时器的结构中。如果在指令执行时指定 IEC 定时器正在计时，指令将覆盖该指定 IEC 定时器的当前值，从而更改 IEC 定时器的定时器状态。

自动灌装功能若使用直接启动定时器指令 TP 实现，程序如图 5-80 所示，其中"IEC_Timer_1_DB". Q 为该 IEC 定时器的 Q 输出。

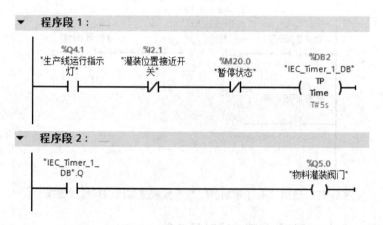

图 5-80　使用"启动脉冲定时器"指令实现灌装功能

考虑到灌装过程中如果瓶子倒了，需要停止定时，立刻关闭物料灌装阀门，故可增加如图 5-81 所示的程序段，使用"复位定时器"指令对灌装定时器当前值和输出复位。

"加载持续时间"指令的应用实例如图 5-82 所示，该程序表示当 M21.5 变量值为 1 时，将存于"IEC_Timer_1_DB"中的 IEC 定时器预设时间修改为 10 s。

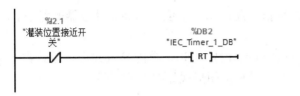

图 5-81 使用"复位定时器"指令完善灌装功能　　　图 5-82 "加载持续时间"指令的使用

任务 8　自动灌装程序设计

（1）自动循环灌装程序（FC2）

生产线运行后，传送带电动机正向运转，直到灌装位置接近开关检测到有瓶子，传送带停下来。到达灌装位置开始灌装，灌装阀门打开，灌装时间 5 s。瓶子灌满后灌装阀门关闭，传送带继续向前运动。按下停止按钮，传送带停止运动。

（2）完善手动运行程序（FC1）

为防止电动机正、反转频繁切换造成负载变化太大，电动机正、反向切换之间要有时间限制，切换时间间隔要在 2 s 以上。即：

点动电动机正转停下来 2 s 后点动反转才有效。

点动电动机反转停下来 2 s 后点动正转才有效。

5.8　计数操作指令与计数统计

计数操作指令分为 IEC 计数器指令和 SIMATIC 计数器指令两大类。在经典的 STEP 7 软件中，SIMATIC 计数器放在指令树下的计数器指令中，IEC 计数器放在库函数中。在 TIA Portal 软件中，则把这两类指令都放在"指令"任务卡下"基本指令"目录的"计数器操作"指令中。具体指令如图 5-83 所示。

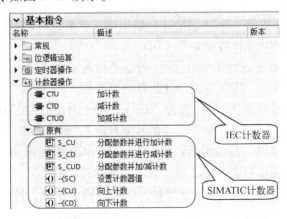

图 5-83　计数器指令集

5.8.1　SIMATIC 计数器指令

对于 SIMATIC 计数器而言，在 CPU 的系统存储器中有专门的存储区域，每个计数器均占用一个 16 位的字单元存储计数器当前值，还占用一个位单元存储计数器的状态。SIMAT-IC 计数器的计数范围为 0 ~ +999。

SIMATIC 计数器指令有分配参数并进行加计数 S_CU、分配参数并进行减计数 S_CD 和分配参数并加/减计数 S_CTUD 三种指令，其梯形图形式如图 5-84 所示。

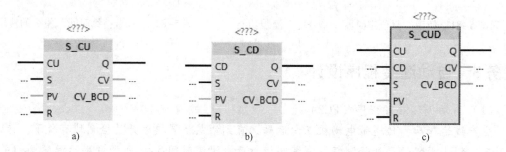

图 5-84　SIMATIC 计数器指令的梯形图形式
a）分配参数并进行加计数 S_CU　b）分配参数并进行减计数 S_CD　c）分配参数并加/减计数 S_CUD

CU——加计数脉冲输入端，上升沿触发计数器的值加 1。计数值达到最大值 999 以后，计数器不再动作，保持 999 不变。

CD——减计数脉冲输入端，上升沿触发计数器的值减 1。计数值减到最小值 0 以后，计数器不再动作，保持 0 不变。

S——置初值端。S 端的上升沿触发赋初值动作，将 PV 端的初值送给计数器。

PV——给计数器赋初值端。初值前需加修饰符"C#"，表明是给计数器赋初值。计数器的值在初值的基础上加 1 或减 1。

R——清零端。R 端的上升沿使计数器的值清零。

Q——计数器状态输出端。Q 端的状态与计数器的位地址（C5）状态相同，只有当计数器的值为 0 时，Q 端输出"0"信号；否则，只要计数器的值不为 0，Q 端就输出"1"信号。

CV——当前计数值（十六进制格式）输出端。此数值可以参与数据处理与数学运算。

CV_BCD——当前计数值（BCD 码格式）输出端。此数值可以直接送到数码管显示。

1. 分配参数并进行加/减计数指令 S_CUD

可以使用"分配参数并进行加/减计数"指令进行递增或递减计数操作。S_CUD 指令中各信号状态如图 5-85 所示，其中 C 表示计数器的当前值，PV 参数等于 5。

如果输入 CU 的信号状态从"0"变为"1"（信号上升沿），则当前计数器值将加 1。如果输入 CD 的信号状态从"0"变为"1"（信号上升沿），则计数器值减 1。当前计数器值在输出 CV 处输出十六进制值，在输出 CV_BCD 处输出 BCD 编码的值。如果在一个程序周期内输入 CU 和 CD 都出现信号上升沿，则计数器值将保持不变。

计数器值达到上限"999"后，停止增加。如果达到上限值，即使出现信号上升沿，计数器值也不再递增。达到下限值"0"时，计数器值不再递减。

当输入 S 的信号状态从"0"变为"1"时，将计数器值设置为参数 PV 的值。如果计数器已置位，并且输入 CU 和 CD 处的 RLO 为"1"，那么即使没有检测到信号沿变化，计数器也会在下一个扫描周期内相应地进行计数。

当输入 R 的信号状态变为"1"时，将计数器值置位为"0"。只要 R 输入的信号状态

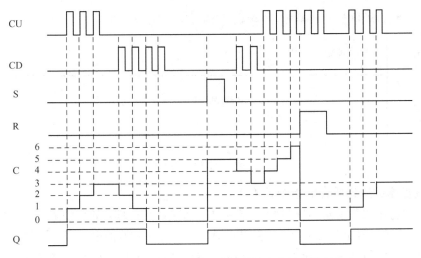

图 5-85　分配参数并进行加/减计数指令中的各信号状态

为"1"，输入 CU、CD 和 S 信号状态的处理就不会影响该计数器值。

如果计数器值大于 0，输出 Q 的信号状态就为"1"。如果计数器值等于 0，则输出 Q 的信号状态为"0"。

2. 分配参数并进行加计数指令 S_CU

可使用"分配参数并进行加计数"指令进行递增计数操作。如果输入 CU 的信号状态从"0"变为"1"（信号上升沿），则当前计数器值将加 1。当前计数器值在输出 CV 处输出十六进制值，在输出 CV_BCD 处输出 BCD 编码的值。计数器值达到上限"999"后，停止增加。达到上限后，即使出现信号上升沿，计数器值也不再递增。

当输入 S 的信号状态从"0"变为"1"时，将计数器值设置为参数 PV 的值。如果已设置计数器，并且输入 CU 处的 RLO 为"1"，则即使没有检测到信号沿的变化，计数器也会在下一扫描周期相应地进行计数。

当输入 R 的信号状态变为"1"时，将计数器值置位为"0"。只要 R 输入的信号状态为"1"，输入 CU 和 S 信号状态的处理就不会影响该计数器值。

如果计数器值大于 0，输出 Q 的信号状态就为"1"。如果计数器值等于 0，则输出 Q 的信号状态为"0"。

例如，对于自动灌装生产线，实现自动运行时，利用空瓶位置接近开关和成品位置接近开关分别对空瓶数和成品数进行统计，应用 S_CU 指令实现该功能的梯形图程序如图 5-86和图 5-87 所示。

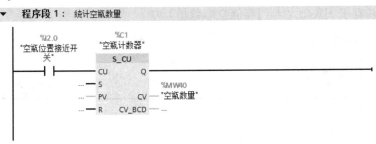

图 5-86　统计空瓶数量

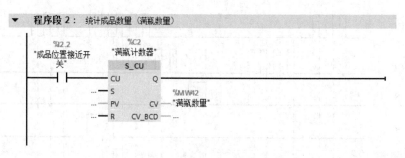

图 5-87　统计成品数量

3. 分配参数并进行减计数指令 S_CD

可使用"分配参数并进行减计数"指令进行递减计数操作。如果输入 CD 的信号状态从"0"变为"1"（信号上升沿），则计数器值减 1。当前计数器值在输出 CV 处输出十六进制值，在输出 CV_BCD 处输出 BCD 编码的值。计数器值达到下限 0 时，将停止递减。如果达到下限值，即使出现信号上升沿，计数器值也不再递减。

当输入 S 的信号状态从"0"变为"1"时，将计数器值设置为参数 PV 的值。如果已设置计数器，并且输入 CD 处的 RLO 为"1"，则即使没有检测到信号沿的变化，计数器也会在下一扫描周期相应地进行计数。

当输入 R 的信号状态变为"1"时，将计数器值置位为"0"。只要 R 输入的信号状态为"1"，输入 CD 和 S 信号状态的处理就不会影响该计数器值。

如果计数器值大于 0，输出 Q 的信号状态就为"1"。如果计数器值等于 0，则输出 Q 的信号状态为"0"。

4. 向上计数 CU、向下计数 CD 和设置计数器值 SC 指令

SIMATIC 计数器也有简单的指令形式，包括向上计数 CU、向下计数 CD 和设置计数器值 SC，其梯形图指令如图 5-88 所示。

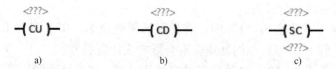

图 5-88　SIMATIC 计数器简单指令
a）向上计数　b）向下计数　c）设置计数器值

使用 SIMATIC 计数器简单指令时，在指令上方指定需要启动的计数器。例如，统计空瓶数量可以使用 CU 指令实现，程序如图 5-89 所示。而后再使用移动操作指令，将计数器中的空瓶数量转存于 MW40（专门存储空瓶数量）中。

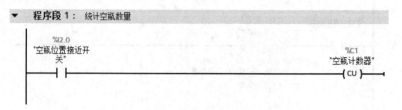

图 5-89　使用 CU 指令统计空瓶数量

对于设置计数器值 SC 指令，在其指令下方设置计数器的当前值。可以通过触点指令查询计数器输出端 Q 的信号状态，通过复位输出指令实现计数器复位，通过 "L" 指令查询计数器二进制编码格式的当前值，通过 "LC" 指令查询计数器 BCD 编码格式的当前值。

5.8.2　IEC 计数器指令

IEC 计数器指令是一种具有某种数据类型的结构，每次调用 IEC 计数器指令，都会为其分配一个 IEC 计数器用于存储指令数据。

IEC 计数器可以按两种方式进行声明：一种是声明为系统数据类型 IEC_ < Counter > 的数据块；另一种是声明为块中 "Static" 部分的 CTU_ < Data type > 或 IEC_ < Counter > 类型的局部变量。

在程序中插入 IEC 计数器指令时，将打开 "调用选项"（Call options）对话框（如图 5-90 所示），可以指定 IEC 计数器将存储在自身数据块中（单背景）或者作为局部变量存储在块接口中（多重背景）。如果指定一个单独的数据块，则该数据块将保存到项目树 "程序块" → "系统块"（Program blocks→System blocks）路径中的 "程序资源"（Program resources）文件夹内。

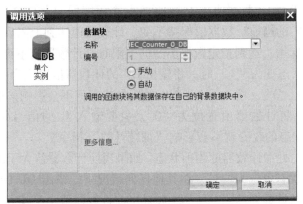

图 5-90　IEC 计数器指令的 "调用选项"（Call options）对话框

IEC 计数器指令的梯形图形式如图 5-91 所示。

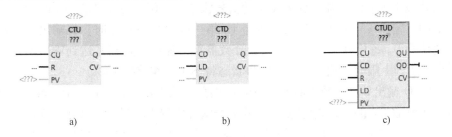

a)　　　　　　　　　　　b)　　　　　　　　　　　c)

图 5-91　IEC 计数器指令的梯形图形式
a) 加计数指令　b) 减计数指令　c) 加减计数指令

其中，需要在 CTU/CTD/CTUD 上方问号处指定 IEC 计数器，单击指令内部问号处两次，可在弹出的下拉列表处指定 IEC 计数器的数据类型（各种整数类型），如图 5-92 所示。IEC 计数器允许为负值，其计数范围由其数据类型决定，例如 IEC 计数器的数据类型选择整数型 Int，则对应的计数范围为 −32768 ~ +32767。如果选择 LInt 或 ULInt，则 IEC 计数器的计数范围为 64 位整数范围，要比 SIMATIC 计数器大很多。

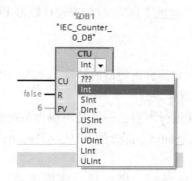

图 5-92　设定 IEC 计数器的数据类型

1. 加减计数指令 CTUD

对于加减计数指令 CTUD，如果输入 CU 的信号状态从"0"变为"1"（信号上升沿），则当前计数器值加 1 并存储在输出 CV 中。如果输入 CD 的信号状态从"0"变为"1"（信号上升沿），则输出 CV 的计数器值减 1。如果在一个程序周期内，输入 CU 和 CD 都出现信号上升沿，则输出 CV 的当前计数器值保持不变。计数器值达到上限后，即使出现信号上升沿，计数器值也不再递增；达到指定数据类型的下限时，计数器值不再递减。

输入 LD 的信号状态变为"1"时，将输出 CV 的计数器值置位为参数 PV 的值。只要输入 LD 的信号状态仍为"1"，输入 CU 和 CD 的信号状态就不会影响该指令。当输入 R 的信号状态变为"1"时，将计数器值置位为"0"。只要输入 R 的信号状态仍为"1"，输入 CU、CD 和 LD 信号状态的改变就不会影响"加减计数"指令。

可以扫描 QU 输出处加计数器的当前状态。如果当前计数器值大于或等于参数 PV 的值，则将输出 QU 的信号状态置位为"1"。在其他任何情况下，输出 QU 的信号状态均为"0"。可以扫描 QD 输出处减计数器的当前状态。如果当前计数器值小于或等于"0"，则将 QD 输出的信号状态置位为"1"。在其他任何情况下，输出 QD 的信号状态均为"0"。

2. 加计数指令 CTU

对于加计数指令 CTU，如果输入 CU 的信号状态从"0"变为"1"（信号上升沿），则执行该指令同时输出 CV 的当前计数器值加 1。第一次执行该指令时，将输出 CV 处的当前计数器值置位为 0。每检测到一个上升沿，计数器都会递增，直到其达到输出 CV 指定数据类型的上限。达到上限时，输入 CU 的信号状态将不再影响该指令。

可以扫描 Q 输出处的计数器状态。输出 Q 的信号状态由参数 PV 决定。如果当前计数器值大于或等于参数 PV 的值，则将输出 Q 的信号状态置位为"1"。在其他任何情况下，输出 Q 的信号状态均为"0"。输入 R 的信号状态变为"1"时，输出 CV 的值被复位为"0"。只要输入 R 的信号状态仍为"1"，输入 CU 的信号状态就不会影响该指令。

例如，统计空瓶数和成品数应用 CTU 指令实现的梯形图程序如图 5-93 和图 5-94 所示。使用 CTU 指令时，PV 输入端必须赋值（Int 类型），在本例中可以设定 PV 值为 Int 类型的最大值 32767，当统计空瓶数量（或成品数量）的 CTU 计数值达到 32767 时，Q 输出端输出为 1。

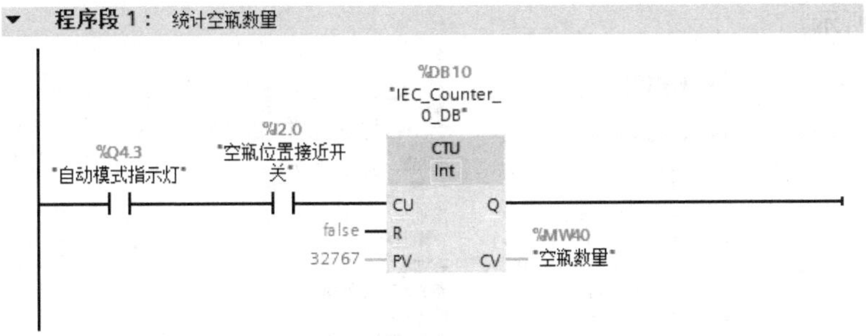

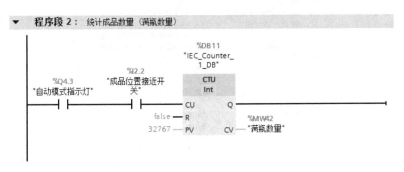

图5-93 使用CTU指令统计空瓶数量

图5-94 使用CTU指令统计成品数量

3. 减计数指令 CTD

对于减计数指令 CTD，如果输入 CD 的信号状态从"0"变为"1"（信号上升沿），则执行该指令同时输出 CV 的当前计数器值减 1。第一次执行该指令时，将 CV 参数的计数器值设置为 PV 参数的值。每检测到一个信号上升沿，计数器值就会递减 1，直到达到指定数据类型的下限为止。达到下限时，输入 CD 的信号状态将不再影响该指令。

可以扫描 Q 输出处的计数器状态。如果当前计数器值小于或等于"0"，则将输出 Q 的信号状态置位为"1"。在其他任何情况下，输出 Q 的信号状态均为"0"。输入 LD 的信号状态变为"1"时，将输出 CV 的值设置为参数 PV 的值。只要输入 LD 的信号状态仍为"1"，输入 CD 的信号状态就不会影响该指令。

任务 9 计数统计程序设计

物料灌装生产线运行后，利用空瓶位置接近开关和成品位置接近开关分别对空瓶数和成品数进行统计。MW40 存储空瓶数量，MW42 存储满瓶数量。将上述功能编制在计数统计 [FC3] 程序块中，该计数统计功能仅在自动模式下生产线运行时有效。

5.9 移动操作指令

S7 – 1500 PLC 所支持的移动操作指令比 S7 – 300/400 所支持的移动操作指令要丰富很多，有移动值、序列化和反序列化、存储区移动和交换等指令，还有专门针对数组 DB 和 Variant 变量的移动操作指令，当然也支持经典 STEP 7 所支持的移动操作指令。移动操作指令如图 5-95 所示。

图 5-95　移动操作指令集

在移动操作指令中，传送值指令最为常用，本章节主要介绍该指令，其他移动操作指令的使用可以查询手册。

传送值指令的梯形图形式如图 5-96 所示。在初始状态，指令框中包含 1 个输出（OUT1），通过鼠标单击指令框中的星号"∗"，可以扩展输出数目，如图 5-97 所示。在该指令框中，应按地址升序顺序排列所添加的输出，因为传送值指令始终沿地址升序方向进行传送。当 EN 输入端为 1 时，执行传送指令，将 IN 输入端的数值或变量内容传送至所有可用的 OUT 输出端。

图 5-96　传送值指令　　　　　图 5-97　传送值指令插入输出

使用传送值指令时，需要注意传送源与传送目标地址单元的数据类型要对应，例如传送源为 Byte 类型，如果进行 IEC 类型检查，则传送目标的数据类型可以是 Byte、Word、DWord 和 LWord；如果不进行 IEC 类型检查，则传送目标的数据类型可以是 Byte、Word、DWord、LWord、SInt、USInt、Int、UInt、DInt、UDInt、LInt、ULInt、Time、LTime、LDT、Date、TOD、LTOD 和 Char。使用该指令时，鼠标放在输出端的横线上，Portal TIA 软件会自动显示对应数据类型的提示信息。

如果输入 IN 数据类型的位长度低于输出 OUT 数据类型的位长度，则目标值的高位会被改写为 0。如果输入 IN 数据类型的位长度超出输出 OUT 数据类型的位长度，则数据源值的高位会丢失。

如果使能输入 EN 的信号状态为"0"或 IN 参数的数据类型与 OUT 参数的指定数据类型不对应，则使能输出 ENO 的信号状态为"0"。

在自动灌装生产线中，需要实现在手动模式下按下复位按钮，对空瓶数量和成品数量进行清零。此时可以在手动运行子程序（FC1）中使用传送值指令（MOVE）实现，如图 5-98 所示。

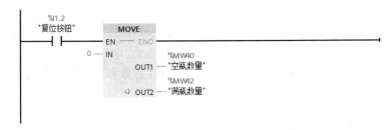

图 5-98　空瓶数量和成品数量清零程序

此外，要实现空瓶数量和成品数量真正清零，还需要对计数器进行清零。

如果在计数统计子程序（FC3）使用的是 S_CU 指令实现空瓶数量和成品数量统计，所使用的 SIMATIC 计数器分别为 C1 和 C2，则 SIMATIC 计数器清零程序如图 5-99 所示。

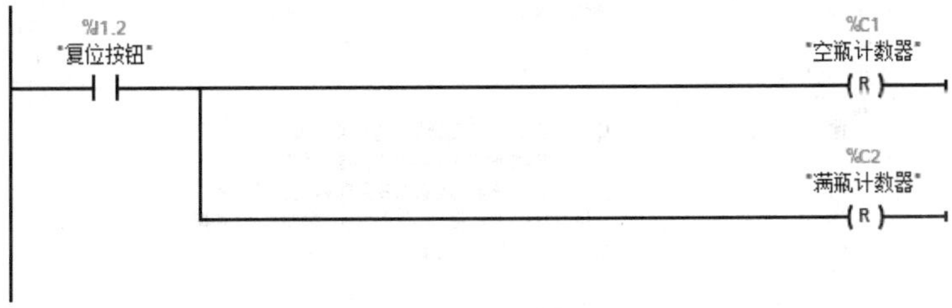

图 5-99　SIMATIC 计数器清零

如果在计数统计子程序（FC3）使用的是 CTU 指令实现空瓶数量和成品数量统计，所使用的 IEC 计数器当前值分别对应"IEC_Counter_0_DB".CV 和"IEC_Counter_1_DB".CV，则 IEC 计数器清零程序如图 5-100 所示。

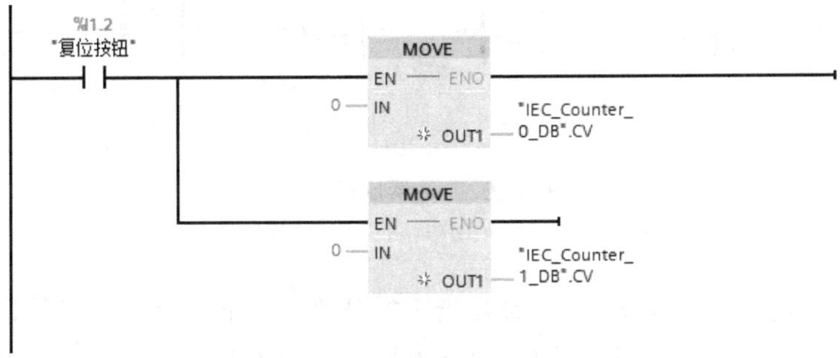

图 5-100　IEC 计数器清零

任务 10 复位统计数据程序设计

在手动运行程序（FC1）中增加对计数统计数据复位的功能。当按下复位按钮时，对空瓶数量和成品数量进行清零。

5.10 比较器操作指令

S7 – 1500 PLC 的比较器操作指令主要包括常规比较指令及变量比较指令，如图 5–101 所示。常规比较指令不仅包括相等、不相等、大于或等于、小于或等于、大于以及小于这六种关系比较，还包括值在范围内、值超出范围、有效浮点数和无效浮点数的判断。变量比较指令与 Variant 数据类型有关。

图 5–101 比较器操作指令集

关系比较指令的梯形图形式如图 5–102 所示。

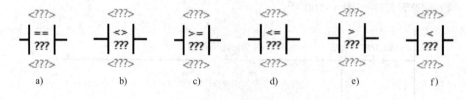

图 5–102 关系比较指令

a）等于 b）不等于 c）大于或等于 d）小于或等于 e）大于 f）小于

其中，关系比较指令上方 < ??? > 需要指定操作数 1，下方 < ??? > 需要指定操作数 2，中间的 "???" 需要指定待比较操作数的数据类型。鼠标单击指令中间的 "???"，出现下拉列表，从中选择合适的数据类型，完成数据类型的指定或修改。

例如，自动灌装生产线在生产线运行状态下，如果空瓶数量比成品数量少，则认定为传感器检测故障。使用比较指令实现该功能的程序段如图 5-103 所示。

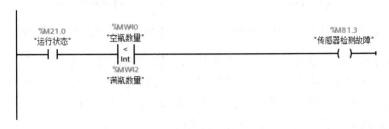

图 5-103　传感器检测故障判断

"值在范围内"指令（IN_RANGE）和"值超出范围"指令（OUT_RANGE）的梯形图形式如图 5-104 和图 5-105 所示。这两条指令可判断输入 VAL 的值是否在特定的范围内或之外。当指令框的输入条件满足时，执行指令。执行 IN_RANGE 指令时，如果输入参数满足 MIN < VAL < MAX，则指令框输出的信号状态为"1"，否则为"0"。执行 OUT_RANGE 指令时，如果输入参数满足 VAL < MIN 或 VAL > MAX，则指令框输出的信号状态为"1"，否则为"0"。

图 5-104　值在范围内指令　　　　　　图 5-105　值超出范围指令

例如，自动灌装生产线中，对灌装完毕的成品进行称重检测（检测的成品重量存储在 MD70 中），如果重量低于设定的下限或高于设定的上限，则认为重量不合格。使用 OUT_RANGE 指令可实现该功能，程序段如图 5-106 所示。该程序段中，以重量超过 100.0 g 为条件，开始称重检测，否则会造成没物品时也认为重量不合格。

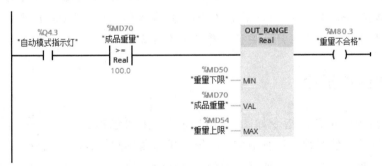

图 5-106　重量合格性的判断

"检查有效性"指令（OK）和"检查无效性"指令（NOT_OK）的梯形图形式如图 5-107 和图 5-108 所示，指令上方的 <???> 需要指定操作数。这两条指令可用来检查操作数的值是否为有效或无效的浮点数。

图 5-107 "检查有效性"指令 　　　　图 5-108 "检查无效性"指令

对于"检查有效性"指令（OK），如果该指令输入的信号状态为"1"，且操作数的值是有效浮点数，则该指令输出的信号状态为"1"，否则为"0"。如果将该指令连接到后续指令的 EN 使能输入端，则仅在值的有效性查询结果为"1"时才置位 EN 使能输入，可确保仅在操作数的值为有效浮点数时才执行后续指令。

对于"检查无效性"指令（NOT_OK），如果该指令输入的信号状态为"1"，且操作数的值是无效浮点数，则该指令输出的信号状态为"1"，否则为"0"。

任务 11　故障处理程序设计

编写故障处理程序（FC4），实现故障记录及故障响应。

（1）生产线运行情况下，当空瓶计数统计超限时，对应故障状态（M80.0）为 1；当满瓶计数统计超限时，对应故障状态（M80.1）为 1。

（2）生产线运行情况下，当三个传感器任意一个长时间为 1 或为 0，认为是对应位置检测故障，故障状态（M81.0、M81.1、M81.2）为 1；当空瓶数量小于满瓶数量，认为是传感器检测故障，故障状态（M81.3）为 1；位置检测故障和传感器检测故障统称为传输线故障（故障状态存储在 M80.2 中）。

（3）只要存在空瓶计数统计超限、满瓶计数统计超限或传输线故障时，停止生产线运行，并使报警灯 1 闪烁。

（4）自动模式运行情况下，当检测的成品重量（MD70）不在指定范围内则认定重量不合格（故障状态存储在 M80.3 中），并统计称重不合格品数量。重量下限（MD50）和重量上限（MD54）可由上位监控系统设定。

（5）自动模式运行情况下，当检测的液位（MD74）不在指定范围内则认定液位超限（故障状态存储在 M80.4 中），液位下限（MD58）和液位上限（MD62）可由上位监控系统设定。当液位超限时，停止生产线运行，并使报警灯 2 闪烁。

5.11　数学函数指令

数学函数指令所包含的指令如图 5-109 所示，主要包括加、减、乘、除、计算平方、计算平方根、计算自然对数、计算指数、取幂、求三角函数等运算类指令，以及返回除法的余数、返回小数求二进制补码、递增、递减、计算绝对值、获取最值、设置限值等其他数学函数指令。

数学函数指令很多，本章节只介绍一个功能强大的计算指令，可直接灵活实现许多数学函数功能，其他数学函数指令就不一一介绍了。

"计算"（CALCULATE）指令的梯形图形式如图 5-110 所示。可以使用"计算"指令定义并执行表达式，根据所选数据类型计算数学运算或复杂逻辑运算。

名称	描述
▼ 数学函数	
CALCULATE	计算
ADD	加
SUB	减
MUL	乘
DIV	除法
MOD	返回除法的余数
NEG	求二进制补码
INC	递增
DEC	递减
ABS	计算绝对值
MIN	获取最小值
MAX	获取最大值
LIMIT	设置限值
SQR	计算平方
SQRT	计算平方根
LN	计算自然对数
EXP	计算指数值
SIN	计算正弦值
COS	计算余弦值
TAN	计算正切值
ASIN	计算反正弦值
ACOS	计算反余弦值
ATAN	计算反正切值
FRAC	返回小数
EXPT	取幂

基本指令

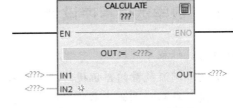

图 5-109　数学函数指令集　　　　　图 5-110　CALCULATE 指令

可以从"计算"指令框内"CALCCULATE"指令名称下方的"＜???＞"下拉列表中选择该指令的数据类型。根据所选数据类型，可以组合特定指令的功能，依据表达式执行复杂计算。

在初始状态下，指令框包含两个输入（IN1 和 IN2），通过鼠标单击指令框内左下角的星号"＊"，可以扩展输入数目。在指令框中按升序对插入的输入编号。

单击指令框内右上角的"计算器"图标可打开表达式对话框，如图 5-111 所示。在OUT：=的编辑框中输入表达式，表达式可以包含输入参数的名称和允许使用的指令，但不允许指定操作数名称或操作数地址。该表达式的计算结果将传送至"计算"指令的输出OUT 中。

图 5-111　CALCULATE 指令的表达式对话框

例如，对于自动灌装生产线上未成功灌装的瓶子数量（成品数量和空瓶数量的差值）视为废品，则应用 CALCULATE 指令计算灌装废品率的程序段如图 5-112 所示。其中灌装废品数量存储在 MW44 中，灌装废品率（单位:%）存储在 MD46 中。

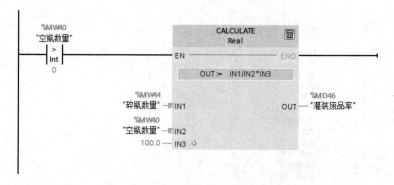

图 5-112　统计灌装废品率

任务 12　数学运算程序设计

在计数统计程序（FC3）中增加灌装废品率和称重合格率计算功能。对于生产线上检测的空瓶数量和满瓶数量的差值视为灌装废品，满瓶数量和称重不合格品的差值视为称重合格品，灌装废品率和称重合格率的单位为%。

5.12　转换操作指令

转换操作指令主要实现操作数在不同数据类型间的转换或比例缩放等功能，所包含的指令如图 5-113 所示，有转换值、取整、浮点数向上取整、浮点数向下取整、截尾取整、标定、标准化、标定和取消缩放指令。相对于经典 STEP 7，指令数量大大减少，但功能基本不变。

"转换值"指令（CONVERT）的梯形图形式如图 5-114 所示。该指令读取参数 IN 的内容，并根据指令框中选择的数据类型对其进行转换，转换的值发送到输出 OUT 中。"转换值"指令框内左侧"???"设置待转换的数据类型，右侧"???"设置转换后的数据类型。当参与数学运算或其他数据处理的操作数的数据类型不一致时，通常需要使用"转换值"指令进行转换。

图 5-113　转换操作指令集

图 5-114　CONVERT 指令

例如，自动灌装生产线控制系统中，在 DO32 模块空余的 16 点上增加 4 个数码管（带译码电路）的接线，并在数码管上显示自动运行模式下的成品数量，相应的程序段如

图 5-115 所示。

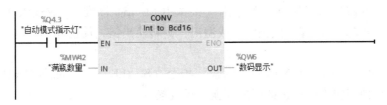

图 5-115　数码显示成品数量（满瓶数量）

"标准化"指令（NORM_X）如图 5-116 所示。当使能输入 EN 的信号状态为"1"时，执行"标准化"指令，该指令将输入 VALUE 中变量的值按线性标尺从 [MIN,MAX] 区域转换至 [0.0,1.0] 区域的浮点数（如图 5-117 所示）。鼠标单击指令框内部左上方的"???"，可从下拉列表中选择设置 VALUE 变量的数据类型（可以是各种整数类型或浮点数类型），单击指令框内部右上方的"???"，可从下拉列表中选择设置转换结果的数据类型（Real 或 LReal）。参数 MIN 和 MAX 定义输入 VALUE 中变量值范围的限值，输出 OUT 存储转换结果（用计算公式可表示为 OUT =（VALUE – MIN）/（MAX – MIN））。

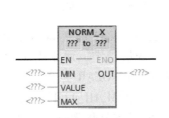

图 5-116　NORM_X 指令

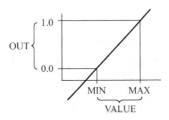

图 5-117　"标准化"示意

当执行"标准化"指令时，如果输入 MIN 的值大于或等于输入 MAX 的值，或指定的浮点数的值超出了标准的数范围（根据 IEEE 754 标准），或输入 VALUE 的值为 NaN（无效算术运算的结果），则转换出错，使能输出 ENO 的信号状态将变为"0"。

"标定"指令（SCALE_X）如图 5-118 所示，该指令与"标准化"指令（NORM_X）正好相反，当执行"缩放"指令时，输入 VALUE 的浮点值按线性标尺从 [0.0,1.0] 区域转换至 [MIN,MAX] 区域的整数或浮点数值（如图 5-119 所示），结果存储在 OUT 输出中（用计算公式可表示为 OUT =［VALUE * (MAX – MIN)］+ MIN）。鼠标单击指令框内部左上方的"???"，可从下拉列表中选择设置 VALUE 变量的数据类型（Real 或 LReal），单击指令框内部右上方的"???"，可从下拉列表中选择设置转换结果的数据类型（各种整数类型或浮点数类型）。

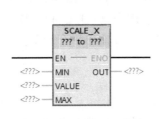

图 5-118　SCALE_X 指令

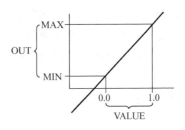

图 5-119　"标定"示意

当执行"标定"指令（SCALE_X）时，如果输入 MIN 的值大于或等于输入 MAX 的值，或指定的浮点数的值超出了标准的数范围（根据 IEEE 754 标准），或输入 VALUE 的值为 NaN（非数字＝无效算术运算的结果），或溢出，则转换出错，使能输出 ENO 的信号状态将变为"0"。

"标准化"指令（NORM_X）和"标定"指令（SCALE_X）在数据处理中应用非常广泛，也可以配合使用实现模拟量的标度变换及反变换。

"缩放"指令（SCALE）和"取消缩放"指令（UNSCALE）如图 5-120 和图 5-121 所示，其指令外观及功能分别同经典 STEP 7 的标准库中 TI－S7 Converting Blocks 的 FC105（SCALE）和 FC106（UNSCALE）。"缩放"指令（SCALE）主要用于模拟量的标度变换，"取消缩放"指令（UNSCALE）主要用于模拟量的反变换。

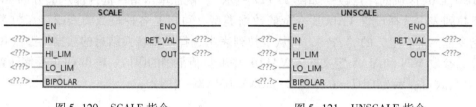

图 5-120　SCALE 指令　　　　　　图 5-121　UNSCALE 指令

"缩放"指令（SCALE）与 NORM_X 功能类似，也是将参数 IN（Int 数据类型）转换成浮点数（Real 数据类型）。但该指令待转换区域不由变量指定，而是固定的，如果参数 BIPOLAR 为"0"，则待转换区域为[0,27648]；如果参数 BIPOLAR 为"1"，则待转换区域为[－27648,27648]。转换后的区域由参数指定，为[LO_LIM,HI_LIM]，转换结果在参数 OUT 中输出。参数 RET_VAL 存储转换错误代码，其数值代表转换无错误或错误信息。

参数 BIPOLAR 用来设置极性，BIPOLAR＝0 时为单极性，只对非负值进行转换；BIPOLAR＝1 时为双极性，对正负值均可以进行转换。如果参数 IN 的值大于输入上限值（27648），则将指令的结果设置为输出上限值（HI_LIM）并输出一个错误。如果参数 IN 的值小于输入上限值（0 或 －27648，取决于 BIPOLAR 参数的极性设置），则将指令的结果设置为下限值（LO_LIM）并输出一个错误。如果指定的下限值大于上限值（LO_LIM＞HI_LIM），则结果将对输入值进行反向缩放。

"取消缩放"指令（UNSCALE）功能与"缩放"指令（SCALE）相反，实现将参数 IN 输入的浮点数（Real 数据类型）从[LO_LIM,HI_LIM]区域转换为整数（Int 数据类型）。如果参数 BIPOLAR 为"0"，则转换后的区域为 [0, 27648]；如果参数 BIPOLAR 为"1"，则转换后的区域为[－27648,27648]。指令的结果在参数 OUT 中输出。参数 RET_VAL 同样存储转换错误代码，其数值代表转换无错误或错误信息。

如果参数 IN 的值大于输入上限值（HI_LIM），则将指令的结果设置为输出上限值（27648）并输出一个错误。如果参数 IN 的值小于输入上限值（LO_LIM），则将指令的结果设置为下限值（0 或 －27648，取决于 BIPOLAR 参数的值）并输出一个错误。

5.13　其他指令

基本指令集合中除了上述指令外，还包括字逻辑运算指令、移位和循环移位指令、程序控制指令和继承经典 STEP 7 某些功能的原有指令等指令集。

字逻辑运算指令集如图 5-122 所示，主要包括"与"运算、"或"运算、"异或"运算、求反码、解码、编码、选择、多路复用和多路分用等指令。

"与"运算指令（AND）、"或"运算指令（OR）、"异或"运算指令（XOR）的梯形图形式如图 5-123 ~图 5-125 所示。这三种指令分别实现将输入 IN1 的值和输入 IN2 的值按位进行"与""或"以及"异或"运算，结果存储在输出 OUT 中。例如，执行"与"运算指令 AND 时，输入 IN1 的值的位 0 和输入 IN2 的值的

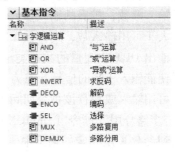

图 5-122　字逻辑运算指令集

位 0 进行"与"运算，结果存储在输出 OUT 的位 0 中，输入 IN1 的值的位 1 和输入 IN2 的值的位 1 进行"与"运算，结果存储在输出 OUT 的位 1 中，依次类推。

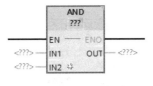 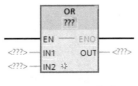 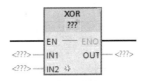

图 5-123　AND 指令　　　　图 5-124　OR 指令　　　　图 5-125　XOR 指令

鼠标单击指令框中的"???"，可在下拉列表中选择输入参数 IN1 和 IN2 的数据类型（可以是 Byte、Word、DWord 或 LWord）。鼠标单击指令框中的"＊"，可以增加输入参数。指令执行时，将对所有可用输入参数的值根据指令类型进行 AND、OR 或 XOR 运算，结果存储在输出 OUT 中。

"求反码"指令（INVERT）的梯形图形式如图 5-126 所示。该指令将输入 IN 中各个位的信号状态取反，并将结果存储在输出 OUT 中。

"解码"指令（DECO）的梯形图形式如图 5-127 所示。该指令读取输入 IN 的值，并将输出 OUT 中数据位号与读取值对应的那个位置位，输出值中的其他位以零填充。

"编码"指令（ENCO）的梯形图形式如图 5-128 所示。该指令读取输入 IN 值中最低有效位，并将其位号存储在输出 OUT 中。

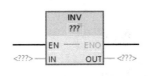  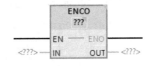

图 5-126　INVERT 指令　　　图 5-127　DECO 指令　　　图 5-128　ENCO 指令

"选择"指令（SEL）的梯形图形式如图 5-129 所示。该指令根据开关（输入 G）的情况，选择输入 IN0 或 IN1 中的一个，并将其内容复制到输出 OUT。如果输入 G 的信号状态为"0"，将输入 IN0 的值复制到输出 OUT 中；如果输入 G 的信号状态为"1"，则将输入 IN1 的值复制到输出 OUT 中。需要注意的是，只有当所有参数的变量均为同一种数据类型时，才能执行该指令。

"多路复用"指令（MUX）的梯形图形式如图 5-130 所示。该指令根据参数 K（指定

输入 IN 的编号）将选定输入的内容复制到输出 OUT。可以通过鼠标单击指令框中的"＊"扩展输入参数，扩展的输入参数会在该框中自动编号，最多可声明 32 个输入。如果参数 K 的值大于可用输入数，则参数 ELSE 的内容将复制到输出 OUT 中。需要注意：仅当所有输入和输出 OUT 中变量的数据类型都相同时（参数 K 除外），才能执行"多路复用"指令；除了使能输入 EN 的信号状态为"0"时 ENO 的信号状态变为"0"之外，参数 K 的输入超出了可用输入或执行该指令期间出错，都将使 ENO 的信号状态复位为"0"。

"多路分用"指令（DEMUX）的梯形图形式如图 5-131 所示。该指令将输入 IN 的内容复制到参数 K 所指定的输出中，其他输出则保持不变。输出参数可以进行扩展。如果参数 K 的值大于可用输出数，输入 IN 的内容将赋值给参数 ELSE。仅当输入 IN 和所有输出的变量为相同的数据类型时（参数 K 除外），才能执行"多路分用"指令。除了使能输入 EN 的信号状态为"0"时 ENO 的信号状态变为"0"之外，当参数 K 的值大于可用输出数或执行该指令期间出错，都将使 ENO 的信号状态复位为"0"。

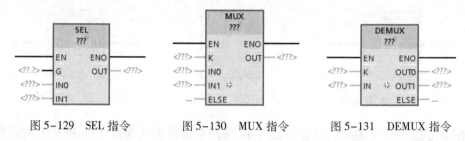

图 5-129　SEL 指令　　　图 5-130　MUX 指令　　　图 5-131　DEMUX 指令

移位和循环移位指令集如图 5-132 所示，主要包括左移、右移、循环左移和循环右移指令。

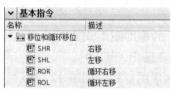

图 5-132　移位和循环移位指令集

"右移"指令（SHR）、"左移"指令（SHL）、"循环右移"指令（ROR）和"循环左移"指令（ROL）的梯形图形式如图 5-133 ~ 图 5-136 所示。

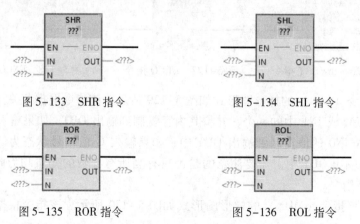

图 5-133　SHR 指令　　　　　　　图 5-134　SHL 指令

图 5-135　ROR 指令　　　　　　　图 5-136　ROL 指令

132

"右移"指令（SHR）将输入 IN 中操作数的内容按位向右移位，参数 N 用于指定将 IN 中操作数移位的位数，移位后的结果存储在输出 OUT 中。对于无符号值，移位时操作数左边区域中空出的位位置将用零填充。如果指定值有符号，则用符号位的信号状态填充空出的位。另外，当参数 N 的值为"0"时，输入 IN 的值将复制到输出 OUT 的操作数中。如果参数 N 的值大于可用位数，则输入 IN 中的操作数值将向右移动可用位数个位。图 5-137 说明了有符号整数右移 4 位的过程。

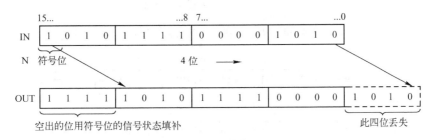

图 5-137　有符号整数右移 4 位示意

"左移"指令（SHL）将输入 IN 中操作数的内容按位向左移位，用零填充操作数右侧部分因移位空出的位，输入参数 N 用于指定将 IN 中操作数移位的位数，移位后的结果存储并在输出 OUT 中。当输入 N 的值为"0"时，则输入 IN 的值将按原样复制到输出 OUT 的操作数中；如果输入 N 的值大于可用位数，则输入 IN 中的操作数值将向左移动可用位数个位。图 5-138 展示将 Word 数据类型操作数的内容向左移动 6 位的过程。

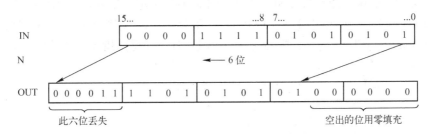

图 5-138　Word 数据类型操作数左移 6 位示意

"循环右移"指令（ROR）将输入 IN 中操作数的内容按位向右循环移位，即用右侧挤出的位填充左侧因循环移位空出的位，其中输入参数 N 用于指定将 IN 中操作数循环移位的位数，移位结果存储在输出 OUT 中。当输入 N 的值为"0"时，则输入 IN 的值将按原样复制到输出 OUT 的操作数中；如果参数 N 的值大于可用位数，则输入 IN 中的操作数值仍会循环移动指定位数个位。图 5-139 说明了如何将 DWord 数据类型操作数的内容向右循环移动 3 位。

"循环左移"指令（ROL）将输入 IN 中操作数的内容按位向左循环移位，用左侧挤出的位填充右侧因循环移位空出的位，其中输入参数 N 用于指定将 IN 操作数循环移位的位数，移位结果存储在输出 OUT 中。当输入 N 的值为"0"时，则输入 IN 的值将复制到输出 OUT 的操作数中；如果参数 N 的值大于可用位数，则输入 IN 中的操作数值仍会循环移动指定位数个位。图 5-140 说明了如何将 DWord 数据类型操作数的内容向左循环移动 3 位。

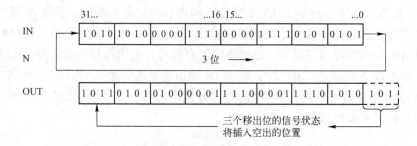

图 5-139 DWord 数据类型操作数的内容循环右移 3 位示意

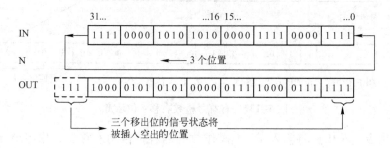

图 5-140 DWord 数据类型操作数的内容循环左移 3 位示意

程序控制指令集如图 5-141 所示, 主要包括跳转类型指令, 以及测量程序运行时间、设置等待时间、重置循环周期监视时间和关闭目标系统等运行控制类指令。

跳转类型指令的梯形图形式如图 5-142 ~ 图 5-147 所示, 主要包括跳转标签指令 (LA-BEL)、若 RLO = "1" 则跳转指令 (JMP)、若 RLO = "1" 则跳转指令 (JMPN)、定义跳转列表指令 (JMP_LIST)、跳转分配器指令 (SWITCH) 和返回指令 (RET)。

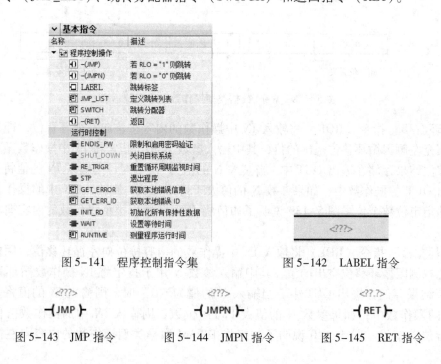

图 5-141 程序控制指令集 　图 5-142 LABEL 指令

图 5-143 JMP 指令　　　图 5-144 JMPN 指令　　　图 5-145 RET 指令

图 5-146　JMP_LIST 指令

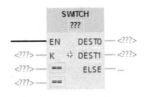

图 5-147　SWITCH 指令

跳转标签指令（LABEL）是配合跳转指令实现程序跳转，该指令用来标识一个目标程序段，执行程序跳转时，程序跳转到跳转标签下方的程序段开始执行。

"若 RLO = "1" 则跳转"指令（JMP）在满足该指令输入的条件（RLO = 1）时可中断当前程序的顺序执行，而跳转到由跳转标签（LABEL）进行标识的程序段开始执行；如果不满足该指令输入的条件（RLO = 0），则程序将继续执行下一程序段。

"若 RLO = "0" 则跳转"指令（JMPN）与 JMP 指令的跳转条件正好相反，即当 RLO = 0 时程序跳转到由跳转标签（LABEL）进行标识的程序段开始执行，否则顺序执行。

"返回"指令（RET）可停止当前程序块的执行。如果"返回"指令输入端的逻辑运算结果（RLO）为"1"，则将终止当前调用块中的程序执行，并在调用块（例如，在调用 OB 中）中调用函数之后，继续执行。

对于 LABEL、JMP、JMPN 和 RET 指令，指定的跳转标签与执行的跳转指令必须位于同一程序块中，指定的跳转标签名称在程序块中只能出现一次，一个程度段中只能使用一条跳转指令（JMP、JMPN 和 RET）。CPU S7 - 1200 最多可以声明 32 个跳转标签，而 CPU S7 - 1500 最多可以声明 256 个跳转标签。

"定义跳转列表"指令（JMP_LIST）与 LABEL 指令配合使用，根据 K 值实现跳转。在指令的输出中只能指定跳转标签，而不能指定指令或操作数。当 EN 使能输入的信号状态为"1"时，执行 JMP_LIST 指令，程序将跳转到由 K 参数的值指定的输出编号所对应的目标程序段开始执行。如果 K 参数值大于可用的输出编号，则顺序执行程序。可在指令框中通过鼠标单击"∗"来扩展输出的数量（CPU S7 - 1200 最多可以声明 32 个输出，而 CPU S7 - 1500 最多可以声明 99 个输出），输出编号从"0"开始，每增加一个新输出，都会按升序连续递增。

"跳转分支指令"指令（SWITCH）也与 LABEL 指令配合使用，根据比较结果，定义要执行的程序跳转。在指令框中为每个输入选择比较类型（ = = 、<>、>=、<=、>、<，各比较指令的可用性取决于指令的数据类型），在指令的输出中指定跳转标签（LABEL），在参数 K 中指定要比较的值，将该值依次与各个输入（编号按照从小到大的顺序）提供的值按照选择的比较类型进行比较，直至满足比较条件为止，选择满足条件的输入编号所对应的输出指定的跳转标签进行程序跳转。如果满足比较条件，则将不考虑后续比较条件；如果不满足任何指定的比较条件，则将执行输出 ELSE 处的跳转；如果输出 ELSE 中未定义程序跳转，则程序顺序执行。可在指令框中通过鼠标单击"∗"增加输出的数量，输出编号从"0"开始，每增加一个新输出，都会按升序连续递增，同时会自动插入一个输入。

基本指令下的"原有"指令集如图 5-148 所示，包括执行顺控程序指令、离散控制定时器报警指令、电动机控制定时器报警指令、比较输入位与掩码位指令、比较扫描矩阵指令、提前和滞后算法指令、创建 7 段显示的位模式指令、求十进制补码指令和统计设置位数量指令。

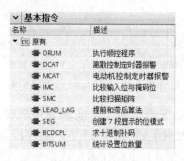

图 5-148 "原有"指令集

在 TIA Portal STEP 7 指令系统中，除了基本指令集，还有扩展指令集、工艺指令集、通信指令集和选件包指令集。

扩展指令集中主要包括日期和时间、分布式 I/O、中断、报警、诊断、数据块控制和寻址等方面的指令。工艺指令集中主要包括计数和测量、PID 控制、运动控制和时基 I/O 等与工艺功能有关的指令。通信指令集中主要包括 S7 通信、开放式用户通信、WEB 服务器以及通信处理器等与通信有关的指令。选件包指令中为部分插件功能指令。使用时请查阅 Portal STEP 7 软件的帮助信息系统或相关的系统手册。

5.14 用户数据块

用户数据块 DB 用来存储程序数据，包括全局数据块、背景数据块、基于 PLC 数据类型的数据块、数组数据块和系统数据类型的数据块。

5.14.1 用户数据块的创建

全局数据块中的变量需要用户自己定义，基于 PLC 数据类型的数据块中的变量使用事先创建好的 PLC 数据类型模板进行定义，而数组数据块中的变量在创建数组数据块的同时进行定义，这三种数据块均可以被所有程序块进行读写访问。

背景数据块只隶属于某个功能块 FB，创建背景数据块时需要指定 FB 块，背景数据块内的变量结构与指定 FB 块的接口参数和静态变量保持一致，不需要用户另行定义。系统数据类型的数据块专门存储程序中所使用的系统数据类型的数据。

在添加新块时，如果选择"数据块"（DB），鼠标单击"确定"后，将弹出"添加新块"的窗口。单击"类型"右侧的下拉列表，出现可选项，如图 5-149 所示。要创建全局数据块，选择列表条目"全局 DB"（Global DB）；要创建数组数据块，则需在列表中选择条目"数组 DB"（Array DB）；要创建背景数据块，从列表中选择要为其分配背景数据块的 FB 块（之前已创建），如图 5-149 的"报警（FB1）"；要创建基于 PLC 数据类型的数据块，从列表中选择之前已创建好的 PLC 数据类型，如图 5-149 的"用户数据类型_1"；要创建基于系统数据类型的数据块，从列表中选择系统数据类型，如图 5-149 的 IEC_TIMER（列表中所显示的系统数据类型仅包含已插入到 CPU 程序块中的那些系统数据类型）。

图 5-149　新建数据块

5.14.2　数据块编辑器

在程序块中添加新块（数据块），例如为自动灌装生产线创建一个全局数据块"产量[DB1]"，双击"产量[DB1]"，打开数据块编辑器，如图 5-150 所示。

图 5-150　数据块编辑器

例如，在"产量[DB1]"中定义两个 Int 变量，分别存储空瓶数和成品数，为这两个变量定义名称、数据类型、启动值及注释等。数据类型可以用鼠标单击待定义的数据类型右侧的"■"，从下拉列表中选择，如图 5-151 所示。

在数据块编辑器中，鼠标放在列上，通过鼠标右键调出快捷菜单（如图 5-152 所示），勾选或取消勾选"显示/隐藏"子项下的各项，就可以根据需要显示或隐藏列。当然，也可以选择"显示所有列"，使所有列均显示。

图 5-151　定义全局数据块变量

图 5-152　数据块编辑器显示/隐藏列

表 5-37 列出了数据块编辑器各列的含义。其中，"默认值"（Default value）列中包含的值，只能在更高级别的代码块或 PLC 数据类型中更改，这些值仅显示在数据块中。代码块中定义的默认值可用作数据块创建期间的启动值（Start value），之后可以使用背景特定的启动值来替换所用默认值。可选择是否指定启动值，如果未指定启动值，则在启动时变量将采用默认值；如果也没有定义默认值，将使用相应数据类型的有效默认值。例如，将值"FALSE"指定为 BOOL 的标准值。当在列中对变量勾选了设置值，经过调试之后，该变量的值可作为起始值传输到离线程序中并进行保存。"监视"列只有当在线连接可用并单击"监视"按钮时才会出现。

表 5-37　数据块编辑器各列的含义

列	说　　明
	单击该符号可进行移动或复制变量。例如，可以将变量拖动到程序中作为操作数
名称	变量的符号名称
数据类型	变量的数据类型
偏移量	变量的相对地址。仅在一般访问的数据块中提供了该列

列	说　明
默认值	更高级别代码块接口中或 PLC 数据类型中变量的默认值
启动值（起始值）	在启动时变量采用的值
监视值	CPU 中的当前数据值
快照	显示从设备加载的值
保持性	将变量标记为具有保持性。保持性变量的值将保留，即使在电源关闭后也是如此
HMI 中可见	显示默认情况下，在 HMI 选择列表中变量是否显示
可从 HMI 访问	显示运行期间 HMI 是否可访问此变量
设置值/设定值	设置值（Setpoint）是在调试期间可能需要微调的值
注释	用于说明变量的注释信息

在数据块编辑器上方，工具条中各工具的含义见表 5-38。其中，当单击"复位启动值/起始值"（Start value）工具"🖱"时，将所有起始值复位成默认值，默认值将传送到"起始值"（Start value）列中，但不会覆盖设置为写保护的起始值。函数块接口或 PLC 数据类型的任何更改都会造成相应的数据块不一致，这些不一致性在声明表和块调用点中标记为红色，要解决不一致问题，可使用"更新接口"工具"🖱"进行数据块更新。使用"🖱"工具可实现将当前变量的实际值保存成快照。使用"🖱"工具可实现通过在线程序中的新值对所有标记为"设定值"的变量进行初始化，并同时将起始值从离线程序加载到在线程序中。在"RUN"模式下初始化设定值，可在线更改各个变量的值以快速确定最佳变量值。使用"🖱"工具可实现将标记的设定值的快照作为起始值应用到离线程序中。使用"🖱"工具可实现使用快照覆盖数据块所有变量的实际值，然后 CPU 使用这些值作为在线程序的实际值。使用"🖱"工具可将在线程序的值作为起始值应用到离线程序中。使用"🖱"工具可实现无需将 CPU 设置为 STOP 模式，即可下载已修改的数据块，而不会影响所加载变量的值。在"RUN"模式下单击一次"全部监视"开关"🖱"，开始对当前数据块中的变量进行监视，所监视到的实际值显示在"监视值"列；再单击一次"全部监视"开关，停止监视。

表 5-38　数据块编辑器中工具条各项含义

图标	含　义	图标	含　义
🖱	在所选行之前插入一行	🖱	将标记的设定值从"快照"列复制到"起始值"列
🖱	在所选行之后插入一行	🖱	将快照中的所有值复制到 CPU 的实际值
🖱	复位启动值/起始值（Start value）	🖱	初始化设定值
🖱	更新接口	≡	扩展模式按钮 显示结构化数据类型中的所有元素
🖱	显示所监视值的快照	🖱	下载但不重新初始化
🖱	将所有值从"快照"列复制到"起始值"列	🖱	"全部监视"按钮

5.14.3　变量的值

数据块中变量的值有很多种类，有"启动值"（起始值）、"默认值"、"监视值"、"快照值"和"设置值"（设定值）等。

（1）启动值（起始值）

启动值，也称起始值。用户需定义变量的启动值，CPU 启动后将应用此启动值。但保持性变量具有特殊状态，只有在"冷启动"之后，保持性变量才会采用所定义的启动值；"暖启动"之后，这些变量会保留自身的值，不会复位为启动值。

要定义数据块变量的启动值，需单击"扩展模式"（Expanded mode）按钮，显示结构化数据类型中的所有元素，在"启动值"（Start value）列中输入所需的起始值。该值必须与变量的数据类型相匹配且不可超出数据类型可用的范围。

（2）默认值

数据块的结构可派生自更高级别的元素，如背景数据块以更高级别代码块的接口为基础，全局数据块可基于预定义的 PLC 数据类型。在这种情况下，可以定义更高级别的元素中每个变量的默认值。这些默认值被用作数据块创建期间的启动值，然后可以在数据块中使用实例特定的启动值替换这些值。

可选择是否指定启动值，如果未指定启动值，则在启动时变量将采用默认值。如果也没有定义默认值，将使用相应数据类型的有效默认值，例如，值"FALSE"被指定为 BOOL 的标准值。

（3）监视值

在 CPU 处于"RUN"模式下时，通过单击"全部监视"开关，将显示数据块中变量当前在 CPU 中的实际值。监视值主要用于程序功能调试。

（4）快照值

当离线数据块和在线相同时，单击"显示所监视值的快照"工具，最新的监视值显示在"快照"列中。若随后更改数据块的结构，则当前"快照"列显示的值将消失，即为空。

（5）设置值（设定值）

通过勾选了"设置值"列中的复选框，可将对应变量标记为设定值。在调试过程中，无法对这些标记为设定值的变量进行在线初始化，但可以将当前变量值作为起始值传送到离线程序并保存在离线程序中。

在 CPU 运行过程中，可以将数据块中的各个变量修改为特定的值，然后 CPU 使用该值作为在线程序中的实际值。单击"全部监视"（Monitor all）按钮启动监视，"监视值"（Monitor value）列显示当前数据值。选择要修改的变量，从快捷菜单中选择"修改操作数"（Modify operand），打开"修改操作数"对话框，如图 5-153 所示。在"修改值"（Modify value）文本框中输入所需的值，单击"确定"按钮，确认输入，即可完成修改。

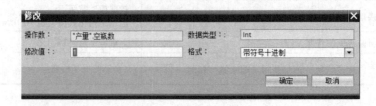

图 5-153　修改数据块变量值

5.14.4 数组及结构变量的声明

数据块中不仅可以定义基本数据类型的变量，也可以定义复合数据类型和其他数据类型，如数组（Array）和结构（Struct）等。

（1）数组变量的声明

数组为多个相同数据类型元素的集合。要声明数组数据类型的变量，在"名称"列中输入变量名称后，需要在"数据类型"列中输入"Array"数据类型，系统提供自动完成功能，在下拉列表中自动显示"Array[lo .. hi] of type"，例如，在DB1中增加数组类型的变量"周产量"，数据类型选择如图5-154所示。当然，也可以直接通过下拉列表选择数组类型。

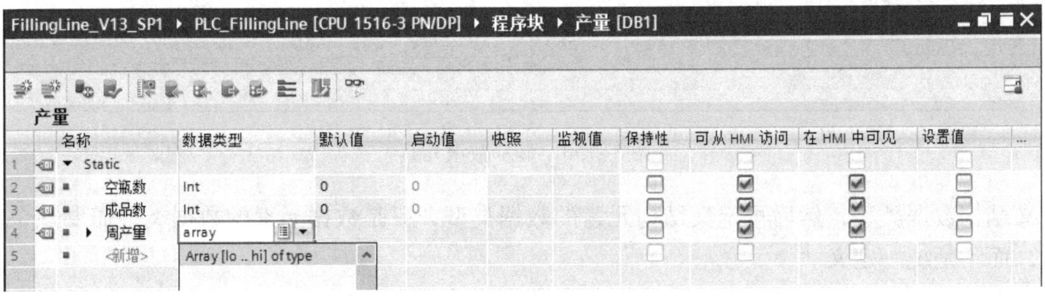

图5-154 数组数据类型的选择

对变量声明数组数据类型后，还要定义数组元素的类型和数量。鼠标单击声明为数组的数据类型文本框右侧的"▼"，弹出数组元素类型和数量定义的对话框。例如，将"周产量"数组变量的元素数据类型设置为"Int"，元素数量为7，故数组限值可设为0..6，如图5-155所示。数组元素数据类型和数组限值设置好后，单击"✔"确定输入。如果数组是多维数组，则各维数组限值用","分隔。例如三维数组的数组限值示例为"0..3, 0..15, 0..33"。

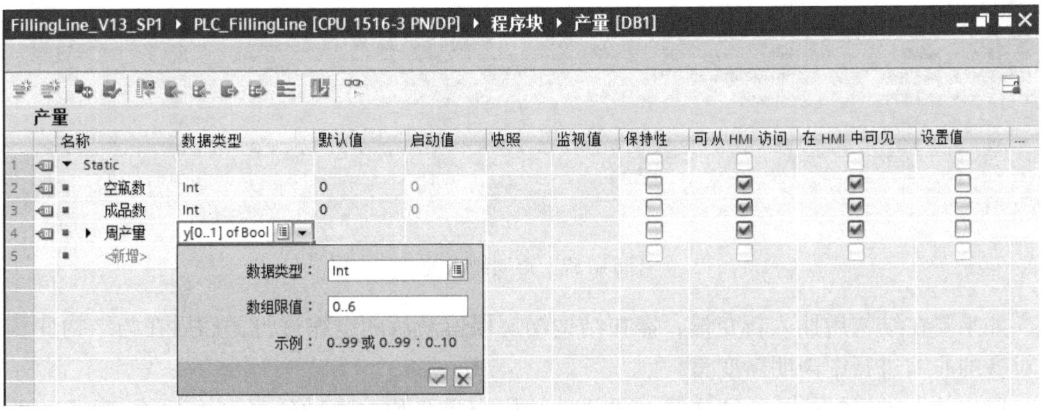

图5-155 数组元素数据类型的设置

数组类型变量声明完后，可单击扩展模式按钮"≣"或单击数组变量名称左侧的展开符号"▶"，即可完整显示数组中的所有元素，如图5-156所示。

（2）结构变量的声明

结构为多个不同数据类型元素的集合。结构变量的声明与数组变量的声明类似，需要先

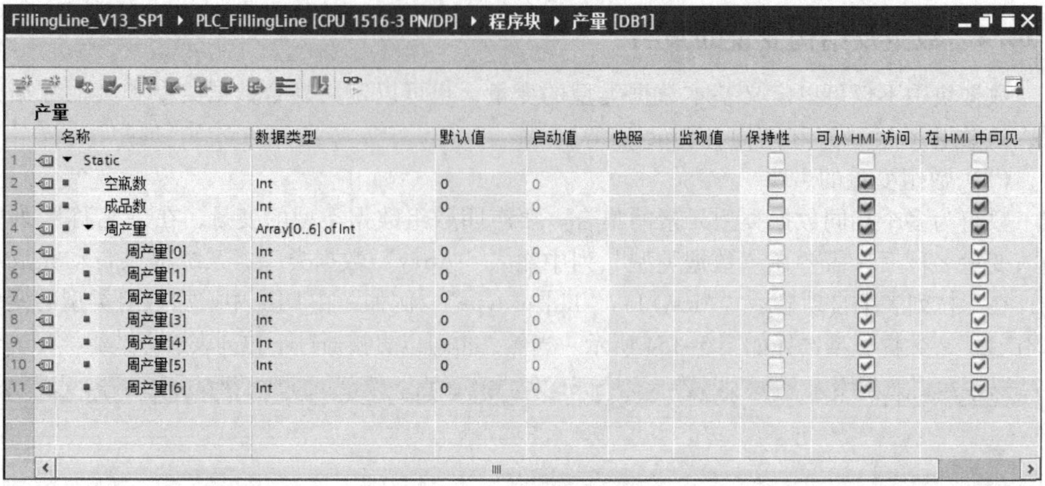

图 5-156　显示数组元素

定义结构数据类型，然后再定义结构元素的数据类型，只是数据元素的数据类型需要逐个定义，而不是统一定义。

在数据块编辑器中输入结构变量名称和数据类型"Struct"后，在该结构变量后将插入空的缩进行。在第一个空的缩进行中输入第一个结构元素，在该元素后会再插入一个空行，便于输入下一个结构元素。例如，定义一个结构变量"成品信息"，结构元素为"名称"（String 数据类型）和"重量"（Real 数据类型），如图 5-157 所示。

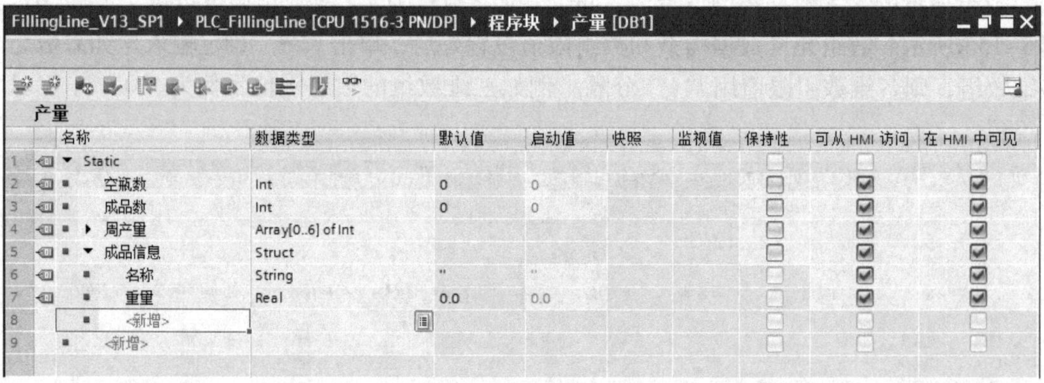

图 5-157　声明结构变量

如果要在结构后插入新变量，需在结构结尾保留最后的空缩进行，然后在与结构变量名称对齐的非缩进行中声明新变量。

鼠标单击扩展模式按钮"≣"，或单击结构变量名称左侧的符号"▸"或"▾"，可在完整显示结构元素和不显示结构元素之间进行切换。

5.14.5　数据块的属性

在项目树的"程序块"下，选中"产量［DB1］"，通过鼠标右键调出的快捷菜单，选择"属性"，弹出数据块的属性窗口，可查看、设置或修改该数据块的属性，如图 5-158 所示。

图 5-158　数据块的属性

数据块属性的"常规"选项卡中，可修改当前数据块的名称及显示数据块的类型等信息；在"信息"选项卡中，用户可为当前数据块设置标题、注释及版本等信息；在"时间戳"选项卡中，显示当前数据块创建及修改等时间信息；在"编译"选项卡中，显示当前数据块编译的状态及占用存储器空间等信息；在"保护"选项卡中，可为当前数据块设置专有技术保护并设置保护密码。

数据块属性的"属性"选项卡中，如果勾选"仅存储在装载内存中"，当前数据块将仅存储在装载存储器中，不占用工作存储器的空间，且不链接到程序。但在程序中，可通过相应指令将数据块传送到工作存储器中。如果勾选"在设备中写保护数据块"，则当前数据块在目标系统中将为只读，且在程序运行期间无法将其覆盖。如果勾选"优化的块访问"，则在变量声明中，仅为数据元素分配一个符号名称，而不分配在块中的固定地址，这些元素将自动保存在块的空闲内存区域中，从而在内存中不留存储间隙，以便提高内存空间的利用率。

在"下载但不重新初始化"选项卡（如图 5-159 所示）中，可定义易失性存储器中可

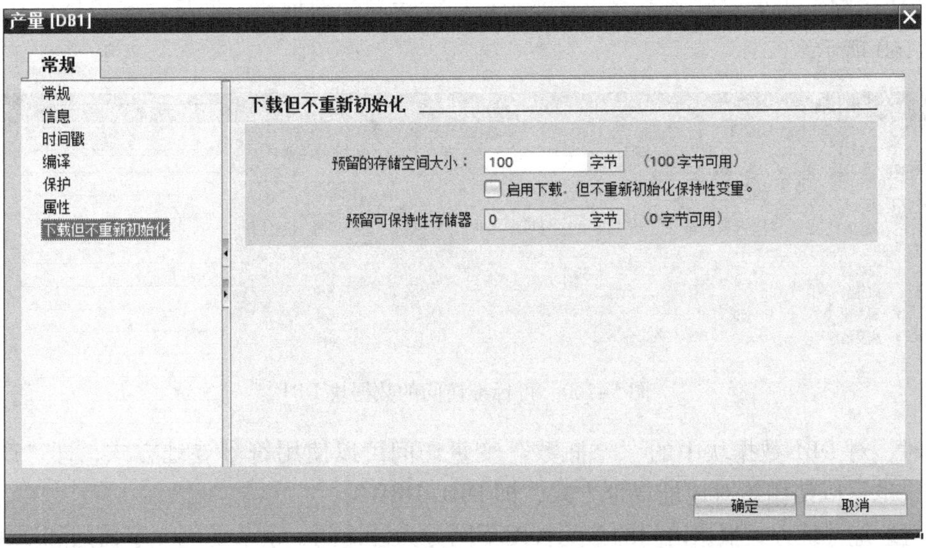

图 5-159　"下载但不重新初始化"选项卡

用于接口扩展的预留区域，当前可用字节数显示在括号中；如果勾选"启用下载，但不重新初始化保持性变量"，则启用保持性存储器中预留区域的定义；在"预留可保持性存储器"定义保持性存储器中可用于接口扩展的预留区域。每次编译之后都会更新预留的存储空间大小和预留可保持性存储器信息。

5.14.6 数据块的访问及应用

数据块的访问分为优化访问和标准访问。对于数据块属性中勾选了"优化的块访问"的数据块，进行优化访问；对于未勾选"优化的块访问"的数据块，进行标准访问。

可优化访问的数据块没有固定的定义结构。在变量声明中，仅为数据元素分配一个符号名称，而不分配在块中的固定地址，这些元素将自动保存在块的空闲内存区域中，从而在内存中不留存储间隙，这样可以提高内存空间的利用率。在这些数据块中，变量使用符号名称进行标识。要寻址该变量，则需输入该变量的符号名。例如，访问"产量"数据块中的"空瓶数"变量需要使用符号寻址方式，即"产量".空瓶数。

可优化访问的数据块具有以下优势：

1）可以使用任意结构创建数据块，而无需在意各个数据元素的物理排列方式。

2）由于数据的存储方式已优化并由系统进行管理，因此可快速访问经优化的数据。

3）不会发生访问错误，如间接寻址或 HMI 进行访问。

4）可以将指定的单个变量定义为具有保持性。

默认情况下，优化块具有一个预留存储区，可以在操作过程中对函数块或数据块的接口进行扩展，无需将 CPU 设置为 STOP 模式，即可下载已修改的块，而不会影响已加载变量的值。

可标准访问的数据块具有固定的结构，数据元素在声明中分配了一个符号名，并且在块中有固定地址，地址将显示在"偏移量"（Offset）列中。这些数据块中的变量既可以使用符号寻址，也可以使用绝对地址进行寻址。例如，对"产量"（DB1）数据块的属性取消"优化的块访问"设置，则该数据块将变为可标准访问的数据块，数据块编辑器中变量显示如图 5-160 所示。

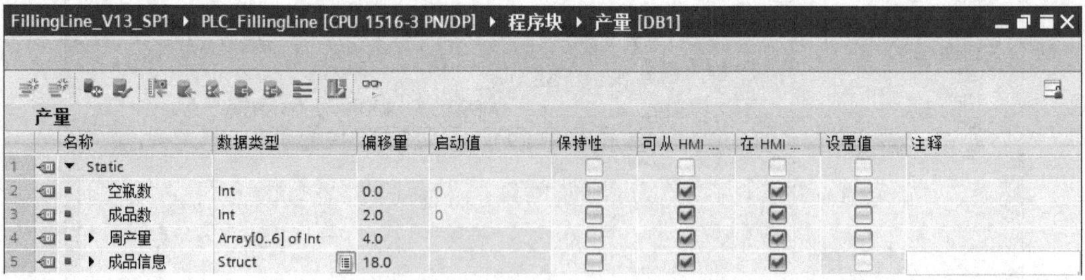

	名称	数据类型	偏移量	启动值	保持性	可从 HMI …	在 HMI …	设置值	注释
1	▼ Static								
2	空瓶数	Int	0.0	0	☐	☑	☑	☐	
3	成品数	Int	2.0	0	☐	☑	☑	☐	
4	▶ 周产量	Array[0..6] of Int	4.0		☐	☑	☑	☐	
5	▶ 成品信息	Struct	18.0		☐	☑	☑	☐	

图 5-160　可标准访问的数据块 DB1

此时，对 DB1 数据块中的"空瓶数"变量访问可以使用符号寻址方式，即"产量".空瓶数，也可以使用绝对地址寻址方式，即 DB1.DBW0。

绝对地址寻址方式根据访问的单元长度不同分为位访问、字节访问、字访问和双字访问。位访问如 DB2.DBX1.0，表示访问 DB2 中第 1 个字节的第 0 位；字节访问如 DB2.DBB0，表示访问 DB2 中的第 0 个字节；字访问如 DB3. DBW2，表示访问 DB3 中的第 2、3 两个字节所构成的字单元；双字访问如 DB3. DBD6，表示访问 DB3 中的第 6 ~ 9 个字节所构成的双字单元。

应用数据块编程时需要两个步骤，首先是创建数据块并声明变量，然后是在程序中对数据块中的变量进行访问。

以自动灌装生产线为例，在 FC3 程序中，如果不使用 M 存储器而使用"产量"数据块存储空瓶数量、成品数量、碎瓶数量和灌装废品率，则可以在创建的"产量"数据块中鼠标选中"成品数"，使用"🖋"工具，或鼠标选中"周产量"，使用"🖋"工具，依次插入"碎瓶数"和"灌装废品率"两个变量（周产量和成品信息两个变量暂时未用），如图 5-161 所示。

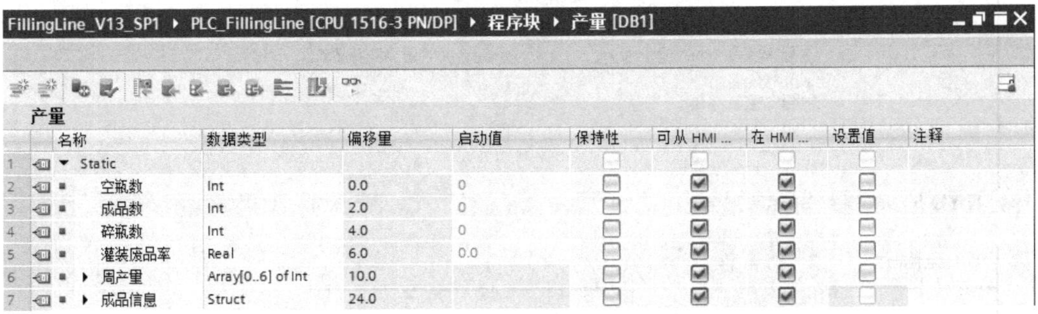

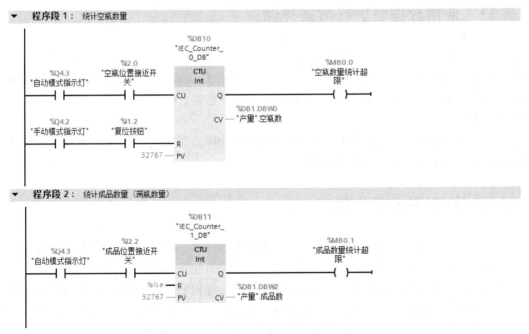

图 5-161　插入变量

接下来，在 FC3 程序中修改程序，使用数据块变量存储空瓶数量、成品数量、碎瓶数量和灌装废品率，其程序如图 5-162 所示。

图 5-162　使用数据块存储产量等数据

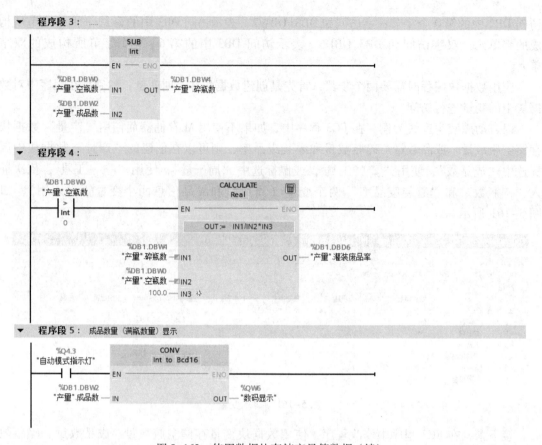

图 5-162　使用数据块存储产量等数据（续）

任务 13　使用数据块进行数据存储

新建全局数据块 DB1，定义空瓶数量、成品数量、碎瓶数量、称重不合格品数量和称重合格品数量，数据类型为整数（Int）。定义废品率和称重合格率，数据类型为实数（Real）。定义三个位地址（BOOL），分别用于记录空瓶位置传感器、成品位置传感器和称重不合格故障的上升沿。

新建"计数统计 2"程序块 FC13，使用数据块 DB1 存放数据，使用加法指令实现计数统计，并计算灌装废品率和称重合格率。

5.15　FC/FB 与参数化编程

在 S7-1500 PLC 中，程序中的块主要包括组织块 OB、函数 FC、函数块 FB 和数据块 DB。数据块 DB 是用来存储用户数据，而 OB、FC 和 FB 则是用来存储用户程序代码的，也称代码块。组织块 OB 是用户和 PLC 之间的程序接口，由 PLC 来调用，而函数 FC 和函数块 FB 则可以作为子程序由用户来调用。FC 或 FB 被调用时，可以与调用块之间没有参数传递，实现模块化编程，也可以存在参数传递，实现参数化编程（也称结构化编程）。

根据变量在程序中的使用范围，可将变量分为全局变量和局部变量。全局变量可以被所

146

有代码块访问，而局部变量则只能被某个块访问，无法被所有块访问。

5.15.1 块接口的布局

对于 OB、FC 和 FB 块，都存在块接口。块接口中包含只能在当前块中使用的局部变量和局部常量的声明，显示的内容取决于块类型。

双击项目树中的程序块，可打开程序编辑器，块接口位于程序编辑器的上方，可以通过分割线上的"▬▬▼"或"▬▬▲"工具展开或关闭块接口的显示。

以 OB1 为例，其 OB 块接口的布局如图 5-163 所示，块接口的变量类型包括 Input、Temp 和 Constant。

	名称	数据类型	默认值	注释
1	▼ Input			
2	■ Initial_Call	Bool		Initial call of this OB
3	Remanence	Bool		=True, if remanent data are available
4	▼ Temp			
5	■ <新增>			
6	▼ Constant			
7	■ <新增>			

图 5-163 OB 块接口布局

FC 和 FB 的块接口布局如图 5-164 和图 5-165 所示。FC 块接口的变量类型包括 Input、Output、InOut、Temp、Constant 和 Return。FB 块接口的变量类型比 FC 多了 Static 类型，但没有 Return 类型，即包括 Input、Output、InOut、Static 和 Temp。

	名称	数据类型	默认值	注释
1	▼ Input			
2	■ <新增>			
3	▼ Output			
4	■ <新增>			
5	▼ InOut			
6	■ <新增>			
7	▼ Temp			
8	■ <新增>			
9	▼ Constant			
10	■ <新增>			
11	▼ Return			
12	块_1	Void		

图 5-164 FC 块接口的布局

	名称	数据类型	默认值	保持性	可从 HMI 访问	在 HMI 中可见	设置值	注释
1	▼ Input							
2	■ <新增>							
3	▼ Output							
4	■ <新增>							
5	▼ InOut							
6	■ <新增>							
7	▼ Static							
8	■ <新增>							
9	▼ Temp							
10	■ <新增>							
11	▼ Constant							
12	■ <新增>							

图 5-165 FB 块接口的布局

其中 Input、Output 、InOut 和 Return 为块参数变量类型，存储在程序中该块被调用时与调用块之间互相传递的参数数据。在被调用块中定义的块参数称为形参（形式参数），调用块时传递给该块的参数称为实参（实际参数）。表 5-39 显示了块参数的变量类型及功能。

表 5-39 　块参数类型及功能

类　　型	中 文 名 称	功　　能	可　用　于
Input	输入参数	其值由块读取的参数	FC、FB 和某些类型的 OB
Output	输出参数	其值由块写入的参数	FC 和 FB
InOut	输入/输出参数	调用时由块读取其值，执行后又由块写入其值的参数	FC 和 FB
Return	返回值	返回到调用块的值	FC

Temp、Static 和 Constant 属于本地数据类型，用于存储中间结果，其中 Temp 和 Static 属于变量类型，Constant 属于常量类型。表 5-40 显示了本地数据的变量和产量类型及功能。

表 5-40 　本地数据类型及功能

类　　型	中 文 名 称	功　　能	可　用　于
Temp	临时变量	用于存储临时中间结果的变量。只保留一个周期的临时本地数据，如果使用临时本地数据，则必须确保在要读取这些值的周期内写入这些值；否则，这些值将为随机数	FC、FB 和 OB
Static	静态变量	用于在背景数据块中存储静态中间结果的变量。静态数据会一直保留到被覆盖。在此代码块中作为多重背景调用的块名称，也将存储在静态本地数据中	FB
Constant	局部常量	在块中使用且带有声明符号名的常量	FC、FB 和 OB

需要注意的是，块接口决定了 FB 块的背景数据块的数据结构，但临时变量和局部常量不会显示在背景数据块中。

在块接口中的列可以根据需要显示或隐藏列，能够显示的列数取决于 CPU 类型和当前打开的块类型。表 5-41 给出了块接口布局中各列的含义。

表 5-41 　块接口布局中各列的含义

列	说　　明
<img>	可通过单击该符号将元素拖动到程序中作为操作数使用
名称	元素的名称
数据类型	元素的数据类型
偏移量	变量的相对地址。仅在标准访问的块（非优化块）中显示该列
默认值	可预分配给代码块接口中特定变量的值，或局部常量的值。对于变量，可选择是否指定默认值。如果未指定任何值，将使用指定数据类型的预定义值。例如，BOOL 类型的预定义值为"FALSE"。在相应的背景数据块中将变量的默认值作为初始值。可以在背景数据块中使用实例特定的启动值替换这些值。常量始终在块接口中声明默认值
保持性	将变量标记为具有保持性。保持性变量的值将保留，即使在电源关闭后也是如此。该列只有在具有优化访问的 FB 的接口中显示
HMI 中可见	显示默认情况下，在 HMI 选择列表中变量是否显示
可从 HMI 访问	显示运行期间 HMI 是否可访问此变量
设定值	将变量标记为设定值。设定值是在调试期间可能需要微调的值。仅 FB 的接口中提供了该列
注释	描述元素的注释

在块接口中，可以通过单击"名称"列对应变量或常量类型左侧的"▶"或"▼"展开或关闭该类型的变量或常量元素显示。当展开类型元素的显示后，可在"名称"列的"新增"行添加对应类型的变量或常量元素。每添加完一个元素，都会在相邻下一行增加"新增"空行，以便于再次添加元素。添加元素的过程也称变量声明。

对于不同变量类型或局部常量所添加元素的数据类型，均可以是基本数据类型，对于其他数据类型的支持情况，请参照使用手册。

每次添加元素后都会执行语法检查，并且找到的任何错误都将以红色显示。无需立即更正这些错误，可以继续编辑并在以后更正。但是，如果块接口的变量声明中包含语法错误，将无法编译程序。

5.15.2 参数化程序设计

应用带形参的 FC 或 FB 进行参数化程序设计，主要包括三个步骤：在块接口中添加块参数变量元素（本地数据类型元素可根据需要选择添加或不添加）；编辑带形参的 FC 或 FB；调用带形参的 FC 或 FB。用带形参的 FC 或 FB 块时，"Input"和"InOut"一类的形参出现在程序块的左侧，"Output"一类的形参出现在程序块的右侧。

1. 使用带形参的 FC

以自动灌装生产线为例，控制面板增加两个报警灯（地址：Q4.6，Q4.7），新建报警程序 FC7，使用参数化程序设计，实现当发生传输线故障和液位超限故障时，报警灯会根据故障类型以不同频率闪亮（传输线故障 0.5 Hz，液位超限故障 1 Hz）；按下应答按钮后，如果故障已经排除则相应报警灯灭，如果故障依然存在则相应报警灯常亮。

打开新建的报警程序块 FC7，在块接口中添加块参数变量元素如图 5-166 所示，故障信号源"Fault_Signal"、故障应答按钮"Acknowledge"和闪烁频率"Frequent"为"Input"，故障报警指示灯"Alarm_Light"为"Output"，故障记录"Stored_Fault"和上升沿"Edge_Memory"为"InOut"。

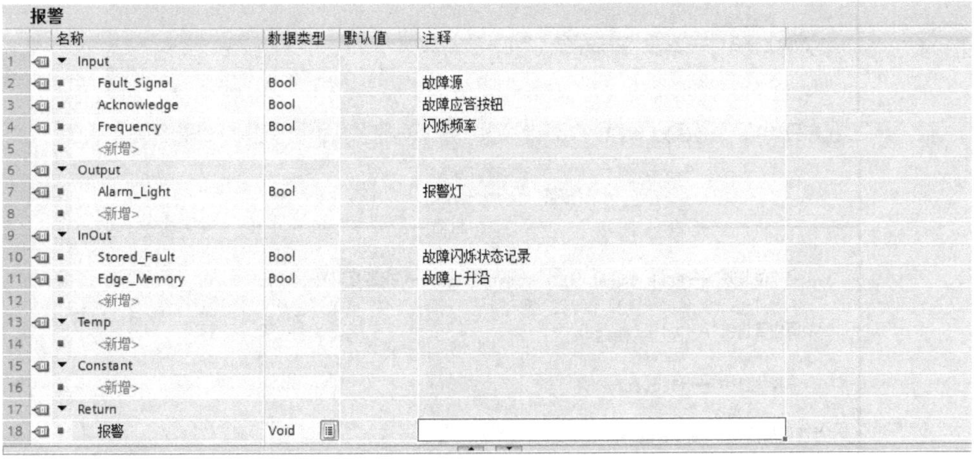

		名称	数据类型	默认值	注释	
		报警				
1		▼ Input				
2		Fault_Signal	Bool		故障源	
3		Acknowledge	Bool		故障应答按钮	
4		Frequency	Bool		闪烁频率	
5		《新增》				
6		▼ Output				
7		Alarm_Light	Bool		报警灯	
8		《新增》				
9		▼ InOut				
10		Stored_Fault	Bool		故障闪烁状态记录	
11		Edge_Memory	Bool		故障上升沿	
12		《新增》				
13		▼ Temp				
14		《新增》				
15		▼ Constant				
16		《新增》				
17		▼ Return				
18		报警	Void			

图 5-166 "报警"程序块 FC7 的块接口

在 FC7 程序块的代码区中对 FC7 进行编程并编译，程序如图 5-167 所示。

在故障处理程序块 FC4 中调用 FC7 并对形参赋值，实现对传输线故障和液位超限故障进行相应的故障报警，程序如图 5-168 所示。

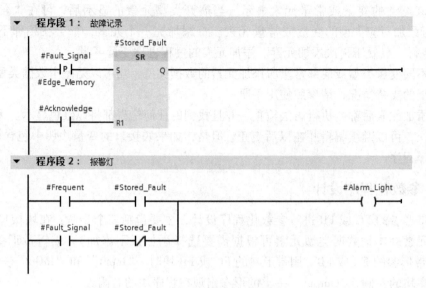

图 5-167 "报警"程序块 FC7

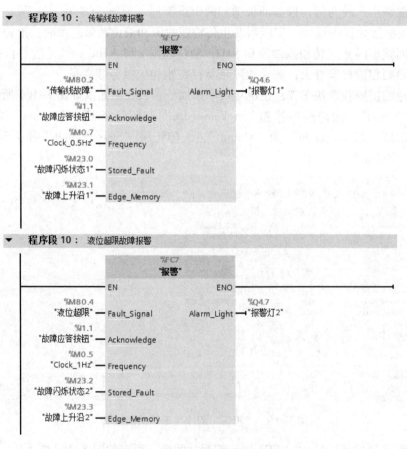

图 5-168 FC4 调用"报警"程序块 FC7

2. 使用带形参的 FB

FB 与 FC 不同的是它拥有属于自己的背景数据块，背景数据块的格式与 FB 块接口的格式相同（但不包括临时变量 Temp 和局部常量 Constant）；块接口中没有 Return 类型但增加了 Static 类型；对于优化的 FB 块接口中的变量可设置为"保持"，保持性变量在 CPU 掉电时其当前数据仍被保留，不会丢失。

由于 FB 块可拥有自己的背景数据块，块接口中定义的形参（Input、Output 和 InOut）和静态变量（Static）的当前值保存在背景数据块中，故 FB 块参数的值可以使用背景数据块中的数据，而不必在调用时给每一个形参赋值，对于静态变量也无需分配地址。

以自动灌装生产线为例，将进行参数化程序设计的"报警"程序块 FC7 改成"报警 2"程序块 FB7，实现当设备发生故障时，操作面板上相应的报警指示灯会根据故障类型以不同频率闪亮（传感器故障 0.5 Hz，液位超限故障 1 Hz）；按下应答按钮后，如果故障已经排除则相应报警灯灭，如果故障依然存在则相应报警灯常亮。

打开新建的"报警 2"程序块 FB7，在块接口中添加块参数变量元素如图 5-169 所示，故障信号源"Fault_Signal"、故障应答按钮"Acknowledge"和闪烁频率"Frequent"为"Input"，故障报警指示灯"Alarm_Light"为"Output"，将故障记录"Stored_Fault"和上升沿记录"Edge_Memory"定义为静态变量"Static"。

		名称	数据类型	默认值	保持性	可从 HMI 访问	在 HMI 中可见	设置值	注释
1	▼	Input							
2	■	Fault_Signal	Bool	false	非保持	☑	☑	☐	故障源
3	■	Acknowledge	Bool	false	非保持	☑	☑	☐	故障应答按钮
4	■	Frequency	Bool	false	非保持 ▼	☑	☑	☐	闪烁频率
5	▼	Output							
6	■	Alarm_Light	Bool	false	非保持	☑	☑	☐	报警灯
7	▼	InOut				☐	☐	☐	
8	■	<新增>				☐	☐	☐	
9	▼	Static				☐	☐	☐	
10	■	Stored_Fault	Bool	false	非保持	☑	☑	☐	故障闪烁状态记录
11	■	Edge_Memory	Bool	false	非保持	☑	☑	☐	故障上升沿
12	▼	Temp				☐	☐	☐	
13	■	<新增>				☐	☐	☐	
14	▼	Constant				☐	☐	☐	
15	■	<新增>				☐			

图 5-169 "报警 2"程序块 FB7 的块接口

在 FB7 程序块的代码区中对 FB7 进行编程并编译，程序如图 5-170 所示。由于所使用的变量名称与 FC7 相同，故程序也与 FC7 相同。

新建"故障处理 2"程序块 FC14，将 FC4 的程序内容复制至 FC14，并将调用 FC7 的语句删除，改成对 FB7 的调用。调用 FB 时，会弹出"调用选项"窗口（如图 5-171 所示），以便于指定背景数据块。在"调用选项"窗口中可以直接输入新的数据块名称并指定数据块编号，则系统将自动生成该 FB 块的背景数据块；也可以通过单击"调用选项"窗口中名称文本框右侧的"▼"，在其下拉列表中选择之前已创建的该 FB 块的背景数据块。为了使每次调用的参数都能保存下来，多次调用同一个 FB 时需要指定不同的背景数据块。

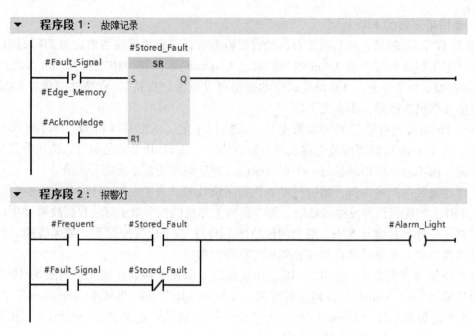

图 5-170　"报警 2"程序块 FB7

图 5-171　调用 FB 的"调用选项"窗口

　　在 FC14 中对调用的 FB7 的形参赋值,程序如图 5-172 所示。

　　由于使用了静态变量存储故障闪烁状态"Stored_Fault"和故障上升沿"Edge_Memory",调用 FB 时背景数据块对应的位地址用来保存相应变量数据,而不需要赋实参占用 M 存储器的地址,故节省了内存空间。从图 5-172 还可以看出,与 FC 相比,使用 FB 进行参数化程序设计,减少了参数个数,简化了块的调用。另外,调用带形参的 FB 时,不必对所有形参进行赋值,对于没有赋值的形参,将使用背景数据块中存储的值。

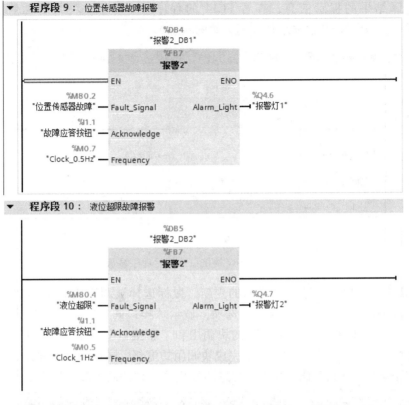

图 5-172 FC14 调用"报警 2"程序块 FB7

5.15.3 修改接口参数

调用了带形参的 FC 或 FB 后，如果又修改了块接口中的形参或静态变量，则必须要修改调用程序块。

例如，本例中希望对于不同的故障源，报警指示灯以相同的频率闪烁。修改 FB7 的块接口，删除 In 类型形参"Frequency"，并将程序中的形参变量#Frequency 修改为全局变量"Clock_1Hz"（M0.5）。编译所有程序块，在监视窗口中显示编译结果，如图 5-173 所示。

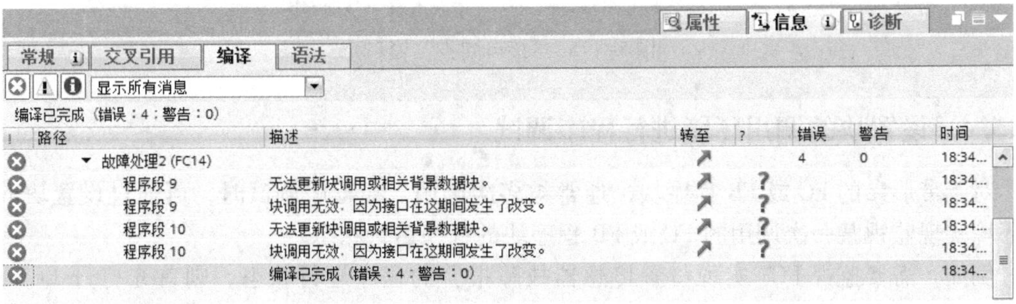

路径	描述	转至	?	错误	警告	时间
▼ 故障处理2 (FC14)		↗		4	0	18:34...
程序段 9	无法更新块调用或相关背景数据块。	↗	?			18:34...
程序段 9	块调用无效。因为接口在这期间发生了改变。	↗	?			18:34...
程序段 10	无法更新块调用或相关背景数据块。	↗	?			18:34...
程序段 10	块调用无效。因为接口在这期间发生了改变。	↗	?			18:34...
	编译已完成（错误：4；警告：0）					18:34...

图 5-173 修改接口参数后的编译结果

根据编译结果的提示信息，查看 FC14 的程序段 9，显示块调用无效的状态，如图 5-174 所示。程序段 10 也显示块调用无效的状态。

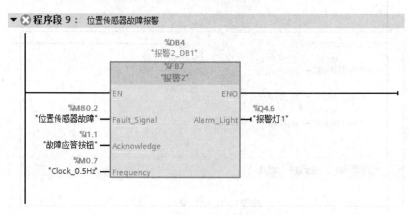

图 5-174　FB7 块接口改变后程序显示

此时，需要对程序段 9 进行块调用的更新。鼠标选择被调用块 FB7，右键调出快捷菜单，在快捷菜单中选择"更新块调用"选项，显示"接口同步"窗口，如图 5-175 所示。"接口同步"窗口中显示了"旧接口"的块调用和"新接口"的块调用，鼠标选择"新接口"的块调用，单击"确定"按钮，则完成块调用的更新。同样，对程序段 10 也进行块调用的更新，则最终解决 FB7 修改块接口参数后发生的"块调用无效"错误。

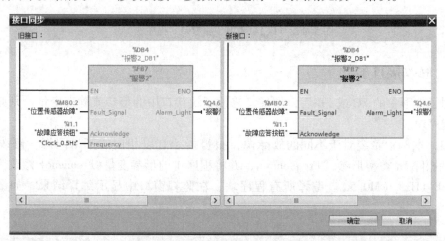

图 5-175　"接口同步"窗口

5.15.4　设置块的调用环境进行程序调试

对于带形参的 FC 或 FB 程序块，通常被多次调用，在程序调试时，可通过设置块的调用环境实现监视某一次调用的 FC 或 FB 程序块的程序运行状态。

例如，需要监视 FC7 实现位置传感器故障报警的程序运行状态，则首先打开 FC7 块，然后打开"测试"（Testing）任务卡，在"调用环境"（Call environment）窗口中，单击"更改"（Change）按钮，打开"块的调用环境"（Call environment of a block）对话框，鼠标选择"调用环境",如图 5-176 所示。根据调用环境的详细信息提示,鼠标选择"调用环境"列表中的第二行,单击"确定"(OK)按钮。然后在 FC7 块中单击"⟳"按钮,可实现位置传感器故障报警程序的运行状态监控。

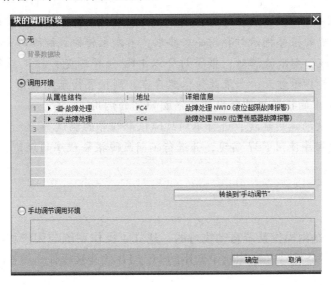

图 5-176   设置"调用环境"进行程序调试

对于 FB 块,不仅可以通过上述"调用环境"选项进行指定调用的 FB 块的调试,还可以通过"背景数据块"选项实现。

例如,使用 FB7 实现故障报警,需要监视液位超限故障报警的程序运行状态,则打开 FB7 块,然后打开"块的调用环境"(Call environment of a block)对话框,鼠标选择"背景数据块",单击文本框右侧的"▼",从下拉列表中选择"报警2_DB2[DB5]"(如图 5-177 所示),单击"确定"(OK)按钮,则在 FB7 块中单击"⟳"按钮,可实现液位超限故障报警程序的运行状态监控。

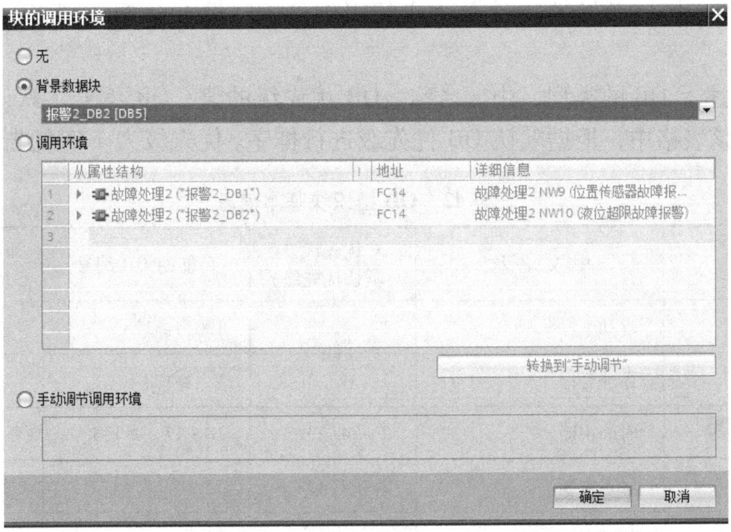

图 5-177   设置"背景数据块"进行程序调试

任务 14　报警程序设计

（1）报警灯程序 FC7。新建报警程序 FC7，使用参数化程序设计，实现当设备发生故障时，操作面板上相应的报警指示灯会闪亮。要求：当发生传输线故障时，报警灯 1 以 0.5 Hz 频率闪亮；当发生液位超限故障时，报警灯 2 以 1 Hz 频率闪亮；按下应答按钮后，如果故障已经排除，则报警指示灯灭；如果故障依然存在，则报警指示灯常亮。

（2）修改 OB1 中的报警灯控制程序，完成 FC7 的调用。

（3）通过设置块的调用环境，进行不同故障报警程序的调试。

（4）将报警灯程序使用 FB7 实现，并进行不同故障报警程序的调试。

5.16　组织块

组织块（OB）是由操作系统自动执行的，建立了操作系统与用户程序之间的桥梁，只有编写在组织块中的指令或在组织块中调用的 FC、FB 才能被操作系统执行。

5.16.1　组织块的类型与优先级

组织块（OB）可以控制自动化系统的启动特性、循环程序处理、中断驱动的程序执行和错误处理，故组织块从功能角度可分为启动组织块（OB）、循环程序组织块（OB）、中断组织块（OB）、错误组织块（OB）和其他组织块（OB）等。CPU 类型不同，所提供有效的组织块也不同。

操作系统为每个组织块分配了相应的优先级，S7 - 1500 CPU 支持优先级 1（最低）~ 26（最高）。当同时发出多个 OB 请求时，CPU 将首先执行优先级最高的 OB。如果所发生事件的优先级高于当前执行的 OB，则中断此 OB 的执行。优先级相同的事件按发生的时间顺序进行处理。如果触发的事件源对应的组织块 OB 没有分配，则将执行默认的系统响应。

表 5-42 概述了 OB 的类型、中文名称、OB 优先级的值、OB 编号、默认的系统响应和 OB 的个数。在该表格中，根据默认 OB 优先级进行排序。优先级为 1 时优先级最低。

表 5-42　OB 组织块基本信息

OB 类型	中文名称	优先级（默认优先级）	可能的 OB 编号	默认的系统响应	支持的 OB 数量
Startup	启动	1	100，≥123	忽略	100
Program cycle	循环程序	1	1，≥123	忽略	100
Time of day	时间中断	2~24(2)	10~17，≥123	不适用	20
Status	状态中断	2~24(4)	55	忽略	1
Update	更新中断	2~24(4)	56	忽略	1

OB 类型	中 文 名 称	优先级（默认优先级）	可能的 OB 编号	默认的系统响应	支持的 OB 数量
Profile	制造商或配置文件特定的中断	2~24(4)	57	忽略	1
Time delay interrupt	延时中断	2~24(3)	20~23，≥123	不适用	20
Cyclic interrupt	循环中断	2~24	30~38，≥123	不适用	20
Hardware interrupt	硬件中断	2~26(16)	40~47，≥123	忽略	50
Synchronous cycle	等时同步模式中断	16~26(21)	61~64，≥123	忽略	20（每个等时同步接口一个）
MC – Servo	MC 伺服中断	17~31(25)	91	不适用	1
MC – Interpolator	MC 插补器中断	16~30(24)	92	不适用	1
Time error interrupt	时间错误	22	80	忽略	1
	超出循环监视时间一次			STOP	
Diagnostic error interrupt	诊断中断	2~26(5)	82	忽略	1
Pull or plug of moudles	移除/插入模块	2~26(6)	83	忽略	1
Rack or station failure	机架错误	2~26(6)	86	忽略	1
Programming error	编程错误（仅限全局错误处理）	2~26(7)	121	STOP	1
I/O access error	I/O 访问错误（仅限全局错误处理）	2~26(7)	122	忽略	1

当添加新块时，在"添加新块"对话框中选择组织块，将显示当前 CPU 所支持的组织块名称。

对于硬件中断和等时同步模式中断，将在硬件组态或创建 OB 时进行分配；在将工艺对象添加到"S7 – 1500 运动控制"之后，STEP 7 便自动将 OB 91/92 分配到 MC 伺服中断和 MC 插补器中断；对于其他所有的 OB 类型，在创建 OB 时（也可能在组态事件源后）进行分配。对于硬件中断，还可通过指令对之前的分配进行更改，在这种情况下，只更改实际有效的分配，而不是已组态的分配，所组态的分配将在加载后以及每次启动后才会有效。

5.16.2　循环程序组织块

要启动用户程序执行，项目中至少要有一个程序循环 OB。循环程序 OB 也称"主程序"（Main），优先级最低，在每个循环扫描周期都被扫描执行。对于 S7 – 1500 和 S7 – 1200 PLC，循环程序 OB 允许有多个，每个循环程序 OB 的编号均不同，执行程序时，多个循环程序 OB 按照 OB 的编号升序顺序执行。对于 S7 – 200/300/400 PLC，循环程序 OB 只有一个。

5.16.3　启动组织块

"启动"（Startup）组织块将在 PLC 的工作模式从 STOP 切换为 RUN 时执行一次。完成后，将开始执行主"循环程序"组织块。

启动组织块只在 CPU 启动时执行一次，以后不再被执行，可以将一些初始化的指令编写在启动组织块中。

例如，在自动灌装生产线中，需要为重量上限和重量下限设置初始默认值，以及对状态变量清零。

首先，新建启动组织块，名称定义为"初始化"，类型选择为"Startup"，编号为"100"，如图 5-178 所示。

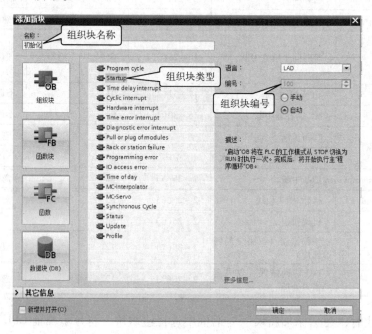

图 5-178　新建"启动"组织块

5.16.4　中断组织块

中断组织块（OB）细分为延时中断 OB、循环中断 OB、硬件中断 OB 和时间中断 OB 等，中断服务程序编写在中断 OB 中。在 CPU 进入 RUN 模式下，当发生中断源事件时，若已分配了对应的 OB，则操作系统会中断当前低优先级的组织块（如循环程序 OB）的执行而转向执行对应的高优先级的中断组织块一次，执行完毕后返回断点处继续执行。

1. 时间中断 OB

时间中断 OB 可以由用户指定日期时间及特定的周期产生中断。例如，每天 17：00 保存数据。

要启动时间中断 OB，必须提前设置并激活了相关的时间中断（指定启动时间和持续时间），并将时间中断 OB 下载到 CPU。

可通过下列三种方式，设置并激活时间中断：

1）在时间中断 OB 属性中设置并激活时间中断，如图 5-179 所示。

2）在时间中断 OB 属性中设置"启动日期"和"时间"，"执行"文本框内选择"从未"，然后通过在程序中调用"ACT_TINT"指令激活中断。

3）通过调用"SET_TINTL"指令设置时间中断，然后在程序中调用"ACT_TINT"指令

图 5-179　通过块的属性设置和激活时间中断 OB

来激活中断。

在使用时间中断 OB 时，需遵守以下规则：

1）如果设置时间中断 OB 执行一次，则启动时间不允许为过去的时间（与 CPU 的实时时钟相关）。

2）如果设置了时间中断 OB，但启动时间已过，则将根据当前时间在下次的这个时间处理该时间中断 OB。

3）启动日期和时间间隔的设置必须与实际日期相对应。例如，设置启动日期为 2015/1/31（2015 年 1 月 31 日），执行间隔为"每月"，则不能每月执行时间中断 OB 一次，只有在有 31 天的月份中才会启动该 OB。

4）在启动完成之前，将不会执行启动期间激活的时间中断。

5）启动将删除用户程序中通过指令设置和激活的所有时间中断。

6）在从 HOLD 转换为 RUN 的事件中，操作系统将检查是否错过了时间中断。如果错过，则调用时间错误 OB。

2. 循环中断 OB

循环中断 OB 可以实现固定时间间隔执行某些操作。操作系统从 CPU 进入 RUN 模式开始，以固定的时间间隔产生中断，执行循环中断 OB。例如，闭环控制程序的采样指令可以编写在循环中断 OB，以保证准确的采样间隔。

循环中断 OB 的启动时间根据其时间间隔和相位偏移通过以下公式确定：

$$启动时间 = n * 时间间隔 + 相位偏移$$

其中，n 为自然数；时间间隔即为两次调用之间的时间段，是 1 μs 基本时钟周期的整数倍；相位偏移是启动时间进行偏移的时间间隔。

使用多个循环中断 OB 时可使用相位偏移。例如，执行 2 个循环中断 OB，一个 OB 的时间间隔为 20 ms，另一个的时间间隔为 100 ms，它们的时间间隔具有公倍数，此时可以使用相位偏移来确保不在 100 ms 的整数倍时同时调用这两个 OB。

时间间隔参数可以在创建循环 OB 时进行设置，也可以在循环 OB 的属性对话框中进行设置；循环 OB 的属性对话框还可以设置相位偏移参数，如图 5-180 所示。

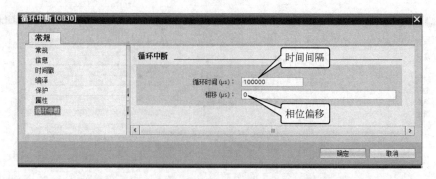

图 5-180　设置循环中断 OB 的时间间隔和相位偏移

使用时需要注意：设置的间隔时间必须大于循环中断 OB 的运行时间。如果间隔时间到而循环中断 OB 的指令还没有执行完，则触发时间错误 OB，如果项目中没有创建该 OB，CPU 进入停机模式。

3. 延时中断 OB

延时中断 OB 可以实现延时执行某些操作。操作系统在一个设定的过程事件出现时延时一段时间产生中断，执行延时中断 OB。设定的过程事件、触发的延时 OB 编号和延时时间需要在扩展指令 "SRT_DINT" 的输入参数中指定。

例如，当 I2.3 发生上升沿事件时，延时 1 ms 触发延时中断 OB20，程序如图 5-181 所示。程序中，"SRT_DINT" 指令的 "EN" 参数输入设定的过程事件（如 I2.3 的上升沿），"DTIME" 参数对应延时的时间，"SIGN" 参数设置该触发延时中断的过程事件编号，"OB_NR" 参数设置该过程事件触发的延时中断 OB 的编号。

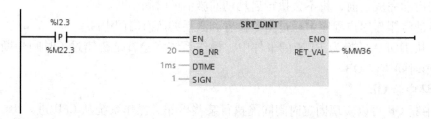

图 5-181　延时中断 OB 的设置

4. 硬件中断 OB

硬件中断 OB 支持某些硬件模块具有检测功能。当对这些硬件模块组态了硬件中断，并分配了对应的 OB，如果发生特定的硬件中断事件，则 CPU 立即中断当前用户程序（低优先级）的执行而转去执行硬件中断 OB 的程序，用于快速响应过程事件。

操作系统仅为触发硬件中断的每个事件指定一个硬件中断 OB，但是，可为一个硬件中断 OB 指定多个事件。对于 S7-1500 模块，各输入通道均可触发硬件中断。例如，对自动灌装生产线控制系统的数字量输入模块 DI32x DC 24V HF 的通道 0 的上升沿检测触发硬件中断事件，在该模块的属性中参数设置如图 5-182 所示。当勾选 "启用上升沿检测" 后，需要在 "硬件中断" 的文本框中设置触发的硬件中断 OB 的名称。

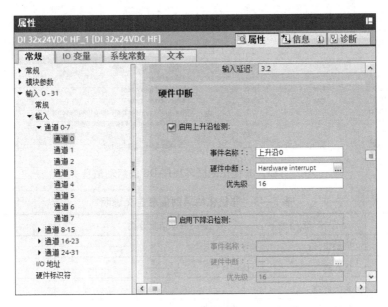

图 5-182　在属性对话框中组态硬件中断

5.16.5　错误组织块

CPU 的操作系统具有诊断功能，当发生错误时 CPU 停止当前程序的运行而立即执行错误组织块（OB），在该 OB 中编写指令决定系统如何响应。

错误可分为两种基本类型：异步错误和同步错误。

异步错误是指错误的出现与正在执行的用户程序没有对应的关系，即出现错误时不能确定正在指令哪条指令。对应的组织块包括时间错误 OB、诊断中断 OB 和机架错误 OB 等。

如果 CPU 的操作系统检测到一个异步错误，它将启动相应的 OB。默认状态下，用于处理异步错误的 OB 的优先级最高，如果同时发生一个以上的异步错误 OB，则将按它们发生的顺序对其进行处理。

同步错误是指错误的出现与正在执行的用户程序有对应的关系，即出现错误时能确定正在指令哪条指令。同步错误组织块（OB）主要包括编程错误 OB（仅限全局错误处理）和 I/O 访问错误 OB 等。例如，在程序中调用一个 CPU 中并不存在的块将调用编程错误 OB，如果没有分配编程错误 OB，则 CPU 进入 STOP 模式；再如，OB 访问一个不存在的 I/O 模块将调用 I/O 访问错误 OB，如果没有分配 I/O 访问错误 OB，CPU 并不进入 STOP 模式。

5.16.6　组织块的启动信息

当 CPU 调用组织块时，操作系统通过临时数据堆栈为用户提供了组织块的启动信息。

对于标准的 OB（属性未设置为"优化的块访问"），在执行该 OB 时，用户可通过查询块接口的 Temp 变量来获得启动信息（共 20 B），如图 5-183 所示。用户不能修改或覆盖这些区域的变量值，如果用户需要定义自己的临时变量，只能在启动信息之后创建。启动信息变量的含义说明见表 5-43。

		名称	数据类型	偏移量	默认值	注释
1	▼	Temp				
2	■	EV_CLASS	Byte	0.0		Bits 0-3 = 1:Coming event, Bits 4-7 = 1:Event class 1
3	■	SCAN_1	Byte	1.0		1:Initial call of the OB, 3: Call 2-n of the OB
4	■	PRIORITY	Byte	2.0		Priority of OB Execution
5	■	OB_NUMBR	Byte	3.0		OB number
6	■	RESERVED_1	Byte	4.0		Reserved for system
7	■	RESERVED_2	Byte	5.0		Reserved for system
8	■	PREV_CYCLE	Int	6.0		Previous program cycle time (milliseconds)
9	■	MIN_CYCLE	Int	8.0		Minimum program cycle time (milliseconds)
10	■	MAX_CYCLE	Int	10.0		Maximum program cycle time (milliseconds)
11	■	DATE_TIME	Date_And_Time	12.0		Date and time OB started

图 5-183　非优化的循环程序 OB 的启动信息

表 5-43　非优化块启动信息含义说明

局部变量字节	含 义 说 明	启动信息分类	
0/1	启动事件	序列号	管理信息
2/3	优先级	OB 号	
4/5	系统保留		具体启动信息
6/7	附加信息 1（例如，中断模版的起始地址）		
8/9	附加信息 2（例如，中断状态）		
10/11	附加信息 3（例如，通道号码）		
12/13	年	月	启动时间
14/15	日	时	
16/17	分钟	秒	
18/19	1/10 s，1/100 s	1/1000 s，星期	

对于优化的 OB（属性已设置为"优化的块访问"），由于运行时间的原因，其启动信息被缩减，但用户可以通过"RD_SINFO"指令查询该 OB 的启动信息。

例如，在优化的组织块的块接口中定义两个临时变量（Temp），名称为"Info_Classic"和"Info_None"，类型分别为"SI_Classic"和"SI_None"，并将这两个临时变量（Temp）展开，如图 5-184 所示。其中，"SI_Classic"变量结构对应优化 OB 的前 12 个字节的启动信息。读取优化 OB 中启动信息的程序段如图 5-185 所示。其中，"TOP_SI"参数输出当前 OB 的启动信息，"START_UP_SI"输出最后启动的启动 OB 的启动信息。

		名称	数据类型	默认值	注释
1	▶	Input			
2	▼	Temp			
3	▼	Info_Clasic	SI_classic		
4	■	EV_CLASS	Byte		
5	■	EV_NUM	Byte		
6	■	PRIORITY	Byte		
7	■	NUM	Byte		
8	■	TYP2_3	Byte		
9	■	TYP1	Byte		
10	■	ZI1	Word		
11	■	ZI2_3	DWord		
12	▼	Info_None	SI_none		
13	■	SI_Format	USInt		
14	■	OB_Class	USInt		
15	■	OB_Nr	UInt		

图 5-184　在非优化的 OB 中定义可查询启动信息的临时变量

162

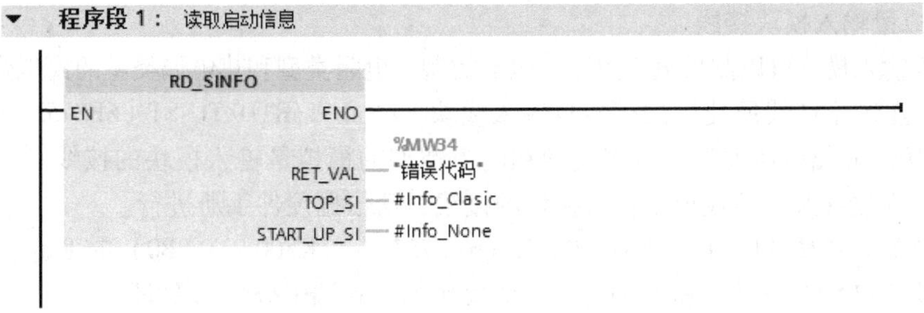

程序段 1： 读取启动信息
RD_SINFO
EN
ENO
%MW34
RET_VAL
"错误代码"
TOP_SI
#Info_Clasic
START_UP_SI
#Info_None

图 5-185　读取优化 OB 启动信息的程序段

任务 15　初始化程序设计

新建启动组织块 OB100，实现初始化功能，将状态标志位清零，并设置重量上限、重量下限、液位上限和液位下限的初始值。

5.17　模拟量处理

在生产现场有许多过程变量的值是随时间连续变化的，称为模拟量，而 CPU 只能处理“0”和“1”这样的数字量，这就需要进行模 - 数转换或数 - 模转换。

模拟量输入模块 AI 完成模 - 数转换，其输入端接传感器，经内部的 A - D 转换器件将输入的模拟量（如温度、压力、流量、湿度等）转换成数字量送给 CPU。

模拟量输出模块 AO 完成数 - 模转换，其输出端接外设驱动装置（如电动调节阀），经内部的 D - A 转换器件将 CPU 输出的数字量转换成模拟电压或电流驱动外设。

5.17.1　模拟量模块的接线

对 S7 - 1500 PLC 的模拟量模块进行接线，为保证信号安全，必须带有屏蔽支架和屏蔽线夹。另外，模拟量模块还需要使用电源元件，将电源元件插入前连接器，可为模拟量模块供电。电源元件的接线如图 5-186 所示，其中端子 41（L + ）和 44（M）连接电源电压，通过端子 42（L + ）和 43（M）为下一个模块供电。

41 42 43 44
L+
DC
24V
M

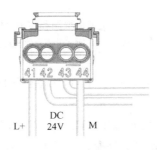

图 5-186　电源元件的接线

1. 模拟量输入模块接线

模拟量输入模块可以测量电压类型、电流类型、电阻类型和热电偶类型的模拟量信号，本章节以自动灌装生产线所使用的模拟量输入模块 AI 8xU/I/RTD/TC ST（6ES7531 – 7KF00 – 0AB0）为例，介绍电压类型、电流类型和电阻类型的模拟量输入模块的接线。热电偶类型的模拟量输入接线及其他模拟量输入模块的接线，请依据硬件手册进行。

模拟量输入模块 AI 8xU/I/RTD/TC ST（6ES7531 – 7KF00 – 0AB0）有 8 路模拟量输入通道，图 5–187 为其连接电压类型传感器的模块框图和端子分配示意图。

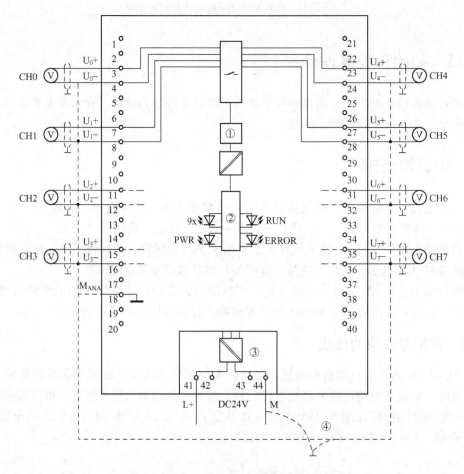

图 5–187　电压测量模块框图和端子分配示意图

① 模数转换器（ADC）　② 背板总线接口　③ 通过电源元件进行供电　④ 等电位连接电缆（可选）

图 5–188 为模拟量输入模块 AI 8xU/I/RTD/TC ST（6ES7531 – 7KF00 – 0AB0）连接 4 线制变送器的电流测量模块框图和端子分配。

图 5–189 为模拟量输入模块 AI 8xU/I/RTD/TC ST（6ES7531 – 7KF00 – 0AB0）连接 2 线制变送器的电流测量模块框图和端子分配。

图 5–190 为模拟量输入模块 AI 8xU/I/RTD/TC ST（6ES7531 – 7KF00 – 0AB0）连接电阻传感器或 2、3 和 4 线制热电阻的模块框图和端子分配。

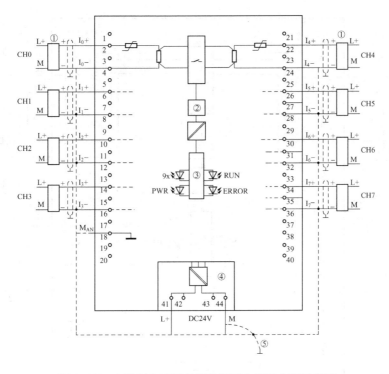

图 5-188　4 线制电流测量模块框图和端子分配示意图

① 接线 4 线制变送器　② 模数转换器（ADC）　③ 背板总线接口　④ 通过电源元件进行供电　⑤ 等电位连接电缆（可选）

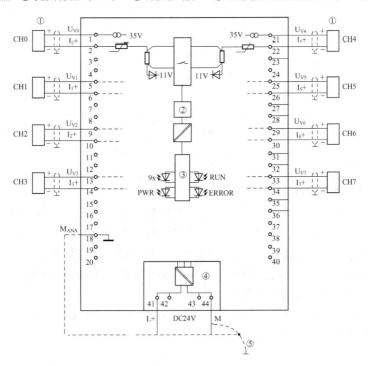

图 5-189　2 线制电流测量模块框图和端子分配示意图

① 接线 2 线制变送器　② 模数转换器（ADC）　③ 背板总线接口　④ 通过电源元件进行供电　⑤ 等电位连接电缆（可选）

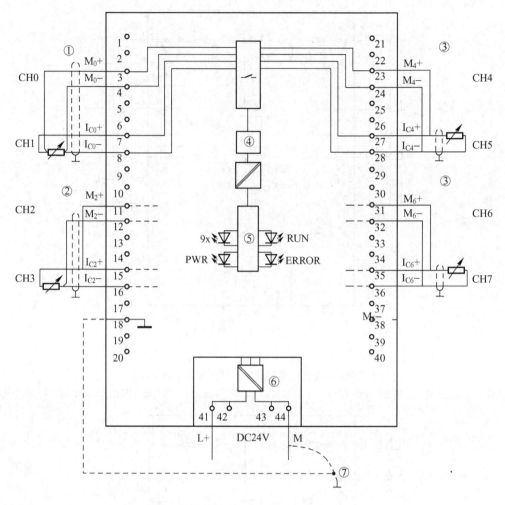

图 5-190　电阻传感器或热电阻的 2、3 和 4 线制连接
① 4 线制连接　② 3 线制连接　③ 2 线制连接　④ 模数转换器（ADC）　⑤ 背板总线接口
⑥ 通过电源元件进行供电　⑦ 等电位连接电缆（可选）

2. 模拟量输出模块接线

模拟量输出模块可以输出电压或电流类型的模拟量信号，故可连接电压类型或电流类型的模拟量输出设备。本章节以模拟量输出模块 AQ 8xU/I HS（6ES7532－5HF00－0AB0）为例，介绍模拟量输出模块的接线，其他模拟量输出模块接线请查硬件手册。

图 5-191 为模拟量输出模块 AQ 8xU/I HS（6ES7532－5HF00－0AB0）连接电压类型的模拟量执行器的模块框图和端子连接图。

图 5-192 为模拟量输出模块 AQ 8xU/I HS（6ES7532－5HF00－0AB0）连接电流类型的模拟量执行器的模块框图和端子连接图。

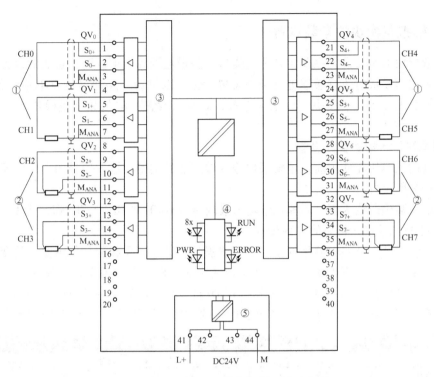

图 5-191　电压输出的模块框图和端子分配

① 2 线制连接（在前连接器中进行跳线）　② 4 线制连接　③ 数模转换器（DAC）　④ 背板总线接口　⑤ 通过电源元件进行供电

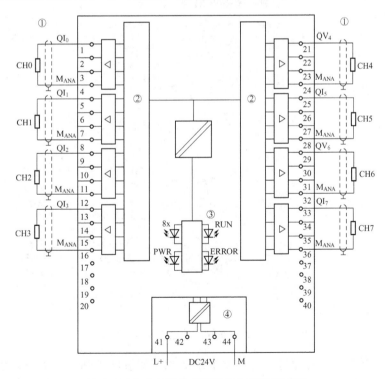

图 5-192　电流输出的模块框图和端子分配

① 电流输出的负载　② 数模转换器（DAC）　③ 背板总线接口　④ 通过电源元件进行供电

5.17.2　模拟量模块的参数设置

模拟量模块的参数设置主要包括测量类型、测量范围和通道诊断等参数的设置。这些参数可以使用通道模板对所有通道进行统一设置，也可以对每一路通道进行单独设置。当然，模拟量的参数设置还包括模块 I/O 地址设置，此参数设置方法与数字量模块 I/O 地址设置相同。

1. 模拟量输入模块参数设置

模拟量输入模块在使用前一定要根据输入传感器的类型、输入信号的大小以及诊断中断等要求进行参数设置。

以自动灌装生产线为例，对模拟量输入模块 AI 8xU/I/RTD/TC ST（6ES7531 - 7KF00 - 0AB0）进行模拟量输入模块的参数设置。

由于自动灌装生产线中使用的模拟量传感器为称重传感器和液位传感器，其变送器均为电压测量类型，测量范围为 0 ~ 10 V，故可以使用通道模板对模拟量输入模块通道参数进行统一设置。打开模拟量输入模块 AI 8xU/I/RTD/TC ST（6ES7531 - 7KF00 - 0AB0）的属性窗口，查看"模块参数"选项下"通道模板"的"输入"属性，如图 5-193 所示。

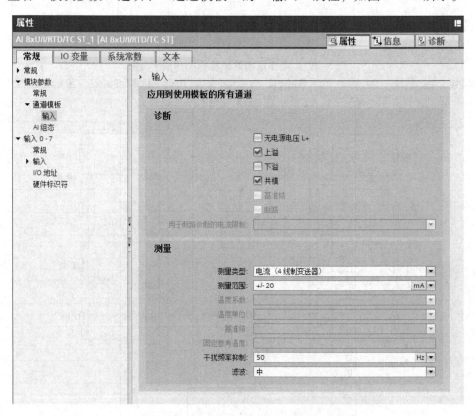

图 5-193　模拟量输入的通道模板参数设置

在"诊断"属性中，可通过勾选检查框激活相应的诊断中断，诊断中断包括无电源电压 L +、上溢、下溢、共模、基准结和断路等。如果勾选"无电源电压 L +"，则启用对电源电压 L + 缺失或不足的诊断；如果勾选"上溢"，则在测量值超出上限时启用诊断；如果勾选"下溢",则在测量值低于范围下限,或未连接输入时电压测量范围是 ±50 mV ~ ±2.5 V 时启用诊断;如果勾选"共模",则在超过有效的共模电压时启用诊断;如果勾选"基准结",则在温度补偿通道上启用错误诊断(如断路),若组态了动态参考温度补偿类型,但尚未将参考温度传输到模块中,也启用错误诊断;如果勾选"断路",则在模块无电流或电流过小,无法在所组态的相应输入处进行测量,或者所加载的电压过低时,启用诊断。"用于断路诊断的电流限制"可设置诊断断路时的电流阈值,该值可设置为 1.185 mA 或 3.6 mA,具体取决于所用传感器。

在"测量"属性中,需要进行测量类型和测量范围参数的设置。鼠标单击测量类型文本框右侧的"▼",展开可选的测量类型如图 5-194 所示。其中"已禁用"表示禁用该模拟量模块输入通道,其他选项为该模块可用的测量类型。

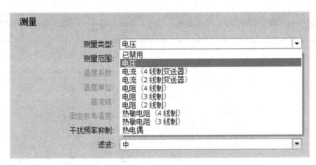

图 5-194　测量类型

例如,称重传感器和液位传感器的变送器输出信号均为电压类型,故在"测量"属性中的"测量类型"文本框的卜拉列表中选择"电压"。

在测量类型设置为"电压"的情况下,单击测量范围文本框右侧的"▼",展开可选的测量范围如图 5-195 所示。自动灌装生产线的称重传感器和液位传感器的变送器输出信号均为 0 ~ 10 V,故在"测量范围"文本框的下拉列表中选择" +/- 10 V"(包含 0 ~ 10 V)。

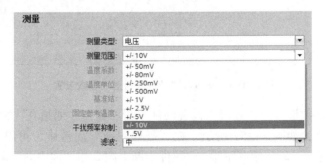

图 5-195　电压测量范围

在通道模板属性中,对于模拟量输入模块还可设置干扰频率抑制和滤波参数。在模拟量输入模块上,设置"干扰频率抑制"参数可以抑制由交流电频率产生的干扰。由于交流电源网络的频率会使得测量值不可靠,尤其是在低压范围内和正在使用热电偶时。对于此参数,用户可设置为系统的电源频率。"滤波"参数设置会通过数字滤波产生供进一步处理的稳定模拟信号,在处理变化缓慢的所需信号(测量值)时非常有用,例如温度测量。"滤波"参数包括四个级别，分别为无、弱、中和强，设备根据指定数量的已转换（数字化）模拟值生成平均值来实现滤波处理。滤波级别越高，对应生成平均值基于的模块周期数越大，经滤波处理的模拟值就越稳定，但获得经滤波处理的模拟值所需的时间也更长。

通道模板的参数设置要作用于具体模拟量输入通道，还需要对输入通道参数进行设置。例如，在模拟量输入模块 AI 8xU/I/RTD/TC ST（6ES7531 – 7KF00 – 0AB0）的属性窗口中，查看"输入 0 ~ 7"选项下"输入"的"通道 0"属性，在参数设置的文本框下拉列表中有两个选项："来自模板"和"手动"，选择"来自模板"选项，如图 5–196 所示。当参数设置选择了"来自模板"，则"诊断"属性和"测量"属性中的参数设置均与"通道模板"的参数设置相同，且显示为灰色，不可更改。当然，如果参数设置选择"手动"，则可以单独对"通道 0"的属性参数进行设置，而不影响"通道模板"参数。

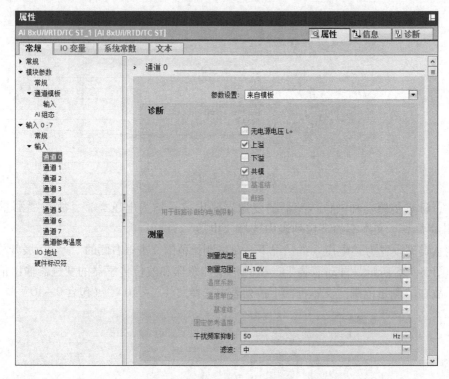

图 5–196　具体模拟量输入通道的参数设置

在单个通道的参数设置中，还可以设置硬件中断。如在"通道 0"的测量属性下方，显示硬件中断参数设置，如图 5–197 所示。在"硬件中断"属性中，可以通过勾选复选框选择设置硬件中断上限 1、硬件中断下限 1、硬件中断上限 2 和硬件中断下限 2，当发生勾选的事件时将触发相应的硬件中断组织块 OB。例如勾选"硬件中断上限 1"，"事件名称"由系统自动生成，也可自行修改；通过单击"硬件中断"右侧的"…"，来选择事先已创建或新增的硬件中断组织块 OB，即当发生"硬件中断上限 1"事件时将要触发此 OB；"优先级"参数对应硬件中断 OB 的优先级，可更改；"上限 1"参数设置硬件中断上限 1 的阈值。

需要注意，对于任何未使用的通道，测量类型必须选择禁用设置，这样该通道的 A – D 转换时间为 0 s，并且循环时间已最优化。在自动灌装生产线中，模拟量输入模块 AI 8xU/I/

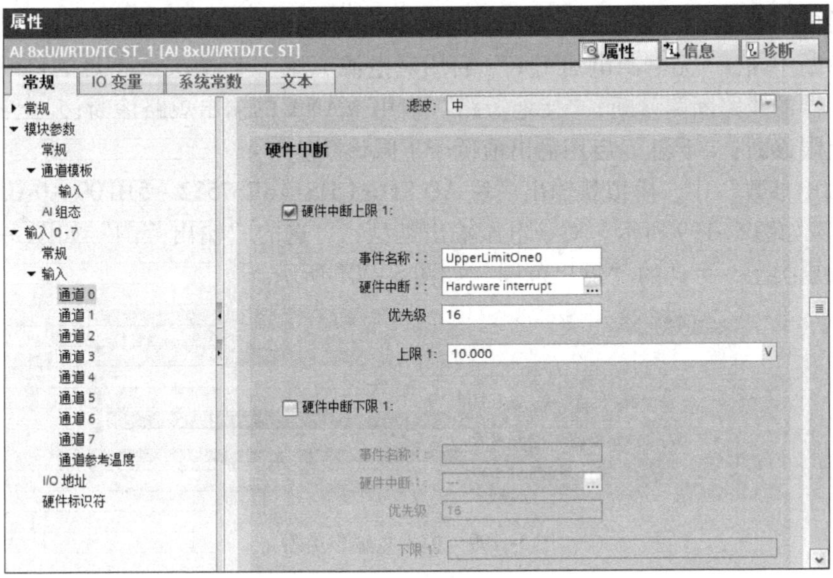

图 5-197　硬件中断的参数设置

RTD/TC ST（6ES7531 - 7KF00 - 0AB0）的通道 2~7 未使用，故需要将"参数设置"选择为"手动"，将"测量类型"选择为"已禁用"。

2. 模拟量输出模块参数设置

模拟量输出模块在使用前一定要根据输出信号的类型、量值大小以及诊断中断等要求进行组态。

模拟量输出模块的"通道模板"对模拟量输出模块通道参数进行统一设置。以模拟量输出模块 AQ 8xU/I HS（6ES7532 - 5HF00 - 0AB0）为例，在该模块的属性窗口中，查看"模块参数"选项下"通道模板"的"输出"属性，如图 5-198 所示。

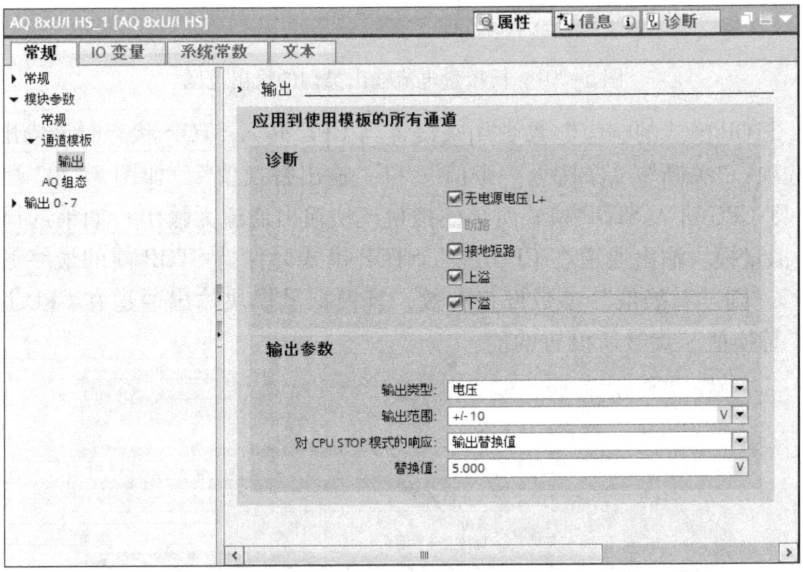

图 5-198　模拟量输出的通道模板参数设置

在"诊断"参数中，可以通过勾选复选框激活无电源电压 L +、断路、接地短路、上溢和下溢等诊断中断。"无电源电压 L +"启用对电源电压 L + 缺失或不足的诊断；"断路"启用对执行器的线路断路诊断；"接地短路"启用 MANA 的输出短路诊断；"上溢"启用输出值超出上限诊断；"下溢"启用输出值低于下限诊断。

在"输出参数"中，模拟量输出模块 AQ 8xU/I HS（6ES7532 – 5HF00 – 0AB0）可用的"输出类型"如图 5-199 所示。对于电压输出类型，可选的"输出范围"如图 5-200 所示；对于电流输出类型，可选的"输出范围"如图 5-201 所示。

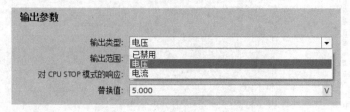

图 5-199　模拟量输出类型

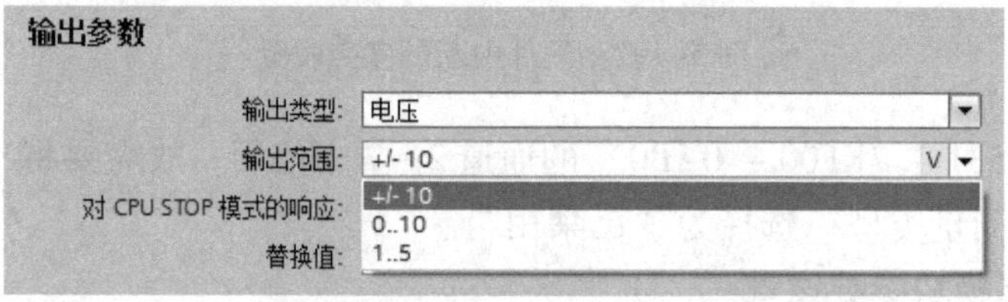

图 5-200　模拟量电压输出类型的输出范围

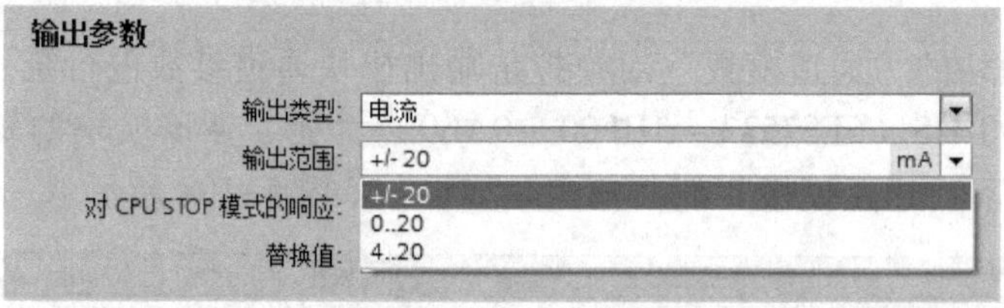

图 5-201　模拟量电流输出类型的输出范围

"对 CPU STOP 模式的响应"参数用来设置当 CPU 转入 STOP 状态时该输出的响应，该参数有三个选项："关断""保持上一个值"和"输出替换值"，如图 5-202 所示。如果选择"关断"，则 CPU 进入 STOP 模式时，模拟量模块输出通道无输出；如果选择"保持上一个值"，则模拟量模块输出通道在 CPU 进入 STOP 模式时保持 STOP 前的最终值；如果选择"输出替换值"，则"替换值"参数设置有效，且模拟量模块输出通道在 CPU 进入 STOP 模式时输出在"替换值"参数所设置的值。

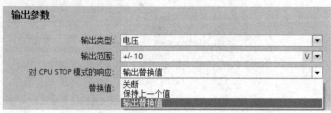

图 5-202　模拟量输出模块对 CPU 处于 STOP 模式的响应设置

若要"通道模板"设置的参数在作用于具体的模拟量输出通道时，与模拟量输入模块设置一样，还需要对具体输出通道参数进行设置。例如，在模拟量输出模块 AQ 8xU/I HS（6ES7532 – 5HF00 – 0AB0）的属性窗口中，查看"输出 0 ~ 7"选项下"输出"的"通道0"属性，在参数设置的文本框下拉列表中选择"来自模板"选项。当参数设置选择了"来自模板"，则"诊断"属性和"输出"属性中的参数设置均与"通道模板"的参数设置相同，且显示为灰色，不可更改。

当然，对于具体的模拟量输出通道中的参数设置，如果选择"手动"，可以实现与"通道模板"参数不同的设置。对于没有使用的模拟量输出通道，输出类型需要选择"已禁用"，这样将缩短循环时间。

5.17.3 模拟量转换的数值表达方式

模拟量输入信号经过模拟量输入模块的模数转换器（ADC）将模拟量信号转换成数字量信号，以二进制补码形式表示，字长占16位，即2个字节。其中，最高位（第15位）为符号位，"0"表示正值，"1"表示负值。转换值的分辨率取决于模块的型号，最大分辨率为16位（包含符号位），数值以左对齐方式存储，当模块的分辨率小于16位时，未使用的最低有效位用"0"填充。对于 S7 – 1500 PLC 现有的模拟量模块，分辨率均是16位。

16位二进制补码表示的数值范围为 – 32768 ~ + 32767。需要注意的是，西门子的模拟量模块测量范围并不是与数值范围相对应的，测量范围（如 ±10 V 电压）对应的转换值为 ±27648（对温度值不适用，也不适用于 S7 – 200 PLC）。这样做的好处是当传感器的输入值超出测量范围时，模拟量模块仍然可以进行转换，使 CPU 做出判断。+32511 是模拟量输入模块故障诊断的上界值，–32512 是双极性输入故障诊断的下界值，–4864 是单极性输入故障诊断的下界值。当转换值超出上、下界值（上溢或下溢）时，具有故障诊断功能的模拟量输入模块可以触发 CPU 的诊断中断（例如 OB82）。

表5–44 为模拟量输入信号与转换的数字量值之间的关系。

表5–44 模拟量输入信号与转换后的数字量值之间的关系

范 围	电压，例如：测量范围 ±10 V	转换值	电流，例如：测量范围 4 ~ 20 mA	转换值	电阻，例如：测量范围 0 ~ 300 Ohm	转换值	温度，例如 Pt100 测量范围 – 200 ~ + 850℃	转换值 1 位数字 = 0.1℃
超上限	≥11.759	32767	≥22.815	32767	≥352.778	32767	≥1000.1	32767
超上界	11.7589 : 10.0004	32511 : 27649	22.810 : 20.0005	32511 : 27649	352.767 : 300.011	32511 : 27649	1000.0 : 850.1	10000 : 8501
额定范围	10.00 : 0 : – 10.00	27648 : 0 : – 27648	20.000 : 4.000	27648 : 0	300.000 : 0.000	27648 : 0	850.0 : 0.0 : – 200.0	8500 : 0 : – 2000
超下界	– 10.0004 : – 11.759	– 27649 : – 32512	3.9995 : 1.1852	– 1 : – 4864	不允许负值		– 200.1 : – 243.0	– 2001 : – 2430
超下限	≤ – 11.76	– 32768						

对于模拟量输出，16 位二进制补码形式表示的数字量值经过模拟量输出模块的数 – 模转换器（DAC）将数字量信号转换成模拟量信号（电压或电流），并通过模拟量输出通道进行输出，表 5–45 为数字量值与模拟量输出信号之间的关系。

表 5–45　数字量值与模拟量输出信号之间的关系

范　围	数　字　量	电　压			电　流		
		0 ~ 10 V	1 ~ 5 V	± 10 V	0 ~ 20 mA	4 ~ 20 mA	± 20mA
超上限	≥32767	0	0	0	0	0	0
超上界	32511 : 27649	11. 7589 : 10. 0004	5. 8794 : 5. 0002	11. 7589 : 10. 0004	23. 515 : 20. 0007	22. 81 : 20. 005	23. 515 : 20. 0007
额定范围	27648 : 0	10. 0000 : 0	5. 0000 : 1. 0000	10. 0000 : 1. 0000	20. 000 : 0	20. 000 : 4. 000	20. 000 : 0
	−6912 −6913	0	0. 9999 :	:	0	3. 9995 :	:
	: −27648	0	0	: − 10. 0000	0	0	: − 20. 000
超下界	−27649 : −32512	0	0	− 10. 0004 : − 11. 7589	0	0	− 20. 007 : − 23. 515
超下限	≤ − 32513	0	0	0	0	0	0

5. 17. 4　模拟量值的规范化

现场的过程信号（如温度、压力、流量、湿度等）是具有物理单位的工程量值，模 – 数转换后输入通道得到的是 – 27648 ~ +27648 的数字量，该数字量不具有工程量值的单位，在程序处理时带来不方便。希望将数字量 – 27648 ~ +27648 转化为实际工程量值，这一过程称为模拟量输入值的"规范化"；反之，将实际工程量值转化为对应的数字量的过程称为模拟量输出值的"规范化"。

为解决工程量值"规范化"问题，可以使用本章前面所介绍的转换操作指令中的"标定"指令 SCALE 和"取消缩放"指令 UNSCALE，也可以使用"标定"指令 SCALE_X 和"标准化"指令 NORM_X。

1. 使用 SCALE 和 UNSCALE 指令进行规范化

"标定"指令 SCALE 相当于经典 STEP 7 软件的标准程序库中模拟量输入值"规范化"的子程序 FC105 和模拟量输出值"规范化"的子程序 FC106。

以自动灌装生产线为例，编程实现成品称重传感器（对应物理量程：0 ~ 1000 g）和液位传感器（对应物理量程：0 ~ 1000 L）检测的值转换成工程量值。新建"模拟量处理"程序 FC6，编制程序如图 5–203 所示。

在此程序中，由于称重传感器和液位传感器所配的变送器输出范围为 0 ~ 10 V，不需要对负值进行转换，故 SCALE 指令的 BIPOLAR 参数设置为单极性，赋值为 M1. 3（始终为0）。其中，IN 参数赋值为待转换的模拟量通道地址，OUT 参数为输出转换后具有工程量纲

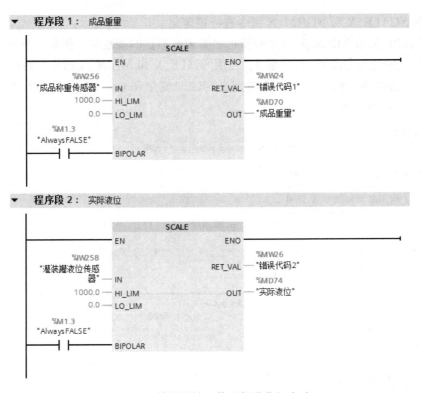

图 5-203　模拟量输入值"规范化"方法 1

的结果，HI_LIM 参数和 LO_LIM 参数对应转换结果的最大值和最小值（即物理量程，单位同 OUT 参数一致）。另外，每次转换时由 RET_VAL 参数输出的错误代码还需要一个 16 位存储单元进行存储。

对于自动灌装生产线，如果增加一个开度可调节的进料阀（电压类型，0~10V，开度范围：0~100，单位:%，需要的开度值存储在 MD66 中），对液位进行控制。需要在控制系统硬件组态中增加模拟量输出模块，例如模拟量输出模块 AQ 8xU/I HS（6ES7532-5HF00-0AB0），并对模拟量输出模块进行参数设置（通道起始地址：256；测量类型：电压；输出范围：0~10 V），在"模拟量处理"程序 FC6 中增加程序段如图 5-204 所示。

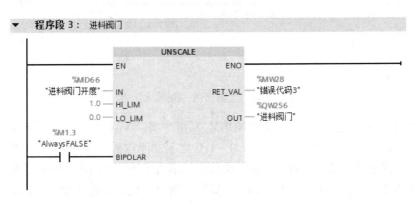

图 5-204　模拟量输出值"规范化"方法 1

2. 使用 SCALE_X 和 NORM_X 指令进行规范化

使用 SCALE_X 和 NORM_X 指令同样可以实现模拟量的规范化。例如，修改"模拟量处理"程序 FC6 中的程序段 1～程序段 3，使用 SCALE_X 和 NORM_X 指令实现模拟量值的规范化，将编程过程中用到三个中间变量定义为临时变量 Temp，如图 5-205 所示，程序如图 5-206 和图 5-207 所示。

图 5-205　声明临时变量（FC6）

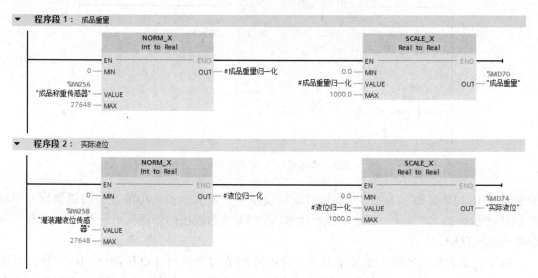

图 5-206　模拟量输入值"规范化"方法 2

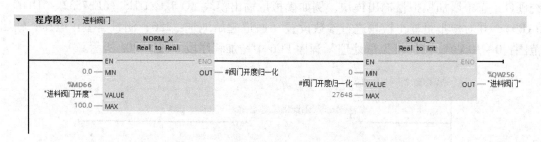

图 5-207　模拟量输出值"规范化"方法 2

在模拟量输入值规范化过程，使用 NORM_X 指令将"VALUE"参数处模拟量输入通道（如 IW256 或 IW258）采样的值转换成 0.0～1.0 之间的浮点数，结果于"OUT"参数输出，再使用 SCALE_X 指令将该中间结果转换成具有工程量纲的实际值（如成品重量或实际液位）。NORM_X 指令的"MIN"和"MAX"参数分别对应模拟量输入通道经过模 – 数转换后的数字量量程的最小值和最大值（单极性为 0 和 27648，双极性为 – 27648 和 27648），SCALE_X 指令的"MIN"和"MAX"参数分别对应带工程量纲的实际值量程的最小值和最

176

大值（例如，成品重量：0.0，1000.0；实际液位：0.0，1000.0）。

在模拟量输出值规范化过程，使用 NORM_X 指令将"VALUE"参数处带工程量纲的数据（如进料阀门开度，单位:%）转换成 0.0 ~ 1.0 之间的浮点数，结果于"OUT"参数输出，再使用 SCALE_X 指令将该中间结果转换成数字量通过模拟量输出通道（如 QW256）进行输出。NORM_X 指令的"MIN"和"MAX"参数分别对应带工程量纲的实际值量程的最小值和最大值（例如，进料阀门开度：0.0，100.0），SCALE_X 指令的"MIN"和"MAX"参数分别对应通过模拟量输出通道输出的数字量量程的最小值和最大值（单极性为 0 和27648，双极性为 –27648 和 27648）。

使用 SCALE_X 和 NORM_X 指令进行编程时，需要注意转换前和转换后数据类型的设置及指令参数中数据类型的匹配。SCALE_X 和 NORM_X 指令与 SCALE 和 UNSCALE 指令的主要区别是通用性强，不仅可以实现模拟量的规范化，还可以应用在其他场合的数据转换，而SCALE 和 UNSCALE 指令只能实现模拟量值的规范化。

模拟量值规范化后，就可以对模拟量数据进行下一步处理了。

5.17.5 使用循环中断

对于模拟量信号，通常需要固定间隔进行采样或处理，故程序中可以使用循环中断实现固定间隔采样或处理。

例如，在自动灌装生产线中，对成品重量和液位值每 500 ms 采集一次（进料阀门的控制也每 500 ms 执行一次）。

新建组织块，组织块名称定义为"模拟量采样及处理"，类型选择"Cyclic interrupt"，编号为 30，时间间隔设置为 500000（单位 μs，即 500 ms），如图 5-208 所示。另外，组织块的名称、编号和时间间隔等参数也可以在属性窗口中进行修改。

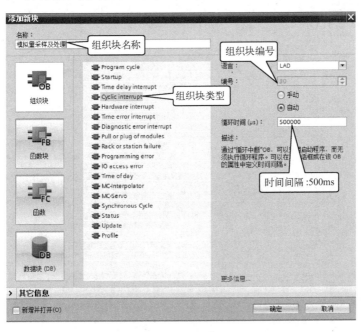

图 5-208 循环组织块的创建及基本参数设置

然后，打开 OB30，直接调用 FC6，即可实现在自动灌装生产线中，对成品重量和液位值每 500 ms 采集一次，对进料阀门的控制每 500 ms 执行一次。

任务 16　模拟量采集程序设计

（1）对模拟量模板进行硬件组态及参数设置

成品称重传感器和灌装罐液位传感器分别连接模拟量输入模块 AI 8xU/I/RTD/TC 的第 0 通道和第 1 通道，其测量类型均为电压类型，测量范围为 0～10 V，对应的物理量程分别为 0～1000 g 和 0～1000 mL。设置模拟量输入模块的第 0 通道和第 1 通道参数，其他通道选择禁用。

（2）模拟量处理 FC6

新建"模拟量处理"程序块 FC6，并在该块中编写重量和液位的模拟量采集程序，将采集的数据转换成重量值（单位 g）和液位值（单位 mL）。

（3）循环中断 OB35

在 OB35 中调用 FC6，实现每 500 ms 采集成品重量和液位值。

第6章 上位监控系统设计

6.1 上位监控系统概述

上位监控系统可以很方便地对 PLC 控制系统的运行情况进行监控，还可实现报警显示和过程值归档等功能。实现上位监控系统的设备可以是 HMI（Human Machine Interface，人机界面），也可以是 PC，但需要上位监控系统软件的支持。本章主要以 HMI 设备为例介绍 S7-1500 PLC 上位监控系统。

6.1.1 HMI 的主要任务

对于一个有实际应用价值的 PLC 控制系统，除了硬件和控制软件之外，还应有适于用户操作的方便的人机界面 HMI。HMI 系统承担的主要任务如下：

（1）过程可视化

设备工作状态显示在 HMI 设备上，显示画面包括指示灯、按钮、文字、图形和曲线等，画面可根据过程变化动态更新。

（2）操作员对过程的控制

操作员可以通过图形用户界面来控制过程。例如，操作员可以通过数据或文字输入操作，预置控件的参数或者启动电动机。

（3）显示报警

过程的临界状态会自动触发报警，例如，当超出设定值时显示报警信息。

（4）归档过程值

HMI 系统可以连续、顺序记录过程值和报警，并检索以前的生产数据，打印输出生产数据。

（5）过程和设备的参数管理

HMI 系统可以将过程和设备的参数存储在配方中。例如，可以一次性将这些参数从 HMI 设备下载到 PLC，以便改变产品版本进行生产。

近年来，HMI 在控制系统中起着越来越重要的作用。用户可以通过 HMI 随时了解、观察并掌握整个控制系统的工作状态，必要时还可以通过 HMI 向控制系统发出故障报警，进行人工干预。因此，HMI 可以看成是人与硬件、控制软件的交叉部分，人可以通过 HMI 与 PLC 进行信息交换，向 PLC 控制系统输入数据、信息和控制命令，而 PLC 控制系统又可以通过 HMI 回送控制系统的数据和有关信息给用户。HMI 利用画面上的按钮和指示灯等来代替相应的硬件元件，以减少 PLC 需要的 I/O 点数，使机器的配线标准化、简单化，降低了系统的成本。

6.1.2　HMI 项目设计方法

监控系统组态是通过 PLC 以"变量"方式实现 HMI 与机械设备或过程之间的通信。图 6-1 为监控系统组态的基本结构，过程值通过 I/O 模块存储在 PLC 中，HMI 设备通过变量访问 PLC 相应的存储单元。

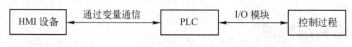

图 6-1　系统组态的基本结构

根据工程项目的要求，设计 HMI 监控系统需要做的主要工作包括：

（1）新建 HMI 监控项目

在组态软件中创建一个 HMI 监控项目。

（2）建立通信连接

建立 HMI 设备与 PLC 之间的通信连接，HMI 设备与组态 PC 之间的通信连接。

（3）定义变量

在组态软件中定义需要监控的过程变量。

（4）创建监控画面

绘制监控画面，组态画面中的元素与变量建立连接，实现动态监控生产过程。

（5）过程值归档

采集、处理和归档工业现场的过程值数据，以趋势曲线或表格的形式显示或打印输出。

（6）编辑报警消息

编辑报警消息，组态离散量报警和模拟量报警。

（7）组态配方

组态配方以快速适应生产工艺的变化。

（8）用户管理

分级设置操作权限。

6.1.3　西门子上位监控设备

面对日益复杂的机器和系统过程，作为一站式供应商，西门子专门设计开发了 SIMATIC HMI 人机界面技术。SIMATIC HMI 采用开放式、标准化硬件和软件接口，可快速集成到用户的自动化系统中，从而满足用户的特定人机界面需求。通过 SIMATIC HMI，西门子提供一个完整、集成的人机界面套件，包括适用于所有 HMI 任务的最好的产品和系统。西门子的系统范围包括用于机器级别 HMI 的操作设备和可视化软件，以及可用于广泛的过程可视化要求的 SCADA 系统。

1. HMI 面板

SIMATIC 面板系列可以为每个应用提供合适的解决方案，从简单的键盘面板、移动和固定操作界面，直到全能面板——坚固、小巧及多界面选项。明亮的显示屏和无差错人机工程学操作，配备键盘或触摸屏操作界面，为系统提高了附加值，特别适合恶劣的工业环境。

（1）精彩系列面板 – SMART LINE

西门子顺应市场需求推出的 SIMATIC 精彩系列面板（SMART LINE），准确地提供了人机界面的标准功能，经济适用，具备高性价比，如图 6-2 所示。如今，全新一代精彩系列面板的功能得到了进一步的提升，与 S7 – 200 SMART PLC 组成完美的自动化控制与人机交互平台，为用户的便捷操控提供了理想的解决方案。

图 6-2　西门子精彩系列面板

精彩系列面板为 64 K 色真彩显示，增加了工业以太网接口，通过以太网连接 S7 – 200 SMART 和 LOGO! 0BA7，可同时连接多台控制器（最多三台）。精彩系列面板扩展了串口通信的功能，增加了 Delta PLC 驱动（DVP – SV/ES2 系列），增强了 Modbus 通信功能，RS 422/485 接口自适应切换，无需拨码开关。精彩系列面板使用 WinCC flexible 2008 SP4 CHI-NA 进行组态，同时支持简体/繁体中文操作系统，可以配置更多的画面和变量，报警提示器可以自定义大小和背景颜色。

（2）按键面板

SIMATIC HMI 按键面板可以根据"即插即用"原理用于创建传统小键盘操作员面板，如图 6-3 所示。采用这种方式，就无需进行传统操作员面板所需的耗时的单独装配和布线了。与传统布线相比，这样做可以将布线所需的时间减少多达 90%。整个操作过程只需相应的安装开孔和用于连接到控制器的总线电缆即可完成。按键面板的产品有 SIMATIC HMI 按键面板 KP 8 /KP 8F 和 SIMATIC PP7/PP17。

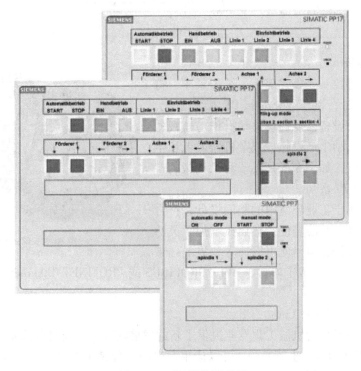

图 6-3　西门子按键面板

按键面板无需分别安装按钮、开关和指示灯，也无需分别为其布线；可通过直接安装22.5 mm的标准装置进行扩展；按钮和指示灯具有更少的数字量输入/输出模块；由于只连接了一个标准总线电缆，因此不会出现配线错误；通过背面显示屏指示操作状态和纯文本消息，而无需编程设备，因此便于使用。

（3）微型面板

微型面板是专门为SIMATIC S7 – 200 PLC所定做的，可以使用标准MPI或PROFIBUS电缆与其连接。它的结构紧凑，操作简单，品种丰富，包括文本显示器、微型的触摸屏与微型的操作员面板，如图6-4所示。微型面板的产品有SIMATIC TD 200、SIMATIC TD 400C、SIMATIC OP73micro和SIMATIC TP 177micro。

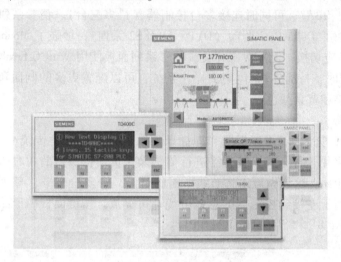

图6-4　微型面板

（4）移动面板

移动面板为键控 + 触摸式面板，结构紧凑，符合人体工程学设计，基于Windows CE操作系统，可以使用在机器与设备需要现场移动操作与监视的场合，是在具有大型生产设施、复杂机器或者长生产线行业中的首选，如图6-5所示。移动面板的产品有170系列和270系列。

移动面板适用于工业环境中的坚固设计，符合人体工程学的设计，紧凑轻便；热插拔增加了灵活性，不用中断紧急停止电路就可以插入和拔下（带

图6-5　移动面板

接线箱），操作可靠；集成了串口、MPI、PROFIBUS或PROFINET/Ethernet等接口；设备对接后启动时间短。

（5）精简面板 – Basic Line

SIMATIC精简面板为机械工程专业提供了新的发展前景。对所有的设备都可以以优惠的价格提供基本HMI功能，也就是说，可以让用户以非常经济的方式将HMI功能集成进小型设备或者简单的工程应用中。对于全新的SIMATIC S7 – 1200控制系统而言，SIMATIC精简

面板也是最佳的功能扩展，如图6-6所示。SIMATIC 精简面板的产品有 SIMATIC HMI KP300 单色、SIMATIC HMI KTP400 单色、SIMATIC HMI KTP600 单色、SIMATIC HMI KTP600 彩色、SIMATIC HMI KTP1000 彩色和 SIMATIC HMI TP1500 彩色等。

图6-6　精简面板

（6）精智面板 – Comfort Panel

SIMATIC HMI Comfort Panel 是高端 HMI 设备，用于 PROFIBUS 中先进的 HMI 任务以及 PROFINET 环境，如图6-7所示。由于可以在触摸和按键面板中4、7、9～12 自由选择显示尺寸，可以横向和竖向安装触摸面板，几乎可以将它们安装到任何机器上，发挥最高的性能。可以在 ExZone 2 危险区域使用该面板，无需安装额外的外壳。SIMATIC HMI Comfort Panel 的产品有 KTP400、TP700、KTP700、TP900、KTP900 和 KTP1200 等。所有设备只能配置 WinCC V11 以上的 HMI 软件。

图6-7　精智面板

SIMATIC HMI Comfort Panel 具有开孔完全相同框架的宽屏，最多可为客户增加 40% 的显示尺寸，可实现其他新的操作概念，例如，在显示屏侧面上符合人体工程学放置的菜单栏；可调光的显示屏提供节能潜力以及新应用，如在造船方面。

（7）面板

SIMATIC HMI 面板家族特别适合在严格的工业环境中针对机器的用途，如图 6-8 所示。特别突出的是，西门子 SIMATIC HMI 面板家族中的每个键盘或触摸面板均可与单独的软件工具进行配置，可完全升级以满足性能等级的要求。SIMATIC HMI 面板家族的产品有 70 系列、170 系列和 270 系列。

图 6-8　面板

（8）多功能面板

多功能面板基于 Windows CE 操作系统，可以使用其他的基于标准 Windows CE 的应用程序，由于多功能面板在一个平台上集成多种自动化功能，故可以满足最高性能的要求，多功能面板外观如图 6-9 所示。与 PC 相比，多功能面板具有坚固耐用性，可以工作在高震动或多灰尘等恶劣工业环境下。多功能面板通过 PROFINET/Ethernet 网络访问办公环境，将归档与配方保存在上位 PC 中实现集中管理和数据交换，同时还可以访问网络打印机。多功能面板的产品有 MP277 和 MP377。

图 6-9　多功能面板

多功能面板设计坚固，使用 IE 浏览器（内置）可以访问 HTML 文档；存储容量高，还可实现内存扩展，用于归档或配方、备份/恢复等功能。多功能面板板载 MPI、PROFIBUS、PORFINET/ Ethernet 和 USB 接口，具有明亮的 64K 色 TFT 显示器，使用模块化方式扩展选件。

（9）瘦客户端 SIMATIC Thin Client

SIMATIC Thin Client 具有非常方便而低廉地在现场机器上运行操作员站的可能性，如图 6-10 所示。典型的应用案例包括与另外一个 SIMATIC PANEL 或者工控机连接的整体或者分布式机器的第二个操作员站，以及在客户端/服务器应用中作为一个远程操作员终端。

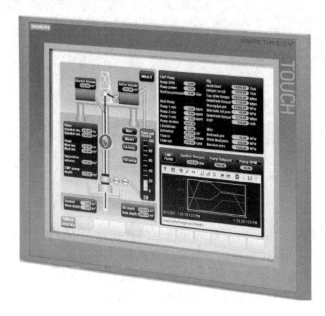

图 6-10　SIMATIC Thin Client

SIMATIC Thin Client 具有总成本低、容易调试和极其坚固耐用的优点，安装和设计与相应的 Multi Panels 兼容，与服务器的最大距离没有限制。

2. 基于 PC 的可视化解决方案

强大、坚固并针对用户的个别需求进行适应性调整——西门子系列设备和解决方案基于 SIMATIC 平板 PC 而构建，用户要求无不满足。西门子提供不同性能类别的计算机、广泛的操作单元选择、行业专用设计监视器以及软硬件完美平衡的完整系统。

SIMATIC 平板 PC 组合理想适用于直接机器应用或者工厂可视化任务。平板 PC 装置集成了工业 PC 和操作装置，成就了坚固性、高性能和绚丽显示的完美结合。多样的 SIMATIC 平板 PC 选择可以满足多种制造和过程自动化需求。从贴近机器的运行和监视，到控制、数据处理和传动控制任务，西门子凭借其 SIMATIC 平板 PC 组合产品，为用户提供强大的工业 PC。它们是恶劣工业环境中的生产过程的理想选择，始终包含了简单的触摸屏或薄膜键盘操作功能。

3. 生产可视化–SIMATIC WinCC 西门子 SCADA 系统

凭借 SIMATIC WinCC——西门子卓越的 SCADA 系统，西门子提供了创新的、可扩展的高性能过程可视化系统。无论是在单用户系统中，还是在具有冗余服务器的分布式系统中，都可以为各行各业提供完备的开放的过程监视和数据采集功能。

6.1.4 WinCC（TIA Protal）简介

WinCC（TIA Portal）是对 SIMATIC 面板、SIMATIC 工业 PC 以及标准 PC 进行可视化组态的工程组态软件。WinCC（TIA Portal）有 4 种版本，具体使用哪个版本取决于 HMI 等上位监控系统设备，如图 6-11 所示。

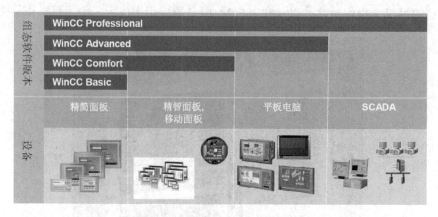

图 6-11　WinCC（TIA Portal）软件

WinCC Basic 版本用于组态精简系列面板，包含在每款 STEP 7 Basic 或 STEP 7 Professional 产品中；WinCC Comfort 版本用于组态所有面板（包括易用面板和移动面板）；WinCC Advanced 版本组态所有面板和基于 PC 单站系统，可以购买带有 128、512、2K、4K 以及 8K 个外部变量（带有过程接口的变量）许可的 WinCC Runtime Advanced 软件版本；WinCC Professional 版本用于组态使用 WinCC Runtime Advanced 或 SCADA 系统的组态面板和 PC。

WinCC Runtime Professional 是一种用于构建组态范围从单站系统到多站系统（包括标准客户端或 Web 客户端）的 SCADA 系统。可以购买带有 128、512、2K、4K、8K、64K、100K、150K 以及 256K 个外部变量（带有过程接口的变量）许可的相应软件版本。

通过 WinCC（TIA Portal）组态软件，应用软件中的 WinCC Runtime Advanced 或 WinCC Runtime Professional 还可以组态 SINUMERIK PC。可以使用 SINUMERIK HMI Pro sl RT 或 SINUMERIK Operate WinCC RT Basic 组态 HMI 设备。

本书以自动灌装生产线项目，应用西门子精智面板 TP700 Comfort 和组态软件 WinCC Advanced，来介绍 HMI 监控项目的建立过程。

WinCC Advanced 的运行系统可以对 SIMATIC HMI 精智系列面板进行仿真，这种仿真功能对于学习使用 SIMATIC HMI 精智系列面板的组态方法是非常有用的。

6.2　建立一个 WinCC Advanced 项目

使用 TIA 软件，可以直接生成 HMI 设备，也可以使用设备向导生成 HMI 设备。

6.2.1 直接生成 HMI 设备

双击项目树中的"添加新设备",单击打开对话框中的"SIMATIC HMI"按钮,选择 SIMATIC 精智系列面板中的 TP700 紧凑型,如图 6-12 所示。

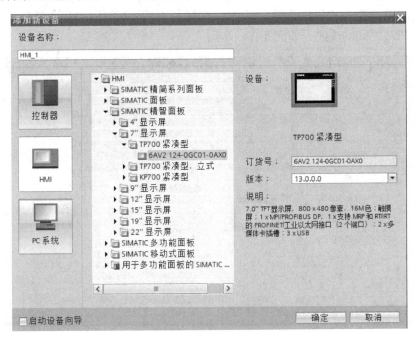

图 6-12 添加 HMI

如果不勾选"启动设备向导",单击"确定"按钮,将生成名为"HMI_1"的面板,如图 6-13 所示。

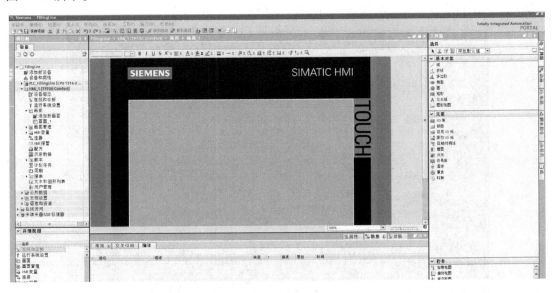

图 6-13 直接生成 HMI 设备

6.2.2 使用 HMI 设备向导生成 HMI 设备

如果在添加新设备时，勾选"启动设备向导"，将会出现"HMI 设备向导：TP700 Comfort"，左边的橙色"圆球"用来表示当前的进度，帮助用户实现项目的建立。单击"浏览"选择框的▼按钮，进入"PLC 连接"设置，选择与 HMI 设备所连接的 PLC，这时将出现 HMI 设备与 PLC 之间的连线，如图 6-14 所示。

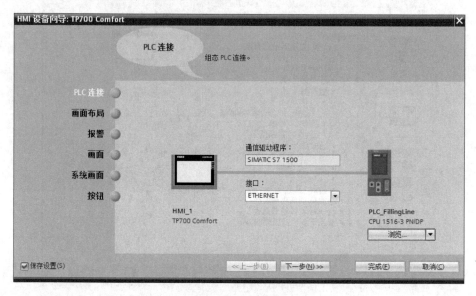

图 6-14　组态与 PLC 连接

单击"下一步"按钮，进入"画面布局"设置，选择要显示的画面对象。在左侧可以对画面的分辨率和背景色进行设置。单击复选框"页眉"，可以对画面的页眉进行设置。右侧的预览区域将生成对画面的预览，如图 6-15 所示。

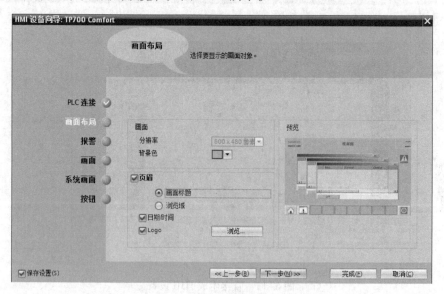

图 6-15　组态画面布局

单击"下一步"按钮，进入"报警"设置，组态报警设置，选择在画面中所出现的报警。如果复选框"未确认的报警""未决报警"和"未决的系统事件"全部勾选上，则在画面预览中将会出现3个窗口。对于未确认的报警，可以选择使用"报警窗口"，或者"报警行在顶部"和"报警行在底部"，如图6-16所示。

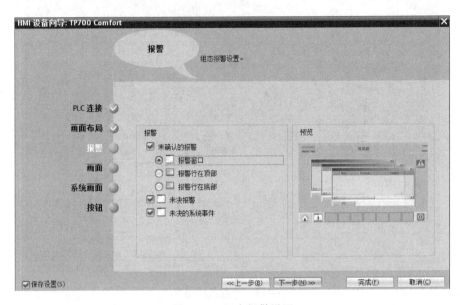

图6-16　组态报警设置

单击"下一步"按钮，进入"画面浏览"设置。开始时只有根画面，单击 ✚ 按钮，将生成一个下一级的画面，如图6-17所示。对于选中的画面，可以对其进行重命名或删除操作。

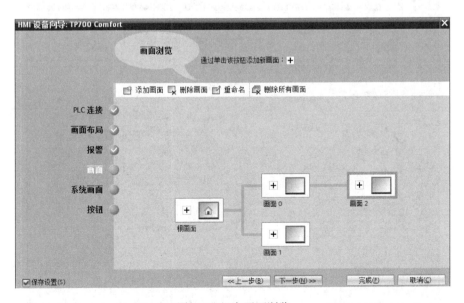

图6-17　组态画面浏览

单击"下一步"按钮，进入"系统画面"设置，选择需要的系统画面，如图 6-18 所示。

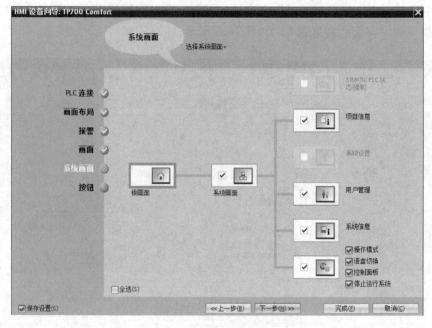

图 6-18　组态系统画面

单击"下一步"按钮，进入"按钮"设置，选择需要的系统按钮，如图 6-19 所示。单击某个系统按钮，该按钮的图标将出现在画面上未放置图标的按钮上；也可以使用鼠标拖曳放入未放置图标的按钮上。选中"按钮区域"中的"左"或"右"复选框，将在画面的左边或右边生成新的按钮。单击"全部重置"按钮，各按钮上设置的图标将会消失。

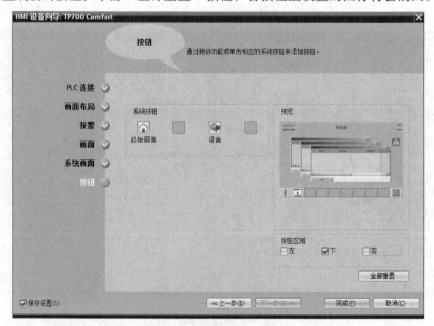

图 6-19　组态系统按钮

如果考虑到面板的画面很小，可以不设置按钮区域，如图6-20所示。

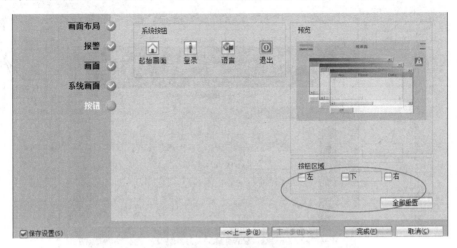

图6-20 不设置系统按钮

单击"完成"按钮，HMI设备建立完成，如图6-21所示。

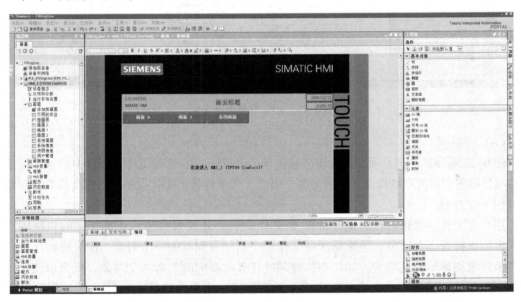

图6-21 使用向导生成HMI设备

6.2.3 WinCC Advanced 项目组态界面

图6-22中显示的WinCC Advanced项目组态界面分为几个区域，分别是菜单栏、工具栏、项目树、工作区、监视（巡视）视图区、任务卡区和详细视图区。

（1）菜单栏和工具栏

菜单栏和工具栏是大型软件应用的基础，可以通过WinCC Advanced的菜单栏和工具栏访问它所提供的全部功能。当鼠标指针移动到一个功能上时，将出现工具提示。菜单栏中浅灰色的命令和工具栏中浅灰色的按钮表明该命令和按钮在当前条件下不能使用。

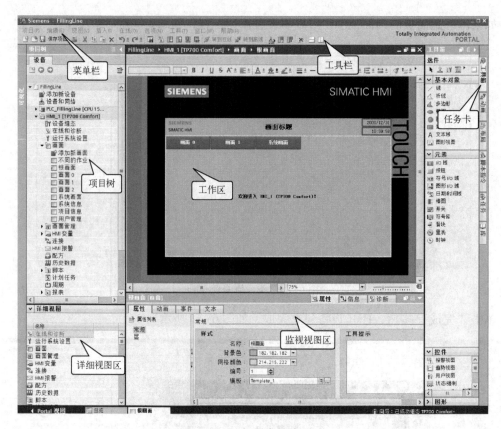

图 6-22　HMI 设备组态界面

（2）项目树

图 6-22 画面的左边是项目树，该区域包含了可以组态的所有元件。项目中的各个组成部分在项目视图中以树形结构显示，分为四个层次，即项目名、HMI 设备、功能文件夹和对象。

（3）工作区

用户在工作区编辑项目对象，所有 WinCC Advanced 元素都显示在工作区的边框内。在工作区可以打开多个对象，通常每次在工作区中只能看到其中一个对象。在编辑器栏中，所有其他对象均显示为选项卡。如果在执行某些任务时要同时查看两个对象，则可以使用工具栏中 ▤ 按钮或 ▥ 按钮，水平或垂直方式平铺工作区；或单击选项卡中 ▣，浮动停靠工作区的元素。如果没有打开任何对象，则工作区是空的。

（4）监视窗口

监视窗口（其英文也翻译为巡视窗口）一般在工作区的下面。监视窗口用于编辑在工作区中选取的对象的属性，例如画面对象的颜色、输入/输出域连接的变量等。

在编辑画面时，如果未激活画面中的对象，在属性对话框中将显示该画面的属性，可以对画面的属性进行编辑。

（5）任务卡

任务卡中包含编辑用户监控画面所需的对象元素，可将这些对象添加到画面。工具箱提供的选件有基本对象、元素、控件和图形。不同的 HMI 设备可以使用的对象也不同。例如 KTP 600 Basic color PN 的"控件"中仅有用户视图、趋势视图、配方视图、报警视图和系统诊断视图，而 TP700 Comfort 的"控件"中还增加了状态/强制、Sm@ rtClient 视图等。

（6）详细视图

详细视图用来显示在项目树中指定的某些文件夹或编辑器中的内容。例如，在项目树中单击"画面"文件夹或"变量"编辑器，它们中的内容将显示在详细视图中。双击详细视图中的某个对象，将打开对应的编辑器。

执行菜单命令"选项"→"设置"，在出现的对话框中，可以设置 WinCC Advanced 的组态界面的一些属性，例如组态画面的常规属性、画面的背景颜色以及画面编辑器网格大小等，如图 6-23 所示。

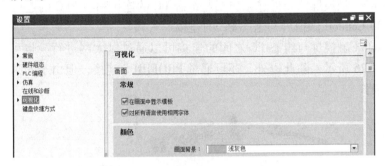

图 6-23　组态界面设置

当鼠标指针移动到 WinCC Advanced 中的某个对象（例如工具栏中的某个按钮）上时，将会出现该对象最重要的提示信息。如果光标在该对象上多停留几秒钟，将会自动出现该对象的帮助信息。

6.3　TP 700 Comfort 触摸屏的通信连接

6.3.1　TP 700 Comfort 触摸屏的硬件连接

TP 700 Comfort 是一个 800×480 像素触摸屏，有 2 个 USB 接口、1 个 USB 微型接口、1 个 PROFIBUS 接口和 1 个音频输入/输出线、2 个 PROFINET 以太网接口，其外观图如图 6-24 和图 6-25 所示。

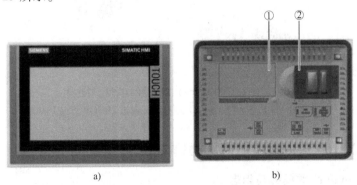

图 6-24　TP 700 Comfort 的正视图和后视图

a）铭牌　b）SD 存储卡的插槽

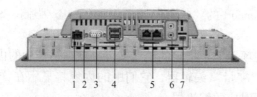

图 6-25　TP 700 Comfort 触摸屏的侧视图

1—X80 电源接口　2—电位均衡接口（接地）　3—X2 PROFIBUS（Sub－D RS422/485）

4—X61/X62 USB A 型　5—X1 PROFINET（LAN），10/100Mbit　6—X90 音频输入/输出线　7—X60 USB 迷你 B 型

TP 700 Comfort 触摸屏的硬件连接包括与组态 PC 的连接和与 PLC 的连接。

（1）TP 700 Comfort 触摸屏与组态 PC 的连接

TP 700 Comfort 触摸屏与组态 PC 之间的连接可以通过以太网进行，也可以通过 USB 接口进行，如图 6-26 所示。除此以外，还可通过 PROFIBUS 连接，但由于受到传输速率影响，传输时间可能很长。

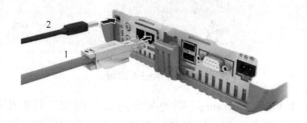

图 6-26　TP 700 Comfort 触摸屏与组态 PC 的连接

1—通过 PROFINET（LAN）与组态 PC 连接　2—通过迷你 B 型 USB 连接组态 PC

（2）TP 700 Comfort 触摸屏与 PLC 的连接

TP 700 Comfort 触摸屏与 PLC 的连接可以通过以太网进行，也可通过 PROFIBUS 进行，如图 6-27 所示。

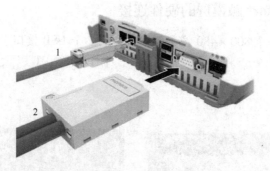

图 6-27　TP 700 Comfort 触摸屏与 PLC 的连接

1—通过 PROFINET（LAN）与 PLC 连接　2—通过 PROFIBUS 与 PLC 连接

6.3.2　设置 TP 700 Comfort 触摸屏通信参数

1. TP 700 Comfort 触摸屏与组态 PC

（1）接通电源启动 TP 700 Comfort 触摸屏

TP 700 Comfort 触摸屏附件箱中有一个用于电源连接的插入式接线板，如图 6-28 所示。

将接线板与电源线连接，电源线的横截面积为 $1.5\ \mathrm{mm}^2$。

接通电源之后，TP 700 Comfort 触摸屏经过一段时间初始化后显示器点亮。如果 TP 700 Comfort 触摸屏上已经装载有一个项目，则该项目将启动。如果 TP 700 Comfort 触摸屏上没有任何可供使用的项目，TP 700 Comfort 触摸屏在装入操作系统之后将自动切换到用于初始启动的传送模式，如图 6-29 所示。

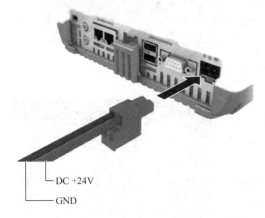

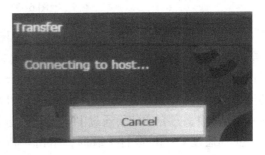

图 6-28　TP 700 Comfort 触摸屏的电源接线　　　　图 6-29　数据传送模式

按下"Cancel"（取消）按钮，将出现图 6-30 所示的"Start Center"对话框。其中"Transfer"（传送）按钮将把触摸屏切换到传送模式，以便激活数据传送；"Start"（启动）按钮将启动触摸屏上所存储的项目；"Settings"（设置）按钮将打开触摸屏的一个组态子菜单；"Taskbar"（工具栏）按钮将激活 Windows CE 开始菜单已打开的任务栏。

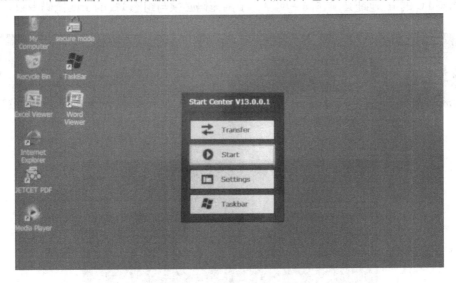

图 6-30　"Start Center"对话框

（2）设置 TP 700 Comfort 触摸屏的通信参数

在 TP 700 Comfort 触摸屏"Start Center"对话框中，按下"Settings"（设置）按钮，打开"控制面板"窗口，如图 6-31 所示。

图 6-31　控制面板

　　双击"控制面板"中的"Transfer"图标，弹出
"传送设置"对话框，如图 6-32 所示。在此对话框中
可以设置是否开启传送、传送是手动还是自动。传送
的通道可以选择 PN/IE、MPI、PROFIBUS 和 USB de-
vice。本例中，只介绍如何通过 PN/IE 通道进行下载。

　　选择通过 PN/IE 进行下载时，单击"Properties"
（属性）按钮进行参数设置，进入"网络连接"对话
框，如图 6-33 所示。

　　双击"PN_X1"网络连接图标，打开"网卡设置"
对话框，在"IP Address"选项卡中，为网卡分配 IP 地
址和子网掩码，如图 6-34 所示。注意：该 HMI 的 IP
地址与组态 PC 的 IP 地址必须在同一网段，子网掩码必须与组态 PC 的子网掩码一致。

图 6-32　"传送设置"对话框

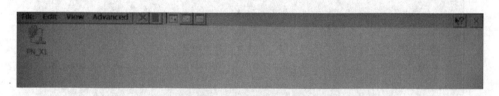

图 6-33　"网络连接"对话框

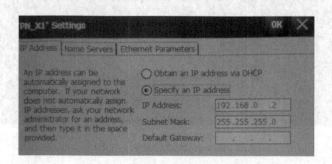

图 6-34　"网卡设置"对话框

　　触摸屏设置完成后，单击"OK"按钮返回到"Start Center"对话框中，按下"Trans-
fer"按钮，进入数据传送模式，触摸屏等待从 PC 传送项目。

（3）设置 WinCC Advanced 的通信参数

组态 PG/PC 接口。打开 Windows 系统的控制面板，双击控制面板中的"Set PG/PC Interface"图标，设置 PG/PC 接口，如图 6-35 所示。

图 6-35　Windows 系统的控制面板

在设置 PG/PC 接口对话框中，为使用的接口分配参数，如图 6-36 所示。注意：此处所用的网卡不同，显示也不同。本例中的访问点为 S7ONLINE（STEP 7）。

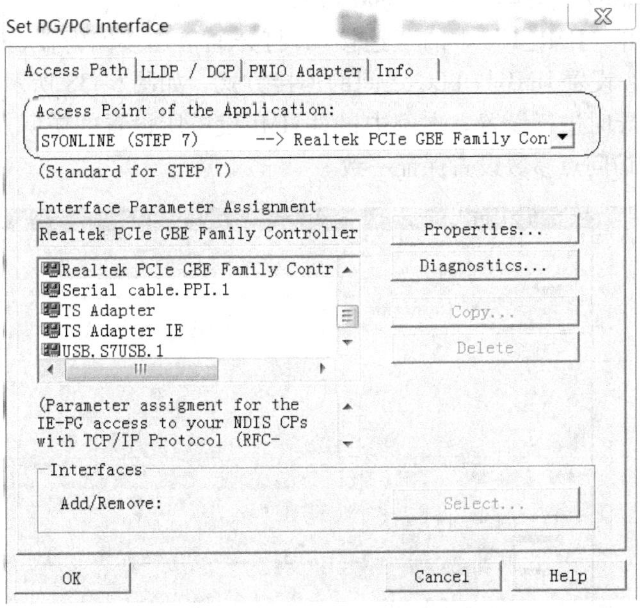

图 6-36　设置 PG/PC 接口

在项目中，打开 HMI 的设备组态，在"常规"选项卡的"PROFINET 接口"属性中，对 HMI 的以太网地址进行设置，将 HMI 连接到子网"PI/NE_1"中，设置 HMI 的 IP 地址为 192.168.0.2；子网掩码为 255.255.255.0。注意：这里设置的 IP 地址要与 HMI 设备上设置的 IP 地址一致，如图 6-37 所示。

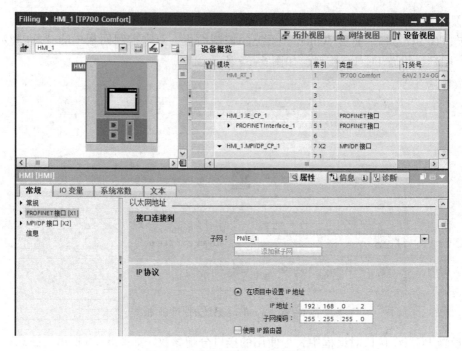

图 6-37　设置 HMI 的以太网地址

2. TP 700 Comfort 触摸屏与 S7－1500 PLC

在项目树中单击"HMI_1"中的"连接",打开通信连接编辑器窗口,鼠标左键双击"添加",添加连接,设置 HMI 与 PLC 之间的连接方式,如图 6-38 所示。该步骤也可以通过使用 HMI 组态向导时进行设置。本例中,对 HMI 设备所设置的访问点为 S7ONLINE,与设置 PG/PC 接口的访问点参数设置保证一致。

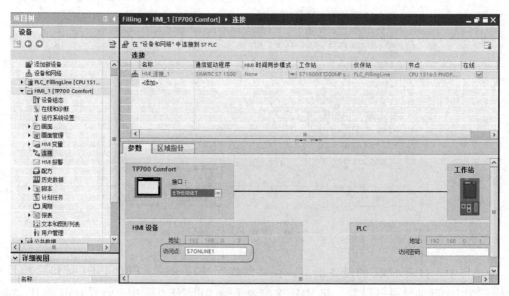

图 6-38　设置 HMI 与 PLC 的连接

6.3.3 下载 HMI 组态

1. 设置计算机网卡的 IP 地址

计算机的网卡与 HMI 设备的以太网接口的 IP 地址应在同一个子网内，即它们的 IP 地址中前三个字节的子网地址应完全相同。此外它们还应该使用相同的子网掩码。子网的地址采用默认的 192.168.0，第 4 个字节是子网内设备的地址，可以任意取值，但是不能与网络中其他设备的 IP 地址重叠。计算机和 HMI 的子网掩码一般采用默认的 255.255.255.0。

打开 Windows 系统的控制面板，双击 "网络和共享中心" 图标，如图 6-39 所示。

图 6-39　Windows 系统的控制面板

单击 "本地连接"，对组态 PC 的网络进行设置，如图 6-40 所示。

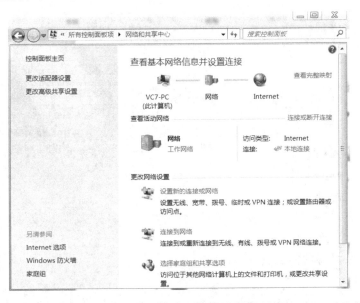

图 6-40　设置组态 PC 的本地连接属性

在"本地连接 状态"对话框中，单击"属性"按钮，系统将弹出"本地连接 属性"对话框。在列表中选择"Internet 协议版本 4（TCP/IPv4）"，单击"属性"按钮，系统将弹出"Internet 协议版本 4（TCP/IPv4）属性"对话框。勾选复选框"使用下面的 IP 地址"，设置组态 PC 的 IP 地址为"192.168.0.3"、子网掩码为"255.255.255.0"，如图 6-41 所示。注意：该 IP 地址与 HMI 的 IP 地址在同一个网段。

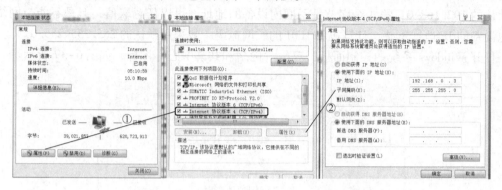

图 6-41　设置组态 PC 网卡的 IP 地址与子网掩码

2. 下载 HMI 组态

接通 HMI 设备的电源，在项目中选中 HMI，单击工具栏上的下载按钮 ![]，打开"扩展的下载到设备"对话框，如图 6-42 所示。在本例中，PG/PC 接口的类型设置为"PN/IE"，PG/PC 接口设置为本地网卡"Realtek PCle GBE Family Controller"，接口/子网的连接设置为"PI/NE_1"。勾选"显示所有兼容的设备"，此时计算机将会扫描网络中所有的设备，将已分配 IP 地址的设备在列表中列出。在本例中选择 hmi_1，"下载"按钮被激活，将项目下载到 HMI 设备中。下载之前，软件将会对项目进行编译，只有编译无错误才能进行下载。

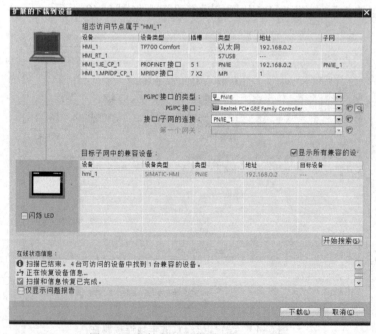

图 6-42　"扩展的下载到设备"对话框

任务 17 建立自动灌装生产线监控项目及通信连接

为自动灌装生产线添加 HMI 设备，如 TP700 Comfort，并建立 HMI 设备与 PC 及 S7 - 1500 PLC 之间的硬件连接，设置网络通信参数，实现 HMI 设备、S7 - 1500 PLC 及组态 PC 之间的网络通信。

6.4 定义变量

变量系统是组态软件的重要组成部分。自动灌装生产线的运行状况通过变量实时地反映在 HMI 的过程画面中，操作人员在 HMI 上发布的指令通过变量传送给生产现场。因此在组态画面之前，首先要定义变量。

6.4.1 变量的分类

变量由符号名和数据类型组成。变量分为外部变量和内部变量。

外部变量是与外部控制器（例如 PLC）具有过程连接的变量，必须指定与 HMI 相连接的 PLC 的内存位置，其值随 PLC 程序的执行而改变。外部变量是 HMI 与 PLC 进行数据交换的桥梁，HMI 和 PLC 都可以对其进行读写访问。最多可使用的外部变量数目与授权有关。

内部变量是与外部控制器没有过程连接的变量，其值存储在触摸屏的存储器中，不用分配地址。只有 HMI 能够访问内部变量，用于 HMI 内部的计算或执行其他任务。内部变量没有数量限制，可以无限制地使用。

6.4.2 变量的数据类型

变量的基本数据类型见表 6-1。

表 6-1 变量的基本数据类型

变量类型	符　　号	位数/bit	取 值 范 围
字符	Char	8	略
字节	Byte	8	$0 \sim 255$
有符号整数	Int	16	$-32768 \sim 32767$
无符号整数	Uint	16	$0 \sim 65535$
长整数	Long	32	$-2147483648 \sim 2147483647$
无符号长整数	Ulong	32	$0 \sim 4294967295$
浮点数（实数）	Float	32	$1.175495 \times 10^{-38} \sim 3.402823 \times 10^{+38}$ $-1.175495 \times 10^{-38} \sim -3.402823 \times 10^{+38}$
双精度浮点数	Double	64	
布尔（位）变量	Bool	1	True（1）、False（0）
字符串	String		略
日期时间	Date Time	64	日期/时间值

6.4.3 编辑变量

1. 定义变量

项目的每个 HMI 设备都有一个默认变量表。该表无法删除或移动。默认变量表包含 HMI 变量和系统变量（是否包含系统变量则取决于 HMI 设备）。可在标准变量表中声明所有 HMI 变量，也可根据需要新建用户定制的变量表。在项目树中打开"HMI 变量"文件夹，然后双击默认变量表，默认变量表即打开。或者，也可以创建一个新变量表并将其打开，如图 6-43 所示。

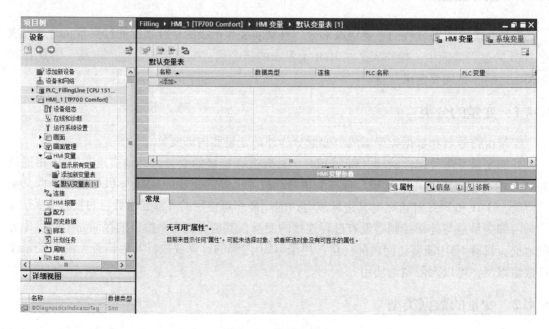

图 6-43　默认变量表

（1）创建新变量

在变量表的"名称"列中，双击"添加"，可以创建一个新变量，设置变量的名称、数据类型、连接、PLC 名称、PLC 变量、地址和采集周期等参数。

输入变量的名称，在"名称"列中输入一个唯一的变量名称。此变量名称在整个设备中必须唯一。在"连接"列下拉菜单中，显示所有在通信连接时建立的"PLC 连接"和＜内部变量＞。如果是内部变量，选择＜内部变量＞。如果是外部变量，则选择与所需 PLC 的连接。本例中，选择"HMI_连接_1"连接，如图 6-44 所示。如果需要的连接未显示，则必须先创建与 PLC 的连接。在"连接"编辑器中创建与外部 PLC 的连接。如果项目包含 PLC 并支持集成连接，则也可以自动创建连接。为此，在组态 HMI 变量时，只需选择现有的 PLC 变量来连接 HMI 变量。之后，系统会自动创建集成连接。

（2）设置变量的数据类型

在默认变量表中的"数据类型"下拉菜单中，显示所有可用的数据类型，如图 6-45 所示。对于外部变量，定义的数据类型一定要与该变量在 PLC 中的类型相一致。

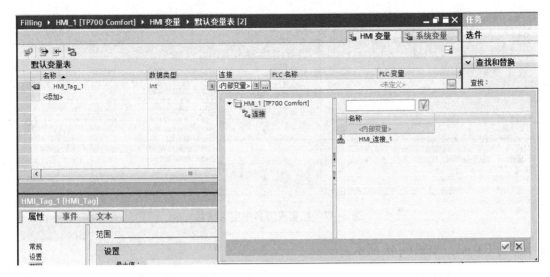

图 6-44   选择变量的 PLC 连接

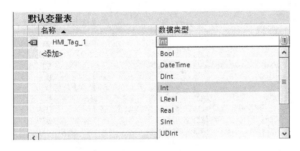

图 6-45   定义变量的数据类型

（3）设置变量地址

如果使用非集成连接，在默认变量表中的"访问模式"中选择 < 绝对访问 > ，"地址"
下拉菜单中，输入 PLC 地址，单击✔按钮以确认所做的选择，如图 6-46 所示。"PLC 变量"
（PLC tag）自动保持为空。

图 6-46   设置变量对应的 PLC 地址

如果使用集成连接，在默认变量表中的"访问模式"中选择 < 符号访问 > ，则单击
"PLC 变量"中的…按钮并在对象列表中选择已创建的 PLC 变量。单击✔按钮以确认所做
的选择，如图 6-47 所示。

（4）设置变量的采集周期

在过程画面中显示或记录的过程变量值需要实时进行更新，采集周期用来确定画面的刷
新频率。设置采集周期时应考虑过程值的变化速率。例如，烤炉的温度变化比电气传动装置
的速度变化慢得多，如果采集周期设置得太小，将显著地增加通信的负荷。HMI 采集周期

203

图 6-47　在集成项目中定义变量

最小值为 100 ms，如图 6-48 所示。

图 6-48　设置变量的采集周期

双击项目树中的"周期"，用户可以自己定义采集周期，如图 6-49 所示。

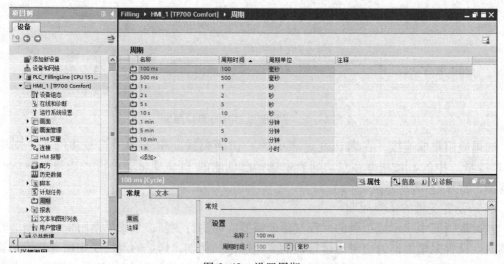

图 6-49　设置周期

在编辑画面时，还可以直接从详细视图中拖曳 PLC 变量至画面中的控件进行变量连接，如图 6-50 所示，系统将自动在默认变量表中生成 HMI 变量。

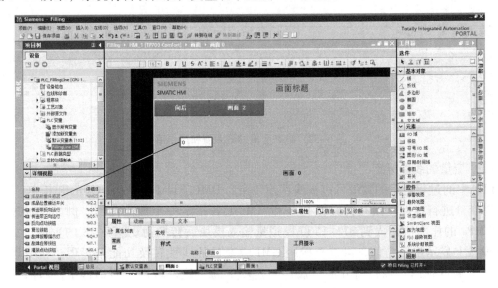

图 6-50   拖曳方式生成 HMI 变量

2. 设置变量的属性

（1）变量的采集模式

在 HMI 变量表中选择变量，则可在监视视图的变量属性窗口选择系统运行时变量的采集（采样）模式，如图 6 51 所示。

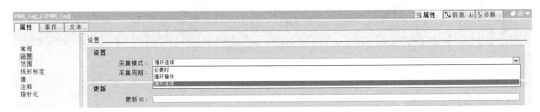

图 6-51   设置变量的"采集模式"

采集模式有三种选项，"必要时"选项是通过调用系统函数"UpdateTag"或在画面打开时对变量值进行更新；"循环连续"选项意味着连续更新变量值；"循环操作"选项是根据使用进行循环，即在打开的窗口中使用变量时，变量值被更新。

如果选择了"循环连续"采样模式，即使在当前打开的画面中没有该变量，它也会在运行时连续更新，频繁的数据读取会使通信负担增加。因此，只有需要实时更新的变量才设置成"循环连续"采样模式，例如报警信息等。

（2）变量的最大值和最小值

对于每个变量，可以为其设置最大值和最小值。以变量"温度"为例，假设其允许范围为 800～600℃，如果温度高于 800℃或低于 600℃，都应发出错误信息。

在默认变量表中选中需要组态的变量"温度"，在下方"属性视图"窗口打开的"属性"选项卡的"范围"对话框中，如果要将其中一个限制定义为常量值，从下列列表中选择"$\boxed{\text{Const}}$常量"选项，在相关域中输入数字，如图 6-52 所示。如果要将其中一个限制定义为变量值，选择"$\boxed{\text{HMI\_Tag}}$ HMI_Tag"选项。

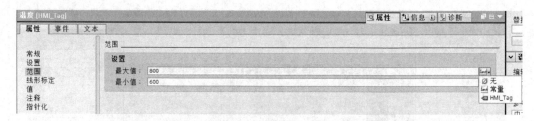

图 6-52　组态变量的最大值和最小值

（3）变量的线性标定

PLC 中的过程变量的数值可以被线性地转换为 HMI 项目中的数值并显示出来。

对变量进行线性转换时，应在 PLC 和 HMI 上各指定一个数值范围。例如现场过程值 0～10 MPa 的压力值输入到 S7-1500 模拟量输入模块后转换为 0～27648 的数值，为了在 HMI 设备上显示出压力值，可以直接用 HMI 中变量的线性转换功能来实现。在变量"压力"的"属性视图"窗口打开的"属性"选项卡的"线性转换"对话框中，激活"线性标定"，将 PLC 和 HMI 的数值范围分别设置为 0～27648 和 0～10000（kPa），如图 6-53 所示。

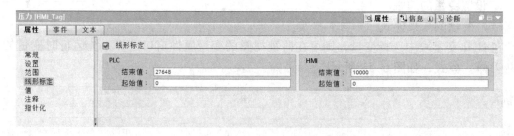

图 6-53　组态变量的线性转换

（4）变量的起始值

项目开始运行时变量的值称为变量的起始值。在变量的"属性视图"窗口打开的"属性"选项卡的"值"对话框中，可以为每个变量组态一个起始值。运行系统启动时变量将被赋值为起始值，这样可以确保项目在每次启动时均按定义的状态开始运行。例如，将流量的起始值设置为 100，如图 6-54 所示。

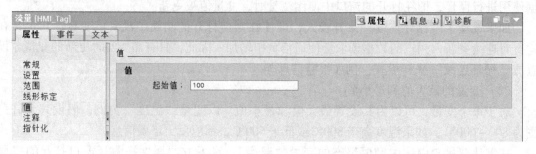

图 6-54　组态变量的起始值

任务18　组态自动灌装生产线监控项目所需变量

在自动灌装生产线的上位监控系统中，添加需要的外部变量，设置变量的数据类型、地址及其他属性参数。

6.5　创建画面及画面管理

6.5.1　设计画面结构与布局

1. 设计画面结构

工程项目一般是由多幅画面组成的，各个画面之间应能按要求互相切换。根据控制系统的要求，首先需要对画面进行总体规划，规划创建哪些画面、每个画面的主要功能。其次需要分析各个画面之间的关系，应根据操作的需要安排切换顺序，各画面之间的相互关系应层次分明、操作方便。

由于任务中的自动灌装生产线系统所需要的画面个数不多，可以采用以初始画面为中心，"单线联系"的切换方式，如图6-55所示。开机后显示初始画面，在初始画面中设置切换到其他画面的切换按钮，从初始画面可以切换到所有其他画面，其他画面只能返回初始画面。初始画面之外的画面不能相互切换，需要经过初始画面的"中转"来切换。这种画面结构的层次少，除初始画面外，其他画面只需使用一个画面切换按钮，操作比较方便。如果需要，也可以建立初始画面之外的其他画面之间的切换关系。

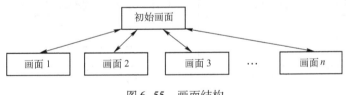

图6-55　画面结构

本示例将自动灌装生产线设置为6幅过程监控画面。在项目树"画面"文件夹中添加6幅画面，分别命名为初始画面、运行画面、参数设置画面、报警画面、趋势视图画面和用户管理画面。

（1）初始画面

初始画面是开机时显示的画面，从初始画面可以切换到所有其他画面。

（2）运行画面

运行画面可以显示现场设备工作状态、对现场设备进行控制。系统有上位控制和下位控制两种运行方式，由控制面板上的选择开关设置。当运行方式为上位控制时，可以通过画面中的按钮启动和停止设备运行。

（3）参数设置画面

参数设置画面用于通过触摸屏来设置现场中根据工艺的不同需要修改变化的数据，如限制值、设备运行时间等参数。

（4）报警画面

报警画面实时显示当前设备运行状态的故障消息文本和报警记录。

（5）趋势视图画面

趋势视图画面用于监视现场过程值的变化曲线，如物料温度的变化、流量的变化以及液罐中液位的变化等。

（6）用户管理画面

用户管理画面可以对使用触摸屏的用户进行管理，在用户管理画面中，设置各用户的权限，只有具有权限的人员才能进行相应操作，如修改工艺参数等。

2. 设计画面布局

画面绘图区的任何区域都可以组态各种对象和控件。通常，为了方便监视和控制生产现场的操作，将画面的布局分为三个区域：总览区、现场画面区和按钮区。

总览区——通常包括在所有画面中都显示的信息，例如项目标志、运行日期和时间、报警消息以及系统信息等。

现场画面区域——组态设备的过程画面，显示过程事件。

按钮区——显示可以操作的按钮，例如画面切换按钮、调用信息按钮等。按钮可以独立于所选择的现场画面区域使用。

常用的画面布局如图 6-56 所示。本示例在运行画面中使用布局方式一；在其他画面布局中，总览区在画面上方，现场画面区域在下方，没有按钮区。

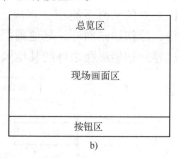

图 6-56　常用的画面布局

a）布局方式　b）布局方式二

6.5.2　创建画面

在 HMI 中的画面是由画面编辑器来组态的。双击项目视图中的"添加新画面"，在工作区会出现 HMI 的外型画面，画面被自动指定一个默认的名称，例如"画面_2"，可以修改画面的名称。此外，也可以通过 HMI 向导生成画面，如 6.2.2 节中介绍。根画面是通过 HMI 设备向导生成的，可以在根画面处添加其他的画面，其他画面是以此根画面为根进行扩展的。

画面是过程的映像。可以在画面上显示生产过程的状态并设定过程值。图 6-57 显示了自动灌装生产线运行过程。画面上方显示系统运行时间和画面切换按钮。画面中间显示生产线运行情况，通过指示灯可以看到现场的工作状态。启动按钮和停止按钮可以控制设备的运行。

从图6-57可以看到，画面中的元素是由静态元素和动态元素组成的。静态元素（例如文本或图形对象）用于静态显示，在运行时它们的状态不会变化，不需要连接变量。动态元素的状态受变量的控制，需要设置与它们连接的变量，用图形、I/O域、按钮、指示灯和棒图等画面元素来显示变量的当前状态或当前值。PLC通过变量与动态元件交换过程值和操作员输入的数据，动态元件的状态随PLC程序的运行而实时更新。

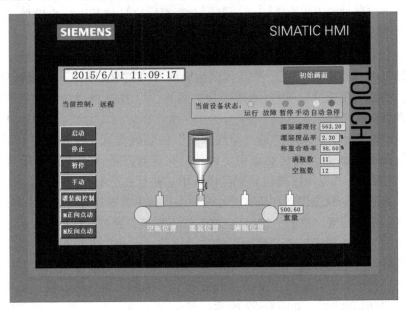

图6-57　自动灌装生产线运行画面

6.5.3　画面管理

在HMI设备上可以显示系统画面、全局画面、画面与模板，如图6-58所示。系统画面不能被组态，全局画面位于画面和模板之前，画面位于模板之前。基于PC的上位监控系统无模板，全局画面设置也与HMI设备有所不同。

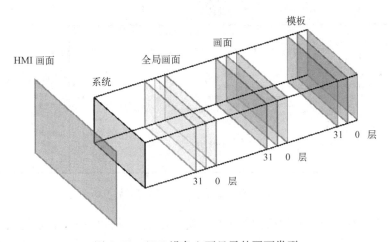

图6-58　HMI设备上可显示的画面类型

209

1. 画面模板

在对 HMI 设备进行画面组态时，可以使用模板。模板是具有特殊功能的一个画面，在模板中组态的画面和对象属性可以应用到其他画面，对模板的改动将立即在所有使用模板的画面中生效，可以将需要在所有画面中显示的画面对象放置在模板中。组态好的模板可以在本项目或其他项目中多次使用，这样可以保证项目设计的一致性，减少组态的工作量。

注意：一个模板可适用于多个画面，但一个画面始终只能基于一个模板。一个 HMI 设备可以创建多个模板，但一个模板不能基于另一个模板。

（1）组态模板

双击项目树中"添加新模板"，在工作区会出现 HMI 的外型画面，模板被自动指定一个默认的名称，例如"模板_1"，可以修改模板的名称。以 HMI 向导生成的项目，以"Template_1"为模板默认名称。

进行画面结构设计时，采用的是"单线联系"的切换方式，从初始画面可以切换到其他画面，其他画面需要返回到初始画面。因此，在所有其他画面中都要设置一个切换到"初始画面"的按钮。如果将该按钮放置在模板中，并且在所有其他画面都使用这个模板，这样"初始画面"按钮就会出现在所有其他画面中，而不需要在每个画面中都进行设置。

使用工具箱中的元素，单击"按钮"，将其放入模板，通过鼠标的拖曳可以调整按钮的大小。在按钮的"属性视图"的"属性"选项卡中的"常规"对话框中，输入相应的文字来提示操作人员该按钮的功能，例如，当操作人员单击"初始画面"按钮时，画面将会从任一画面切换到初始画面。那么在按钮"未按下"时状态文本中可以输入切换到下一幅监控画面的名称"初始画面"，如图 6-59 所示。

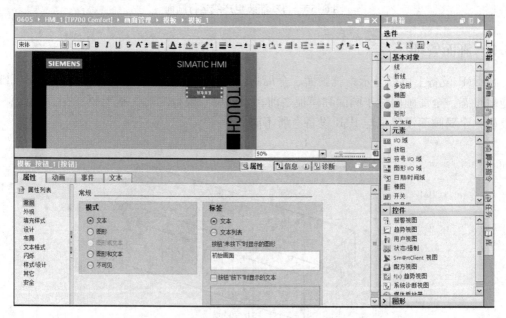

图 6-59　组态按钮的常规属性

输入相应的文本后还需要为按钮单击事件选择功能。功能的执行总是与指定的事件相连接的。只有当该事件发生时，才触发功能。例如，当单击"初始画面"时，这个按钮事件触发画面切换的功能。

在按钮的"属性视图"的"事件"选项卡的"单击"对话框中，单击函数列表最上面一行右侧的 ▼ 按钮，在出现的系统函数列表中选择"画面"文件夹中的函数"激活屏幕"，如图6-60所示。

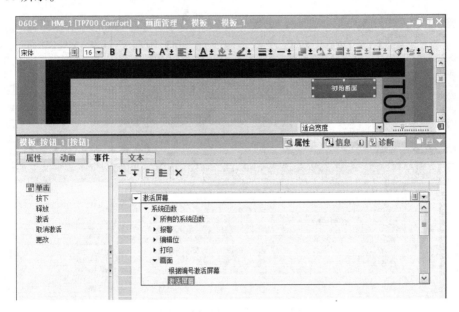

图6-60　组态单击按钮时执行的函数

单击画面名称右侧的 ... 按钮，在出现的画面列表中选择需要切换的画面名，在本例中选择"初始画面"，如图6-61所示。

图6-61　组态单击按钮切换的画面

进行画面布局设计时，如果希望在每幅监控画面都可以显示日期与时间，就需要将日期与时间放在模板中。

使用工具箱中的元素，单击"日期/时间域"，将其放入模板中。组态"日期/时间域"的属性。在属性视图中，单击"属性"选项卡的"常规"选项，如图6-62所示。类型模式如果组态为"输出"，则只用于显示；如果组态为"输入/输出"，还可以作为输入来修改当前的时间。可以选择只显示时间或只显示日期。可以使用系统时间作为日期和时间的数据源。如果选择使用"变量"，则日期和时间由一个 DATA_AND_TIME 类型的变量提供，该变量值可以来自 PLC。

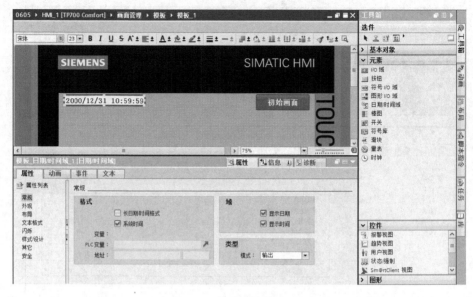

图 6-62　组态日期/时间域

（2）模板的使用

在组态其他画面时，可以选择是否应用画面模板，如图 6-63 所示。来自画面模板的对象的颜色看上去比实际颜色浅。

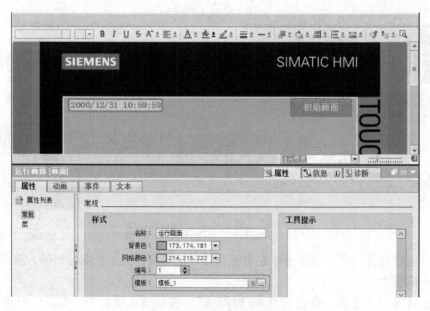

图 6-63　选择是否使用模板

在监控系统运行时，运行画面中将会显示模板中组态的"初始画面"按钮和"日期/时间域"。通过单击运行画面中的"初始画面"按钮，画面将会切换到初始画面。

2. 全局画面

无论使用哪个模板，都可为 HMI 设备定义用于所有画面的全局元素。而使用全局画面，则可以在其中定义独立的元素，这些元素独立于 HMI 设备中所有画面模板。

在全局画面的"控件"中提供了系统诊断窗口、报警窗口和报警指示器功能。如果在全局画面中组态了报警窗口和报警指示器，则无论其他画面是否应用了模板，当系统运行中出现了报警信息时，报警窗口和报警指示器都会立即出现在当前画面中。

双击项目树"画面管理"文件夹中的"全局画面"图标，打开全局画面。使用工具箱中的"控件"，分别单击"系统诊断窗口""报警窗口"和"报警指示器"，将其放入全局画面。通过鼠标的拖曳可以调整系统诊断窗口和报警窗口的大小，可以移动报警指示器的位置，如图 6-64 所示。

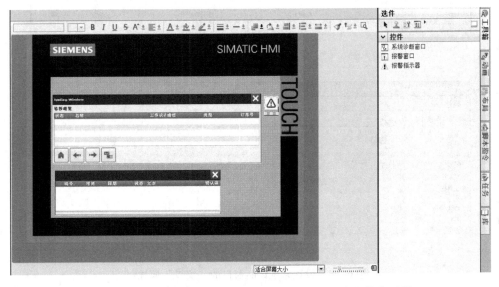

图 6-64　全局画面中的系统诊断窗口、报警窗口与报警指示器

（1）组态系统诊断窗口

系统诊断窗口提供了工厂内所有可用设备的概览。用户可直接浏览错误的原因以及相关设备。在系统诊断窗口的"属性视图"的"属性"选项卡的"列"对话框中，选择运行系统的设备视图和详细视图中所需的列，如图 6-65 所示。

在系统诊断窗口的"属性视图"的"属性"选项卡的"窗口"对话框中，设置系统诊断窗口是否可关闭、是否可调整大小，如图 6-66 所示。

系统诊断窗口运行时将在"工作状态"一列中显示显示各设备状态的图标，图标含义见表 6-2。

图 6-65　设置系统诊断窗口的"列"属性

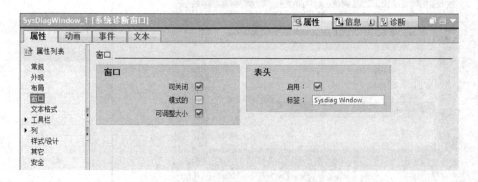

图 6-66　设置系统诊断窗口的"窗口"属性

表 6-2　系统诊断窗口中的图标含义

图　标	含　义	图　标	含　义
	设备正在运行		建议维护
	无法访问设备		叠加的符号，显示次要状态
	设备错误		当前组态
	设备已停用		停止，例如更新、引导、自初始化
	需要维护		停止

（2）组态报警窗口

在报警窗口的"属性视图"的"属性"选项卡"常规"对话框中，选择显示"报警"的"未决报警"和"未确认报警"，也可以激活全部报警类别，如图6-67所示。

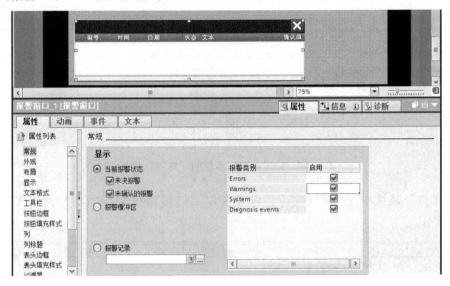

图6-67　设置报警窗口的"常规"属性

在报警窗口的"属性视图"的"属性"选项卡的"显示"对话框中，设置报警窗口显示的状态，是否激活垂直滚动和垂直滚动条，如图6-68所示。

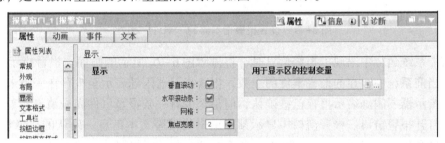

图6-68　设置报警窗口的"显示"属性

在报警窗口的"属性视图"的"属性"选项卡的"模式"对话框中，设置报警窗口是否自动显示、是否可以关闭以及是否可以调整大小等，如图6-69所示。

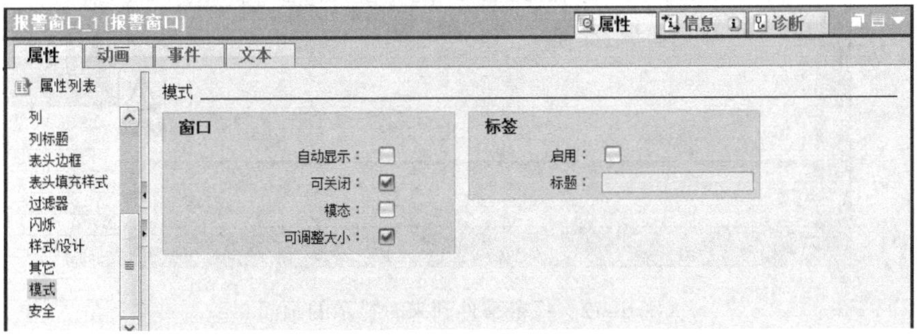

图6-69　设置报警窗口的"模式"属性

（3）组态报警指示器

在报警指示器的"属性视图"的"属性"选项卡的"常规"对话框中，激活全部报警类别，如图6-70所示。

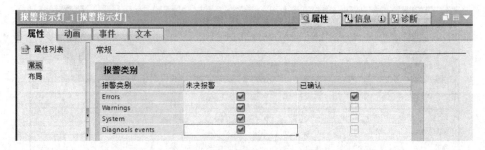

图6-70 设置报警指示器的"常规"属性

在"事件"属性中选中"单击"，设置可以通过单击报警指示器打开报警窗口，如图6-71所示。

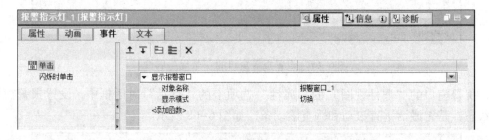

图6-71 设置报警指示器的"事件"属性

当监控系统运行中出现了报警信息时，将显示图6-72所示的画面。报警指示器显示的数字表示当前系统中存在的报警事件的个数，报警指示器闪烁表示至少存在一条未确认的报警；报警指示器不闪烁表示报警已被确认，但是至少有一条报警事件尚未消失。单击报警指示器可以打开报警窗口。报警窗口中显示预先编辑的报警文本信息。确认的故障被排除后，报警指示器和报警窗口同时消失。在6.6节将详细介绍编辑报警消息的方法。

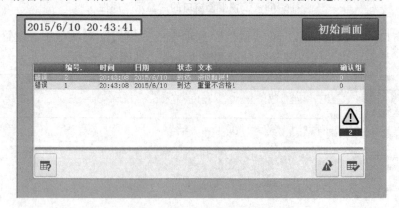

图6-72 报警事件到来时显示的画面

任务 19　创建及管理自动灌装生产线上位监控画面

（1）在自动灌装生产线的上位监控系统中，添加初始画面、自动运行画面、参数设置画面、趋势视图画面和报警画面，并定义初始画面为启动画面。

（2）应用模板，实现所有画面均可显示系统时间，且自动运行画面、参数设置画面、趋势视图画面和报警画面均可返回至初始画面。

（3）组态全局画面，当有故障发生时，弹出报警显示器、系统诊断窗口和报警窗口。

6.6　组态监控画面

6.6.1　组态初始画面

起始画面是监控系统启动时打开的画面，双击 HMI 项目中"运行系统设置"中的"常规"属性，可定义起始画面，如图 6-73 所示。在本例中，选择"初始画面"为起始画面。

图 6-73　定义起始画面

此外，也可以在项目树中选择"初始画面"，单击鼠标右键通过快捷菜单选择"定义为启动画面"，如图 6-74 所示。

本示例中设计的初始画面如图 6-75 所示，在初始画面中放置文本、图形和画面切换按钮。

（1）文本域

初始画面是监控系统启动后首先进入的画面。在画面中可以对所控制的系统作简单的描述，这时就需要放置文本域。

静态文本不与变量连接，运行时不能在操作单元上修改文本内容。

使用工具箱中的基本对象，单击"文本域"，将其放入初始画面的基本区域中，输入文字"自

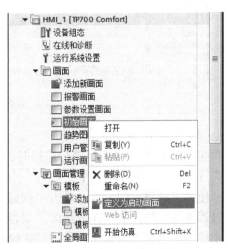

图 6-74　通过快捷菜单定义启动画面

图 6-75　初始画面

动灌装生产线监控系统"，在属性视图中可以组态文本的颜色、字体大小和闪烁等属性。

（2）图形视图

为了更加形象地描述系统的设备，可以在画面中使用图形。图形是没有连接变量的静态显示元素。

使用工具箱中的基本对象，单击"图形视图"，将其放入初始画面的基本区域中，如图 6-76 所示。单击图中 ，选择一张图片插入到初始画面中。

图 6-76　插入图形视图

（3）画面切换按钮

在使用 HMI 对生产线进行监控时，往往需要多幅画面，画面之间的切换就是通过按钮来实现的。

使用工具箱中的元素，单击"按钮"，将其放入初始画面的基本区域，通过鼠标的拖曳可以调整按钮的大小。在按钮的"属性视图"的"属性"选项卡的"常规"对话框中，输入相应的文字来提示操作人员该按钮的功能，例如，当操作人员单击运行画面按钮时，画面将会从初始画面切换到运行画面。那么在按钮"未按下"时状态文本中可以输入切换到下一幅监控画面的名称"运行画面"，如图 6-77 所示。

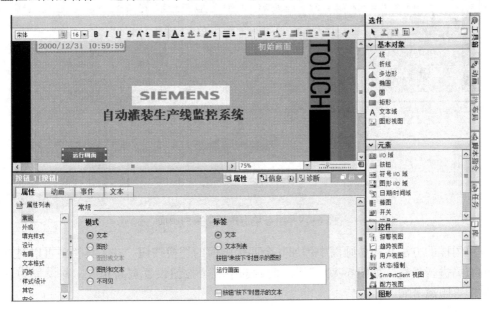

图 6-77 组态按钮的常规属性

输入相应的文本后还需要为按钮单击事件选择功能。功能的执行总是与指定的事件相连接的。只有当该事件发生时，才触发功能。例如，当单击"运行画面"时，这个按钮事件触发画面切换的功能。

在按钮的"属性视图"的"事件"选项卡的"单击"对话框中，单击函数列表最上面一行右侧的 ▼ 按钮，在出现的系统函数列表中选择"画面"文件夹中的函数"激活屏幕"，如图 6-78 所示。

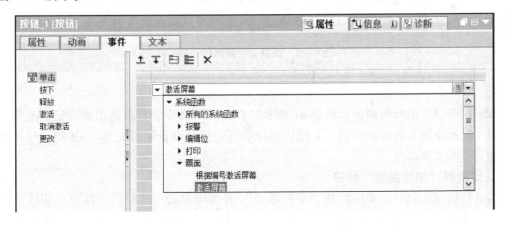

图 6-78 组态单击按钮时执行的函数

单击画面名称右侧的 ... 按钮，在出现的画面列表中选择需要切换的画面名，在本例中选择运行画面，如图 6-79 所示。

这样在系统运行时，通过单击初始画面中的"运行画面"按钮，画面将会从初始画面切换到运行画面。

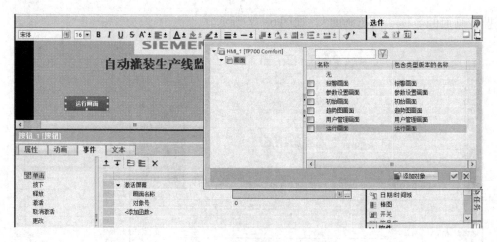

图 6-79　组态单击按钮切换的画面

按照同样的方法在初始画面中添加其余四个画面的切换按钮。在工具栏中可以对这五个按钮的布局进行设置，如图 6-80 所示。同时选中五个按钮设置宽高相等，并设置为顶端对齐和横向等距离分布。

图 6-80　设置五个按钮的布局

6.6.2　组态运行画面

本示例中设计的运行画面如图 6-81 所示，在运行画面中放置画面切换按钮、灌装生产线图形、显示现场数据的 I/O 域、工作状态指示灯、控制设备运行的启/停按钮、显示液位的棒图和一些文本信息。

1. 切换到"初始画面"按钮

在进行画面规划时，采用的是"单线联系"的切换方式，从初始画面可以切换到其他画面，其他画面需要返回到初始画面。因此，在所有其他画面中都要设置一个切换到"初始画面"的按钮。如果将该按钮放置在模板中，并且每个画面都使用模板，就不需要在每个画面中都进行设置。

2. 利用基本对象组态画面

基本对象包括一些简单几何形状的基本向量图形，如直线、折线、多边形、圆和矩形等。通过使用基本对象，可以在图中直接画一些简单的矢量图形，而不必使用外部图形编辑器。

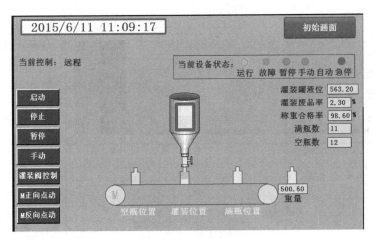

图 6-81　运行画面

为了清楚地了解自动灌装生产线上设备的运行状态，可以利用工具箱中基本对象的图形元素绘制生产线运行图。

（1）传送带

使用工具箱中的基本对象，单击"圆"和"线"，将其放入运行画面的基本区域。利用两个圆和两条直线组成传送带。同时选中组成传送带的四个元素，单击鼠标右键，在出现的快捷菜单中选择"组合"命令，如图 6-82 所示，这样传送带变为一个整体，可以一起在画面中移动。

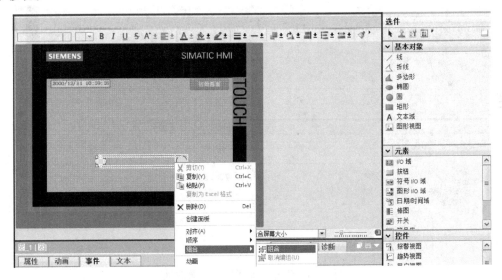

图 6-82　将画面元素组合成一体

（2）瓶子

使用工具箱中的基本对象，利用"多边形"画一个空瓶子的外形，通过复制、粘贴在传送带上放置一排空瓶子。

为了表现灌装后的满瓶子，对于灌装位置右侧的瓶子，设置多边形的"外观"属性中背景颜色为黄色，如图 6-83 所示。

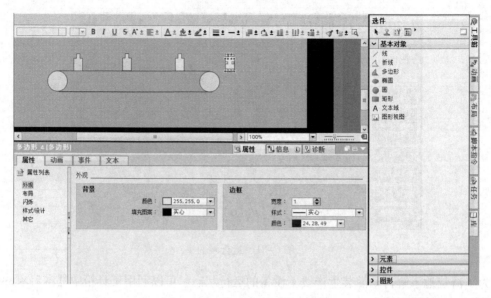

图 6-83　组态多边形的外观属性

为了表现生产线的瓶子的流向，可以设置每个瓶子的动画属性。例如，组态空瓶位置处"瓶子"的显示功能，在"瓶子"的"属性视图"的"动画"选项卡的"显示"对话框中，该对象可用的动画即显示出来，单击"使可见性动态化"■按钮，将显示其动画参数。连接相应的变量"空瓶位置接近开关"，当该变量为 1 时，其瓶子可见，如图 6-84 所示。

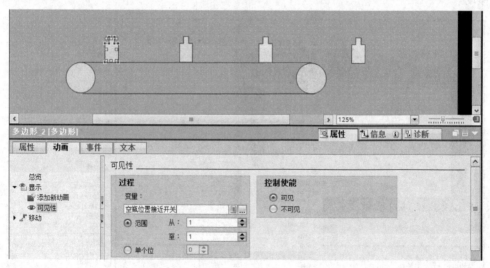

图 6-84　组态"瓶子"的动画属性

（3）指示灯

在运行画面中用指示灯表明生产线的运行状态。简单的指示灯可以用圆表示。

例如，组态"故障"指示灯，在圆的"属性视图"的"动画"选项卡的"显示"对话框中，该对象可用的动画即显示出来，单击"动态化颜色和闪烁"■按钮，将显示其动画参数。连接相应的变量"故障报警指示灯"，在类型中选择"范围"，在表中单击"添加"。在"范围"列中输入变量范围，当为 0 时，设置背景色和边框颜色均为灰色，无闪烁，表示系统处于无报警状态；当为 1 时，设置背景色和边框颜色均为黄色，闪烁属性打开，表示系统中有报警，如图 6-85 所示。

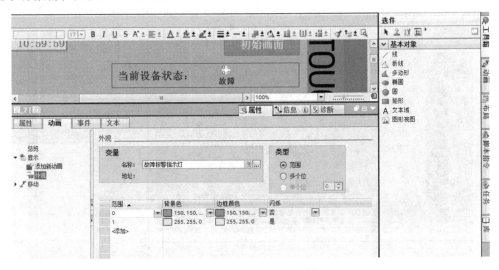

图 6-85　组态圆（指示灯）的属性

3. 库和图形的使用

设计生产线监控画面需要绘制复杂图形时，可以利用 WinCC Advanced 软件提供的图形库。在工具窗口的库和图形中，存储了各种类型的常用图形对象供用户使用。运行画面中的灌装液罐、阀门和指示灯等图形都可以直接从库中选取。

（1）灌装液罐

单击工具窗口中的"图形"，依次打开"WinCC 图像文件夹"→"Automation equipment"→"Tanks"→"True color"，选中图 6-86 所示的罐拖入画面。

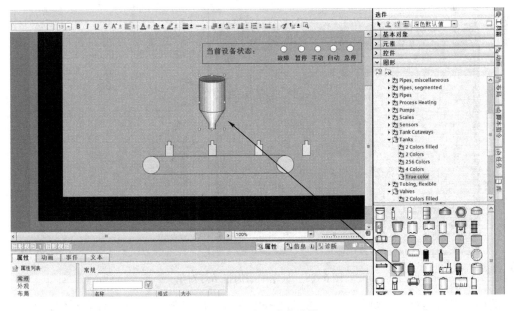

图 6-86　放置灌装液罐

（2）阀门

单击工具窗口中的"图形"，依次打开"WinCC 图像文件夹"→"Automation equipment"→"Valves"→"True color"，选中图 6-87 所示的阀门拖入画面中液罐下方并调整大小。

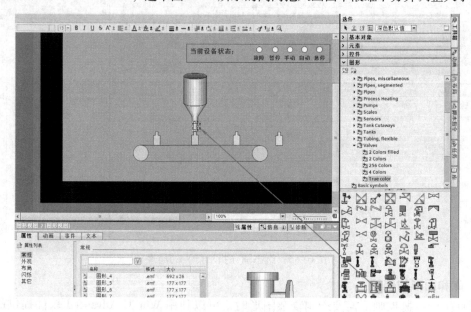

图 6-87　添加阀门对象

（3）指示灯

用几何图形圆作指示灯画面比较单调，可以从库中选取更形象的指示灯。

单击库的"全局库"，依次打开"Button_and_switches"→"主模板"→"PilotLights"→"PlotLight_Round_G"，选中图 6-88 所示的指示灯拖入画面。

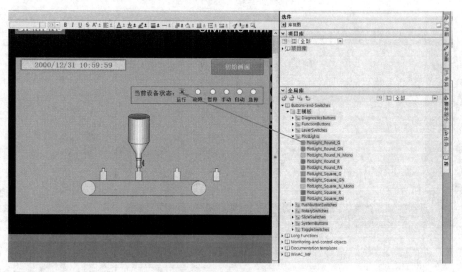

图 6-88　从库中添加指示灯对象

例如，组态运行指示灯的属性，如图 6-89 所示。在"常规"属性对话框中，连接变量选择"生产线运行指示灯"。

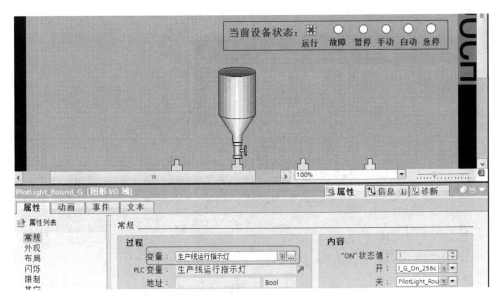

图 6-89 组态指示灯的常规属性

在"常规"属性的"内容"区域，组态"开"状态和"关"状态，当"生产线运行指示灯"为 1 时，选择状态图形为绿灯亮，当"生产线运行指示灯"为 0 时，选择状态图形为红灯亮，如图 6-90 和图 6-91 所示。

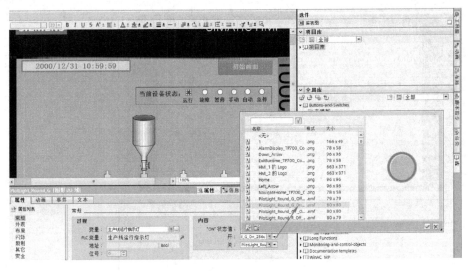

图 6-90 组态指示灯的属性——"开"状态

4. 棒图

棒图用类似于温度计的方式形象地显示数值的大小，是一种动态显示元素。棒图以矩形区域显示来自 PLC 的数值。也就是说，在 HMI 上可以直观看出当前数值与限制值相差多远，或者是否已经到达指定的设定值。用户可以自由定义棒图的方向、标尺、刻度、背景颜色以及 Y 轴的标签，可以显示限制值线以指示限制值。

例如，为了显示灌装液罐中实际液位的变化，在罐子的中间添加一个棒图。使用工具箱中的元素，单击"棒图"，将其放在液罐的上面。

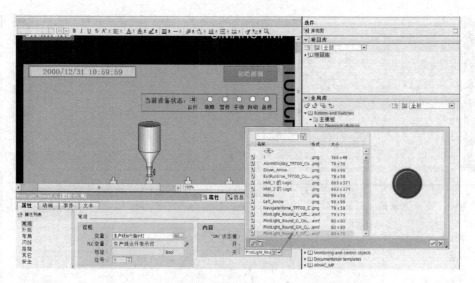

图6-91　组态指示灯的属性——"关"状态

设置棒图的"常规"属性。如图6-92所示，设置液位的最大值为1000，最小值为0。选择连接的过程变量为"实际液位"。当实际液位发生变化时，棒图的液位状态跟随上下移动。

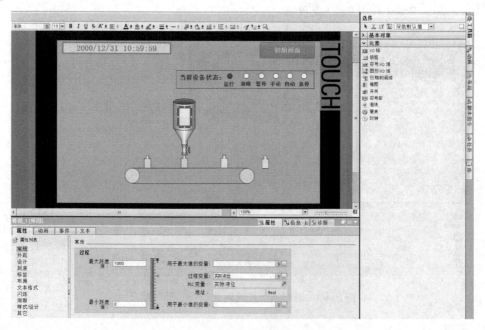

图6-92　棒图的"常规"属性

设置棒图的"外观"属性，前景色为灌装物料的颜色黄色，棒图背景色为灰色。还可以设置是否显示"线"和"刻度"，如图6-93所示。

为了清晰地观察液位状态，设置"刻度"属性为不显示刻度，如图6-94所示。可以在棒图的一侧放置输出域来显示液罐中的实际液位值。这样，棒图是液罐液位的图形显示，输出域是液罐液位的数字显示。

226

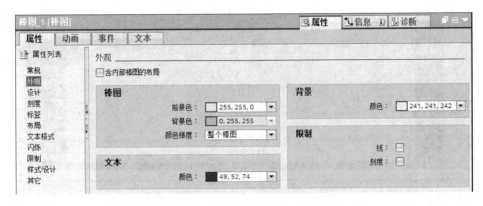

图 6-93　棒图的"外观"属性

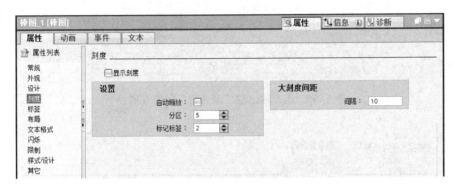

图 6-94　棒图的"刻度"属性

5. I/O 域

"I"是输入（Input）的简称，"O"是输出（Output）的简称，I/O 域即输入域与输出域的统称。I/O 域分为 3 种模式：输出域、输入域和输入/输出域。其中，输出域只显示变量的数值，不能修改数值；输入域用于操作员输入要传送到 PLC 的数字、字母或符号，将输入的数值保存到指定的变量中；输入/输出域同时具有输入和输出的功能，操作员可以用它来修改变量的数值，并将修改后的数值显示出来。

输出域可以在 HMI 上显示来自 PLC 的当前值，可以选择以数字、字母数字或符号的形式输出数值。例如将已经灌装的满瓶数量显示在 HMI 上。

使用工具箱中的元素，单击"I/O 域"，将其放入运行画面，通过鼠标的拖曳调整输出域的大小。为了清晰地说明输出域显示的数据，在其旁边放置文本域"满瓶数"。

在 I/O 域的"属性视图"的"属性"选项卡的"常规"对话框中，选择 I/O 域的类型为"输出"模式。选择这个输出域所要连接的过程变量为"满瓶数量（MW42）"。选择显示数据的格式类型为"十进制"。根据实际生产情况满瓶的数量统计到百位，选择格式样式为 999，不带小数，如图 6-95 所示。

在 PLC 中编写了统计满瓶数的程序，如图 6-96 所示。满瓶数保存在 CPU 的存储单元 MW42 中，通过 HMI 的输出域与变量"满瓶数量（MW42）"连接，实现了在 HMI 上显示满瓶数量的功能。

应用同样的方法，在画面中设置"灌装罐液位""灌装废品率""称重合格率""空瓶

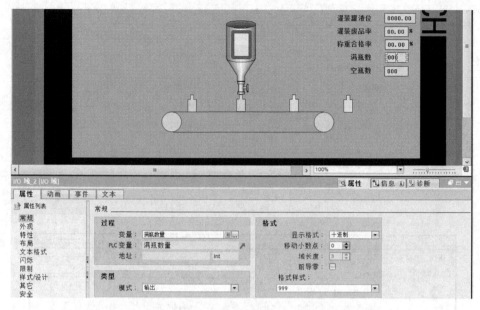

图 6-95　组态输出域"满瓶数"的常规属性

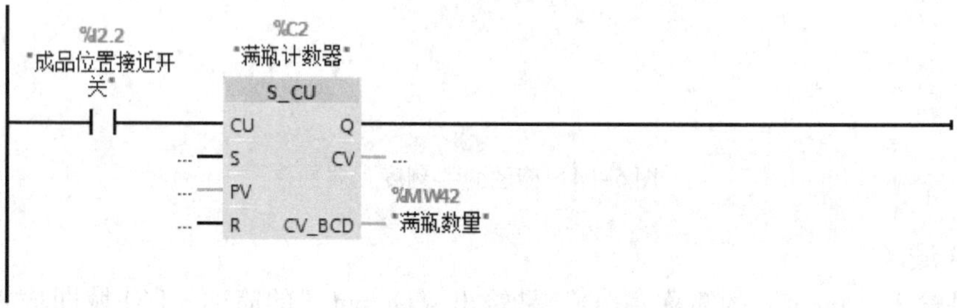

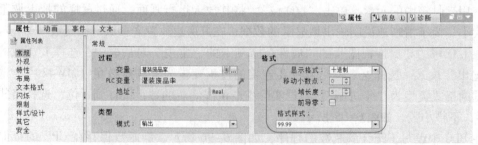

图 6-96　统计满瓶数的 PLC 程序

数""满瓶数"和"重量"的输出域,分别连接相应的变量。注意"灌装灌液位""灌装废品率""称重合格率"和"重量"的数据格式样式要有两位小数部分,属性设置如图 6-97所示。另外,"灌装废品率"和"称重合格率"的单位为"%",可将文本域"%"放置在相应 I/O 域的右侧。同理,对于"灌装罐液位"和"重量",也可使用文本域的方式显示其单位。

图 6-97　组态 I/O 域"格式样式"属性

系统运行后,输出域或输入/输出域将显示现场的实际数值。

6. 按钮

HMI 上组态的按钮与接在 PLC 输入端的物理按钮的功能是相同的，主要用来给 PLC 提供开关量输入信号，通过 PLC 的用户程序控制生产过程。这样，整条生产线的控制既可以通过控制面板中的按钮实现，也可以通过 HMI 上的按钮实现控制。

例如，在 HMI 设备的运行画面中增加上位启动和停止按钮，实现远程（上位）的系统启停控制。

画面中的按钮元件是 HMI 画面上的虚拟键。为了模拟按钮的功能，可以组态按下该键使连接的变量"置位"，释放该键使连接的变量"复位"。

现在的问题是该变量不能是实际的启动按钮或停止按钮的输入地址 I0.0 或 I0.1。因为 I0.0 或 I0.1 是输入过程映像区的存储位，每个扫描周期都要被实际按钮的状态所刷新，使上位控制所作的操作无效。因此，必须将画面按钮连接的变量保存在 PLC 的 M 存储器区或数据块区。本例中设 M100.0 为"上位启动按钮"变量的地址，M100.1 为"上位停止按钮"变量的地址。

（1）组态画面中的按钮

使用工具箱中的元素，单击"按钮"，将其放入运行画面，通过鼠标的拖曳可以调整按钮的大小。

为了提示操作人员该按钮的功能，在按钮"属性视图"的"属性"选项卡的"常规"对话框中，输入相应的文字"启动"，如图 6-98 所示。

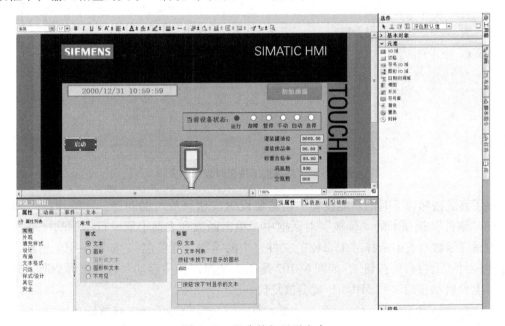

图 6-98　组态按钮显示文本

为按钮操作事件选择功能，功能的执行总是与指定的事件相连接的。只有当该事件发生时，才触发功能。例如，通过"启动"按钮控制现场设备，当"启动"按钮按下时，系统启动。

在按钮的"属性视图"的"事件"选项卡的"按下"对话框中，单击函数列表最上面

一行右侧的 ▼ 按钮，在出现的系统函数列表中选择"编辑位"文件夹中的函数"置位位"，如图 6-99 所示。

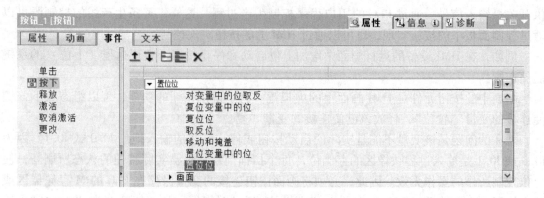

图 6-99 组态按钮按下时执行的函数

单击函数列表中"变量（输入/输出）"右侧的 ... 按钮，在出现的变量列表中选择变量"上位启动按钮"，如图 6-100 所示。在运行时按下该"启动"按钮，相应的变量"上位启动按钮"位 M100.0 就会被置位。

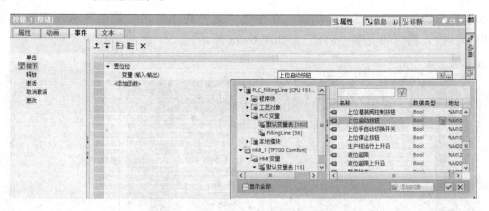

图 6-100 组态按下按钮时操作的变量

除了完成按钮按下时的功能设置，还需要设置按钮释放时的功能。在按钮的"属性视图"的"事件"选项卡的"释放"对话框中，单击函数列表最上面一行右侧的 ▼ 按钮，在出现的系统函数列表中选择"编辑位"文件夹中的函数"复位位"，如图 6-101 所示。变量同样连接到"上位启动按钮"，如图 6-102 所示。这样，当"启动"按钮被释放时，相应的变量"上位启动按钮"位 M100.0 就会被复位。

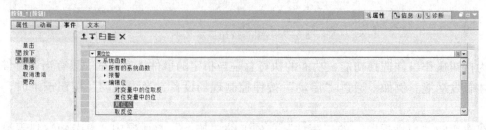

图 6-101 组态释放按钮时执行的函数

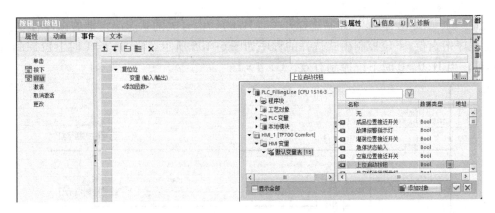

图 6-102　组态释放按钮时操作的变量

按照上面介绍的方法，再放置一个"停止"按钮。编辑按钮文本为"停止"。组态按钮操作事件，按下按钮时执行"置位位"函数，连接变量为"上位停止按钮"（M100.1），如图 6-103 所示；释放按钮时执行"复位位"函数，连接变量同样为"上位停止按钮"（M100.1），如图 6-104 所示。这样，当"停止"按钮按下时，相应的变量"上位停止按钮"位 M100.1 就会被置位；当"停止"按钮被释放时，相应的变量"上位停止按钮"位 M100.1 就会被复位。

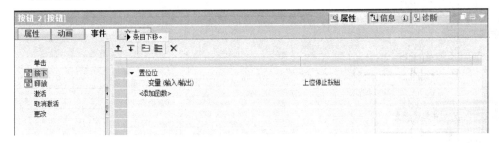

图 6-103　组态"上位停止"按钮"按下"事件功能

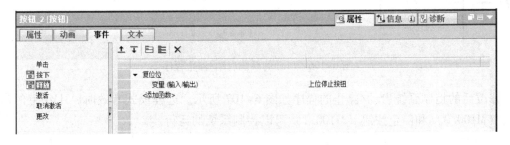

图 6-104　组态"上位停止"按钮"释放"事件功能

按照上面介绍的方法，组态"复位"按钮、"灌装阀控制"按钮、"传送带正向点动"按钮和"传送带反向点动"按钮。

（2）编写 PLC 程序

通过 HMI 上的按钮实现生产线的控制，不仅要在画面上组态相应的按钮，同时还需要编写 PLC 程序，在 PLC 中增加相应的控制指令。

为了避免下位（控制面板）与上位（HMI）同时操作产生不安全因素，需要在控制面板上设置一个"就地/远程"控制选择开关（I1.0），由开关的状态决定谁的操作有效。

主程序中上位/下位控制模式选择的程序如图6-105所示。当I1.0 = 1时上位控制有效，Q4.5 = 1；当I1.0 = 0时下位控制有效，Q4.4 = 1。

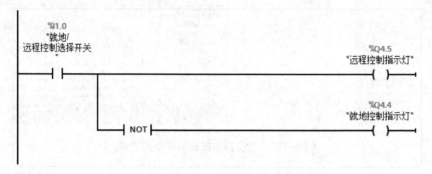

图6-105　上位/下位控制模式选择的程序

之前在PLC的FC2（自动运行）程序块中已经编写了通过控制面板上的按钮控制系统启动/停止的程序，如图6-106所示。

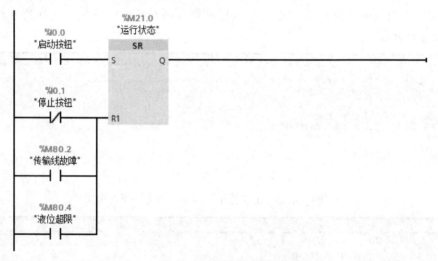

图6-106　PLC的系统启动/停止程序

修改后的控制系统启动/停止的程序如图6-107所示。远程模式有效时，HMI上的启动按钮（M100.0）和停止按钮（M100.1）可以控制系统的运行。

7. 开关

HMI上组态的开关与接在PLC输入端的物理开关的功能是相同的，主要用来给PLC提供开关量输入信号，通过PLC的用户程序控制生产过程。这样，整条生产线的控制既可以通过控制面板中的开关实现，也可以通过HMI上的开关实现控制。

例如，在HMI设备的运行画面中增加上位手动/自动模式选择开关，通过上位监控系统实现模式切换的功能。

画面中的开关元件是HMI画面上的虚拟键。为了模拟开关的功能，可以组态按下该开关使连接的变量"取反"。

232

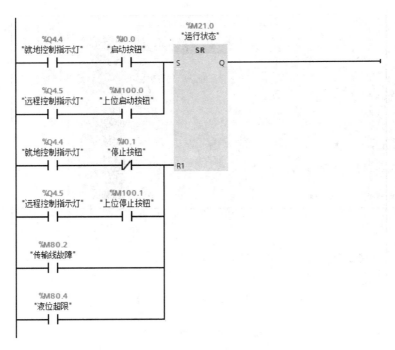

图 6-107　上位/下位均可控制系统启动/停止程序

与按钮组态相同，该变量不能是实际的手动/自动选择开关的输入地址 I0.5。因为 I0.5 是输入过程映像区的存储位，每个扫描周期都要被实际开关的状态所刷新，使上位控制所作的操作无效。因此，必须将画面开关连接的变量保存在 PLC 的 M 存储器区或数据块区。本例中设 M100.2 为"上位手/自动切换开关"变量的地址。

（1）组态画面中的开关

使用工具箱中的元素，单击"开关"，将其放入运行画面，通过鼠标的拖曳可以调整开关的大小。

为了提示操作人员该开关的功能，在开关的"属性视图"的"属性"选项卡的"常规"对话框中，选择这个开关所要连接的过程变量为"上位手/自动切换开关"，格式选择"通过文本切换"，"ON"中输入相应的文字"自动"以及"OFF"中输入相应的文字"手动"，如图 6-108 所示。

为开关操作事件选择功能。功能的执行总是与指定的事件相连接的。只有当该事件发生时，才触发功能。例如，通过"手/自动"开关来进行模式选择。

在开关的"属性视图"的"事件"选项卡的"更改"对话框中，单击函数列表最上面一行右侧的 ▼ 按钮，在出现的系统函数列表中选择"编辑位"文件夹中的函数"取反位"，如图 6-109 所示。

单击函数列表中"变量（输入/输出）"右侧的 ... 按钮，在出现的变量列表中选择变量"上位手/自动切换开关"，如图 6-110 所示。在运行时按下该开关，相应的变量"上位手/自动切换开关"位 M100.2 就会被取反。

（2）编写 PLC 程序

之前在 PLC 的主程序块中已经编写了通过控制面板上的开关控制系统手动/自动模式的

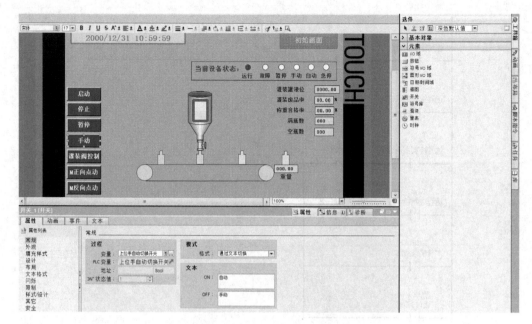

图 6-108　组态开关的"常规"属性

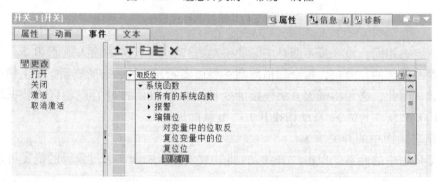

图 6-109　组态开关按下时执行的函数

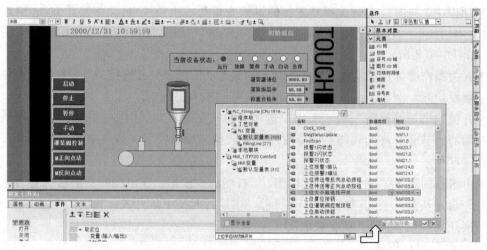

图 6-110　组态按下开关时操作的变量

程序，例如手动模式指示灯的控制程序如图6-111所示。

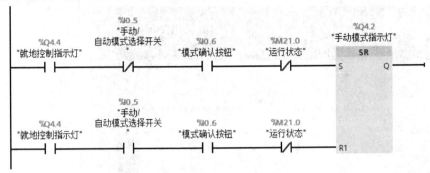

图6-111　PLC中手动模式选择程序

通过HMI上的开关实现生产线的控制，不仅要在画面上组态相应的开关，同时还需要修改完善之前的PLC程序，例如修改后的手动模式指示灯的控制程序如图6-112所示。

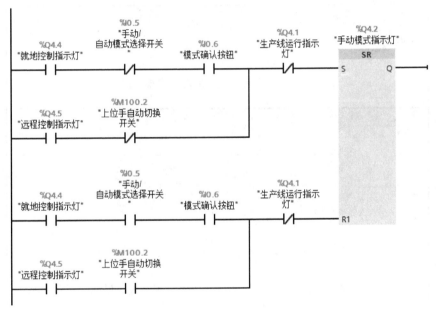

图6-112　上位/下位均可进行手动模式选择

8. 文本域

在HMI上，除了使用文本域来做静态显示外，还可以使用其动画属性。例如，在HMI上显示当前设备的控制状态，是"就地"控制还是"远程"控制。

使用工具箱中的基本对象，单击"文本域"，将其放入运行画面。在文本域的属性视图的"常规"对话框中，输入显示的文本"远程"，如图6-113所示。

组态"远程"文本域，在文本域的"属性视图"的"动画"选项卡的"显示"对话框中，该对象可用的动画即显示出来，单击"使可见性动态化" ▇ 按钮，将显示其动画参数。连接相应的变量"就地/远程控制选择开关"，当该变量为1时，使其可见，如图6-114所示。

使用工具箱中的基本对象，单击"文本域"，将其放入运行画面。在文本域的属性视图的"常规"对话框中，输入显示的文本"就地"。

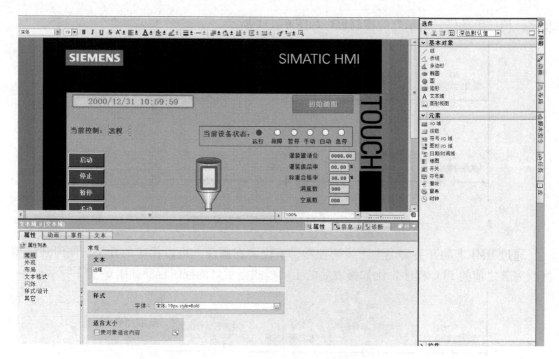

图 6–113 "远程"文本域的"常规"属性

图 6–114 "远程"文本域动画的"可见性"属性

组态"就地"文本域，在文本域的"属性视图"的"动画"选项卡的"显示"对话框中，该对象可用的动画即显示出来，单击"使可见性动态化" ▦ 按钮，将显示其动画参数。连接相应的变量"就地/远程控制选择开关"，当该变量为 0 时，使其可见，如图 6–115所示。

9. 灌装生产线动态显示

为了形象地表现生产线的动态运行过程，可以在程序中人为设计一些变量，通过这些变量使画面中的元素运动起来。

（1）动态显示灌装过程

为了表现瓶子到达灌装位置时的灌装过程，可以在灌装位置的瓶子内部添加一个棒图。与液罐的棒图相同，设置"外观"的前景色为灌装物料的颜色黄色，棒图背景色为灰色。为了清晰地观察液位状态，设置"刻度"元素为不显示刻度。

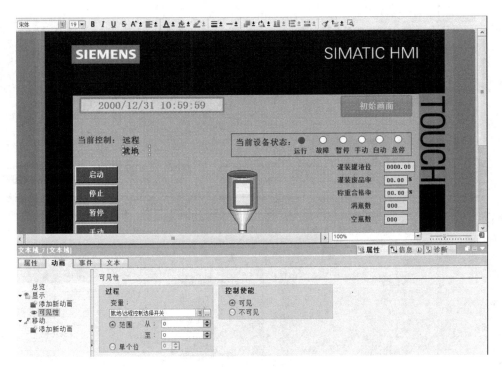

图 6-115 "就地"文本域动画的"可见性"属性

因为没有传感器对瓶子的灌装液位进行检测，所以要在 PLC 的程序中为棒图的填充过程设计一个变量"灌装计数" C3。要求：当瓶子到达灌装位置时变量值开始增加，罐装完毕时变量值刚好等于棒图的上限值。

在 PLC 变量表中增加"灌装计数"变量，数据类型为 Counter，绝对地址为 C3。在自动运行程序 FC2 中增加"灌装计数"变量的程序段如图 6-116 所示。程序段中利用 2Hz 的时钟信号（M0.3）作为计数器 C3 的加脉冲输入信号，在系统运行过程中（Q4.1 =1），当灌装阀门打开（Q5.0 =1）时，计数器 C3 开始计数；灌装结束（Q5.0 =0）后计数器清零。

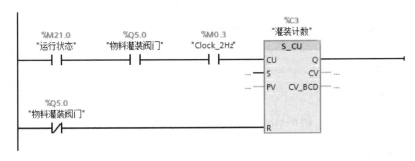

图 6-116 "灌装计数"变量的程序段

组态棒图的"常规"属性如图 6-117 所示，过程值连接变量"灌装计数"（C3）。对于 2 Hz 的时钟信号，在灌装时间 5 s 内计数器最多计 10 个数，所以设置过程值的最小值为 0，最大值为 10。单击变量右侧的编辑图标，打开变量"常规"属性设置的对话框，将采样周期修改为 500 ms，使灌装过程看上去更流畅。

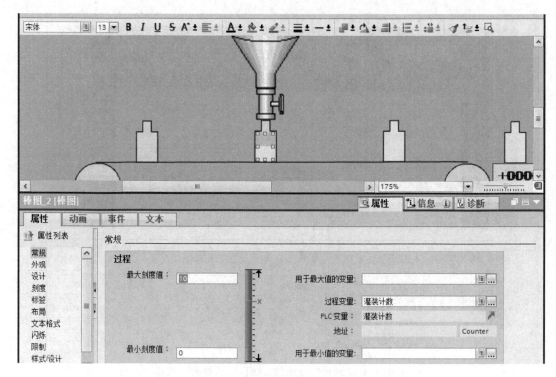

图 6-117　棒图的"常规"属性

　　组态棒图的"动画"属性的"可见性"如图 6-118 所示。在棒图的"属性视图"的"动画"选项卡的"显示"对话框中，该对象可用的动画即显示出来，单击"使可见性动态化" 按钮，将显示其动画参数。变量连接到"物料灌装阀门"（Q5.0），当"物料灌装阀门"（Q5.0）位为 1 时棒图可见，显示瓶子的灌装过程；当"物料灌装阀门"（Q5.0）位为 0 时隐藏棒图。

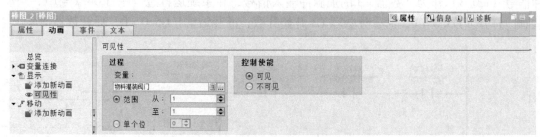

图 6-118　组态棒图的"可见性"属性

　　（2）动态显示灌装阀门

　　可以利用阀门对象的颜色表示阀门的闭合和开启状态。

　　使用工具箱中"矩形"，将其放入运行画面中，其位置与阀门的位置重合。组态"矩形"的外观属性，使其背景颜色为黄色，如图 6-119 所示。

　　组态矩形的"动画"属性的"可见性"如图 6-120 所示。在矩形的"属性视图"的"动画"选项卡的"显示"对话框中，该对象可用的动画即显示出来，单击"使可见性动态化" 按钮，将显示其动画参数。将其变量连接在"物料灌装阀门"（Q5.0）上。当

238

Q5.0 = 0 时，该矩形不显示，表示阀门关闭；当 Q5.0 = 1 时，该矩形显示，表示阀门打开，有黄色的物料流过。

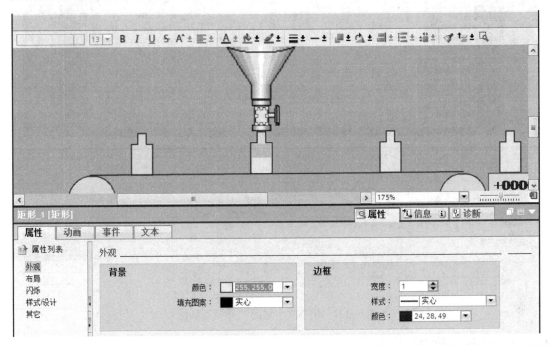

图 6-119 矩形的"外观"属性

图 6-120 矩形的"可见性"属性

（3）动态显示传送带运行状态

在运行画面中用闪烁文本"M"表明生产线的传送带正处于运行状态。使用工具箱中的基本对象，利用"文本域"在传送带左侧添加一个电动机的符号"M"。

在文本域的"属性视图"的"动画"选项卡的"显示"对话框中，该对象可用的动画即显示出来，单击"动态化颜色和闪烁" 按钮，将显示其动画参数。连接相应的变量"传送带正向运行"（Q5.1），在类型中选择"范围"，在表中单击"添加"。在"范围"列中输入变量范围，当为 0 时，设置背景色和边框颜色均为红色，无闪烁；当为 1 时，设置背景色和边框颜色均为绿色，闪烁属性打开，如图 6-121 所示。这样，在生产线自动灌装过程中，当传送带运行时"M"文本会变成绿色并不断地闪烁；到达灌装位置传送带停止运行时，"M"文本会变成红色且不闪烁。

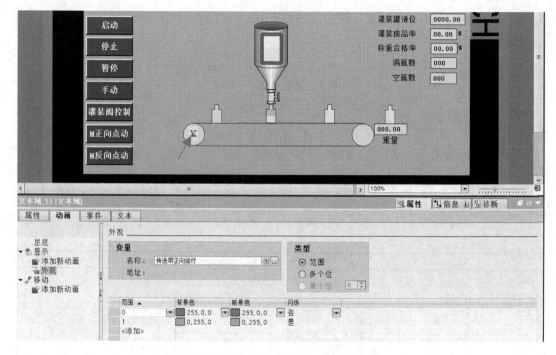

图 6-121　组态文本域的"外观"属性

6.6.3　组态参数设置画面

在生产线运行过程中，为了适应不同的工艺流程，操作人员需要输入一些设定的参数，例如设备运行时间、过程值控制的上下限值等。

在本例中，为了使生产线适应灌装大小不同规格的瓶子，需要相应修改灌装时间的参数。灌装小瓶子时，灌装时间为 5 s；罐装大瓶子时，灌装时间为 8.5 s。

下面分别使用图形列表、文本列表、开关和 I/O 域这四种方式实现不同灌装时间的设置。

1. 图形列表

图形显示通常比抽象的数值更生动、更易于理解。因此，WinCC Advanced 允许用户组态图形列表，在图形列表中用户给每个变量值分配不同的图形，在运行时，由变量值确定显示列表中的哪个图形。在本例中，用两个图形符号分别表示灌装大瓶或小瓶的选择开关的状态。

（1）编辑图形列表

双击项目树中的"文本和图形列表"，选择"图形列表"选项卡，打开图形列表编辑器，添加一个图形列表，默认名称为"Graphic_list_1"，如图 6-122 所示。对该图形列表条目进行设置，当变量值为 0 时显示"Rotary_N_off_mono"的图形，当变量值为 1 时显示"Rotary_N_on_mono"的图形。

（2）组态图形 I/O 域

使用工具箱中的元素，单击"图形 I/O 域"，将其放入参数设置画面，通过鼠标的拖曳可以调整图形 I/O 域的大小。

在图形 I/O 域的"属性视图"的"属性"选项卡的"常规"对话框中，连接相应的变量"上位大小瓶选择开关"，在模式中选择"输入"，图形列表选择"Graphic_list_1"，如图 6-123 所示。这样，当选择灌装小瓶时（M100.4 = 0），显示图形列表"Graphic_list_1"

中的"Rotary_N_off_mono"图形；当选择灌装大瓶时（M100.4 = 1），显示图形列表"Graphic_list_1"中的"Rotary_N_on_mono"图形。

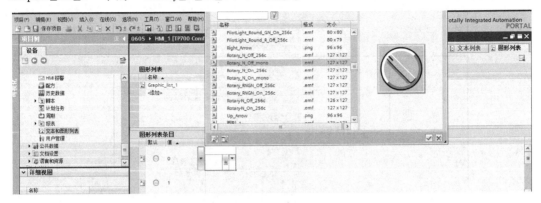

图 6-122　编辑图形列表

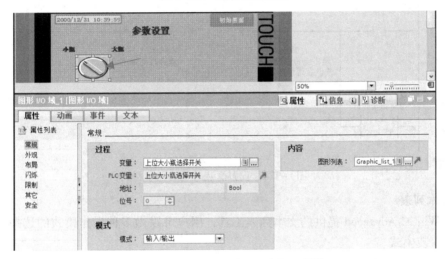

图 6-123　图形 I/O 域的"常规"属性

　　在图形 I/O 域的"属性视图"的"事件"选项卡的"激活"对话框中，选择系统函数"取反位"，将函数变量同样连接到"上位大小瓶选择开关"（M100.4），如图 6-124 所示。这样，在 HMI 的画面上对该图形 I/O 域进行鼠标单击操作，将对变量值 M100.4 做取反操作，在大小瓶之间进行切换。

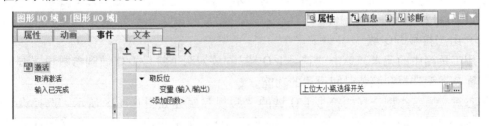

图 6-124　图形 I/O 域的事件"激活"属性

（3）编写 PLC 程序

在参数设置画面中，通过单击图形 I/O 域选择灌装大瓶（M100.4 = 1）还是灌装小瓶

（M100.4 =0）。同时要在自动运行程序块 FC2 中增加及修改相应的程序段，完成不同灌装时间的设置，如图 6-125 所示。

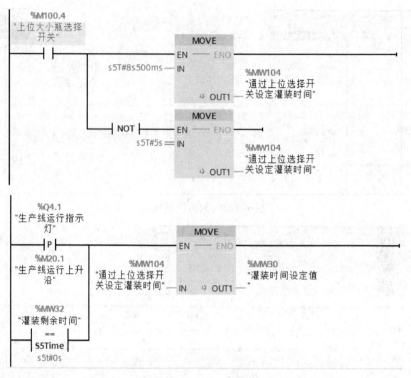

图 6-125　设置灌装时间的程序

2. 文本列表

利用 WinCC Advanced 提供的文本列表工具，用户可以做多种操作模式的选择。在本例中，选择灌装模式。

（1）编辑文本列表

双击项目树中的"文本和图形列表"，选择"文本列表"选项卡，打开文本列表编辑器，添加两个文本列表。

编辑"灌装时间"文本的变量值为 0 时显示"灌装时间 5 s"，变量值为 1 时显示"灌装时间 8.5 s"，如图 6-126 所示。

编辑"灌装类型"文本的变量值为 0 时显示"灌装小瓶"，变量值为 1 时显示"灌装大瓶"，如图 6-127 所示。

（2）组态符号 I/O 域

使用工具箱中的元素，单击"符号 I/O 域"，放入两个符号 I/O 域到参数设置画面，分别实现灌装类型选择和灌装时间设置的功能。

组态对应灌装类型选择的符号 I/O 域的"常规"属性如图 6-128 所示。选择设置模式为"输入/输出"可以在操作员修改变量的数值后将数值显示出来。文本列表选择"灌装类型"，过程变量连接到外部变量"上位大小瓶选择开关"（M100.4）。系统运行时符号 I/O 域下拉菜单可以看到"灌装小瓶"和"灌装大瓶"两个选项。当选择的文本为"灌装小瓶"时，M100.4 =0；当选择符号 I/O 域的文本为"灌装大瓶"时，M100.4 =1。

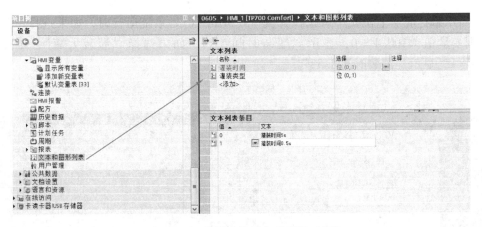

图 6-126　编辑文本列表"灌装时间"

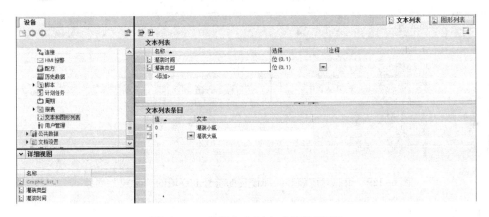

图 6-127　编辑文本列表"灌装类型"

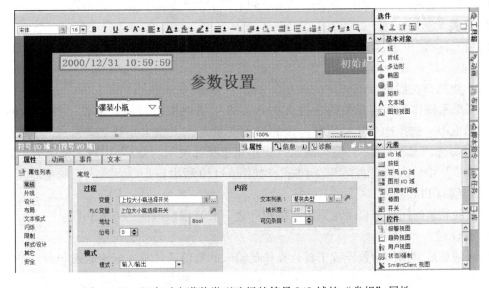

图 6-128　组态对应灌装类型选择的符号 I/O 域的"常规"属性

组态对应灌装时间设置的符号 I/O 域的"常规"属性如图 6-129 所示，选择设置模式为"输出"只能显示灌装时间，不可以在此修改数值。文本列表选择"灌装时间"，过程变量连接到外部变量"上位大小瓶选择开关"（M100.4）。系统运行时，如果选择"灌装小瓶"，则变量值 M100.4 = 0，显示"灌装时间 5 s"；如果选择"灌装大瓶"，则变量值 M100.4 = 1，显示"灌装时间 8.5 s"。

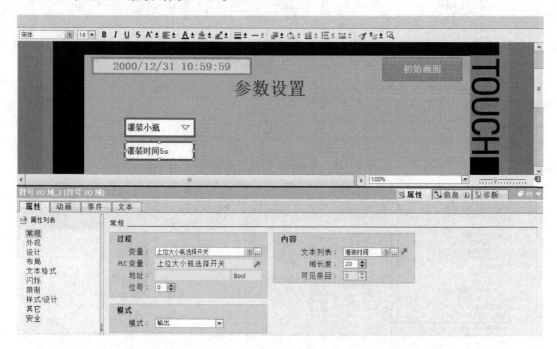

图 6-129   组态对应灌装时间设置的符号 I/O 域的"常规"属性

（3）编写 PLC 程序

PLC 的灌装时间选择程序与采用"图形列表"设置灌装时间的方式相同。

3. 开关

使用工具箱中的元素，单击"开关"，将其放入运行画面，通过鼠标的拖曳可以调整开关的大小。

（1）组态开关图形

为了提示操作人员该开关的功能，在开关的"属性视图"的"属性"选项卡的"常规"对话框中，选择这个开关所要连接的过程变量为"上位大小瓶选择开关"。格式选择"开关"。勾选"显示标签"，输入标题"大小瓶选择开关"，"ON"中输入相应的文字"大瓶"，"OFF"中输入相应的文字"小瓶"，如图 6-130 所示。

（2）编写 PLC 程序

PLC 的灌装时间选择程序与采用"图形列表"设置灌装时间的方式相同。

4. I/O 域

输入域是最常用的参数设置工具，操作员输入的数值通过输入域传送到 PLC，并保存到指定的变量中。数值可以是数字、字母数字或符号。如果为输入域变量定义了限制值，则操作员在触摸屏上输入超出指定范围的数值将被拒绝。

如果灌装瓶子的规格较多，需要随时变更不同的灌装时间，可以使用 I/O 域输入时间值。

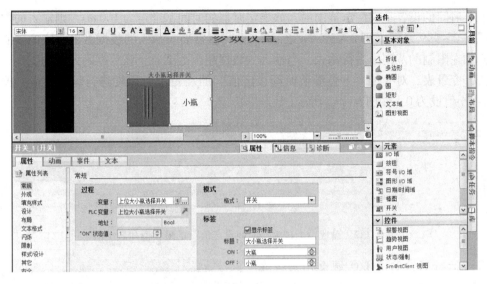

图 6-130 组态开关的"常规"属性

（1）组态 I/O 域

使用工具箱中的元素，单击"I/O 域"，将其放入参数设置画面，在 I/O 域的左侧放一个文本域显示"灌装时间值设定:"，在 I/O 域的右侧放一个文本域显示灌装时间的单位"（100 ms）"。

在 I/O 域的"属性视图"的"属性"选项卡的"常规"对话框中，选择 I/O 域的类型为输入。选择这个输入域所要连接的变量为"上位灌装时间设定值"（MW102），选择要显示的数据格式为十进制，选择格式样式为 999，如图 6-131 所示。

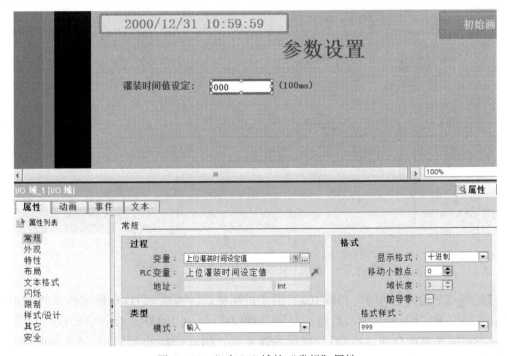

图 6-131 组态 I/O 域的"常规"属性

灌装时间的设置是有一定范围的，如果定时器的时间基准定为100 ms，则输入的数据值范围应在0~999之间（即0~39.9 s之间）。这样就需要对输入的数据做出相应的限制，操作员必须在限制的范围内进行输入，当输入的数据超出范围时，该数据是无效的。

打开变量表，对变量"上位灌装时间设定值"的"范围"属性进行编辑。最大值设为999，最小值设为0，如图6-132所示。

图6-132 设置"上位灌装时间设定值"的最大值和最小值

系统运行后，单击I/O域会出现一个图6-133所示的数字键盘，键盘上方显示了该数值允许的最大值和最小值。

（2）编写PLC程序

从HMI输入的灌装时间值是十进制数（MW102），为了给STEP 7的定时器赋值，必须将十进制数转换成S5TIME的格式。在自动运行程序块FC2中，将图6-125的程序段替换成图6-134所示的程序段。

图6-133 系统运行后I/O域的数字键盘

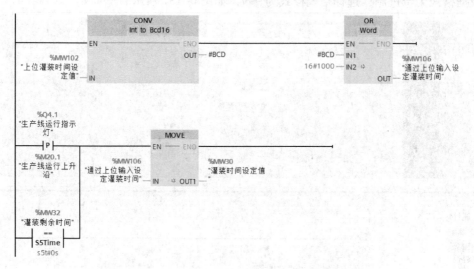

图6-134 使用I/O域设置灌装时间的PLC程序

首先将"上位设定时间"（MW102）的十进制格式转换成S5TIME格式所需的BCD码，保存在临时变量"#BCD"中。然后，变量"#BCD"与16#1000进行"字的或"运算，将100 ms的时间基准组合到"#BCD"变量的高4位，构成完整的S5TIME格式的时间变量，最终将其传入"灌装时间设定值"（MW30）中。

6.6.4 组态趋势视图画面

趋势是变量在运行时的值的图形表示。趋势视图是一种动态显示元件，以曲线的形式连续显示过程数据。一个趋势视图可以同时显示多个不同的趋势。例如，根据控制任务的要求，可以将混料罐的实际液位通过趋势视图显示出来。

（1）添加趋势视图

使用工具箱中的控件，单击"趋势视图"，将其放入趋势视图画面中，通过鼠标的拖曳调整趋势视图的大小，如图 6-135 所示。

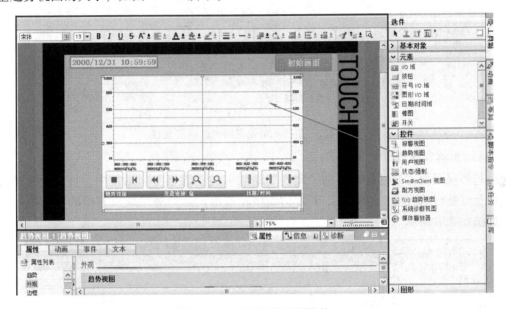

图 6-135　放置趋势视图控件

（2）"趋势"属性

在趋势视图的"属性视图"的"属性"选项卡的"趋势"对话框中，单击一个空的行创建一个新趋势，设置相应的参数。单击"源设置"连接相应的趋势变量。图中的"样式"列可以设置曲线的样式，可以为不同的变量趋势设置不同的曲线颜色，如图 6-136 所示。

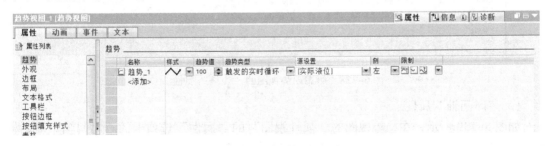

图 6-136　组态趋势视图的"趋势"属性

（3）"外观"属性

在趋势视图的"属性视图"的"属性"选项卡的"外观"对话框中，可以设置轴颜色、背景颜色和趋势方向。趋势视图中有一根垂直线称为标尺，趋势视图下方的数值表动态

247

地显示趋势曲线与标尺交点处的变量值和时间值。可以显示或隐藏标尺，如图 6-137 所示。

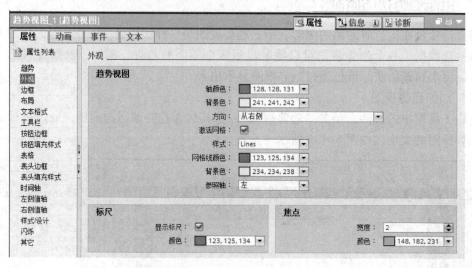

图 6-137 组态趋势视图的"外观"属性

（4）"表格"属性

在趋势视图的"属性视图"的"属性"选项卡的"表格"对话框中，可以设置是否显示表格及可见行的数量。趋势视图下方的表格动态地显示趋势曲线所连接的变量值和时间值，如图 6-138 所示。

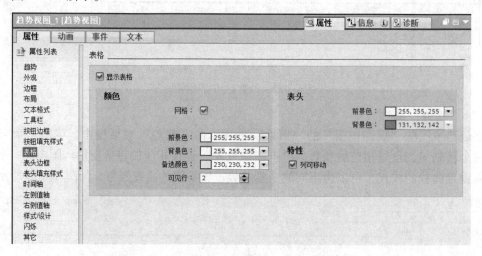

图 6-138 组态趋势视图的"表格"属性

（5）"时间轴"属性

如图 6-139 所示，在趋势视图的"属性视图"的"属性"选项卡的"时间轴"对话框中，可以设置是否显示时间轴，以及时间间隔和标签等。

（6）组态趋势视图的"左侧值轴"属性和"右侧值轴"属性

在趋势视图的"属性视图"的"属性"选项卡的"左侧值轴"与"右侧值轴"对话框中，分别可以设置左 Y 轴和右 Y 轴的范围和标签等，如图 6-140 所示。

系统运行时，灌装罐中液位的变化将会以曲线的方式进行显示，如图 6-141 所示。

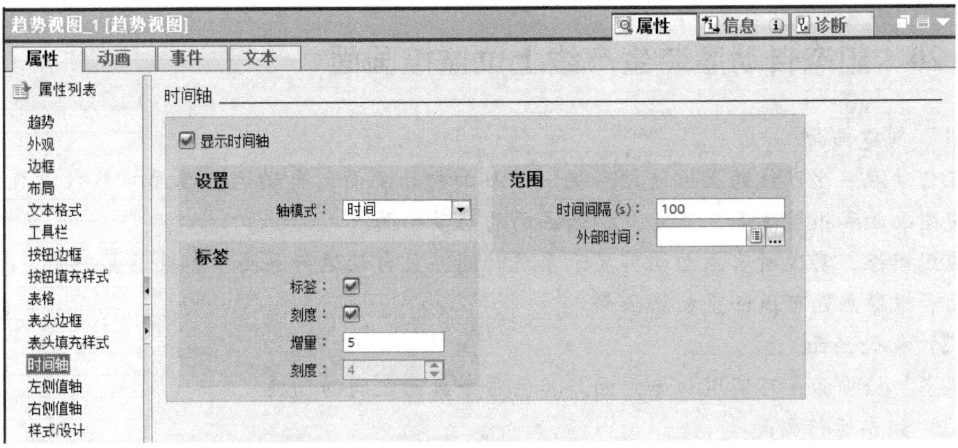

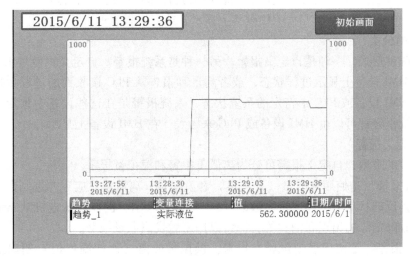

图 6-139　组态趋势视图的"时间轴"属性

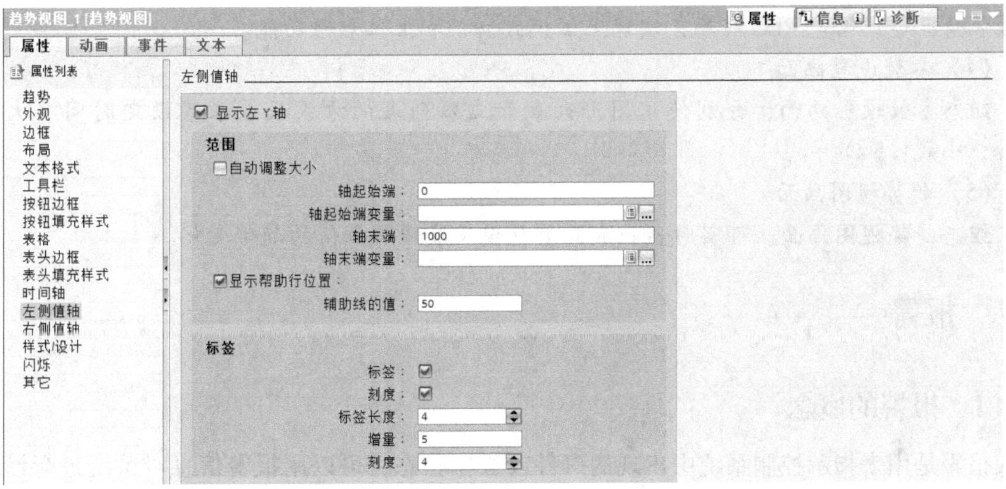

图 6-140　组态趋势视图的"左侧值轴"属性

图 6-141　灌装罐中液位的变化曲线

任务 20　组态自动灌装生产线上位监控画面

（1）创建画面

在自动灌装生产线的上位监控系统中，添加初始画面、自动运行画面、参数设置画面、趋势视图画面和报警画面，并定义初始画面为启动画面。

应用模板，实现所有画面均可显示系统时间，且自动运行画面、参数设置画面、趋势视图画面和报警画面可返回至初始画面。

（2）初始画面

组态初始画面，可实现初始画面与其他每个画面之间的切换。

（3）组态运行画面

组态运行画面，实现生产线状态指示（如模式指示、运行指示和报警指示等）和产量等数据的过程变量监控；动态显示生产线运行状态，如传送带运行情况、阀门开启状态和瓶子灌装情况等；结合 PLC 程序，实现上位模式切换和上位启停功能。

（4）参数设置画面

组态参数设置画面，分别使用图形列表和文本列表的方式设置灌装设定时间（大瓶：8.5 s，小瓶：5 s）。

（5）趋势视图画面

组态趋势视图画面，可实时监控成品重量值及液罐液位值的趋势变化。

6.7　报警

6.7.1　报警的概念

报警是用来指示控制系统中出现的事件或操作状态，可以用报警信息对系统进行诊断。有的资料或手册将报警消息简称为信息、消息或报文。

报警事件可以在 HMI 设备上显示，或者输出到打印机；也可以将报警事件保存在报警记录中，记录的报警事件可以在 HMI 设备上显示，或者以报表形式打印输出。

1. 报警的分类

报警有两种形式，一种是自定义报警，另一种是系统报警。自定义报警是用户组态的报警，用来在 HMI 设备上显示过程状态，或者测量和报告从 PLC 接收到的过程数据。系统报警用来显示 HMI 设备或 PLC 中特定的系统状态，系统报警是在这些设备中预定义的。自定义报警和系统报警都可以由 HMI 设备或 PLC 来触发，在 HMI 设备上显示。

（1）自定义报警

根据信号的类型，自定义报警可分为离散量报警和模拟量报警。

"离散量报警"是使用离散量（开关量）触发报警。离散量对应于二进制数的一位，离散量的两种相反的状态可以用二进制数的 0、1 状态来表示。例如，发电机断路器的接通与断开、各种故障信号的出现和消失等，都可以用来触发离散量报警。

"模拟量报警"是使用模拟量触发报警。模拟量的值（例如温度值）超出上限或下限时，将触发模拟量报警。

根据报警的种类，自定义报警可分为错误、诊断事件和警告三种形式。

"错误"用于离散量和模拟量报警，指示紧急的或危险的操作和过程状态，这类报警必须确认。"诊断事件"用于离散量和模拟量报警，指示常规操作状态、过程状态和过程顺序，这类报警不需要确认。"警告"用于离散量和模拟量报警，指示不是太紧急的或危险的操作和过程状态，这类报警不需要确认。

（2）系统报警

系统报警向操作员提供 HMI 设备和 PLC 的操作状态，系统报警的内容可能包括从注意事项到严重错误。如果在某台设备中或两台设备之间的通信出现了某种问题或错误，HMI 设备或 PLC 将触发系统报警。

系统报警由编号和报警文本组成，报警文本中可能包含更准确说明报警原因的内部系统变量，只能组态系统报警的某些特定的属性。

系统报警种类包括 HMI 设备触发的系统报警和 PLC 触发的系统报警。如果出现某种内部状态，或者与 PLC 通信时出现错误，由 HMI 设备触发 HMI 系统报警。PLC 触发的系统报警由 PLC 触发，不能在 WinCC flexible 中组态。

在报警系统的基本设置中，可以指定要在 HMI 设备上显示的系统报警的类型，以及系统报警将显示多长时间。在 HMI 设备上用报警视图和报警窗口来显示系统报警。HMI 设备的操作手册中有系统报警列表，以及产生报警的原因和解决的方法。

2. 报警消息的组成

报警消息主要包括报警文本、报警编号、报警的触发和报警类别等内容。

（1）报警文本

报警文本包含了对报警的描述。可使用相关 HMI 设备所支持的字符格式来逐个字符地处理报警文本的格式。

操作员注释可包含多个输出域，用于变量或文本列表的当前值。报警缓冲区中保留报警状态改变时的瞬时值。

（2）报警编号

报警编号用于识别报警。每个报警编号在离散量报警、模拟量报警、HMI 系统报警和来自 PLC 的 CPU 内的报警中都是唯一的。

（3）报警的触发

对于离散量报警，报警的触发为变量内的某个位。对于模拟量报警，报警的触发为变量的限制值。

（4）报警类别

报警的类别决定是否必须确认该报警。还可通过报警类别来确定报警在 HMI 设备上的显示方式。报警组还可确定是否以及在何处记录相应的报警。

3. 报警的显示

WinCC Advanced 提供在 HMI 设备上显示报警的图形对象有报警画面、报警窗口和报警指示器。

（1）报警画面

报警画面主要由报警视图组成，较大尺寸的报警视图可以同时显示多个元素。可以在不同的画面中为不同类型的报警组态多个报警视图。

（2）报警窗口

在画面模板中组态的报警窗口将成为项目中所有画面上的一个元件，较大尺寸的报警窗口可以同时显示多个报警。可以用事件触发的方式关闭和打开报警窗口。报警窗口保存在它自己的层上，在组态时可以将它隐藏。

（3）报警指示器

报警指示器是组态好的图形符号，在画面模板上组态的报警指示器将成为项目中所有画面上的一个元件。报警出现时它将显示在画面上，报警消失时它也随之消失。

4. 报警的状态与确认

离散量报警和模拟量报警有下列两种报警状态：

1）满足触发报警的条件时，该报警的状态为"已激活"，或称"到达"。操作员确认了报警后，该报警的状态为"已激活/已确认"，或称"（到达）确认"。

2）当触发报警的条件消失时，该报警的状态为"已激活、已取消激活"，或称"（到达）离开"。如果操作人员确认了已取消激活的报警，则该报警的状态为"已激活/已取消激活/已确认"，或"（到达确认）离开"。

有的报警用来提示系统处于关键性或危险性的运行状态，要求操作人员对报警进行确认。操作人员可以在 HMI 设备上确认报警，也可以由 PLC 的控制程序来置位指定的变量中的一个特定位，以确认离散量报警。在操作员确认报警时，指定的 PLC 变量中的特定位将被置位。操作员可以用下列三种元件进行确认：

1）某些操作员面板（OP）上的确认键（ACK）。

2）HMI 画面上的按钮，或操作员面板的功能键。

3）通过函数列表或脚本中的系统函数进行确认。

报警类别决定了是否需要确认该报警。在组态报警时，既可以指定报警由操作员逐个进行确认，也可以对同一报警组内的报警集中进行确认。

5. 报警属性的设置

在项目树中双击"运行系统设置"→单击"报警"，可以进行与报警有关的设置，如图 6-142 所示。一般可以使用默认的设置。

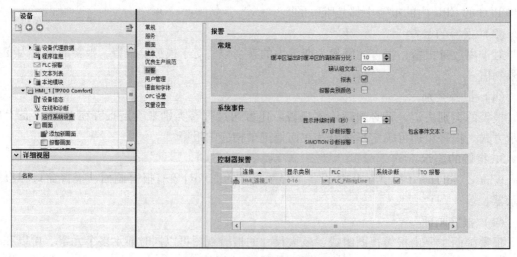

图 6-142　运行系统设置报警

使用"报警组"功能，可以通过一次确认操作，同时确认属于某个报警组中的全部报警。在项目树中双击"HMI 报警"，选择"报警组"选项卡，可以修改报警组的名称，报警组的编号由系统分配，如图 6-143 所示。

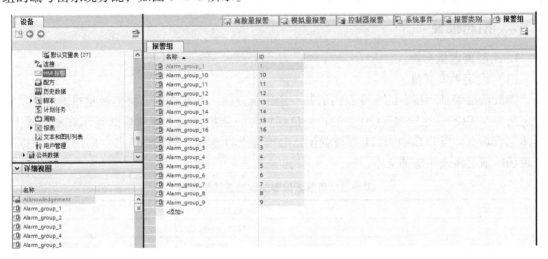

图 6-143　报警组的设置

在项目树中双击"HMI 报警"，选择"报警类别"选项卡，可以在表格单元或属性视图中编辑各类报警的属性，如图 6-144 所示。

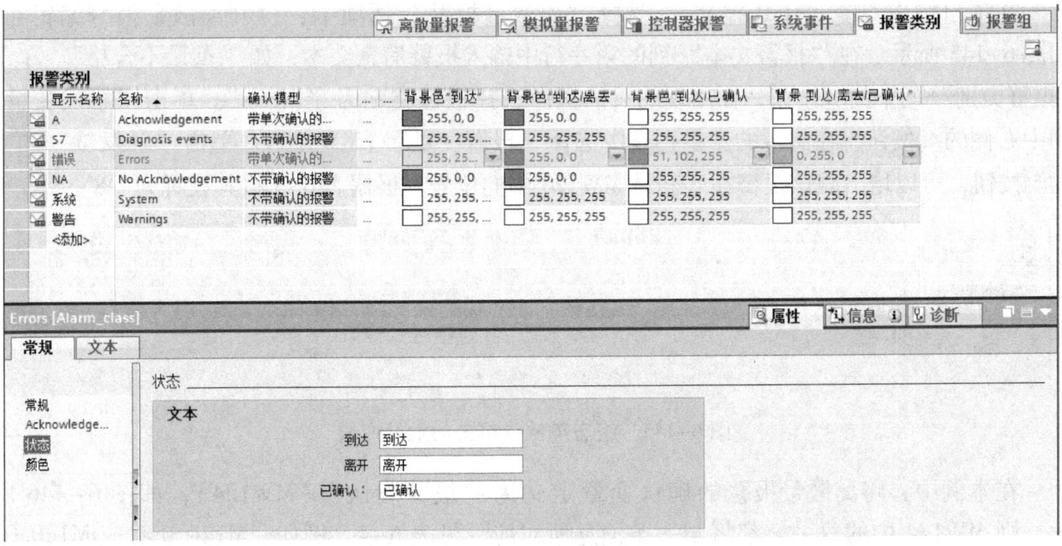

图 6-144　报警类别编辑器

例如，将系统默认的"错误"类的"显示名称"字符"!"修改为"错误"，"系统"类的"显示名称"字符"$"修改为"系统"，"警告"类没有"显示名称"，设置"警告"类的显示为"警告"。在报警窗口被激活时将会显示这些类别。

为了清楚明了地知道报警的状态，可以将系统默认的"已激活"对应的文本"C"修改为"到来/"，"已取消"对应的文本"D"修改为"已取消"，"已确认"对应的文本"A"修改为"已确认"。在报警窗口被激活时将会显示这些状态信息。

在报警类别编辑器中，还可以设置报警在不同状态时的背景色。例如，对于"错误"类别，"进入"的背景色设置为黄色，"进入离开"的背景色设置为红色，"进入已确认"的背景色设置为绿色，"进入/离开/已确认"的背景色设置为蓝色。

6.7.2 组态报警

1. 组态离散量报警

（1）设定触发变量

离散量报警是用指定的字变量内的某一位来触发的。在本例中，将离散量报警的触发变量定义为MW120，这样MW120中的每一位都将与一条报警信息所对应并显示在触摸屏上，具体见表6-3。当PLC中M121.0被置位，触摸屏上将显示一条报警信息。用户可以根据生产现场的情况输入相应的文本。

表6-3　离散量报警触发变量的信息表

触发变量	位　号	触发位的地址	文本内容
MW120	0~7	M121.0~M121.7	
	8	M120.0	重量不合格！
	9	M120.1	液位超限！
	10~15	M120.2~M120.7	

（2）编辑离散量报警

在项目树中双击"HMI报警"，选择"离散量报警"选项卡，打开离散量报警编辑器，如图6-145所示。在"报警文本"列的第一行中输入报警信息文本，如"重量不合格"。单击"报警类别"列中的...按钮，在出现的对话框内选择报警类别为"Errors"。单击"触发变量"列中右侧的...按钮，在出现的变量列表中选择"报警变量"（MW120）。单击"触发位"列中的÷按钮，可以增、减该报警在字变量MW120中的位号。根据表6-3将其设置为"8"。

图6-145　组态离散量报警的触发变量

在本例中，将离散量报警的确认变量定义为"报警确认"（MW124），如图6-146所示。则MW124中的每一位都将与一条消息所对应，见表6-4。例如，M124.0对应M120.0，当故障出现时（M120.0信号从0变为1），HMI上显示"重量不合格！"，操作人员在HMI上确认该故障，这时相应的确认变量M124.0将为1信号。

图6-146　组态离散量报警的HMI确认变量

表 6-4　离散量报警确认变量的信息表

位　　号	变量触发位的地址	文 本 内 容	变量确认位的地址
1 ~ 8	M121.0 ~ M121.7		M125.0 ~ M125.7
9	M120.0	重量不合格!	M124.0
10	M120.1	液位超限!	M124.1
11 ~ 16	M120.2 ~ M120.7		M124.2 ~ M124.7

（3）编写 PLC 程序

当上位对报警消息进行确认后，希望影响报警指示灯的状态，则还需要编写相应的 PLC 程序。

2. 组态模拟量报警

模拟量报警可以通过过程值的变化触发报警系统。在本例中，监测灌装罐的液位值，如果灌装罐的液位大于 900 mL 应发出错误信息为"灌装罐液位超上限!"；如果灌装罐的液位小于 150 mL 应发出错误信息为"灌装罐液位超下限!"。

在项目树中双击"HMI 报警管理"，选择"模拟量报警"选项卡，打开模拟量报警编辑器。单击第 1 行，输入报警文本"灌装罐液位超下限!"。报警编号是自动生成的，用户也可以修改。根据报警的严重程度选择类别，本例中选择"Errors"。单击"触发变量"，在出现的变量列表框中选择连接的变量为"实际液位"。单击"限制"列输入需要的限制值。在"限制模式"列中选择是"越上限值"或"越下限值"报警。组态完成的模拟量报警如图 6-147 所示。

图 6-147　组态模拟量报警

注意：如果过程值在限制值周围波动，则可能由于该错误而导致多次触发相关报警。在这种情形下，可组态延时时间，如图 6-148 所示。

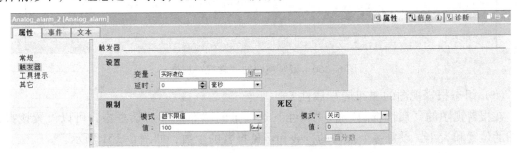

图 6-148　组态延时时间

6.7.3　显示报警信息

6.5.3 节介绍了在全局画面中组态"报警窗口"和"报警指示器"的方法，现在介绍组态报警视图。

（1）添加报警视图

使用工具箱中的控件，单击"报警视图"，将其放入报警画面中，通过鼠标的拖曳调整报警视图的大小，如图 6-149 所示。

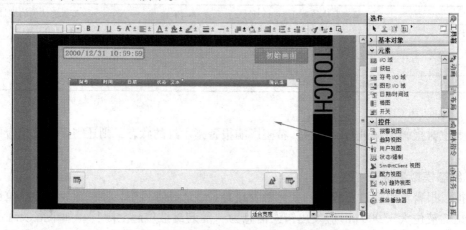

图 6-149 放置"报警视图"控件

（2）组态报警视图的"常规"属性

在报警视图的"属性视图"的"属性"选项卡的"常规"对话框中，可以设置该报警视图是显示当前报警状态还是报警缓冲区，如图 6-150 所示。"报警缓冲区"显示所有确认和未确认的报警。"当前报警状态"不显示确认的报警，可以在报警类别中选择在该报警视图中显示哪些类别的报警信息。

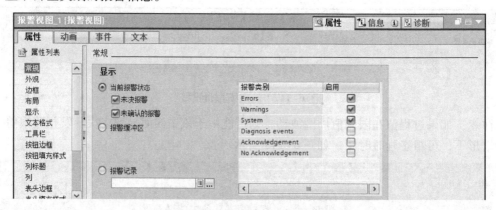

图 6-150 报警视图的"常规"属性

（3）组态报警视图的"布局"属性

在报警视图的"属性视图"的"属性"选项卡的"布局"对话框中，可以设置该报警视图的位置和大小，设置每个报警的行数和可见报警的个数，如图 6-151 所示。

（4）组态报警视图的"显示"属性

在报警视图的"属性视图"的"属性"选项卡的"显示"对话框中，可以设置该报警视图是否垂直滚动，是否显示垂直滚动条，如图 6-152 所示。

（5）组态报警视图的"工具栏"属性

在报警视图的"属性视图"的"属性"选项卡的"工具栏"对话框中，可以设置该报警视图的工具栏，是否使用"工具提示""确认""报警回路"，以及工具栏样式，如图 6-153 所示。

图 6-151　报警视图的"布局"属性

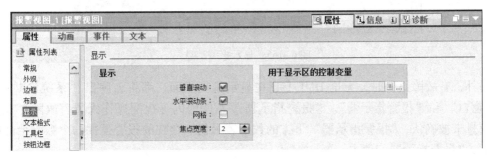

图 6-152　报警视图的"显示"属性

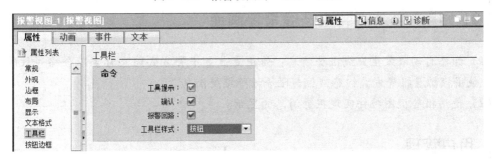

图 6-153　报警视图的"工具栏"属性

（6）组态报警视图的"列"属性

在报警视图的"属性视图"的"属性"选项卡的"列"对话框中，可以设置该报警视图的可见列，如图 6-154 所示。

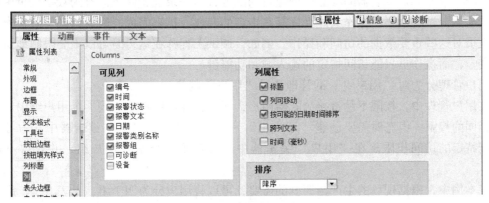

图 6-154　报警视图的"列"属性

系统运行时，在报警画面将显示报警信息，如图6-155所示。

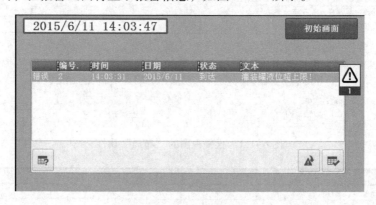

图6-155 显示报警消息

另外，有故障报警时，无论HMI上正在显示哪幅画面，都将会弹出"系统诊断窗口""报警窗口"和"报警指示器"。"报警指示器"不停地闪烁提醒操作人员有故障存在，且报警信息未被确认，"报警指示器"下方的数字表示仍然存在的报警事件的个数。全部故障排除后，"报警指示器"消失。

任务21 组态自动灌装生产线报警画面

（1）组态自动灌装生产线报警消息：使用离散量报警方式组态称重不合格等故障报警消息，使用模拟量报警方式组态液位超限等故障报警消息。

（2）使用报警视图控件实现报警消息的显示。

6.8 用户管理

6.8.1 用户管理的概念

在系统运行时，可能需要创建或修改某些重要的参数，例如修改温度设定值、修改设备运行时间、修改PID控制器的参数、创建新的配方数据记录或者修改已有的数据记录中的条目等。显然，这些重要的操作只能允许某些指定的专业人员来完成。因此，必须防止未经授权的人员对这些重要数据的访问和操作。例如，调试工程师在运行时可以不受限制地访问所有的变量，而操作员只能访问指定的输入域和功能键。

用户管理分为对"用户组"的管理和对"用户"的管理。

在用户管理中，权限不是直接分配给用户，而是分配给用户组。同一个用户组中的用户具有相同的权限。组态时需要创建"用户组"和"用户"，在"组"编辑器中，为各用户组分配特定的访问权限。在"用户"编辑器中，将各用户分配到用户组，并获得不同的权限。

在本例中，根据现场的生产与调试的需要，可以将用户分为四个组，见表6-5。组的编号越大，权限越高。

表 6-5　用户组分类

组的显示名称	编　号
操作员	1
班组长	2
工程师	3
管理员	9

6.8.2　用户管理的组态

1. 用户组的组态

双击项目树中的"用户管理",选择"用户组"选项卡,打开用户组管理编辑器。如图 6-156 所示,"组"编辑器显示已存在的用户组的列表,其中"管理员"组和"用户"组是自动生成的。"权限"编辑器,显示出为该用户组分配的权限。用户组和组权限的编号由用户管理器自动指定,名称和描述则由组态者指定。组的编号越大,权限越低。

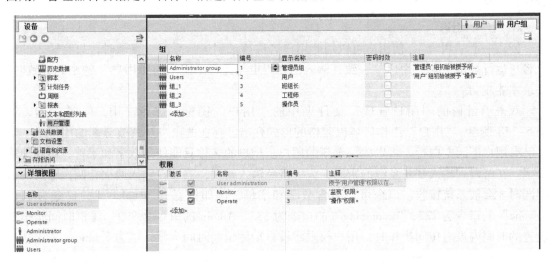

图 6-156　用户组编辑器

可以在"组"编辑器列表中添加用户组并在"权限"编辑器中设置其权限。双击已有组下面的空白行,将生成一个新的组。双击该组的"显示名称"列,可以修改运行时显示的名称。例如,新建"组_1""组_2"和"组_3",将其显示名称分别设置为"班组长""工程师"和"操作员"。

在"权限"编辑器列表中,除了自动生成的"用户管理"(User administration)、"操作"(Operate)和"监视"(Monitor)权限外,用户还可以生成其他权限。例如,双击权限编辑器列表"激活"列中空白行的"<添加>",生成新权限并修改名称为"访问参数设置画面",如图 6-157 所示。

在"组"编辑器列表中选中某一用户组,通过在"权限"编辑器列表中"激活"列的复选框勾选不同的选项,可以为该用户组分配不同权限。例如,"管理员"组选择所有权限选项,则权限最高;"班组长"组选择操作、监视和访问参数设置画面权限选项,"工程师"组选择操作和访问参数设置画面权限选项、"操作员"组选择操作权限选项,则这三组的权

图 6-157 添加新权限

限依次降低。

2. 用户的组态

创建一个"用户",使用户可以用此用户名称登录到运行系统。登录时,只有输入的用户名与运行系统中的"用户"一致,输入的密码也与运行系统中的"用户"的密码一致时,登录才能成功。

双击项目树的"用户管理"文件夹中的"用户"图标,选择"用户"选项卡,如图 6-158 所示。"用户"工作区域以表格的形式列出已存在的用户及其被分配的用户组。双击已有用户下面空白行,将生成一个新的用户。用户的名称只能使用数字和字符,不能使用汉字。在密码列输入登录系统的密码,为了避免输入错误,需要在输入两次,两次输入的值相同时才会被系统接收。口令可以包含数字和字母,例如设置"zhanglan"的口令为 111,"liyong"的口令为 222,"wangming"的口令为 333,Admin 的口令为 999。注销时间是指在设置的时间内没有访问操作时,用户权限将被自动注销的时间,默认值为 5 min。

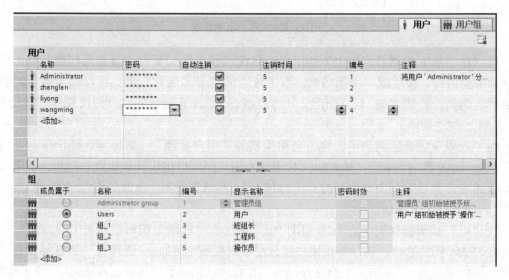

图 6-158 用户编辑器

在"用户"表中选择某一用户，为该用户在"组"表中分配用户组，于是用户便拥有了该用户组的权限。例如，将"wangming"分配到"组_1"（班组长用户组），如图6-159所示。

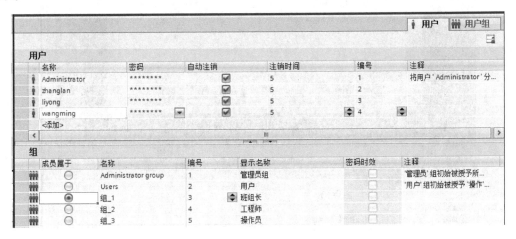

图6-159　设置用户组别

注意：一个用户只能分配给一个用户组。用户"Administrator"是自动生成的，属于管理员组，用灰色表示，是不可更改的。

6.8.3　用户管理的使用

1. 组态用户视图

使用工具箱中的控件，单击"用户视图"，将其放入用户管理画面中，通过鼠标的拖曳可以调整用户视图的大小。在用户视图的"属性视图"的"属性"选项卡的"显示"对话框中，设置显示行数为8，如图6-160所示。

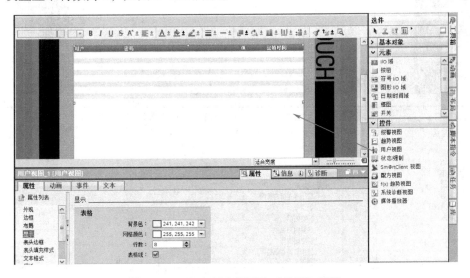

图6-160　组态用户视图的"显示"属性

在用户管理画面中放入两个按钮"登录"和"注销"。

在"登录"按钮的"属性视图"的"事件"选项卡的"按下"对话框中，单击函数列表最上面一行右侧的 ▼ 按钮，在出现的系统函数列表中选择"用户管理"文件夹中的函数"显示登录对话框"，如图6-161所示。

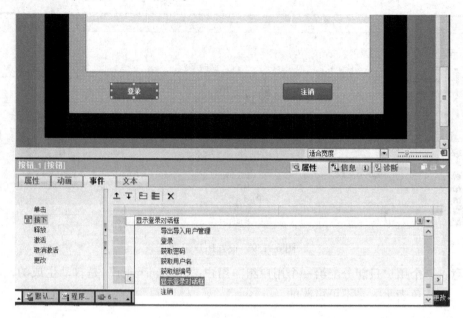

图6-161 组态登录按钮执行的函数

在"注销"按钮的"属性视图"的"事件"选项卡的"按下"对话框中，单击函数列表最上面一行右侧的 ▼ 按钮，在出现的系统函数列表中选择"用户管理"文件夹中的函数"注销"，如图6-162所示。

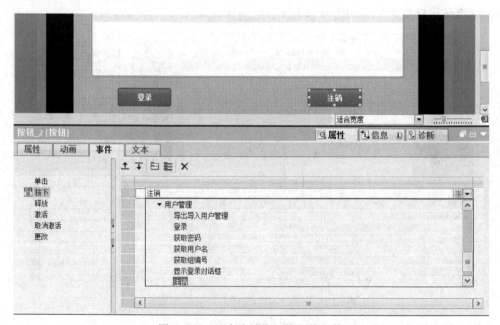

图6-162 组态注销按钮执行的函数

当按下"登录"按钮时显示登录对话框，如图 6-163 所示。当单击"注销"按钮时，当前登录的用户被注销，以防止其他人利用当前登录用户的权限进行操作。

2. 访问保护

访问保护用于控制对函数的访问。在系统中创建用户组和用户，并为其分配权限后，可以对画面中的对象组态权限。将组态传送到 HMI 设备后，所有组态了权限的画面对象会得到保护，以避免在运行时受到未经授权的访问。

图 6-163　登录对话框

在运行时用户访问一个对象，例如单击一个按钮，系统首先判断该对象是否受到访问保护。如果没有访问保护，则操作被执行。如该对象受到保护，系统首先确认当前登录的用户属于哪一个用户组，并将该用户组的权限分配给用户，然后根据拥有的权限确定操作是否有效。

本例以"访问参数设置画面"的权限设置为例，说明用户管理的应用。初始画面中的按钮"参数设置"用于切换到"参数设置"画面，在该按钮的"属性视图"的"属性"选项卡的"安全"对话框中，单击"权限"选择框的⋯按钮，在出现的权限列表中选择"访问参数设置画面"权限，如图 6-164 所示。勾选复选框"允许操作"，才能在运行系统时对该按钮进行操作。

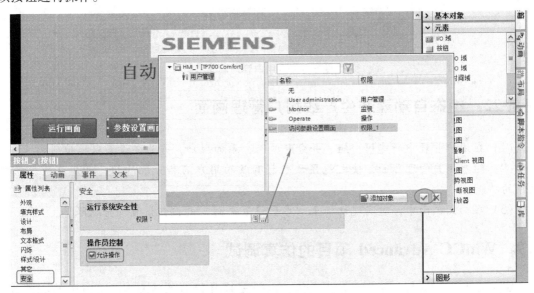

图 6-164　设置"参数设置"按钮的"安全"属性

运行系统时单击"参数设置"按钮，弹出图 6-165 所示的登录对话框，请求输入用户名和密码。只有用户名和密码都正确，且具有相应的权限，才能单击"参数设置"按钮，进入"参数设置"画面，修改系统的参数。否则，再次弹出登录对话框，请求输入正确的用户名和密码。

"用户管理"画面在系统运行时，显示当前有效的用户名和分配的组，如图 6-166 所示。单击画面中的"注销"按钮，可以立即注销当前的用户权限，防止其他人利用当前登录用户的权限进行操作。

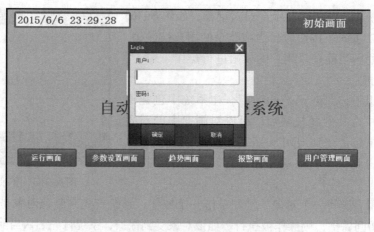

图6-165　登录对话框

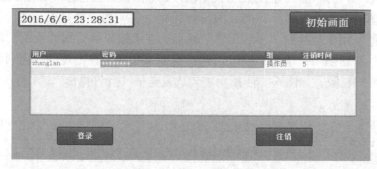

图6-166　用户管理画面

任务22　组态自动灌装生产线用户管理画面

(1) 在用户管理中新建用户组，并分配权限；添加用户，并为之设置权限组别。

(2) 组态用户管理画面，使之能显示当前有效的用户名和分配的组，并能实现登录和注销的功能。

(3) 在初始画面中，对实现切换至"参数设置画面"的按钮设置安全权限。

6.9　WinCC Advanced 项目的仿真调试

WinCC Advanced 提供了一个仿真软件，在没有 HMI 设备的情况下，可以用 WinCC Advanced 的运行系统模拟 HMI 设备，用它来测试项目，调试已组态的 HMI 设备功能。

6.9.1　HMI 的离线仿真调试

用户手中既没有 HMI 设备，也没有 PLC，可以用运行模拟器来检查人机界面的功能。这种模拟称为离线模拟，可以模拟画面的切换和数据的输入过程，还可以运用模拟器来改变 HMI 显示变量的数值或位变量的状态，或者用运行模拟器读取来自 HMI 的变量的数值和位变量的状态。因为没有运行 PLC 用户程序，离线模拟只能模拟实际系统的部分功能。

在 WinCC Advanced 的项目组态界面，通过从菜单中选择"在线"→"仿真"→"使用变量仿真器",可直接从正在运行的组态软件中启动运行模拟器。如果启动模拟器之前没有预先编译项目,则自动启动编译,编译的相关信息将被显示,如图 6-167 所示。如果编译中出现错误,用红色的文字显示出错信息。编译成功后才能模拟运行。

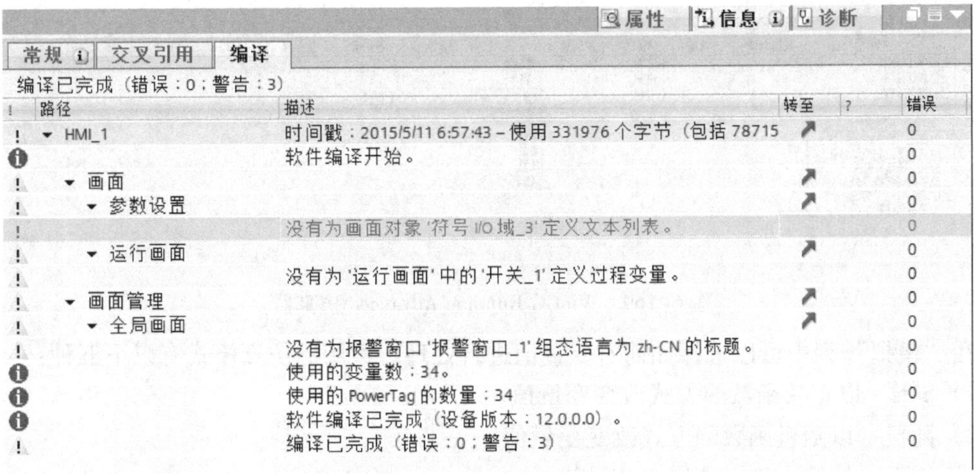

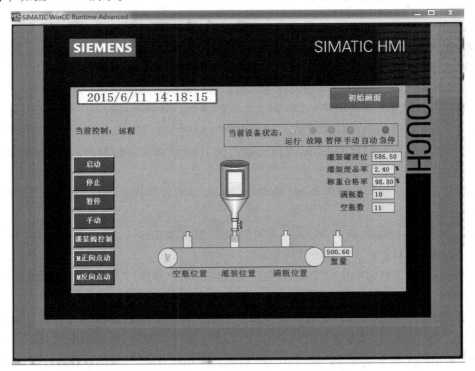

!	路径	描述	转至	?	错误
!	▼ HMI_1	时间戳:2015/5/11 6:57:43 - 使用 331976 个字节(包括 78715	↗		0
❶		软件编译开始。			0
!	▼ 画面		↗		0
!	▼ 参数设置		↗		0
!		没有为画面对象'符号 I/O 域_3'定义文本列表。			0
!	▼ 运行画面		↗		0
!		没有为'运行画面'中的'开关_1'定义过程变量。	↗		0
!	▼ 画面管理		↗		0
!	▼ 全局画面		↗		0
!		没有为报警窗口'报警窗口_1'组态语言为 zh-CN 的标题。			0
❶		使用的变量数:34。			0
❶		使用的 PowerTag 的数量:34			0
❶		软件编译已完成(设备版本:12.0.0.0)。			0
!		编译已完成(错误:0;警告:3)			0

图 6-167 编译结果显示

启动带模拟器的运行系统后,将启动"SIMATIC WinCC Runtime Advanced"和"WinCC Runtime Advanced 仿真器"两个画面。

"SIMATIC WinCC Runtime Advanced"画面相当于真实的 HMI 设备画面,可以用鼠标单击操作,如图 6-168 所示。

图 6-168 SIMATIC WinCC Runtime Advanced

"WinCC Runtime Advanced 仿真器" 画面是一个模拟表, 如图 6-169 所示。在模拟表的 "变量" 列中输入用于项目调试的变量。

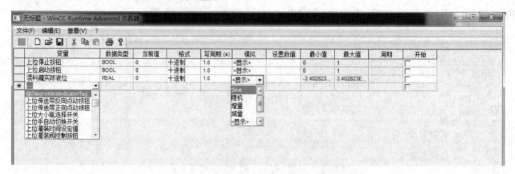

图 6-169　WinCC Runtime Advanced 仿真器

在 "模拟" 列中可以选择如何对变量值进行处理。可用的仿真模式有以下五种:

1) Sine　以正弦函数的方式改变变量值。

2) 随机　以随机函数的方式改变变量值。

3) 增量　持续一步步地增加变量值。

4) 减量　持续一步步地减小变量值。

5) <显示>　显示当前变量值。

在 "设置数值" 列中为相关变量设置一个值, 激活 "开始" 复选框, 就可以模拟 PLC 上的变量进行项目的调试。

6.9.2　HMI 的在线仿真调试

设计组态好 HMI 画面后, 如果没有 HMI 设备, 但是有 PLC, 可以进行在线仿真调试。在线仿真调试时需要连接计算机和 CPU 的以太网通信接口, 运行 PLC 用户程序, 用计算机模拟 HMI 设备的功能。在线模拟的效果与实际的 HMI 系统基本相同。这种模拟方便项目的调试, 减少调试时刷新 HMI 设备的闪存的次数, 节约调试时间。

在线仿真调试需要事先实现 PC 和 PLC 之间的通信, 并将项目的用户程序和组态信息下载到 CPU, 令 CPU 运行在 RUN 模式。然后选中项目树中的 HMI 设备, 通过从菜单中选择 "在线" → "仿真" → "启动", 出现仿真运行的 HMI 画面, 运行效果与下载到 HMI 设备运行一致。

如果没有 PLC, 也可以使用 Portal 软件中的 PLC 仿真软件代替 PLC, 进行 HMI 设备的在线仿真调试。

首先, 需要在控制面板为 PLC 仿真软件设置 PG/PC 接口, 例如选择 "PLCSIM S7-1200/ S7-1500. TCPIP. 1", 如图 6-170 所示。

在 Portal 软件项目树中选中 PLC 站点, 通过快捷菜单选择 "开始仿真" 命令, 或鼠标单击菜单中 "🖳" 工具, 弹出提示窗口, 如图 6-171 所示。

单击 "确定" 按钮之后, 进入下载界面, 下载过程与下载到真实 PLC 一样。只是通信接口参数的 PG/PC 接口需要选择 "PLCSIM S7-1200/S7-1500", 然后单击 "开始搜索" 按钮, 选中显示的下载通信接口, 如图 6-172 所示。单击 "下载" 按钮, 执行下载 PLC 站点的硬件和软件。

266

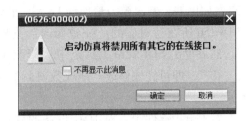

图 6-170 为 PLC 仿真软件设置 PG/PC 接口参数　　　图 6-171　PLC 仿真软件打开时的提示窗口

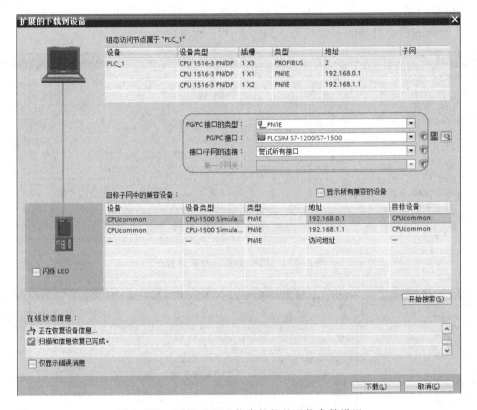

图 6-172　下载到 PLC 仿真软件的通信参数设置

成功下载后，打开 PLC 仿真软件初始界面，如图 6-173 所示。

单击 PLC 仿真软件初始界面右下角的 "⬛" 按钮，切换到项目视图，如图 6-174 所示。

展开 PLC 仿真软件项目树下的 "SIM 表格"，双击打开默认的 "SIM 表格 1" 或添加的其他 SIM 表格，右侧工作区将显示 SIM 表格编辑器区域。在 SIM 表格编辑器区域的 "名称" 列中输入变量名或在 "地址" 列中输入变量地址，也可以从 PLC 变量表中复制/粘贴变量名称或地址，如图 6-175 所示。

通过 SIM 表格的"位"列和"一致修改"列，可实现修改变量的信号或数值（主要是输入外设变量）。例如，如果需要修改 I0.0 变量信号的状态，可以在 I0.0 所在行对应的"位"列中勾选复选框，则 I0.0 信号变为"1"，再单击复选框，即取消勾选，则 I0.0 信号变为"0"。如果需要修改模拟量地址 IW256 变量的数值，可以在 IW256 所在行对应的"一致修改"列中输入需要的数值，然后单击 SIM 表格工具条中"修改所有选定值"工具""，即可完成修改。修改数值后的结果如图 6-176 所示。

图 6-173　PLC 仿真软件初始界面

在 Portal 软件中，对 HMI 设备的硬件和软件成功编译后，选中该设备，通过快捷菜单选择"开始仿真"命令，或鼠标单击菜单中"▣"工具，将进入 SIMATIC WinCC Runtime Advanced 软件界面，显示 HMI 设备的启动画面的运行状态，如图 6-177 所示。

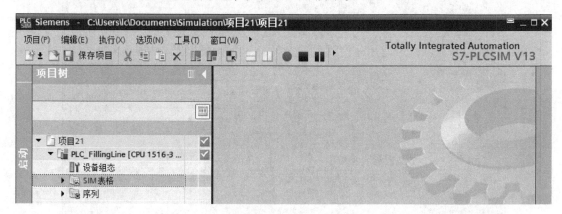

图 6-174　PLC 仿真软件项目视图

图 6-175　SIM 表格

图 6-176　修改变量

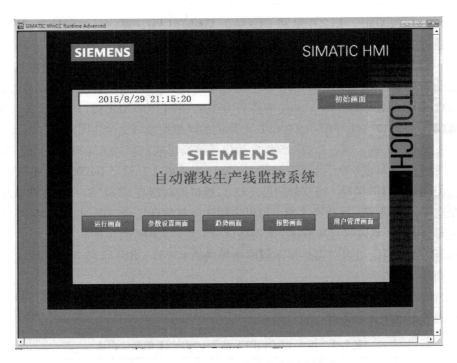

图 6-177　HMI 设备的在线仿真调试界面

这样，用户可以不使用 PLC 和 HMI 设备，而对工程项目的前期进行调试工作，既可以调试 PLC 项目程序，又可以调试上位监控系统，非常方便。

第7章 网络通信

7.1 S7-1500通信简介

在控制系统实际应用中，PLC主机与扩展模块之间、PLC主机与其他主机之间以及PLC主机与其他设备之间，经常要进行信息交换，所有这些信息交换都称为通信。S7-1500 PLC主要支持PROFIBUS、PROFINET和点对点链路通信。

7.1.1 通信接口

S7-1500、ET200MP、ET200SP和ET200AL系统的CPU、通信模块和处理器以及PC系统提供了通过PROFIBUS、PROFINET和点对点连接进行通信的接口。

有些S7-1500的CPU本身就集成了PROFINET和PROFIBUS-DP接口，例如CPU 1516-3 PN/DP上带有2个PROFINET接口和1个PROFIBUS-DP接口。S7-1500也可以通过安装通信模块（CM）和通信处理器（CP）并使用其PROFIBUS和PROFINET接口的方式进行通信。通信模块（CM）的接口特性与S7-1500 CPU上集成的同类型接口完全相同，可以用来通过相应的接口将系统进行扩展，例如，S7-1500自动化系统通过通信模块CM 1542-5的PROFIBUS DP接口扩展一个分布式I/O设备ET200SP CM DP，分布式I/O设备ET200SP CM DP本身集成了一个PROFIBUS-DP接口。通信处理器（CP）接口的功能与S7-1500 CPU中集成的同类型接口存在差异，CP具有一些特殊功能，可以应用于一些特殊场合，例如，CP 1543-1具有工业以太网安全功能，可以通过其工业以太网接口对工业以太网进行保护。

S7-1500还可以通过点对点连接通信模块提供的RS232、RS422和RS485接口实现Freeport或Modbus通信。

S7-1500自动化系统用于PROFIBUS和PROFINET通信的通信模块表见表7-1，用于点对点连接的通信模块见表7-2。

表7-1 用于PROFIBUS和PROFINET的通信模块

订货号	6GK7542-1AX00-0XE0	6GK7542-5FX00-0XE0	6GK7542-5DX00-0XE0	6EGK543-1AX00-0XE0
模块名称	CM 1542-1	CP 1542-5	CM 1542-5	CP 1543-1
总线系统	PROFINET	PROFIBUS	PROFIBUS	工业以太网
接口	RJ45	RS485	RS485	RJ45
数据传输速率	10/100 Mbit/s	9600 bit/s~12 Mbit/s	9600 bit/s~12 Mbit/s	10/100/1000 Mbit/s
功能和支持的协议	TCP/IP、ISO-on-TCP、DP、S7通信、IP广播/组播、SNMPv1	DPV1主站/从站、S7通信、PG/OP通信	DPV1主站/从站、S7通信、PG/OP通信、开放式用户通信	TCP/IP、ISO、UDP、S7通信、IP广播/组播、安全、诊断、SNMPV1/V3、DHCP、FTP、客户端/服务器、E-mail、IPV4/IPV6
诊断中断	√	√	√	√

订 货 号	6GK7542－1AX00－0XE0	6GK7542－5FX00－0XE0	6GK7542－5DX00－0XE0	6EGK543－1AX00－0XE0
硬件中断	√	√	√	—
支持等时同步操作	—	—	—	—

表7-2　用于点对点连接的通信模块

订 货 号	6ES7540－1AD00－0AA0	6ES7540－1AB00－0AA0	6ES7541－1AD00－0AB0	6ES7541－1AB00－0AB0
模块名称	CM PtP RS232 BA	CM PtP RS422/485 BA	CM PtP RS232 HF	CM PtP RS422/485 HF
接口	RS232	RS422/485	RS232	RS422/485
数据传输速率	300～19200 bit/s	300～19200 bit/s	300～115200 bit/s	300～115200 bit/s
最大帧长度	1KB	1KB	4KB	4KB
诊断中断	√	√	√	√
硬件中断	—	—	—	—
支持等时同步操作	—	—	—	—
支持的协议	Freeport 协议，3964（R）	Freeport 协议，3964（R）	Freeport 协议，3964（R），Modbus RTU 主站，Modbus RTU 从站	Freeport 协议，3964（R），Modbus RTU 主站，Modbus RTU 从站

7.1.2　通信服务

1. 通信服务概述

在自动化系统中，根据具体的控制任务和控制要求，可以使用各种不同的通信服务。选择不同的通信服务，将在以下方面存在差异：

1）可使用的通信功能。

2）通信连接建立的时间。

3）必须执行的操作（例如组态连接、编程指令等）。

S7-1500 CPU 可以选择的通信服务见表7-3。

表7-3　S7-1500 可用的通信服务

通信服务	功　　能	使用的接口		
		PN/IE[①]	DP	串行
PG 通信	调试、测试、诊断	√	√	—
HMI 通信	操作员监控	√	√	—
通过 TCP/IP 实现开放式通信	使用 TCP/IP 协议通过 PROFINET/工业以太网进行数据交换；使用连接组态：TSEND_C/TRCV_C 或 TSEND/TRCV 指令；不使用连接组态：指令 TCON、TSEND、TRCV、T_DISCON 或 TSEND_C 和 TRCV_C	√	—	—
通过 ISO-on-TCP 实现开放式通信	使用 ISO-on-TCP 协议通过 PROFINET/工业以太网进行数据交换；使用连接组态：TSEND_C/TRCV_C 或 TSEND/TRCV 指令；不使用连接组态：指令 TCON、TSEND、TRCV、T_DISCON 或 TSEND_C 和 TRCV_C	√	—	—
通过 UDP 实现开放式通信	使用 UDP 协议通过 PROFINET/工业以太网进行数据交换；使用连接组态：TUSEND_C/TURCV_C 或 TSEND/TRCV 指令；不使用连接组态：指令 TCON、TUSEND、TURCV、T_DISCON 或 TSEND_C 和 TRCV_C	√	—	—

通 信 服 务	功　能	使用的接口		
		PN/IE[①]	DP	串行
通过 ISO 实现开放式通信（仅适用于带有 PROFINET/工业以太网接口的 CP）	使用 ISO 协议通过 PROFINET/工业以太网进行数据交换； 使用连接组态：TSEND_C/TRCV_C 或 TSEND/TRCV 指令； 不使用连接组态：指令 TCON、TSEND、TRCV、TDISCON 或 TSEND_C/TRCV_C	√	—	—
通过 Modbus TCP 进行通信	使用 Modbus TCP 协议通过 PROFINET 进行数据交换； 使用用户程序：指令 MB_CLIENT 和 MB_SERVER	√	—	—
电子邮件	通过电子邮件发送过程报警； 使用用户程序：指令 TMAIL_C	√	—	—
FTP（仅适于带有 PROFINET/工业以太网接口的 CP）	通过 FTP（文件传输协议）进行文件管理和文件访问，CP 既可以作为 FTP 客户端也可以作为 FTP 服务器； 通过用户程序作为 FTP 客户端：指令 FTP_CMD	√	—	—
Fetch/Write（仅适于带有 PROFINET/工业以太网接口的 CP）	通过 TCP/IP、ISO-on-TCP 和 ISO 作为服务器； 通过 Fetch/Write 的特殊指令	√	—	—
S7 通信	客户端/服务器或客户端/客户端的数据交换； 使用连接组态：指令 PUT/GET、BSEND/BRCV 或 USEND/URCV	√	√	—
点对点连接	使用 Freeport、3964（R）、USS 或 Modbus 协议通过点对点连接进行数据交换； 通过 PtP、USS 或 Modbus/UTR 的特定指令	—	—	√
Web 服务器	通过 HTTP 进行数据交换，例如进行诊断	√	—	—
SNMP（简单网络管理协议）	通过 SNMP 标准协议进行数据交换，用于网络诊断和参数分配	√	—	—
时间同步	通过 NTP（网络时间协议）；CPU 将作为客户端	√	—	—
	CPU/CM/CP 作为时间主站或时间从站	—	√	—

① IE——工业以太网。

2. 连接资源

一些通信服务需要进行连接，连接需要占用 CPU、通信处理器 CP 和通信模块 CM 中的资源，例如占用 CPU 操作系统中的存储区域。大多数情况下，每个 CPU/CP/CM 都需要一个连接资源，在 HMI 通信中，每个 HMI 连接最多需要 3 个连接资源。因此，通信处理器 CP 和通信模块 CM 的数量不能超出自动化系统中定义的上限。

自动化系统中可组态的连接资源取决于采用的 CPU，CPU/CP/CM 中可用的连接资源将根据需要自动分配到各自的接口上。在组态中，每个 CPU 都预留有一定数量的连接资源，用于 PG、HMI 和 Web 服务器通信、电子邮件连接以及 SNMP。还有一些资源可用于所有 HMI、S7 和开放式通信。

3. 建立通信连接

如果将 PG/PC 的接口物理连接到 S7-1500 CPU 的接口，并通过 STEP 7 中的"转至在线"（Go online）对话框进行了接口分配，则 STEP 7 将自动建立 PG/PC 与 S7-1500 CPU 的连接。

手动建立通信连接可以通过两种方法实现：通过组态建立通信连接和通过编程建立通信连接。如果选择通过编程建立通信连接，将在数据传输结束后释放连接资源；如果选择通过组态建立通信连接，下载组态后连接资源仍处于已分配状态，直至组态再次更改。两种建立通信连接的方法都可以在 STEP 7 中完成。

（1）编程建立通信连接

在 STEP 7 的程序编辑器中，可根据所选的 S7-1500 CPU 使用相应的通信指令（例如 TSEND_C）建立通信连接，无论通过 CPU 上集成的接口还是通过 CP 或 CM 上的接口进行通信，使用的指令都相同。指定通信连接的参数时，通过 STEP 7 的图形用户界面，使得操作更为方便快捷，如图 7-1 所示。

图 7-1　STEP 7 中编程建立通信连接

（2）组态建立通信连接

根据所选的 S7-1500 CPU，可以在 STEP 7 的"设备与网络"（Device & networks）编辑器中的网络视图内通过组态建立通信连接，如图 7-2 所示。

各种通信服务可以选择的建立通信连接的方法见表 7-4。

表 7-4　通信服务建立通信连接的方法

通 信 服 务	自动建立连接	编程建立连接	组态建立连接
PG 通信	√	—	—
HMI 通信	√	—	√
TCP/IP 开放式通信	—	√	√
ISO-on-TCP 开放式通信	—	√	√
UDP 开放式通信	—	√	√
ISO 开放式通信	—	√	√
Modbus TCP 通信	—	√	√
电子邮件	—	√	
FTP	—	√	
S7 通信	—		√

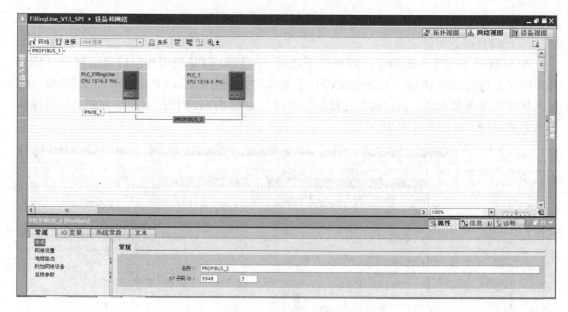

图 7-2　STEP 7 中组态建立通信连接

4. 数据一致性

并发过程无法修改的数据块称为一致性数据区，大于一致性数据区的数据块在传输过程中可作为一个整体。这意味着，大小超出一致性数据区的连续数据块中，可能同时包含新的和旧的一致性数据。例如，当一个中断通信指令执行时（例如由高优先级的硬件中断 OB 进行中断），会发生数据不一致的现象，如果该 OB 中的用户程序对该中断通信指令已部分处理的数据进行了更改，则所传送的数据包括一部分来自于发生硬件中断之前的数据和一部分来自于发生硬件中断之后的数据。如果保持系统中所指定的一致性数据的最大数量，则不会产生不一致现象。S7-1500 CPU 中最大可以设置 462 个字节的一致性数据。如果需要进行一致性传输的数据量大于系统中指定的一致性数据的最大值，则必须确保应用程序中的数据保持一致，并通过延长 CPU 的中断响应时间等方式，避免传输过程发生中断。

S7-1500 的数据一致性的详细规范如下：

（1）访问公共数据的指令

如果用户程序中包含访问公共数据的通信指令（如 TSEND/TRCV），则用户可以通过诸如 "DONE" 参数对该数据区进行访问。这样就可以在用户程序中确保使用通信指令进行本地数据传输的数据区中的数据保持一致。

（2）使用 PUT/GET 指令或通过 HMI 通信进行 Write/Read 操作

使用 PUT/GET 指令进行 S7 通信或通过 HMI 通信进行 Write/Read 操作时，需要考虑到编程或组态过程中一致性数据区域的大小，因为目标设备（服务器）上的用户程序中没有可以执行源用户程序中数据传输的指令。

（3）S7-1500 中系统指定的最大数据一致性

在程序循环过程中，S7-1500 最多可以将块中 462 个字节的通信数据一致地传入或传出用户存储器。对于较大的数据区域将不能保证数据一致性。如果要求定义数据一致性，则 CPU 用户程序中通信数据的长度不能超过 462 B。之后，就可以从 HMI 设备使用 Read/Write

变量一致性地访问这些数据。

（4）点对点 CM 的最大数据一致性

通过 CM 进行点对点连接通信时，用户程序中的 Send/Receive 指令可确保数据的一致性。最大数据一致性为 4 KB，具体取决于模块类型。

5. 通信服务的端口号

表 7-5 列出了 S7-1500 CPU 支持的通信协议，对于每种支持的通信协议，列出了地址参数、使用的通信层以及通信角色和数据传输方向。通过表 7-5 列出的这些信息，可以将 S7-1500 自动化系统的安全保护措施与所用的协议进行匹配（例如防火墙）。由于安全措施仅限于以太网或 PROFINET 网络，因此表 7-5 不包含 PROFIBUS 协议。

表 7-5　S7-1500 通信服务的端口号

协　议	端 口 号	（2）链路层 （4）传输层	功　能	说　明
PROFINET 协议				
DCP 发现和组态协议	不相关	（2）Ethertype 0x8892 （PROFINET）	可访问设备 PROFI-NET 发现和组态	DCP 由 PROFINET 用于发现PROFINET 设备并提供基本设置
LLDP 链路层发现协议	不相关	（2）Ethertype 0x88CC （LLDP）	PROFINET 链路层发现协议	LLDP 由 PROFINET 用于发现和管理 PROFINET 设备间的邻近关系。LLDP 使用特定的组播 MAC 地址：01-80-C2-00-00-0E
MRP 介质冗余协议	不相关	（2）Ethertype 0x88E3 （IEC 62493-2-2010）	PROFINET 介质冗余	MRP 通过环形拓扑控制冗余传输路径。MRP 根据标准使用组播 MAC 地址
PTCP 精确透明时钟协议	不相关	（2）Ethertype 0x8892 （PROFINET）	PROFINET 发送时钟和时间同步，基于 IEEE 1588	PTC 提供 RJ45 端口之间的延时测量，并随后发送时钟同步和时间同步。PTCP 根据标准使用组播 MAC 地址
PROFINET I/O 数据	不相关	（2）Ethertype 0x8892 （PROFINET）	PROFINET 周期性 I/O 数据传送	PROFINET I/O 帧用于通过以太网在 PROFINET I/O 控制器和 I/O 设备之间周期性传送 I/O 数据
PROFINET 上下文管理器	34964	（4）UDP	无 PROFINET 连接的 RPC	PROFINET 上下文管理器可提供终点映射器以建立应用关联（PROFINET AR）
面向连接的通信协议				
SMTP 简单邮件传输协议	25	（4）TCP	简单邮件传输协议	SMTP 用于发送电子邮件和短消息（具体取决于提供商）
HTTP 超文本传输协议	80	（4）TCP	超文本传输协议	HTTP 用于与 CPU 内部 Web 服务器通信
面向连接的通信协议				
ISO on TCP（遵循RFC 1006 标准）	102	（4）TCP	ISO-on-TCP 协议	ISO on TCP（遵循 RFC 1006 标准）用于与远程 CPU 或软控制器进行面向消息的数据交换。S7 与 ES、HMI、OPC Server 等通信
NTP 网络时间协议	123	（4）UDP	网络时间协议	NTP 用于将 CPU 系统时间与NTP 服务器的时间进行同步

协　　议	端　口　号	(2) 链路层 (4) 传输层	功　　能	说　　明
SNMP 简单网络管理协议	161 162（陷阱）	(4) UDP	简单网络管理协议	SNMP 由 SNMP 管理器用于读取和设置网络管理数据（SNMP 管理的对象）
HTTPS 安全超文本传输协议	443	(4) TCP	安全超文本传输协议	HTTPS 用于通过安全套接层（SSL）与 CPU 内部的 Web 服务器通信
Modbus TCP Modbus 传输控制协议	502	(4) TCP	Modbus/TCP 协议	Modbus/TCP 由用户程序中的 MB_CLIENT/MB_SERVER 指令使用
OUC 开放式用户通信	1～1999 使用范围有限[1] 2000～5000 推荐配置 5001～49151 使用范围有限[2]	(4) TCP (4) UDP	开放式用户通信 (TCP/UDP)	OUC 指令可以建立连接、终止连接并基于套接层传输数据
预留	49152～65535	(4) TCP (4) UDP	—	如果应用程序未确定本地端口号，将使用动态端口区域激活连接端点

注：1. 用户可以通过开放式通信直接访问 UDP/TCP。用户必须遵守 IANA（Internet Assigned Numbers Authority，互联网数字分配机构）的端口限制/定义。

2. 不能将已由其他协议使用的端口用于 OUC。

7.2　PROFIBUS 通信

PROFIBUS（Process Field Bus）是现场级网络通信，作为工厂数字通信网络的基础，沟通了生产过程现场及控制设备之间及其与更高控制管理层之间的联系，用于制造自动化、过程自动化和楼宇自动化等领域的现场智能设备之间中小数据量的实时通信。作为现场级通信介质，PROFIBUS 是西门子全集成自动化（Totally Integrated Automation，TIA）的重要组成部分。

7.2.1　PROFIBUS 的通信协议

PROFIBUS 提供了三种标准和开放的通信协议：DP、FMS 和 PA。

1. PROFIBUS - DP

PROFIBUS - DP（Distributed Peripheral，分布式外设）使用了 ISO/OSI 通信标准模型的第一层和第二层，这种精简的结构保证了数据的高速传输，特别适用于 PLC 与现场分布式 I/O 设备之间的实时、循环数据通信。PROFIBUS - DP 符合 IEC 61158 - 2/EN 61158 - 2 标准，采用混合访问协议令牌总线和主站/从站架构，通过两线制线路或光缆进行联网，可实现 9.6 kbit/s ～ 12 Mbit/s 的数据传输速率。

2. PROFIBUS - FMS

PROFIBUS - FMS（Fieldbus Message Specification，现场总线报文规范）使用了 ISO/OSI 网络模型的第二层、第四层和第七层，用于车间级（PLC 和 PC）的数据通信，可以实现不同供应商的自动化系统之间的数据传输。由于配置和编程比较繁琐，目前应用较少。

3. PROFIBUS - PA

PROFIBUS - PA（Process Automaization，过程自动化）使用扩展的 PROFIBUS - DP 协议

进行数据传输，电源和通信数据通过总线并行传输，主要用于面向过程自动化系统中本质安全要求的防爆场合。PROFIBUS – PA 网络的数据传输速率为 31.25 Mbit/s。

7.2.2 PROFIBUS – DP 的应用

自动化系统的效率并不是单由自动化设备本身决定的，而是在很大程度上取决于自动化解决方案的总体配置。除了工厂可视化和操作员控制与监视系统外，还包括功能强大的通信系统。

PROFIBUS 网络可对多个控制器、组件和作为电气网络或光纤网络的子网进行无线连接，或使用链接器进行连接，组成分布式控制系统。通过 PROFIBUS – DP，可对传感器和执行器等进行集中控制。图 7–3 为 PROFIBUS – DP 构建的分布式自动化系统。

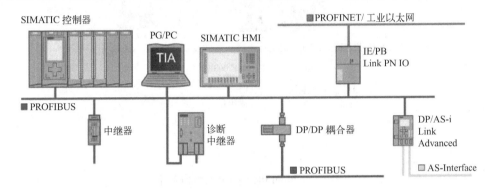

图 7–3 PROFIBUS – DP 分布式自动化系统

分布式自动化系统在生产和过程自动化中正日益得到采用，这意味着可以将复杂的控制任务划分为更小和更加透明的子任务，这些子任务包含各种分布式控制系统，而这些分布式系统之间会有很高的通信需求。分布式系统具有许多优点，例如，可同时而独立地对各个设备进行调试；程序较小，可管理性高；由于采用分布式自动化系统，多个任务可以并行处理；响应时间缩短；上位监控系统可采用额外的诊断和记录功能；工厂可用性得到提高，因为总体系统的其余部分可在某个附属站发生故障时继续运行。

7.2.3 PROFIBUS – DP 网络的主站与从站

在 PROFIBUS 网络中，"设备"是自动化系统（如 PLC、PC）、分布式 I/O 系统、现场设备（如液压设备、气动设备）、有源网络组件（如诊断中继器、光学链路模块）、与 AS – Interface 或其他现场总线系统之间的网关等内容的统称。

图 7–4 标识了 PROFIBUS – DP 网络最重要的组件（设备），表 7–6 列出了各组件的名称和功能。

表 7–6 PROFIBUS – DP 网络组件名称表

编号	组 件 名 称	功 能 说 明
①	DP 主站系统	
②	DP 主站	用于对连接的 DP 从站进行寻址的设备。DP 主站与现场设备交换输入和输出信号。DP 主站通常是运行自动化程序的控制器
③	PG/PC	PG/PC/HMI 设备用于调试和诊断，属于二类 DP 主站

编号	组件名称	功能说明
④	PROFIBUS	PROFIBUS – DP 网络通信基础结构
⑤	HMI	用于操作和监视功能的设备
⑥	DP 从站	分配给 DP 主站的分布式现场设备，如阀门终端、变频器等
⑦	智能从站	智能 DP 从站

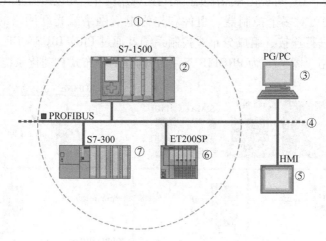

图 7-4　PROFIBUS – DP 网络的组件

1. PROFIBUS – DP 网络中的主站

DP 主站分为一类 DP 主站和二类 DP 主站。

（1）一类 DP 主站

一类 DP 主站是系统的中央控制器，可以主动地、周期性地与所组态的从站进行数据交换，同时也可以被动地与二类主站进行通信。下列设备可以作为一类 DP 主站：

1）集成了 DP 接口的 PLC，例如 CPU 1516–3 PN/DP。

2）没有集成 DP 接口的 CPU 加上支持 DP 主站功能的通信处理器（CP）。

3）插有 PROFIBUS 网卡的 PC，例如 WinAC 控制器，用软件功能选择 PC 作一类主站或作编程监控的二类主站。

（2）二类 DP 主站

二类 DP 主站（DPM2）是 DP 网络中的编程、诊断和管理设备，可以非周期性地与其他主站和 DP 从站进行组态、诊断、参数化和数据交换。下列设备可以作二类 DP 主站：

1）以 PC 为硬件平台的二类主站：PC 加 PROFIBUS 网卡可以作二类主站。西门子公司为其自动化产品设计了专用的编程设备，不过一般都用通用的 PC 和 STEP 7 编程软件来作编程设备，用 PC 和 WinCC 组态软件作监控操作站。

2）操作员面板 OP/触摸屏 TP：操作员面板用于操作人员对系统的控制和操作，例如参数的设置与修改、设备的启动和停机，以及在线监视设备的运行状态等。有触摸按键的操作员面板俗称触摸屏，它们在工业控制中得到了广泛的应用。西门子公司提供了不同大小和功能的 OP 和 TP 供用户使用。

2. PROFIBUS – DP 网络中的从站

DP 从站是进行输入信息采集和输出信息发送的外围设备，它只与组态它的 DP 主站交换用户数据，可以向该主站报告本地诊断中断和过程中断。DP 从站可以是分布式 I/O 模块、支持 DP 接口的传动装置、其他支持 DP 接口的 I/O 或智能设备。

（1）ET200MP

ET200MP 分布式 I/O 系统是一个灵活的可扩展分布式 I/O 系统，通过现场总线将过程信号连接到 CPU。ET200MP 带有 S7-1500 自动化系统的 I/O 模块，其结构紧凑，具有很高的通道密度（25 mm 宽的 I/O 模块上有 32 个通道）；每个站可以扩展到多达 30 个 I/O 模块，灵活性很高。ET200MP 支持 PROFINET、PROFIBUS-DP 和点对点的通信协议，其 PROFI-NET 接口模块符合 PROFINET IEC 61158 标准，PROFIBUS 接口符合 PROFIBUS IEC 61784 标准。ET200MP 的防护等级为 IP 20，适合安装在控制柜中。

（2）ET200SP

ET200SP 是 ET200 分布式 I/O 家族的新成员，是一款面向过程自动化和工厂自动化的创新产品，具有体积小、使用灵活和性能突出等特点。ET200SP 带有 S7-1500 自动化系统的 I/O 模块，采用了更加紧凑的设计，单个模块最多支持 16 通道，每个站可以扩展 32 个或 64 个 I/O 模块。ET200SP 支持 PROFINET 和 PROFIBUS 通信协议，由于其功能强大，适应于各种应用领域。ET200SP 的防护等级为 IP 20，适合安装在控制柜中。

7.2.4　PROFIBUS-DP 接口

一个 PROFIBUS 设备至少有一个 PROFIBUS 接口，带有一个电气（RS485）接口或一个光纤（Polymer Optical Fiber，POF）接口，PROFIBUS-DP 接口的属性见表 7-7。

表 7-7　PROFIBUS-DP 接口的属性

标准	PROFIBUS：IEC 61158/61784
物理总线/介质	PROFIBUS 电缆（双绞线 RS485 或光缆）
传输速率	9.6 kbit/s ~ 12 Mbit/s

在 STEP 7 的设备视图中，DP 主站和 DP 从站的 PROFIBUS-DP 接口用一个紫色的矩形突出显示，如图 7-5 所示。

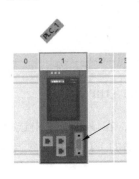

图 7-5　PROFIBUS-DP 接口在 STEP 7 中的标识

7.2.5　PROFIBUS 网络的参数分配

参数分配是指在组态 S7-1500 自动化系统的过程中设置所用的系统组件以及通信连接的属性，设置的参数需要下载到 CPU 并在 CPU 启动时传送到相应的组件。对于 S7-1500 的自动化系统来说，更换组件十分方便，因为 S7-1500 CPU 在每次启动过程中会自动将设置的参数下载到新的组件中。

1. 组态 PROFIBUS – DP 系统的基本步骤

组态一个 PROFIBUS – DP 系统的基本步骤如下：

1）在 STEP 7 中创建 PROFIBUS 组件和模块以及向 DP 主站分配 DP 从站。

2）参数分配，包括分配 PROFIBUS 地址、网络设置、组态电缆、附加的网络设置、总线参数（创建用户定义的配置文件）、组态恒定总线循环时间。

在创建 PROFIBUS 组件和模块的过程中，组件和模块的属性已经过预设，因此，在很多情况下不必再次分配参数，只是在需要更改模块的预设参数或需要使用特殊功能或需要组态通信连接的情况下才再次分配参数。

2. 向 DP 主站分配 DP 从站

一个 PROFIBUS – DP 系统由一个 PROFIBUS – DP 主站及其分配的 PROFIBU – DP 从站组成，向 DP 主站分配一个 DP 从站的步骤如下（例如，主站为 S7-1500 CPU 1516-3 PN/DP）：

1）在 STEP 7 的网络视图的硬件目录中，选择"分布式 I/O"→"ET200S"→"接口模块"→"PROFIBUS"→"IM 151 – 1HF"，将 IM151 – HF 拖到网络视图的空白处，如图 7-6 所示。

图 7-6   添加 IM151 – 1HF

2）选中添加的 IM151 – HF，切换到设备视图，在硬件目录中选择 DI、DO、AI 和 AO 等 I/O 模块添加到 IM151 – HF 对应的插槽中（添加的 I/O 模块必须与实际的硬件配置完全一致），如图 7-7 所示。

3）在 IM151 – 1HF 上，用鼠标左键单击"未分配"链接，随即打开"选择 DP 主站"（Select DP master）菜单。在菜单中选择要向其分配 DP 从站的 DP 主站 CPU 1516-3 PN/DP，此时将在 CPU 1516-3 PN/DP 上创建一个带有 DP 系统的子网。该 CPU 现在是 PROFIBUS – DP 主站，DP 从站 IM151 – 1HF 分配给该 DP 主站，如图 7-8 所示。

4）针对要分配给 CPU 1516-3 PN/DP 的所有其他 DP 从站，重复步骤 3）。

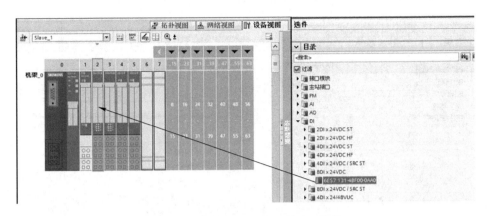

图 7-7　配置 IM151-1HF 的 I/O 模块

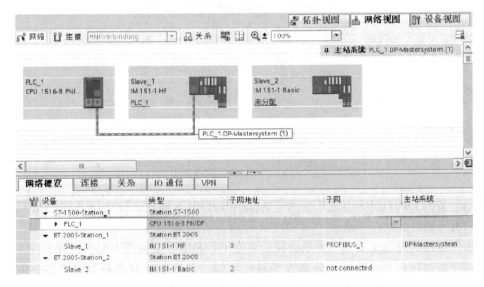

图 7-8　向 DP 主站分配 DP 从站

3. PROFIBUS 地址

连接到 PROFIBUS 子网中的设备，可通过所组态的连接进行通信，也可以作为一个 PROFIBUS-DP 主站系统的一部分。如果将 DP 从站分配给一个 DP 主站，则将在"接口的链接对象"下自动显示该设备所连接到的 PROFIBUS 子网。

在"监视"（Inspector）窗口中的"PROFIBUS 地址"下面，选择该接口所连接到的子网，或者添加新的子网。在一个子网中，所有设备必须具有不同的 PROFIBUS 地址，如图 7-9 所示。

一般来说，STEP 7 将自动为 PROFIBUS 网络中的设备分配地址，用户也可以根据需要更改地址，但是必须保证为 PROFIBUS 网络中的每个 DP 主站和 DP 从站分配一个唯一的 PROFIBUS 地址。不是所有允许的 PROFIBUS 地址都可以使用，具体取决于 DP 从站，对应带有 BCD 开关的设备，通常只能使用 PROFIBUS 地址 1~99。

4. 网络设置

网络设置主要设置 PROFIBUS 网络主动设备的最高 PROFIBUS 地址（HSA）、网络的数据传输率和 PROFIBUS 使用的配置文件，如图 7-10 所示。

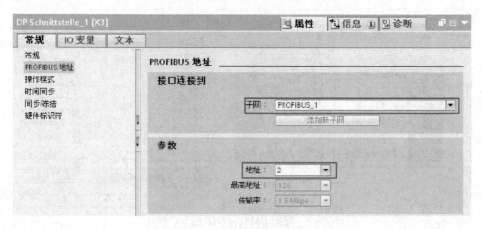

图 7-9　PROFIBUS 地址

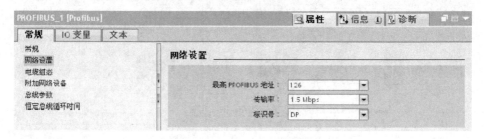

图 7-10　PROFIBUS 网络设置

主动设备的 PROFIBUS 地址不能大于最高 PROFIBUS 地址，被动设备则使用大于 HAS 的 PROFIBUS 地址。

根据所连接的设备类型和所用的协议，可在 PROFIBUS 上使用不同的配置文件。这些配置文件在设置选项和总线参数的计算方面有所不同。只有当所有设备的总线参数值都相同时，PROFIBUS 子网才能正常运行。PROFIBUS 使用不同的配置文件，可支持的数据传输率的选择范围也有所不同，具体见表 7-8。

表 7-8　PROFIBUS 配置文件和传输率

配 置 文 件	支持的传输率
DP	9.6 kbit/s ~ 12 Mbit/s
标准	9.6 kbit/s ~ 12 Mbit/s
通用（DP/FMS）（不支持 FMS）	9.6 kbit/s ~ 1.5 Mbit/s
用户自定义	9.6 kbit/s ~ 12 Mbit/s

（1）DP（建议的配置文件）

DP 是推荐用于组态恒定总线循环时间和等时同步模式的配置文件。若仅将满足标准 EN 61158 - 6-3 要求的设备连接到 PROFIBUS 子网，则选择 "DP" 配置文件。总线参数的设置已针对这些设备进行优化。其中包括带有 SIMATIC S7 的 DP 主站和 DP 从站接口的设备以及第三方分布式 I/O 设备。

（2）标准

与 "DP" 配置文件相比，"标准"（Standard）配置文件在进行总线参数计算时则可以包含其他项目中的设备或在项目中尚未组态的设备。随后将通过一种未进行优化的简单算法对总线参数进行计算。

（3）通用（DP/FMS）（不支持 FMS）

如果 PROFIBUS 子网中的各个设备都使用 FMS 服务（例如 CP 343 – 5、PROFIBUS – FMS 设备），则需选择"通用（DP/FMS）"（Universal（DP/FMS））配置文件。与"标准"（Standard）配置文件相同，在计算总线参数时将包含其他设备。

（4）自定义设置

如果已经对配置文件的参数进行同步，则 PROFIBUS 子网的功能将正常运行。若其他配置文件都与 PROFIBUS 设备的运行"不匹配"，并且必须针对特殊布局来调整总线参数，则选择"用户自定义"（User – defined）配置文件。使用用户自定义配置文件也无法组态所有理论上可进行的组合。PROFIBUS 标准规定了一些取决于其他参数的参数限制。例如，在发起方能够接收（Trdy）之前，不允许响应方做出响应（Min Tsdr）。在"用户自定义"（User – defined）配置文件中，也将对这些标准规范进行检查。只有熟悉 PROFIBUS 参数的情况下，才建议用户使用自定义设置。

5. 电缆组态

计算总线参数时，可将电缆组态信息考虑进来。为此，可在 PROFIBUS 子网的属性中勾选复选框"考虑下列电缆组态"（Take into account the following cable configuration），如图 7-11 所示。

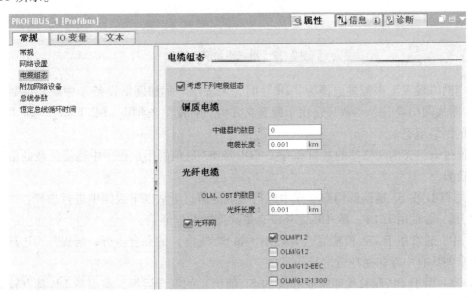

图 7-11　电缆组态

光纤环网是一种冗余结构，即使两个设备之间的连接发生中断，也可以通过环网结构对所有站进行寻址。光纤环网必须满足以下组态条件：

1）低于 HSA 的一个空闲地址（Highest Station Address）。

2）将重试值增加到至少为 3（"网络设置"中选配置文件为用户自定义配置文件）。

3）检查和调整时隙时间（"网络设置"中选配置文件为用户自定义配置文件；"总线参数"选 Tslot 参数；需要针对 OLM/P12 采用较低时隙时间值，针对 OLM/G12 和 OLM/G12 –

EEC 采用中等时隙时间值，针对 OLM/G12 -1300 采用较高时隙时间值。这样，小型网络就会取得高性能，中到大型网络就会取得中低性能）。

6. 附加网络设备

总线参数取决于激活的网络设备之间的通信量。周期性通信（例如 PROFIBUS – DP 通信）与面向连接的非周期性通信（例如 S7 通信、发送/接收（FDL）和 PROFIBUS – FMS）之间在通信量方面存在差别。与 DP 通信相反，非周期性通信的通信任务的数目和大小（通信负载）取决于用户程序，这意味着非周期性通信无法始终自动确定通信负载的大小。如果在"附加网络设备"选项中勾选复选框"考虑下列网络设备"（Consider the following network stations），并配置相关的参数，则可以在项目中未组态的总线时间计算中考虑这些附加的网络设备，如图 7-12 所示。

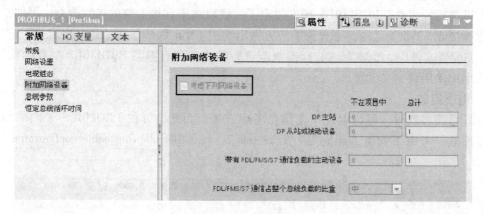

图 7-12   组态附加网络设备

当"网络设置"中配置选择为"DP"时，无法在"附加网络设备"中配置参数，也就是说，"附加网络设备"参数只适用于配置文件为"标准""通用（DP/FMS）"和"用户自定义"的网络组态。

可通过未组态的网络站的数目和有关 FDL 或 S7 通信的用户程序中通信负载的信息来考虑通信负载。

有关 FDL 或 S7 通信的用户程序中通信负载的信息可从以下级别中进行选择：

1）低：通常用于 DP，除 DP 之外没有更大型的数据通信。

2）中：通常用于 DP 和其他通信服务（如 S7 通信）的混合运行，前提是 DP 具有较高时间要求并具有中等非循环通信量。

3）高：用于 DP 和其他通信服务（如 S7 通信）的混合运行，前提是 DP 具有较低时间要求并具有较高的非循环通信量。

7. 总线参数

总线参数可控制总线上的传输操作，总线上每个设备的总线参数必须和其他设备的相同，PROFIBUS 子网才能正常工作而不出现问题。因此，只有在熟悉如何组态 PROFIBUS 总线配置文件时，才能更改总线配置文件中参数的默认值。

（1）激活总线参数的周期性分配

如果在"监视"（Inspector）窗口中所选 PROFIBUS 子网的"总线参数"（Bus parameters）下面勾选了复选框"激活总线参数的周期性分配"（Activate cyclical distribution of bus parameters），则支持此功能的模块会在运行过程中周期性地发送总线参数，如图 7-13 所示。

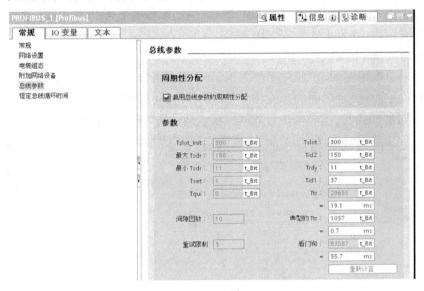

图 7-13　激活总线参数的周期性分配

激活总线参数的周期性分配可以为很多操作提供方便，例如，通过这种方式可更容易地在运行期间将编程设备连接到 PROFIBUS。但是，应该在以下情况下禁用该功能：

1）PROFIBUS 子网处于恒定总线循环时间模式时（最小化总线周期）。

2）在 PROFIBUS 子网中连接了第三方设备，该子网的协议将 DSAP 63（Destination Service Access Point）用于组播方式。

（2）PROFIBUS 子网总线配置文件的总线参数

PROFIBUS 子网总线配置文件的总线参数以及参数的取值范围见表 7-9。

表 7-9　PROFIBUS 子网总线配置文件的总线参数

总 线 参 数	是否可调	限　　值
Tslot_Init	是	最大 Tsdr + 15 ≤ Tslot_Init ≤ 16. 383 t_Bit
最大 Tsdr	是	35 + 2 * Tset + Tqui ≤ 最大 Tsdr ≤ 1 023 t_Bit
最小 Tsdr	是	11 t_Bit ≤ 最小 Tsdr ≤ min（255 t_Bit，…，最大 Tsdr − 1，34 + 2 * Tset + Tqui）
Tset	是	1 t_bit ≤ Tset ≤ 494 t_bit
Tqui	是	0 t_bit ≤ Tqui ≤ min（31 t_bit，最小 Tsdr − 1）
GAP 因子	是	1 ≤ GAP 因子 ≤ 100
重试限制	是	1 ≤ 重试限制 ≤ 15
Tslot（时隙时间）	否	—
Tid2	否	Tid2 = 最大 Tsdr
Trdy	否	Trdy = 最小 Tsdr
Tid1	否	Tid1 = 35 + 2 * Tset + Tqui
Ttr（目标轮询时间）	是	256 t_Bit ≤ Ttr ≤ 16 777 960 t_bit
Ttr 典型值	否	该时间仅供参考，不会传送给各个设备
看门狗	否	10 ms ≤ 看门狗 ≤ 650 s

（3）用户自定义总线配置文件

可使用以下设置创建用户自定义的总线配置文件：

1）最小目标轮询时间（Ttr）= 5000x HSA（主动设备的最高 PROFIBUS 地址）。

2）最小看门狗（Watchdog）= 6250x HAS。

8. 恒定总线循环时间

DP 主站对分配给它的 DP 从站循环寻址，S7 通信可能导致循环间隔的时间不同。可以启用"具有恒定总线循环时间的总线循环"以取得相同的时间间隔，这样就会确保以相同的（恒定总线循环时间）间隔来进行数据传输，其设置如图 7-14 所示。

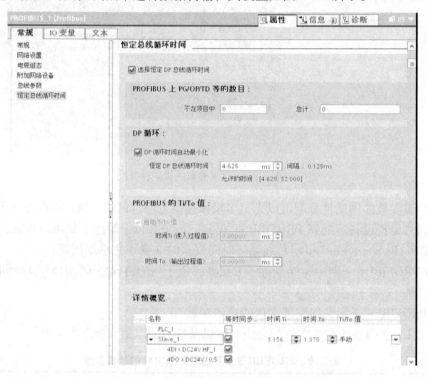

图 7-14　启用具有恒定总线循环时间的总线循环

在 DP 循环时间非常短的情况下，可能会出现用户程序的运行时间大于最短循环的情况，在此情况下，必须手动增加自动计算出的 DP 循环时间。

7.2.6 PROFIBUS 网络诊断

当自动化系统发生故障或错误时，需要确定自动化系统的当前状态，并通过使用与事件相关的诊断和中断分析做出特定响应。可以使用 PROFIBUS 组件的以下诊断选项：

1）使用 STEP 7 中的设备列表来确定系统状态。

2）使用 S7-1500 CPU 的显示屏来分析模块状态、错误和消息文本。

3）在运行期间通过诊断中继器来进行电缆诊断。

4）评估等时同步模式下的诊断和中断行为。

5）通过使用组态为 PROFIBUS 诊断从站的 DP/PA 耦合器 FDC 157-0 来确定故障定位和故障纠正的状态信息。

1. 使用 S7-1500 的显示屏进行诊断

S7-1500 自动化系统中的每个 CPU 都具有一个前盖，上面带有显示屏和操作按钮。自动化系统的控制和状态信息显示在显示屏上的不同菜单中。可以使用操作按钮在菜单中导航。在 S7-1500 的显示屏上，可对以下状态进行分析：

1）集中式模块和分布式模块的状态，如图 7-15 所示。

2）错误和报警文本（系统诊断、用户自定义报警），如图 7-16 所示。

图 7-15　S7-1500 显示屏显示模块的状态

图 7-16　S7-1500 显示屏显示错误和报警文本

2. 使用诊断中继器进行诊断

诊断中继器可以在自动化系统运行期间监视 RS485 – PROFIBUS 子网（铜缆）的两个网段，并通过发送诊断帧向 DP 主站发出电缆故障信号。借助于 STEP 7 以及操作员控制与监视设备（SIMATIC HMI），故障信号可以以普通文本的形式显示故障位置和故障原因。由于诊断中继器可在操作过程中进行电缆诊断，因此能够提前检测和定位电缆故障，这意味着可提前检测到设备故障，从而避免停产。诊断中继器的详细功能如下：

1）诊断中继器的诊断功能可提供电缆故障的位置及原因，如断路或缺少终端电阻。故障位置的指定与设备有关，如信号线 A 和/或 B 断路。

2）读出保存的诊断和统计信息。

3）监视等时同步模式的 PROFIBUS 网络，例如是否违反循环时间。

4）提供标识数据。

3. I&M（标识和维护）数据

标识和维护（I&M）数据是存储在模块中的信息，用于在进行下列操作时提供支持：

1）检查设备组态。

2）查找设备中的硬件更改。

标识数据（I 数据）是模块信息（其中某些数据可能印在模块外壳上），例如订货号和序列号。I 数据是只读的供应商特定模块信息。维护数据（M 数据）是系统特定信息，例如安装位置和日期。M 数据在组态过程中生成，并写入到模块存储器中。这些模块可在在线模式下通过 I&M 数据唯一地标识。

7.2.7 等时同步模式的 PROFIBUS 网络

分布式自动化系统的组态、快速循环以及各个循环的适应与同步将带来最佳的数据吞吐量。在等时同步模式中，系统运行的快速而可靠的响应时间取决于能否即时提供所有数据。

1. 等时同步模式的优点

等时同步模式具有优化的控制、确定性好、输入数据一致（同时）读取和输出数据一致（同时）输出等优点。

2. 等时同步模式的应用

通过"等时同步模式"系统属性，可在定义的系统循环内记录测量值和过程数据。信号处理发生在相同的系统循环内，直至切换到"输出终端"。这意味着等时同步模式可提高控制质量，并提供更高的控制精度。等时同步模式可显著降低过程响应时间的可能波动。在时间上确定的处理可用于更高的机器循环。

在需要对测量值的采集进行同步、对各种运动进行协调并对过程响应进行定义以便它们同时发生时，基本上总是要选择使用等时同步模式。这意味着等时同步模式的应用领域十分多样。

如图 7-17 所示，为了满足凸轮轴生产的质量控制要求，在生产过程中需要精确测量凸轮轴多个测量点的尺寸。可以对凸轮轴的多个测量点进行等时测量，即通过应用"等时同步模式"对相关的测量值进行同时采集，这样可以缩短测量所需的时间。其最终工作流程如下：

1）连续车削凸轮轴。

2）在连续车削期间，同步测量位置和凸轮偏差。

3）加工下一个凸轮轴。

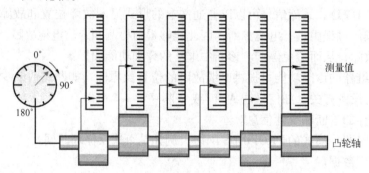

图 7-17　凸轮轴多个测量点的等时测量

所有凸轮轴的位置和相应的测量值（红色）都可以在凸轮轴的一个周期内进行同步测量。该模式提高了机器的工作效率并且保持（或提高）了测量的精度。

3. 同步顺序

从输入数据的读取到输出数据的输出过程中，等时同步模式所涉及的所有组件的同步顺序如下：

1）输入数据的等时同步读取。

2）通过 PROFIBUS 子网将输入数据传输到 DP 主站（CPU）。

3）在 CPU 的等时同步应用程序中进一步处理。

4）通过 PROFIBUS 子网将输出数据传输到输出 DP 从站。

5）输出数据的等时同步输出。

如图 7-18 所示，为确保在下一个 PROFIBUS – DP 循环开始时所有输入数据都已就绪可通过 PROFIBUS – DP 线路进行传输，I/O 读取循环需要提前一段时间 TI，以便可提前开始。TI 是所有输入的"信号枪"。该 TI 可用于补偿模数转换、背板总线时间等。可通过 STEP 7 或用户手动组态这一段提前的时间 TI，建议使用 STEP 7 自动分配 TI 时间。

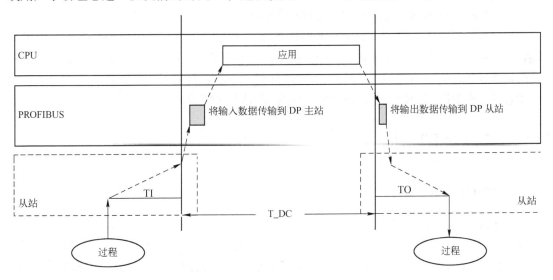

T_DC 数据循环
TI 用于读取输入数据的时间
TO 用于将输出数据输出的时间

图 7-18   等时同步模式的同步时间顺序

PROFIBUS – DP 线路将输入数据传输到 DP 主站。将调用循环中断 OB Synchronous Cycle。同步循环中断 OB 中的用户程序决定过程响应，并及时为下一个数据循环的开始提供输出数据。数据循环的长度总是由用户来组态。

TO 是从站内背板总线和数模转换的补偿值。TO 是所有输出的"信号枪"。可通过 STEP 7 或用户手动组态时间 TO，建议使用 STEP 7 自动分配 TO 时间。

若没有等时同步模式，应用程序、数据传输和现场设备就会具有各自的不同步处理循环；这会导致总循环时间较大，抖动较高。若采用等时同步模式，应用程序、数据传输和现场设备就会同步，从而使总循环时间极小，抖动很低。

4. 等时同步模式的组态要求

组态等时同步模式的 PROFIBUS – DP 网络时，必须满足以下组态要求：

1）等时同步模式不能在 PROFIBUS 光纤网络中使用。

2）恒定总线循环时间和等时同步模式仅可通过"DP"和"用户自定义"总线配置文件实现。

3）等时同步模式仅可通过集成在 CPU 中的 DP 接口实现。不能使用通信处理器针对 PROFIBUS 实现等时同步模式。

4）只有恒定总线循环时间主站可作为等时同步 PROFIBUS – DP 上的主动站。操作面板和编程器（例如具有编程器功能的 PC）影响等时同步 DP 循环的时间行为，因此不允许使用。

5）不能跨线路使用等时同步模式。

6）只能在过程映像分区中对等时同步 I/O 进行处理。若不使用过程映像分区，就无法进行等时同步一致性数据传输。将对是否遵守数量结构进行监视，因为对于每个过程映像分区来说，DP 主站系统上的从站和字节数是有限的。

7）等时同步模块的地址必须位于过程映像分区中。

8）只有在操作链条中涉及的所有组件都支持"等时同步"系统属性的情况下，才可实现从"终端"到"终端"的完整等时同步模式。需确保在对话框的模块信息框中勾选条目"等时同步模式"（Isochronous mode）或"等时同步处理"（Isochronous processing）。

9）在组态等时同步模式时，不得向从站分配 SYNC/FREEZE 组。

7.3 PROFINET 通信

7.3.1 PROFINET 简介

PROFINET 是由 PROFIBUS 国际组织（PROFIBUS International，PI）推出的新一代基于工业以太网技术的自动化总线标准。作为一项战略性的技术创新，PROFINET 为自动化通信领域提供了一个完整的网络解决方案，囊括了诸如实时以太网、运动控制、分布式自动化、故障安全以及网络安全等当今自动化领域的热门技术。并且，作为跨供应商的技术，可以完全兼容工业以太网和现有的现场总线技术（例如 PROFIBUS）。

响应时间是系统实时性的一个标尺，根据响应时间的不同，PROFINET 支持 TCP/IP 标准通信、实时（Real Time，RT）和等时同步实时（Isochronous Real – Time）通信三种通信方式。

1. PROFINET 术语

（1）PROFINET 环境中的设备

在 PROFINET 环境中，"设备"是自动化系统、分布式 I/O 系统、现场设备、有源网络组件、PROFIBUS 的网关、AS – Interface 或其他现场总线系统的统称。

（2）PROFINET I/O 设备

PROFINET 网络中最重要的设备如图 7-19 所示，表 7 – 10 列出了 PROFINET 网络中最重要设备的名称和功能。

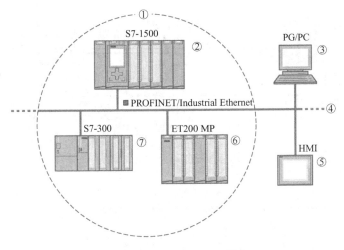

图 7-19　PROFINET I/O 设备

表 7-10　PROFINET I/O 设备

编　号	设　备　名　称	说　　明
①	PROFINET I/O 系统	
②	I/O 控制器	用于对连接的 I/O 设备进行寻址的设备。这意味着 I/O 控制器与现场设备交换输入和输出信号
③	编程设备/PC（PROFINET I/O 监控器）	用于调试和诊断的 PG/PC/HMI 设备
④	PROFINET/工业以太网	网络基础结构
⑤	HMI（人机界面）	用于操作和监视功能的设备
⑥	I/O 设备	分配给其中一个 I/O 控制器（例如，具有集成 PROFINET I/O 功能的 Distributed I/O、阀终端、变频器和交换机）的分布式现场设备
⑦	智能设备	智能 I/O 设备

2. 经由 PROFINET I/O 的通信

通过 I/O 通信，经由 PROFINET I/O 来读取和写入分布式 I/O 设备的输入和输出数据。如图 7-20 所示为经由 PROFINET I/O 的 I/O 通信，表 7-11 对这些 I/O 通信进行了详细的介绍。

表 7-11　经由 PROFINET I/O 的 I/O 通信

通　信　类　型	说　　明
I/O 控制器和 I/O 设备之间	I/O 控制器循环地将数据发送至其 PROFINET I/O 系统的 I/O 设备并从这些设备接收数据
I/O 控制器和智能设备之间	在 I/O 控制器和智能设备的 CPU 中的用户程序之间循环传输固定数量的数据 I/O 控制器不会访问智能设备的 I/O 模块，但会访问已组态的地址范围，即传输范围，这可能在智能设备的 CPU 的过程映像内或外。如果将过程映像的某些部用作传输范围，就不能将这些范围用于实际 I/O 模块 通过过程映像或通过直接访问，使用加载操作和传输操作可进行数据传输
I/O 控制器和 I/O 控制器之间	在 I/O 控制器的 CPU 中的用户程序之间循环传输固定数量的数据。需要将一个 PN/PN 耦合器作为附加硬件使用 I/O 控制器共同访问已组态的地址范围，即传输范围，这可能在 CPU 的过程映像内或外。如果将过程映像的某些部用作传输范围，就不能将这些范围用于实际 I/O 模块 通过过程映像或通过直接访问，使用加载操作和传输操作可进行数据传输

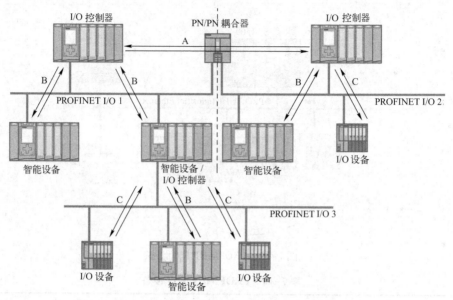

图 7-20 经由 PROFINET I/O 的 I/O 通信

A：I/O 控制器与 I/O 控制器之间经由 PN/PN 耦合器的通信

B：I/O 控制器与智能设备之间的通信   C：I/O 控制器与 I/O 设备之间的通信

3. PROFINET 接口

SIMATIC 产品系列的 PROFINET 设备具有一个或多个 PROFINET 接口（以太网控制器/接口），PROFINET 接口具有一个或多个端口（物理连接选件）。如果 PROFINET 接口具有多个端口，则设备具有集成交换机。对于其某个接口上具有两个端口的 PROFINET 设备，可以将系统组态为线形或环形拓扑结构；具有三个及更多端口的 PROFINET 设备也很适合设置为树形拓扑结构。

网络中的每个 PROFINET 设备均通过其 PROFINET 接口进行唯一标识。为此，每个 PROFINET 接口具有一个 MAC 地址（出厂默认值）、一个 IP 地址和 PROFINET 设备名称。

表 7-12 说明了 STEP 7 中 PROFINET 接口的命名属性和规则以及表示方式。

表 7-12 PROFINET 设备的接口和端口的标识

元 素	符 号	接口编号
接口	X	按升序从数字 1 开始
端口	P	按升序从数字 1 开始（对于每个接口）
环网端口	R	

在 STEP 7 拓扑概览中可找到 PROFINET 接口，如图 7-21 所示。I/O 控制器和 I/O 设备的 PROFINET 接口在 STEP 7 中的表示方法见表 7-13。

表 7-13 STEP 7 中 PROFINET 接口的表示

编 号	说 明
①	STEP 7 中 I/O 控制器的 PROFINET 接口
②	STEP 7 中 I/O 设备的 PROFINET 接口
③	这些行表示 PROFINET 接口
④	这些行表示 PROFINET 接口的"端口"

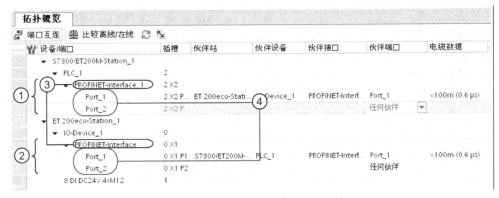

图 7-21　PROFINET 接口在 STEP 7 中的表示

如图 7-22 所示为适用于所有 PROFINET 设备的带集成交换机的 PROFINET 接口及其端口的表示方法。

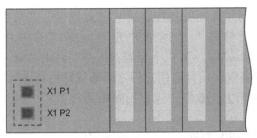

图 7-22　带集成交换机的 PROFINET 接口

7.3.2　构建 PROFINET 网络

可以通过有线连接和无线连接两种不同的物理连接方式在工业系统中对 PROFINET 设备进行联网。

有线连接是通过铜质电缆使用电子脉冲，或通过光纤电缆使用光纤脉冲进行有线连接。无线连接是使用电磁波通过无线网络进行无线连接。

SIMATIC 中的 PROFINET 设备基于快速以太网和工业以太网，因此其布线技术十分适用于工业用途。

1）快速以太网：可以使用快速以太网以 100 Mbit/s 的速度传输数据。为此，该传输技术使用 100 Base - T 标准。

2）工业以太网：工业环境中以太网的结构。工业以太网与标准以太网的最大区别在于各个组件的机械载流能力和抗扰性。

1. 有源网络组件

交换机和路由器属于有源网络组件，可用于构建 PROFINET 网络。

（1）交换式以太网

基于交换式以太网的 PROFINET I/O，支持全双工操作且传输带宽高达 100 Mbit/s，通过多个设备的并行数据传输，且以高优先级对 PROFINET I/O 数据帧进行处理，这样将大大地提高网络的使用效率。

交换机是用于连接局域网（LAN）中多个终端设备或网段的网路组件。设备要与 PROFINET 网络上的多个其他设备通信，则需将该设备连接到交换机的端口上，然后将其他设备（包括交换机）连接到该交换机的其他端口。通信设备与交换机之间的连接是点对点连接，交换机负责接收和分发帧。交换机"记住"所连接的 PROFINET 设备或其他交换机的以太网地址，并且只转发那些用于连接的 PROFINET 设备或交换机的帧。

PROFINET 网络可以使用两种类型的交换机：

1）集成到 PROFINET 设备的交换机：对于带有多个端口（两个以上）的 PROFINET 设备，可使用集成交换机（例如 CPU 1516 – 3 PN/DP）来连接设备。

2）独立交换机（例如 SCALANCE 系列交换机）：如果要使用 PROFINET 的全部功能，必须使用 SCALANCE 系列交换机。SCALANCE 系列交换机经过优化，可用于 PROFINET I/O 中。在 SCALANCE – X 设备系列中，提供有电气端口或光学端口以及同时带有这两种端口的交换机。例如，SCALANCE X202 –2IRT 即具有两个电气端口和两个光学端口，支持 IRT 通信。使用 STEP 7，可以将 SCALANCE – X 设备系列中的交换机作为 PROFINET I/O 设备对其进行组态、诊断以及寻址。

（2）路由器

路由器将独立网段（例如管理层和控制层）彼此连接，其数据量必须根据各网段的服务来协调。路由器还负责分隔两个网络并充当网络间的中介，从而减轻网络负荷。SCALANCE X300 以及 SCALANCE – X 以上型号都提供了路由功能。

路由器两端的通信设备仅在前台启用它们之间通过路由器进行通信时才能互相通信。例如，如果要直接从 SAP 访问生产数据，应使用路由器将工厂中的工业以太网和办公区域中的以太网连接。

2. 有线连接的 PROFINET 网络

电气电缆和光纤电缆都可用于构建有线 PROFINET 网络，电缆类型的选择取决于数据传输需求和网络所处的环境。表 7-14 汇总了带有集成交换机或外部交换机以及可能传输介质的 PROFINET 接口的技术规范。

表 7-14　PROFINET 的传输介质

物理属性	连 接 方 法	电缆类型/传输介质标准	传输速率/模式	最大分段长度（两个设备间）	优 势
电气	RJ45 连接器 ISO 60603 – 7	100Base – TX 2x2 双绞对称屏蔽铜质电缆，满足 CAT 5 传输要求 IEEE 802.3	100 Mbit/s，全双工	100 m	简单经济
光学	SCRJ 45 ISO/IEC 61754 – 24	100Base – FX POF 光纤电缆（塑料光纤，POF）980/1000μm（纤芯直径/外径）ISO/IEC 60793 – 2	100 Mbit/s，全双工	50 m	电位存在较大差异时使用对电磁辐射不敏感线路衰减低，可将网段的长度显著延长[①]
		覆膜玻璃光纤（聚合体覆膜光纤，PCF）200/230μm（纤芯直径/外径）ISO/IEC 60793 – 2	100 Mbit/s，全双工	100 m	
	BFOC（Bayonet 光纤连接器）及 SC（用户连接器）ISO/IEC 60874	单模玻璃纤维光纤电缆 10/125μm（纤芯直径/外径）ISO/IEC 60793 – 2	100 Mbit/s，全双工	26 km	
		多模玻璃纤维光纤电缆 50/125μm 及 62.5/125 μm（纤芯直径/外径）ISO/IEC 9314 – 4	100 Mbit/s，全双工	3000 m	

物理属性	连 接 方 法	电缆类型/传输介质标准	传输速率/模式	最大分段长度（两个设备间）	优　　势
电磁波	—	IEEE 802. 11 x	取决于所用的扩展符号（a、g、h等）	100 m	灵活性更高，联网到远程、难以访问的设备时成本较低

① 仅适用于光缆。

3. 无线连接的 PROFINET 网络

SIMATIC NET 工业无线网络除了符合 IEEE 802.11 标准的数据通信外，还提供大量的增强功能，这些功能为工业客户带来大量优势。IWLAN 尤其适用于需要可靠无线通信的高要求工业应用，因为工业无线网络具有以下特征：

1）在工业以太网连接中断时自动漫游（强制漫游）。

2）通过采用单一无线网络可靠地处理过程关键数据（例如报警消息）和非关键通信（例如服务和诊断），因而节约了成本。

3）可以高效地连接到远程环境中难以访问的设备。

4）可以预测数据流量（确定的）并确定响应时间。

5）循环监视无线链路（链路检查）。

无线数据传输已经实现了通过无线接口将 PROFINET 设备无缝集成到现有总线系统中，可以灵活使用 PROFINET 设备以完成各种与生产相关的任务，并根据客户要求灵活组态系统组件以进行快速开发，通过节省电缆来最大限度降低维护成本。

工业无线网络已经在许多领域得以成功应用，例如，与移动用户（例如移动控制器和设备）、传送线、生产带、转换站以及旋转机之间的通信；通信网段的无线耦合用于在铺设线路非常昂贵的区段（例如公共街道、铁路沿线）进行快速调试或节约成本的联网；栈式卡车、自动引导车系统和悬挂式单轨铁路系统。

如图 7-23 所示例举了 SIMATIC 无线网络系列设备的多种可能的应用和组态。

在不允许全双工的情况下，工业无线网络的总数据传输速率为 11 Mbit/s 或 54 Mbit/s。使用 SCALANCE W（接入点）可以在室内和室外建立无线网络。可以安装多个接入点以创建大型无线网络，在该大型网络中，可以将移动用户从一个接入点无缝地传送到另一个接入点（漫游）。除无线网络外，也可以跨越远距离（数百米）建立工业以太网网段的点对点连接。在这种情况下，射频场的范围和特性取决于所使用的天线。

通过 PROFINET，还可以使用工业无线局域网（IWLAN）技术建立无线网络。因此，建议在构建 PROFINET 网络时使用 SCALANCE W 系列设备。

如果使用工业无线局域网建立 PROFINET，则必须为无线设备增加更新时间。IWLAN 接口的性能低于有线数据网络的性能：多个通信站必须共享有限的传输带宽，对于有线解决方案，所有通信设备均可使用 100 Mbit/s。可以在 STEP 7 中 I/O 设备监视窗口的"实时设置"部分中找到"更新时间"参数，如图 7-24 所示。

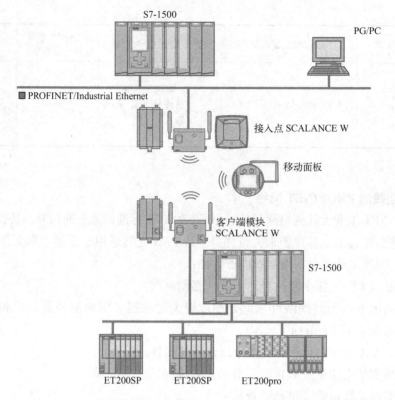

图 7-23　SIMATIC 工业无线网络的应用示例

图 7-24　STEP 7 中设置更新时间

7.3.3　PROFINET 网络的参数分配

"分配参数"意指设置所用组件的属性,将同时设置硬件组件和数据通信的属性。在 STEP 7 中,可以为 PROFINET 网络设置设备名称、IP 地址、端口互连和拓扑、模块属性等参数。

这些参数将加载到 CPU 并在 CPU 启动期间传送给相应的模块。使用备件可非常轻松地更换模块,这是因为针对 SIMATIC CPU 分配的参数在每次启动时会自动加载到新模块中。

如果想要设置、扩展或更改自动化项目,则需要组态硬件。为此,需要向结构中添加硬件组件,将它们与现有的组件相连并根据任务要求修改硬件属性。自动化系统和模块的属性是预设的,因此在很多情况下,都无需再为其分配参数,但在需要更改模块的默认参数设置、想要使用特殊功能及组态通信连接等情况下,需要进行参数分配。

1. 将 I/O 设备分配给 I/O 控制器

PROFINET I/O 系统由一个 PROFINET I/O 控制器和其分配的 PROFINET I/O 设备组成。这些设备在网络或拓扑视图中就位后，STEP 7 会为其分配默认值。最初只需考虑将 I/O 设备分配给 I/O 控制器。

在 STEP 7 的网络视图中，将 I/O 设备分配给 I/O 控制器，需按照以下步骤进行操作（以在 STEP 7 网络视图中添加一个 S7 – 1500 CPU 1516 – 3 PN/DP 为例）：

1）在 STEP 7 网络视图的硬件目录中，选择"分布式 I/O"→"ET 200SP"→"PROFI-NET"→"IM 155 – 6 PN ST"，将其拖曳到网络视图的空白处，如图 7-25 所示。

图 7-25　添加 I/O 设备 IM155 – 6 PN ST

2）选择添加的 IM 155 – 6 PN ST，切换到设备视图，在硬件目录中选择相应的 DI、DO、AI 和 AO 等 I/O 模块拖放到 I/O 设备 IM155 – 6 PN ST 相应的插槽中，配置其 I/O 模块，如图 7-26 所示。

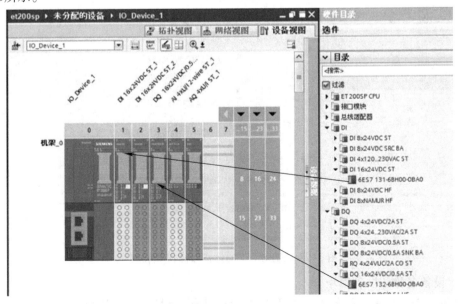

图 7-26　配置 I/O 设备的 I/O 模块

3）配置完 I/O 模块后，返回网络视图，将鼠标指针移动到 I/O 设备 IM155 - 6 PN ST 的接口上，按住鼠标左键，移动鼠标指针，此时指针将使用联网符号来指示"联网"模式。与此同时，可以看到指针上出现锁型符号。指针移到 I/O 控制器的接口上时，该锁型符号才消失，结果如图 7-27 所示。

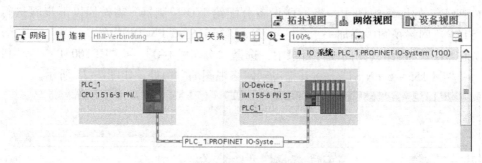

图 7-27　将 I/O 设备分配给 I/O 控制器

2. 设备名称和 IP 地址

为了使 PROFINET 设备可作为 PROFINET 上的节点进行寻址，必须满足唯一的 PROFINET 设备名称和相关 IP 子网中的唯一 IP 地址。

STEP 7 在硬件和网络编辑器中排列 PROFINET 设备期间分配设备名称。IP 地址通常由 STEP 7 自动分配，并根据设备名称分配给设备，也可以手动更改设备名称和 IP 地址。

可以在 STEP 7 的监视窗口中 PROFINET 接口属性的"以太网地址"（Ethernet addresses）下找到设备名称和 IP 地址，如图 7-28 所示。

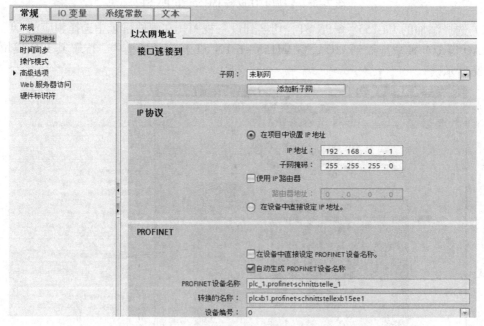

图 7-28　STEP 7 中的设备名称和 IP 地址

（1）设备名称和设备编号

I/O 设备必须具有设备名称，才可通过 I/O 控制器寻址。在 PROFINET 网络中，使用名称比使用复杂的 IP 地址更为简单。为具体的 I/O 设备分配的设备名称可与设置 DP 从站的 PROFIBUS 地址进行比较。出厂时，I/O 设备没有设备名称，在 I/O 控制器可对 I/O 设备进行寻址（例如，用于传输组态数据）之前，必须先通过 PG/PC 分配设备名称。具有可移动存储介质插槽的 I/O 设备允许将设备名称直接写入编程设备的可移动存储卡介质中，使用无需可移动介质的设备更换某设备时，I/O 控制器会根据拓扑组态来分配设备名称。

在 STEP 7 中组态 PROFINET、S7 – 1200、S7 – 1500、ET200MP、ET200SP 和 ET200AL 等设备时，默认自动为其分配设备名称。这些名称由 CPU 名称或接口模块名称构成。对于具有多个 PROFINET 接口的设备，接口的名称有所增强，例如：

"plc_1. profinet – interface_2" 或 "io – device_1"

可以使用 DNS 命名惯例结构化设备名称。这些命名惯例是由 "在应用程序中实现国际化域名"（IDNA）定义的，因此设备名称应为小写字母。"域名系统"（DNS）是一种分布式数据库（http://iana. org），可管理 Internet 上的名称空间。为了结构化名称，将使用句点（"."），从左向右以升序显示其层级，例如：

... ＜子域名＞. ＜域名＞. ＜顶级域名＞

如果名称不符合 DNS，则该名称将由 STEP 7 自动转换为 "plcxb1. profinetschnittstellexb 2022c" 或 "io – devicexb15b32"。

除设备名称之外，在分配 I/O 设备时，STEP 7 还分配设备编号（从 "1" 开始）。设备编号显示在监视窗口的 PROFINET 接口属性内 PROFINET 区域中的 "以太网地址"（Ethernet addresses）下，如图 7-29 所示。

图 7-29　设备编号

（2）IP 地址

要使 PROFINET 设备可作为工业以太网上的设备进行寻址，该设备还需要在网络中具有唯一的 IP 地址。IP 地址通常由 STEP 7 自动分配，并根据设备名称分配给设备。如果是独立网络，则可以应用 STEP 7 建议的 IP 地址和子网掩码。如果网络为公司现有以太网网络的一部分，则应向网络管理员获取这些数据。

根据 Internet 协议 V4（IPv4），IP 地址由四个十进制数字组成，每个十进制数字的范围为 0～255，各十进制数字之间用句点分隔（例如 192. 162. 0. 0）。IP 地址由网络地址和设备的地址（I/O 控制器或 I/O 设备的 PROFINET 接口）组成。

I/O 设备的 IP 地址由 STEP 7 生成，并在 CPU 启动时首次分配给 I/O 设备。此外，对于某些 I/O 设备（例如 SCALANCE X、S7 – 300 CP），还可以不在 I/O 控制器启动期间获得 IP 地址，而是在使用之前在设备上设置 IP 地址。I/O 设备的 IP 地址始终与 I/O 控制器的子网掩码相同，并通过 I/O 控制器的 IP 地址按升序进行分配。如果需要，可以手动更改 IP 地址。对于具有多个 PROFINET 接口的设备（例如 CPU 1516 - 3 PN/DP），IP 地址必须位于不同的子网中。

子网掩码中设置的位决定 IP 地址中包含网络地址的部分，通常应该遵循以下原则：

1）网络地址通过将 IP 地址与子网掩码进行 "与" 运算获得。

2）设备地址通过将 IP 地址与子网掩码进行 "与非" 运算获得。

例如：

子网掩码：255.255.0.0（十进制） = 11111111.11111111.00000000.00000000（二进制）

IP 地址：192.168.0.2（十进制） = 11000000.10101000.00000000.00000010（二进制）

含义：IP 地址的前两个字节（即 192.168）用于确定网络。后两个字节（即 0.2）用于对设备进行寻址。

当必须通过 TCP/IP 或 UDP 将数据转发给本地网络之外的合作伙伴时，将使用默认的路由器。在 STEP 7 中，默认路由器名为 Router。可以在 CPU 的监视窗口中，使用 "IP 协议"（IP protocol）部分的 "使用路由器"（Use router）复选框启用路由器。默认情况下，STEP 7 将为默认路由器分配本地 IP 地址。在 I/O 控制器的 PROFINET 接口中设置的路由器地址可自动地传输给组态的 I/O 设备。

有关 IP 地址范围与 "默认子网掩码" 的分配存在具体的规定，IP 地址中的第一个十进制数字（从左边起）确定默认子网掩码的结构，"1" 值（二进制）的个数见表 7-15。224 ~ 255 之间的值也可以用作 IP 地址的第一个十进制数字（地址类别 D 等），但由于对这些值不进行地址检查，因此不建议使用。

表 7-15　IP 地址与默认子网掩码的关系

IP 地址（十进制）	IP 地址（二进制）	地　址　类	默认子网掩码
0 ~ 126	0xxxxxxx. xxxxxxx....	A	255.0.0.0
128 ~ 191	10xxxxxx. xxxxxxx...	B	255.255.0.0
192 ~ 223	110xxxxx. xxxxxxx...	C	255.255.255.0

3. 分配设备名称和 IP 地址

（1）首次分配设备名称和 IP 地址

首次为 I/O 控制器分配 IP 地址和子网掩码时，可选择以下分配方式：

1）使用 PG/PC：将 PG/PC 连接至相关 PROFINET 设备所在的同一网络。PG/PC 的接口必须设置为 TCP/IP 模式。在下载期间，首先通过 "可访问的设备"（Accessible devices）下载对话框显示所有可用的设备。在下载包含组态 IP 地址（IP 地址持久地保存）的硬件组态之前，通过 MAC 地址选择目标设备，然后分配 IP 地址。

2）使用 S7 - 1500 CPU 的显示屏：S7 - 1500 CPU 带有一个前盖板，上面有一个显示屏和一些操作按键，可以使用该显示屏来分配或更改 IP 地址。要设置 IP 地址，可通过菜单项 "设置" → "地址" → "X1（IE/PN）" → "参数"（"Settings" → "Addresses" → "X1（IE/PN）" → "Parameters"）在显示屏上浏览。

3）使用存储卡：如果 PROFINET 设备配备了存储卡（MMC 卡/SIMATIC 存储卡），则可将此卡插入到 PG/PC 中并将硬件组态与组态的 IP 地址一起保存在该存储卡上，然后将该存储卡插入到 PROFINET 设备中。插入后，PROFINET 设备会自动应用该 IP 地址。如果使用"在设备中直接设置 IP 地址"（IP address is set directly at the device）选项将组态保存到存储卡中，则必须在插入该存储卡后使用其他方法分配 IP 地址。

对于无需可移动介质的设备（例如 ET200MP、ET200SP）和支持"设备更换无需可移动介质/PG"的设备（例如 ET200S），I/O 控制器可以在设定拓扑指定的相邻关系和实际 PROFINET 设备指定的实际相邻关系中不用名称就能识别设备。然后 I/O 控制器为 PROFINET 设备分配组态的名称，并将 PROFINET 设备加入到用户数据通信中。

当使用可移动介质 PG 更换 I/O 设备时，从 PROFINET 设备拔下存储卡并将其插入其他含可移动介质的 PROFINET 设备（例如 ET200S），会将特定于设备的信息和设备名称加载到设备中。如果由于设备或模块故障而必须彻底更换 I/O 设备，则 I/O 控制器将自动分配参数并组态新换的设备或模块，然后将重新开始用户数据的循环交换。除此之外，在 I/O 设备开启之前，必须将名称有效的存储卡从故障的 I/O 设备中拆下，并将它添加到新换的设备中。如果 PROFINET 设备中发生错误，则该存储卡允许用户在不使用 PG/PC 的情况下更换模块，还可以将设备数据从 PG/PC 直接传输到该存储卡。

（2）更改设备名称和 IP 地址

可以在 PROFINET 接口的属性中更改 PROFINET 设备名称。当 PROFINET 设备先前没有通过自动生成来获得其以前的名称（例如在移植期间）时，此方法将很有用。在 PROFINET 接口的属性中更改 PROFINET 设备名称的步骤如下：

1）在 STEP 7 的硬件和网络编辑器的网络视图或设备视图中，选择 PROFINET 设备的 PROFINET 接口。

2）在监视窗口中，转至 PROFINET 区域中的"以太网地址"（Ethernet addresses）。

3）取消勾选"自动生成 PROFINET 设备名称"（Generate PROFINET device name automatically）复选框。

4）在相应域中输入新的 PROFINET 设备名称，如图 7-30 所示。

图 7-30　在属性中更改 PROFINET 设备名称

也可以在网络视图中更改 PROFINET 设备的设备名称，但必须在 PROFINET 接口属性中已经勾选了"自动生成 PROFINET 设备名称"（Generate PROFINET device name automatically）复选框，步骤如下：

1）在 STEP 7 中，在网络视图的表格区域中选择"网络概览"（Network overview）选项卡。

2）在"设备"（Device）列中，在相关 PROFINET 设备的行中改写该名称，在网络视图的图形区域中也会相应地更改该名称，如图 7-31 所示。

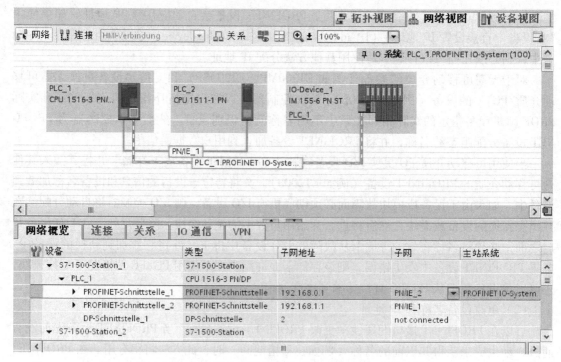

图 7-31　在 STEP 7 网络视图中更改 PROFINET 设备名称

要更改 PROFINET 设备的 IP 地址，可以按以下步骤操作：

1）在 STEP 7 的硬件和网络编辑器的网络视图或设备视图中，选择 PROFINET 设备的 PROFINET 接口。

2）在监视窗口中，转至"IP 协议"（IP protocol）区域中的"以太网地址"（Ethernet addresses）。

3）检查是否选中"在项目中设置 IP 地址"（Set IP address in the project）选项。

4）在相应域中输入新的 IP 地址，如图 7-32 所示。

图 7-32　在 STEP 7 中更改 PROFINET 设备的 IP 地址

（3）将已组态的设备名称下载到 I/O 设备

要将组态的设备名称放入 I/O 设备，可以按以下步骤操作：

1）将 PG/PC 连接至相关 I/O 设备所在的网络。PG/PC 的接口必须设置为 TCP/IP 模式。

2）在 STEP 7 中，根据 MAC 地址在"可访问设备"（Accessible devices）对话框中选择相应的 I/O 设备。

3）单击"分配名称"（Assign name），将已组态设备名称下载至 I/O 设备。

I/O 控制器将根据其设备名称识别 I/O 设备，并自动为其分配组态的 IP 地址。

（4）识别 PROFINET 设备

要从控制柜中的若干相同设备中清楚地识别出某个设备，可以使用 PROFINET 设备连接的 LED 指示灯闪烁。要执行此操作，可以在 STEP 7 中选择菜单命令"在线"→"可访问设备..."（"Online"→"Accessible devices..."），打开"可访问设备"（Accessible devices）对话框，如图 7-33 所示。在"可访问设备"（Accessible devices）对话框中，设置用于连接设备的 PG/PC 接口。STEP 7 将自动搜索可访问设备并将其显示在"目标子网中的可访问设备"（Accessible devices in target subnet）表中。选择所需的 PROFINET 设备并单击"闪烁 LED"（Flash LED）按钮，将根据 MAC 地址来识别 PROFINET 设备。

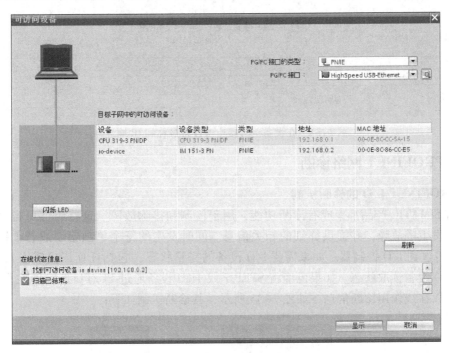

图 7-33 "可访问设备"（Accessible devices）对话框

4. 在设备上直接更改设备名称和 IP 地址

在现场，往往需要频繁地调试机器设备或者不通过 STEP 7 直接将设备集成到现有系统架构中，尤其是在各种领域的一系列设备构建中。在这种情况下，可以使用在设备上直接更改设备名称和 IP 地址的方式为 PROFINET 设备分配设备名称和 IP 地址，操作步骤如下：

1）在 STEP 7 的"硬件和网络"（Hardware and network）编辑器的网络视图或设备视图中，选择 I/O 控制器的 PROFINET 接口。

2）在监视窗口中浏览到"以太网地址"（Ethernet addresses）。

3）在 IP 协议（IP protocol）区域中，勾选"在设备中直接设置 IP 地址"（IP address is set directly at the device）复选框。

4）在"PROFINET"区域中，勾选"在设备中直接设置 PROFINET 设备名称"（PROFI-NET device name is set directly at the device）复选框，如图 7-34 所示。

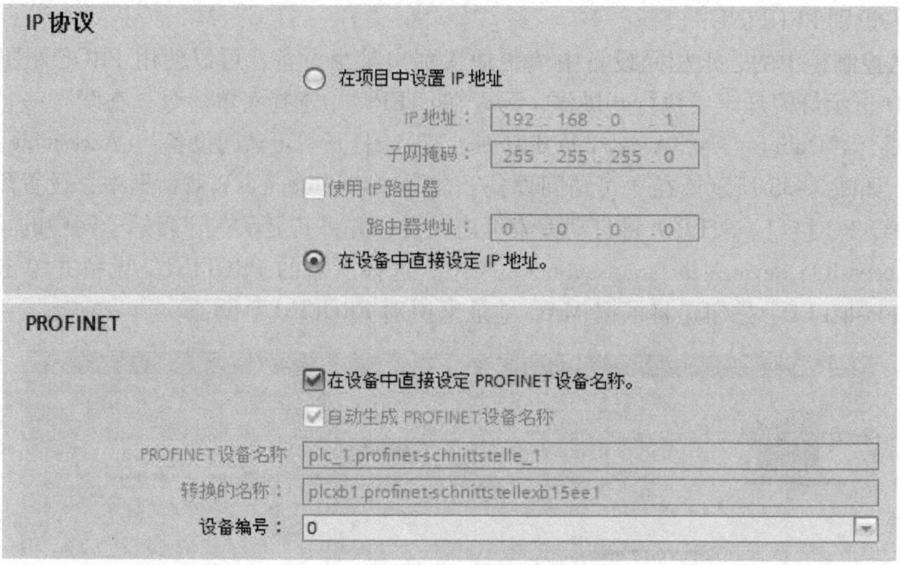

IP 协议

○ 在项目中设置 IP 地址

IP 地址： `192 . 168 . 0 . 1`

子网掩码： `255 . 255 . 255 . 0`

☐ 使用 IP 路由器

路由器地址： `0 . 0 . 0 . 0`

◉ 在设备中直接设定 IP 地址。

PROFINET

☑ 在设备中直接设定 PROFINET 设备名称。

☑ 自动生成 PROFINET 设备名称

PROFINET 设备名称 `plc_1.profinet-schnittstelle_1`

转换的名称： `plcxb1.profinet-schnittstellexb15ee1`

设备编号： `0` ▼

图 7-34　在设备上直接更改设备名称和 IP 地址

7.3.4　PROFINET 网络诊断

1. PROFINET I/O 的诊断机制

所有 SIMATIC 产品都集成有诊断功能，用于检测和排除故障。这些组件可自动指出操作中可能发生的故障，并提供详细的相关信息。同时发生的每个单独错误或若干错误将从 I/O 设备传送到 I/O 控制器。如果需要 I/O 设备的完整状态（包括任何未决错误），也可以直接从 I/O 设备读取状态。如果已经将 STEP 7 或 HMI 设备通过 PG/PC 连接到工业以太网，那么也可以在线调用诊断信息，如图 7-35 所示，其诊断机制如下：

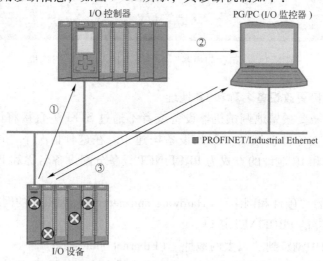

图 7-35　对 PG/PC 或 HMI 设备进行 PROFINET I/O 诊断

1）I/O 设备检测到一个错误，并将诊断数据发送给指定的 I/O 控制器。

2）I/O 控制器会通知编程/HMI 设备，并更新所显示的系统诊断信息。

3）在 STEP 7 中，可以从 I/O 设备（而与 I/O 控制器无关）直接读取"可访问设备"

（Accessible devices）的站状态。仅当 PG/HMI 已连接至工业以太网时，才可以执行以上操作。这意味着可以在调试阶段或服务过程中（甚至在 I/O 控制器不运作时）访问诊断信息。

（1）PROFINET I/O 中的诊断级别

I/O 设备会将出现的所有错误消息发送到 I/O 控制器，诊断信息的范围和容量随诊断数据评估的级别以及所使用的 PROFINET 设备而异，因此可以根据诊断数据的级别判断错误信息出自于哪种 PROFINET 设备。例如，通过诊断级别 4 判断错误信息出自的通道编号和类型，如图 7-36 所示。

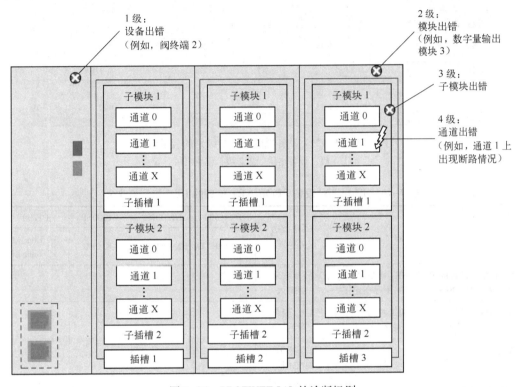

图 7-36　PROFINET I/O 的诊断级别

图 7-37 以分布式 I/O 系统 ET200MP 为例，说明了 STEP 7 的设备视图中 PROFINET I/O 诊断级别的表示形式。

（2）I&M 数据（标识和维护）

标识数据（I 数据）是模块信息（其中某些数据可能印在模块外壳上），例如订货号和序列号。I 数据是只读的供应商特定模块数据。维护数据（M 数据）是设备特定信息，例如位置标识符和安装日期。M 数据是在组态期间创建的。这些模块可在在线模式下通过 I&M 数据唯一地标识。

2. 使用状态 LED 灯进行诊断

SIMATIC 设备 PROFINET 接口的每个端口都有一个 LED 指示灯，表 7-16 汇总了 S7-1500、ET200MP、ET200SP 和 ET200AL 系统中这些 LED 指示灯的含义。

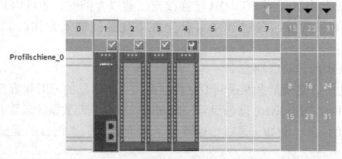

图 7-37　STEP 7 设备视图中诊断级别的表示形式

① 1 级：设备出错　② 2 级：模块出错

表 7-16　SIMATIC 设备 PROFINET 接口的 LED 指示灯含义

含　义	LED 指示灯图像	S7 - 1500	ET200MP	ET200SP	ET200AL
		LINK/TX/RX LED		LK LED	P1 Link LED P2 Link LED
PROFINET 设备的 PROFINET 接口与通信伙伴（例如 I/O 控制器）之间不存在连接	LED 指示灯熄灭	√	√	√	√
PROFINET 设备的 PROFINET 接口与通信伙伴（例如 I/O 控制器）之间存在连接	LED 绿色指示灯	√	√	√	√
已执行"节点闪烁测试"	LED 指示灯绿色闪烁	√	√	√	√
通过以太网连接存在活动的数据流量（发送/接收）	LED 黄色指示灯	√	√	–	–

3. 通过 S7 –1500 CPU 显示屏进行诊断

S7 –1500 自动化系统中的每个 CPU 都带有一个前面板，其上安装有显示屏。控制和状态信息都显示在显示屏上的各个菜单中，通过操作键，可以在菜单之间进行切换。在显示屏上，可对以下各种指示进行分析：

1）错误和报警文本（系统诊断，报警消息）。

2）集中式和分布式模块的模块状态。

如图 7-38a 所示，在 CPU 1516 –3 PN/DP 显示屏上可以看到在诊断图标上有一条警告并在模块图标上有一个感叹号。

要显示模块状态，可以通过菜单项"模块"→"PROFINET I/O（X1）"→"站"→"插槽"→"状态"→"模块状态"（"Module"→"PROFINET I/O（X1）"→"Station"→"Slot"→"Status"→"Module status"）来浏览显示屏。模块状态指示模块中出现故障。"下一

级状态"是下面的诊断级别中的模块状态。如图 7-38b 所示，状态为"良好"（good），即故障不在较低诊断级别子模块或通道中，而是在模块中。

还可以在显示屏上显示相关自动化系统的诊断缓冲区条目和报警消息。要显示 CPU 的诊断缓冲区条目，可以在显示屏上通过菜单项"诊断"→"诊断缓冲区"（"Diagnostics"→"Diagnostics buffer"）进行浏览，如图 7-38c 所示。

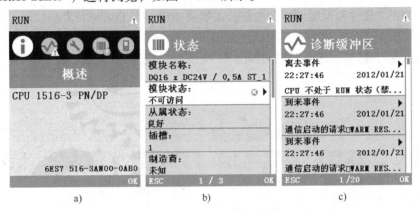

图 7-38　S7-1500 显示屏

a）显示屏概览　b）显示模块状态　c）显示诊断缓冲区

要显示自动化系统的报警消息，可以在显示屏上通过菜单项"诊断"→"报警"→"报警文本"（"Diagnostics"→"Alarms"→"Alarm text"）进行浏览，如图 7-39 所示。

S7-1500 CPU 显示屏上将静态显示 CPU 当前的读取状态，因此不会自动刷新。报警显示屏将在退出并重新打开后更新。可以在显示屏上通过菜单项"显示"→"诊断信息更新"（"Display"→"Diagnostic refresh"）设置自动地更新诊断信息。

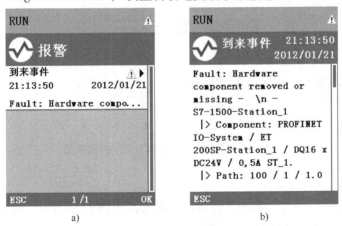

图 7-39　报警消息显示

a）报警显示屏　　b）报警消息显示屏

4. 通过 Web 服务器进行诊断

隶属于 S7 系列的 CPU 自带有集成的 Web 服务器，具有很多的功能。在诊断方面，Web 服务器可以提供以下信息：

1）诊断缓冲区的内容。

2）模块状态。

3）PROFINET 系统的实际拓扑。

4）PROFINET 系统的设定拓扑（组态方面）。

在 Web 服务器显示的图形视图中提供 PROFINET 系统的设定拓扑和实际拓扑必须满足以下要求：

1）在 STEP 7 硬件和网络编辑器的拓扑编辑器中已组态 PROFINET 端口。

2）已通过 STEP 7 将整个项目加载到 CPU 中。

通过 Web 服务器显示的图形视图如图 7-40 所示，表 7-17 列出了设定/实际拓扑有色连接的含义。

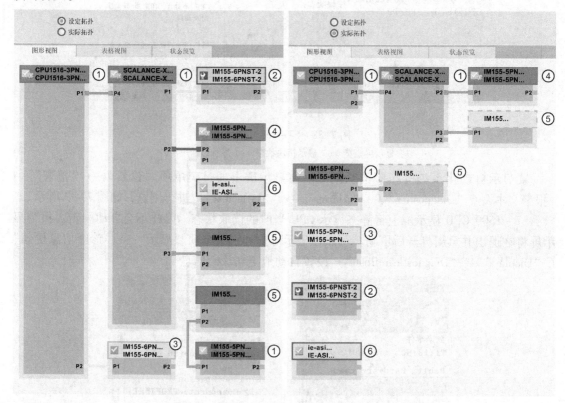

图 7-40　通过 Web 服务器显示的图形视图

图 7-40 中①～⑥的含义如下：

① 已组态且可访问的 PROFINET 设备：已组态且可访问的 PROFINET 设备以暗灰色显示。连接将显示用于连接站 PROFINET 设备的端口。

② 已组态且不可访问的 PROFINET 设备：已组态且不可访问的 PROFINET 设备以粉色（带红色边框）显示（例如设备发生故障、电缆断开连接）。

③ 取消激活的设备：全部已取消激活且已组态的 PROFINET 设备以浅灰色显示。

④ 已互换的端口：已互换的端口在设定拓扑视图中标记为红色。当前连接的端口显示在实际拓扑中，已组态的设定连接显示在设定拓扑中。

⑤ 其他 PROFINET I/O 系统的 PROFINET 设备：

在设定拓扑中：当另一个 PROFINET I/O 系统的 PROFINET 设备与已组态且可访问的 PROFINET 设备①直接相邻并且也可供访问时，它将显示一个绿色连接（如果端口已互换，则为红色连接）。当另一个 PROFINET I/O 系统的 PROFINET 设备不可访问时，将显示一个黄色连接线。隶属于不同 PROFINET I/O 系统的两个 PROFINET 设备之间的连接无法识别并且始终以黄色显示。

在实际拓扑中：仅当另一个 PROFINET I/O 系统的 PROFINET 设备与已组态的 PROFI-NET 设备直接相邻时，才会显示该 PROFINET 设备。该 PROFINET 设备以浅灰色显示并且将显示虚线。对于其他 PROFINET I/O 系统的 PROFINET 设备，设备顶部上不会显示状态。

⑥ 表示错误相邻关系：无法完全或正确读出其相邻关系的设备将以浅灰色（带有红色边框）显示。

表 7-17　设定/实际拓扑中有色连接的含义

连　接	含　义		实　际　拓　扑
	设　定　拓　扑		
绿色	当前实际连接与已组态的设定连接匹配		检测到的连接
红色	当前实际连接与组态的设定连接不匹配（例如，端口已互换）		–
蓝色	无法对连接进行诊断。原因： 与 I/O 设备的通信已中断（例如，拔下了电缆）； 连接到无源组件； 连接到其他 I/O 控制器或 PROFINET 系统的 PROFINET 设备		–

5. STEP 7 中的诊断

对于 PROFINET，可通过 STEP 7 中的以下选项来评估诊断：

1）在线与诊断 – 设备与网络。

2）在线与诊断 – PROFINET 端口诊断。

在硬件和网络编辑器中（通过双击 "设备与网络"（Devices & networks）从 "项目树"（Project tree）启动），通过单击 "转至在线"（Go online）按钮，可以获得系统当前状态的概述，还可以显示组态信息（例如未组态的模块），如图 7-41 所示。

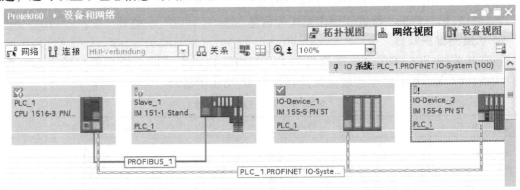

图 7-41　在线与诊断网络视图

在 STEP 7 中，可以显示发生故障的模块的概述。要执行此操作，可以选择菜单命令 "在线" → "在线与诊断"（"Online" → "Online & diagnostics"）。连接后，可以在项目树中看到可访问设备的状态。双击显示有报警消息的设备，直接访问故障模块，将在工作区中打开设备视图。在报告故障的设备的设备视图中，可以直接看到哪些模块中发生该故障，如图 7-42 所示。

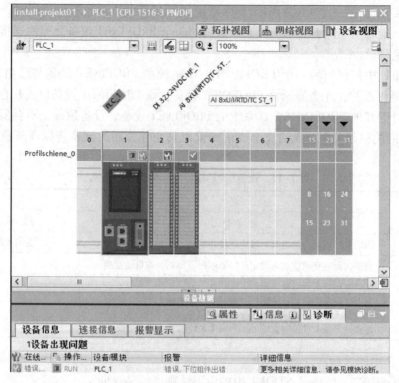

图 7-42　在线与诊断设备视图

在监视窗口中打开"诊断"（Diagnostics）选项卡和子选项卡"设备信息"（Device information），查看详细的错误描述信息。

如果在 PROFINET 设备的"在线与诊断"（Online & diagnostics）设备视图的"诊断"（Diagnostics）区域中选择"PROFINET 接口"→"端口"（"PROFINET interface"→"Ports"），则表格中会列出 PROFINET 接口的端口，如图 7-43 所示。该表提供有关 PROFINET 接口的端口名称、状态、设置和操作模式等信息。

6. 扩展的维护概念

可连接集成 SIMATIC 设备交换机的 PROFINET 接口支持四个级别的诊断概念，符合 PROFINET V2.3 或更高版本的规范且具有表 7-18 所示的状态。

表 7-18　诊断状态的分类

诊断状态	符　号		错误严重性
良好	绿色对勾	✓	低
需要维护	绿色扳手	🔧	
要求维护	黄色扳手	🔧	高
差	红色扳手	🔧	

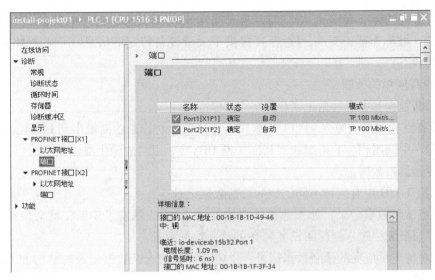

图 7-43　STEP 7　中的 PROFINET 端口诊断

诊断概念的目的是尽早检测出并消除潜在故障，以避免损坏故障。除良好（无故障）和差（故障）状态信息外，还为 PROFINET 设备定义了其他状态信息。生成的维护信息带有以下系统报警：

1）需要维护（用绿色扳手表示）。

2）要求维护（用黄色扳手表示）。

可为大多数常用参数定制生成这两个系统报警所需的时间。

7.网络拓扑诊断

作为一个开放式标准，可以使用任何基于 SNMP 的系统或软件解决方案在 PROFINET 中进行诊断。

网络管理协议 SNMP（简单网络管理协议）使用无线 UDP 传输协议。该协议由两个网络组件组成，类似于客户端/服务器模型。SNMP 管理器监视网络节点，而 SNMP 客户端收集各网络节点中的各种网络特定信息，并以结构化形式将其存储在 MIB（管理信息库）中。网络管理系统可以使用该信息运行详细的网络诊断。

MIB（管理信息库）是设备的数据库，SNMP 客户端在设备上访问该数据库。S7 设备系列支持以下标准 MIB：

1）MIB II，在 RFC 1213 中进行标准化。

2）LLDP – MIB，在国际标准 IEC 802.1AB 中进行标准化。

3）LLDP – PNIO – MIB，在国际标准中进行标准化 IEC 61158 – 6 – 10。

LLDP（连接层发现协议）是用于检测最相邻设备的协议。LLDP 支持设备发送自身相关信息并接受来自其相邻设备的信息。该信息将保存到 LLDP – MIB 中，例如，可使用 SNMP 进行查询。网络管理系统可以使用该信息确定网络拓扑。

SNMP 可以作以下用途：

1）由用户使用 SIMATIC NET OPC 服务器将网络诊断集成到中央 HMI/SCADA 系统中。

2）由机器的 IT 管理员和工厂操作员使用标准网络管理系统监视其工业以太网网络。

3）通过 IT 管理，使用标准网络管理系统来监视自动化网络以及办公网络。

可通过常规的标准 Internet 浏览器监视和操作 SIMATIC NET 系列中兼容 SNMP 的设备。该管理系统（被称为基于 Web 的管理）提供了大量设备特定的信息（例如网络统计信息、冗余电源的状态）。

8. 用户程序中的诊断

（1）诊断数据和组态数据记录

I/O 设备在检测到故障（例如 I/O 模块断路）时会将诊断中断输出到 I/O 控制器。此中断在用户程序中调用相应的组织块（诊断中断 OB82），以对故障生成已定义的（已编程的）响应，并传递诊断数据记录。

PROFINET I/O 中有两种不同类型的诊断数据记录：

1）通道诊断数据记录：如果通道处于错误状态和/或触发了中断，就会生成通道诊断数据记录。如果无故障，则返回长度为 0 的诊断数据记录。

2）针对特定供应商的诊断数据记录：供应商特定的诊断数据记录的结构和大小取决于供应商的设置。

可以通过以下寻址级别评估诊断数据和组态数据：

1）设备级别。

2）AR（应用关联）。

3）API（应用程序进程标识符）。

4）插槽。

5）子插槽。

每个寻址级别都有一组可用的诊断数据记录和组态数据记录（例外：设备级别始终是 0xF80c）。在十六进制表示法中，通过数据记录编号的首字母来区别各数据记录组，如图 7-44 所示。

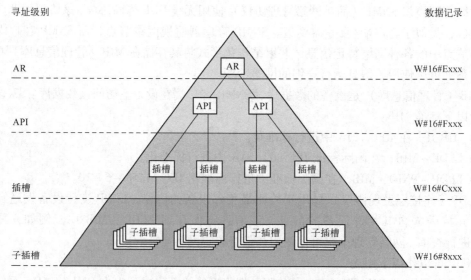

图 7-44　诊断数据记录的寻址级别

每个 I/O 设备（寻址级别 AR）、模块（寻址级别插槽）或子模块（寻址级别子插槽）

的信息总是传送到各个诊断数据记录或组态数据记录中。根据寻址级别，数据记录将返回一个或多个子插槽、插槽和 API 的诊断数据或组态数据。

（2）在用户程序中评估诊断

对于 PROFINET I/O，诊断信息采用了跨供应商的数据记录结构。仅为已发生故障的通道生成诊断信息。使用 PROFINET 获取诊断信息的基本方法有两种：

1）评估诊断状态：使用指令"DeviceStates"和"ModuleStates"读出 PROFINET I/O 系统的诊断，以定位这些站/模块或 PROFINET I/O 系统内因错误而要求维护/需要维护的站/模块。然后，使用指令"RDREC"（读数据记录）直接从相关模块中读出各种诊断数据记录，从而获取有关错误的详细信息，如图 7-45 所示。

2）评估中断：在调用错误 OB（OB 82）时，该 OB 的启动信息中提供了有关错误原因和位置的信息。可以使用指令"RALRM"（读取更多中断信息）在错误 OB 中获取有关错误事件的详细信息，如图 7-46 所示。

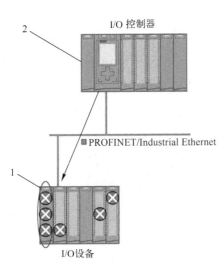

图 7-45　使用指令"RDREC"评估诊断数据记录
1—将所有单独的错误收集到接口模块上的一个数据记录中
2—指令"RDREC"在用户程序中直接从 I/O 设备异步读取
整个站的状态

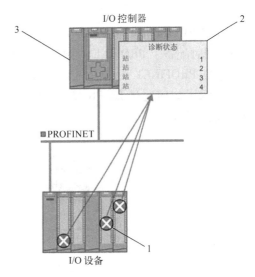

图 7-46　通过 OB 82 和指令"RALRM"进行诊断
1—每个错误均将作为通道诊断信息以中断形式单独
发送给 I/O 控制器
2—在 I/O 控制器中，将自动更新模块状态数据，并
启动错误 OB（OB 82）
3—在用户程序中，错误 OB（OB 82）中的指令"RALRM"
将从 I/O 控制器中同步读取错误，而不对 I/O 设备进行寻址

7.3.5　连接其他总线系统

通过 PROFINET，可使用具有代理功能的 PROFINET 设备来集成现有现场总线系统（例如 PROFIBUS、AS Interface），如图 7-47 所示。这些现场总线系统的设备可映射到代理 PROFINET 设备。这样，就可以建立由现场总线和基于以太网的子系统组成的混合系统，这将允许两个子系统持续地交换信息。

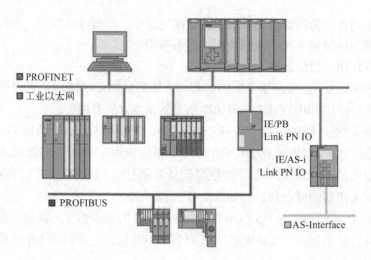

图 7-47 PROFINET I/O 网关

1. 连接 PROFINET 和 PROFIBUS

利用同时配备了 PROFINET 接口和 PROFIBUS 接口（例如 IE/PB Link PN I/O）且具有代理功能的 PROFINET 设备，可以将现有的 PROFIBUS 组态集成到 PROFINET 组态中。图 7-48 显示了如何通过 IE/PB Link，将 PROFIBUS 系统连接到 CPU S7-1500（硬件版本 V1.7 及更高版本）。

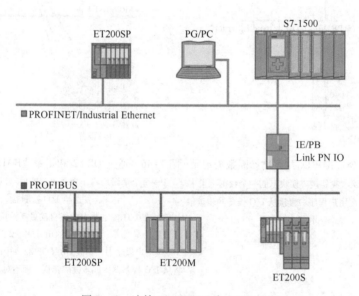

图 7-48 连接 PROFINET 和 PROFIBUS

具有代理功能的 PROFINET 设备是以太网上 PROFIBUS 设备的替代设备。代理功能使 PROFIBUS 设备不仅可与其主站通信，还可与 PROFINET 上的所有设备进行通信。通过 PROFINET，可将现有 PROFIBUS 系统连接到 I/O 控制器（例如通过 IE/PB Link PN I/O）。

对 I/O 控制器而言，PROFIBUS - DP 从站和 IE/PB Link PN I/O 连接到同一个网络。这些从站具有和 IE/PB Link PN I/O 相同的设备名和 IP 地址，但设备号不同。并且每个从站都有一个特定的 PROFIBUS 地址。这样，就可以将 DPV0 和 DPV1 从站都连接到 PROFINET。

2. 通过 IE/PB Link 将 DP 从站连接到 PROFINET I/O 系统

要通过 IE/PB Link 将 DP 从站连接到 PROFINET I/O 系统，系统的软件和硬件必须满足以下要求：

1）STEP 7 V12 及更高版本。

2）S7 - 1500 CPU 固件版本 V1.7 及更高版本。

3）ET200SP CPU 固件版本 V1.7 及更高版本。

4）S7 - 1500 软控制器。

5）S7 - 300/400 CPU。

要在 STEP 7 中通过 IE/PB Link，将 DP 从站连接到 PROFINET I/O 系统，请按以下步骤操作：

1）将 PROFINET CPU（例如 1513 - 1 PN）从硬件目录拖到 STEP 7 的网络视图中。

2）将 IE/PB Link PN I/O 从硬件目录拖到 STEP 7 的网络视图中。可以在"网络组件"→"网关"→"IE/PB Link PN I/O"（"Network components"→"Gateways"→"IE/PB Link PN I/O"）下找到 IE/PB Link PN I/O）。

3）将 IE/PB Link PN I/O）分配给 CPU，如图 7-49 所示。

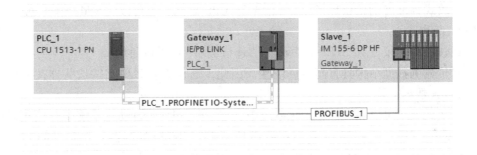

图 7-49　组态 IE/PB Link

4）将 PROFIBUS 接口模块（例如 IM155 - 6 DP HF）从硬件目录拖到网络视图中。

5）将接口模块分配给 IE/PB Link。

6）在 STEP 7 的网络视图中选择 IE/PB Link PN I/O。

7）在监视窗口中，转至"网关"（Gateway）区域，并勾选复选框"用作 PROFINET I/O 代理的网络网关"（Network gateway as PROFINET I/O proxy），如图 7-50 所示。

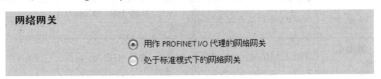

图 7-50　设置网关

8）在 PROFINET 设备编号区域，可以为 DP 从站分配一个 PROFINET 设备编号，如图 7-51所示。如果勾选了"设备编号＝PB 地址"（Device number ＝ PB address）复选框

（默认），STEP 7 会根据从站的 PROFIBUS 地址自动分配设备编号。此外，在 PROFIBUS 地址更改时不再需要更新设备编号。

图 7-51　针对 IE/PB Link 分配 PN 设备号

任务 23　使用 ET200SP 实现自动灌装生产线项目

将自动罐装生产线上的 I/O 信号连接到分布式 I/O 设备 ET200SP 上，构建 PROFINET 网络，组态网络参数，编写控制程序。

7.4　开放式通信

通过开放式通信，CPU 可以与同一子网中具有通信能力的其他模块进行数据交换。开放式通信具有以下主要特点：

1）开放式标准（通信伙伴可以是 SIMATIC CPU 之间，也可以是 SIMATIC CPU 与其他厂商的 CPU 或 PC）。

2）通过各种协议（在 STEP 7 中称为"连接类型"）进行通信。

3）可传输的数据结构具有高度灵活性。因此，通信设备只要支持这些连接类型，都可以进行开放式数据交换。

4）开放式通信可以在各种自动化系统中实现，S7 - 1500 自动化系统中开放式通信的通信伙伴主要有 CPU（S7 - 1500、ET200SP CPU、S7 - 1500 软控制器）中集成的 PROFINET/工业以太网接口、通信处理器 CP 1543 - 1 的 PROFINET/工业以太网接口和通信模块 CM 1542 -1 的 PROFINET/工业以太网接口。

7.4.1　开放式通信的协议

S7 - 1500 自动化系统进行开放式通信时，可以使用的通信协议见表 7-19 和表 7-20。

表 7-19　开放式通信的传输协议

传输协议	所用接口	传输协议	所用接口
TCP，遵循 RFC 793 标准	PROFINET/工业以太网	ISO，遵循 ISO/IEC 8073 标准	工业以太网（仅 CP 1543 -1）
ISO - on - TCP，遵循 RFC 1006（Class 4）标准	PROFINET/工业以太网	UDP，遵循 RFC 768 标准	PROFINET/工业以太网

表 7-20　开放式通信的应用协议

应用协议	使用的传输协议	应用协议	使用的传输协议
Modbus TCP	TCP，遵循 RFC 793 标准	FTP	TCP，遵循 RFC 793 标准

应 用 协 议	使用的传输协议	应 用 协 议	使用的传输协议
电子邮件	TCP，遵循 RFC 793 标准		

在进行数据传输之前，TCP、ISO – on – TCP 和 ISO 这些协议首先会建立与通信伙伴的传输连接。如果需防止数据丢失，则可以使用面向连接的协议。

采用 UDP 协议时，可以通过 CPU 的 PROFINET 接口或 CP 1543 – 1 的工业以太网接口，向 PROFINET 上的一个设备进行单播或向所有设备进行广播，也可以通过 CP 1543 – 1 的 PROFINET/工业以太网接口向组播组的所有接收方进行组播。

Modbus 协议是一种基于主站/从站架构的通信协议，采用总线型拓扑。在 Modbus TCP（传输控制协议）中，数据作为 TCP/IP 数据包进行传输。只有用户程序中的相关指令才能对通信进行控制。

S7 – 1500 自动化系统可使用电子邮件来发送数据块内容的附件（如过程数据），可以使用 FTP（文件传输协议）连接在其与 S7 设备之间双向传输文件。通信由客户端用户程序中的指令控制。

7.4.2　开放式通信的指令

在 S7 – 1500 自动化系统中，可通过对通信伙伴的用户程序进行编程的方式或在 STEP 7 的硬件和网络编辑器中组态连接的方式建立相关连接（如 TCP 连接）的开放式通信。

无论是通过编程建立连接还是通过组态建立连接，都需要在通信双方的用户程序中使用相应的指令发送和接收数据。如果通过编程建立连接，则需在用户程序中使用相应的指令建立和终止连接。

在某些应用领域中，通过用户程序建立连接而非通过硬件组态中的组态静态建立连接，反而更具有优势。这样，在需要建立连接时，只需通过一个特定的应用程序指令即可建立连接。如果选择通过编程建立连接，则将在数据传输结束后释放连接资源。

每个通信连接中都需要一个数据结构，用于保存建立连接的参数（如 TCP 中的系统数据类型 "TCON_IP_v4"）。系统数据类型（SDT）由系统提供，这种数据类型预定义的结构不能更改。各种通信协议都有自己的数据结构，见表 7–21，这些参数将保存在系统数据类型（如 TCON_IP_v4）的数据块（"连接描述 DB"）中。可以通过两种方式创建带有这种数据结构的数据块：

1）手动创建这种数据块，并为其分配参数，然后再将该数据块直接写入指令中（建立电子邮件和 FTP 连接时，需要使用）。

2）在组态 TSEND_C、TRCV_C 和 TCON 指令的连接期间，在程序编辑器的属性中自动创建数据块，可以在 "连接描述 DB" 中修改连接的参数。

通过连接组态建立连接时，将在 STEP 7 的硬件和网络编辑器中指定连接的地址参数。发送和接收数据的指令与通过编程建立连接的指令相同，见表 7–22。

可针对在用户程序中建立的连接以及组态的连接使用 T_RESET（终止和建立连接）指令和 T_DIAG（检查连接）指令。

表 7-21　通过编程建立连接时的指令

协　议	系统数据类型	用户程序的指令
TCP	TCON_IP_v4	建立连接并收/发数据： ● TSEND_C/TRCV_C 或 ● TCON、TSEND/TRCV （可通过 TDISCON 终止连接）
ISO－on－TCP	TCON_IP_RFC	
ISO，遵循 ISO/IEC 8073 （Class 4）标准	TCON_ISOnative① ● TCON_Configured	
UDP	TCON_IP_v4 ● TADDR_Param	建立连接并收/发数据： ● TSEND_C/TRCV_C ● TUSEND/TURCV （可通过 TDISCON 终止连接）
Modbus TCP	TCON_IP_v4	MB_CLIENT ● MB_SERVER
电子邮件	TMAIL_v4 ● TMAIL_v6 ● TMAIL_FQDN	TMAIL_C
FTP	FTP_CONNECT_IPV4② ● FTP_CONNECT_IPV6② ● FTP_CONNECT_NAME②	FTP_CMD

① 此协议只能与 CP 1543－1 一起使用。
② 自定义数据类型。

表 7-22　通过组态建立连接时的发送/接收指令

协　议	通过组态建立连接时进行发送/接收
	支持的指令
TCP	发送/接收数据： ● TSEND_C/TRCV_C 或 ● TSEND/TRCV
ISO－on－TCP	
ISO，遵循 ISO/IEC 8073（Class 4）标准	
UDP	发送/接收数据： ● TSEND_C/TRCV_C ● TUSEND/TURCV
Modbus TCP	不支持
电子邮件	不支持
FTP	不支持

7.4.3　建立 TCP、ISO－on－TCP、UDP 和 ISO 协议的开放式通信

在程序编辑器中通过创建 TSEND_C、TRCV_C 或 TCON 指令建立 TCP、ISO－on－TCP、UDP 和 ISO 协议的开放式通信的步骤如下：

1）在程序编辑器中，选择开放式用户通信的 TCON、TSEND_C 或 TRCV_C 块。

2）在监视窗口中，打开"属性"→"组态"（"Properties"→"Configuration"）选项卡。

3）选择"连接参数"（Connection parameters）组。在选择连接伙伴之前，只启用伙伴端点的空下拉列表。其他所有输入选项均被禁用，如图 7-52 所示。同时显示一些已知的连接参数，如本地端点的名称、本地端点的接口、本地端点的 IPv4 地址（以太网子网）或 PRO-

FIBUS 地址（PROFIBUS 子网）。

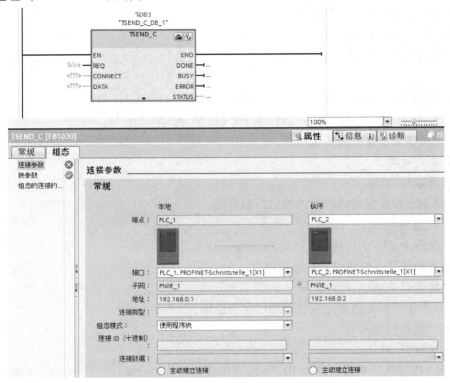

图 7-52　TSEND_C 的连接参数

4）从伙伴端点的下拉列表框中，选择一个连接伙伴。可以选择项目中未指定的设备或 CPU 作为通信伙伴。随后会自动输入一些特定的连接参数。用户需要设置伙伴端点的名称、伙伴端点的接口、伙伴端点的 IPv4 地址（以太网子网）或 PROFIBUS 地址（PROFIBUS 子网）等参数。如果连接伙伴已联网，则显示子网名称。

5）在"组态类型"（Configuration type）下拉列表中，选择使用程序块或使用组态的连接。

6）在"连接数据"（Connection data）下拉列表中选择现有连接描述 DB，或者对于已组态的连接，在"连接名称"（Connection name）下选择现有连接。也可以新建连接描述 DB 或已组态的连接。

之后，仍可以选择其他连接描述 DB 或已组态的连接，或者更改连接描述 DB 的名称，从而新建数据块。例如，用户也可以在所选 TCON、TSEND_C 或 TRCV_C 指令的 CONNECT 输入参数互连中查看所选的数据块；如果已使用 TCON、TSEND_C 或 TRCV_C 指令的 CONNECT 参数为连接伙伴指定了连接描述 DB，则可使用此 DB 或创建一个新 DB；如果编辑下拉列表中所显示的数据块的名称，则会生成一个新数据块用于该连接，新数据块使用更改的名称，但结构和内容不变。

更改的数据块名称在通信伙伴环境中必须唯一。连接描述 DB 必须具有结构 TCON_Param、TCON_IP_v4 或 TCON_IP_RFC，具体取决于 CPU 类型和连接。需要注意的是，无法为未指定的伙伴选择数据块。

在选择或创建连接描述 DB 或已组态的连接后确定并输入其他值。

以下适用于指定的连接伙伴：

① ISO – on – TCP 连接类型。

② 默认值为 1 的连接 ID。

③ 由本地伙伴方创建的主动连接建立。

④ TSAP ID。

对于 S7-1200/1500 为 E0. 01. 49. 53. 4F. 6F. 6E. 54. 43. 50. 2D. 31。

对于 S7-300/400 为 E0. 02. 49. 53. 4F. 6F. 6E. 54. 43. 50. 2D. 31。

以下适用于未指定的连接伙伴：

① TCP 连接类型。

② 伙伴端口 2000。

以下适用于带有指定连接伙伴的已组态连接：

① TCP 连接类型。

② 默认值为 257 的连接 ID。

③ 由本地伙伴方创建的主动连接建立。

④ 伙伴端口 2000。

以下适用于带有未指定连接伙伴的已组态连接：

① TCP 连接类型。

② 本地端口 2000。

7）输入连接伙伴所需的连接 ID。不能为未指定的伙伴分配任何连接 ID。必须为已知连接伙伴的连接 ID 输入一个唯一值。连接参数的设置不会检查连接 ID 是否唯一，在创建新连接时不会为连接 ID 输入默认值。

8）从相关的下拉列表中选择所需的连接类型。根据连接类型设定详细地址信息的默认值。可在以下类型中选择：

① TCP。

② ISO – on – TCP。

③ UDP ISO（仅适用于组态模式"使用已组态的连接"（Use configured connection））。

可以编辑地址详细信息中的输入框。根据所选的协议，可以编辑端口（TCP 和 UDP）或 TSAP（ISO – on – TCP 和 ISO）。

9）使用"主动连接建立"（Active connection establishment）复选框来设置 TCP、ISO 和 ISO – on – TCP 的连接建立特性。用户可以决定主动建立连接的通信伙伴。

连接组态将立即检查更改后的值是否存在输入错误，然后将值输入连接描述数据块中。需要注意的是，只有在将伙伴端点的程序段下载到硬件后，两个通信伙伴之间才能进行开放式用户通信。要实现功能完整的通信，应确保在设备上不仅装载了本地 CPU 的连接描述，而且还装载了伙伴 CPU 的连接描述。

如果要将 TSEND/TRCV 指令用于开放式通信，首先需要组态连接（例如 TCP 连接）。组态 TCP 连接，可以按以下步骤操作：

1）在 STEP 7 的"设备与网络"（Devices & networks）编辑器的网络视图中，组态通信伙伴。

2）单击"连接"（Connections）按钮，然后从下拉列表中选择"TCP 连接"（TCP connection）连接类型。

3）使用拖放操作，将通信伙伴相互连接（通过接口或本地端点）。如果所需的 S7 子网尚不存在，则系统将自动创建。还可以设置与未指定伙伴的连接。

4）从网络视图中选择已创建的连接。

5）在"属性"（Properties）选项卡的"常规"（General）对话框中，设置连接的属性（例如连接名称和将使用的通信伙伴接口）。若要连接到未指定的伙伴，则需设置该伙伴的地址。可在"本地 ID"（Local ID）区域中查找本地 ID（用户程序中的连接参考）。

6）在项目树中，选择用于 1 个 CPU 的"程序块"（Program blocks）文件夹。双击文件夹，打开文件夹中的 OB1。将打开程序编辑器。

7）从"指令"（Instructions）任务卡中"通信"（Communication）区域内的"开放式通信"（Open communication）中，选择所需的指令（如 TSEND）并拖放到 OB1 的程序段中。

8）通过该指令的 ID 参数，指定要用于数据传输的已组态连接的本地 ID。

9）互连 TSEND 指令的"DATA"参数和数据块中的用户数据。

10）将硬件组态和用户程序下载到 CPU。

按照以上步骤，通过接收指令 TRCV 建立与伙伴 CPU 的连接，并下载到该 CPU 上。

使用 CP1543 – 1 进行"ISO 连接"（ISO connection）连接类型时，如果要通过 MAC 地址进行寻址，则需在 CP 的属性中勾选复选框"使用 ISO 协议"（Use ISO protocol），如图 7-53 所示。

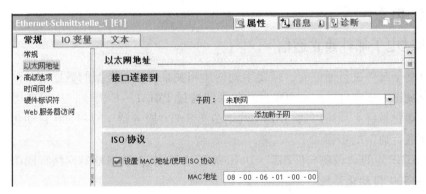

图 7-53　选择 CP1543 – 1 ISO 协议

7. 4. 4　建立 Modbus TCP 协议的开放式通信

通过用户程序建立 Modbus TCP 连接时，可以使用 MB_CLIENT 或 MB_SERVER 指令，并在程序编辑器中分配指令的参数。

MB_CLIENT 指令作为 Modbus TCP 客户端通过 TCP 连接进行通信。通过该指令，可以在客户端和服务器之间建立连接、向服务器发送 Modbus 请求并接收相应的 Modbus 响应。用户还可以使用该指令控制 TCP 连接的设置。

MB_SERVER 指令作为 Modbus TCP 服务器通过 TCP 连接进行通信。该指令将处理 Modbus 客户端的连接请求、接收并处理 Modbus 请求并发送响应。用户还可以控制 TCP 连接的设置。

在 Modbus TCP 开放式通信中，只要涉及 IP，客户端和服务器就需要通过一个 S7 子网（PROFINET）来连接。设置通过 Modbus TCP 协议的开放式通信时，主要步骤如下：

1）在 STEP 7 的 "设备与网络"（Devices & Networks）编辑器的网络视图中，组态带有 CPU 的 S7-1500 自动化系统。

2）在项目树中，选择 "程序块"（Program blocks）文件夹。双击该文件夹，打开文件夹中的 OB1。将打开程序编辑器。

3）从 "指令"（Instructions）任务卡中 "通信"（Communication）区域内的 "其他"（Other）的 "MODBUS TCP" 中，选择所需的指令（如 MB_CLIENT）并拖放到 OB1 的程序段中。

4）分配 MB_CLIENT 或 MB_SERVER 指令的参数。分配参数时，必须遵守以下规则：必须为每个 MB_CLIENT 连接指定 IPv4 服务器地址；每个 MB_CLIENT 或 MB_SERVER 连接都必须使用具有数据结构 TCON_IP_v4 的唯一背景数据块；连接 ID 与背景数据块组合成对，对于每个连接，组合对都必须唯一。

5）将硬件组态和用户程序下载到 CPU。

如果使用 Modbus TCP 服务器作为连接到 Modbus RTU 协议的网关，则使用静态参数 MB_UNIT_ID 对串行网络中的从站设备编址。MB_UNIT_ID 参数对应于 Modbus RTU 协议中该从站地址的字段。在此情况下，MB_UNIT_ID 参数会将请求转发到正确的 Modbus RTU 从站地址。用户不必亲自对网关功能编程。可以在与 MB_CLIENT 指令关联的背景数据块中找到 MB_UNIT_ID 参数。

7.4.5 通过电子邮件建立通信

在通过电子邮件进行通信时，需要手动创建相关系统数据类型的数据块并分配参数，然后调用指令发送电子邮件。S7-1500 自动化系统通过 TMIAL–C 指令，从用户程序发送电子邮件，但自动化系统必须可以通过 IPv4 网络访问 SMTP 服务器。S7-1500 自动化系统建立通过电子邮件进行通信的步骤如下：

1）在 STEP 7 的 "设备与网络"（Devices & Networks）编辑器的网络视图中，组态带有 CPU 的 S7-1500 自动化系统。

2）在指令 TMAIL_C 中设置 SMTP 服务器的地址参数。（建议：指定附录名称。）

3）创建一个全局数据块，并在此数据块内创建类型为 TMAIL_v4、TMAIL_v6（仅限 CP 1543–1）或 TMAIL_FQDM（仅限 CP 1543–1）的变量。

4）将该变量连接到 TMAIL_C 指令的 MAIL_ADDR_PARAM 参数。

5）将硬件组态和用户程序下载到 CPU。

7.4.6 通过 FTP 建立通信

在通过 FTP 进行通信时，必须手动创建相关系统数据类型的数据块并分配参数，然后直接调用相关的指令。

CPU 可以将文件发送到 FTP 服务器，也可以从 FTP 服务器接收文件。S7-1500 中只能通过 CP 1543–1 进行 FTP 通信。该 CP 既可以作为 FTP 服务器，也可以作为 FTP 客户端，或者可以同时作为服务器和客户端。FTP 客户端可以是第三方系统或计算机。

在 STEP 7 中对 CP 进行相应的组态后，FTP 服务器才能正常运行。使用 FTP 的客户端功能，可以建立和终止 FTP 连接、传输以及删除服务器上的文件。FTP 的客户端功能将调用 FTP_CMD 指令。

1. 设置 FTP 服务器

在 S7-1500 自动化系统中，设置 FTP 服务器的步骤如下（要求自动化系统能够通过 IPv4 访问 FTP 服务器）：

1）在 STEP 7 的"设备与网络"（Devices & Networks）编辑器的设备视图中，组态带有 CPU 和 CP 1543 – 1 的 S7-1500 自动化系统。同时，用户需要在"连接机制"（Connection mechanisms）部分的"保护"（Protection）区域导航下 S7-1500 CPU 的硬件组态内勾选复选框"允许借助 PUT/GET 通信从远程伙伴（PLC、HMI、OPC、…）访问"（Permit access with PUT/GET communication from remote partner（PLC, HMI, OPC, …））。

2）在"FTP 组态"（FTP configuration）中的 CP 属性内，勾选复选框"使用 FTP 服务器传送 S7 CPU 数据"（Use FTP server for S7 CPU data），指定要存储 FTP DB 的 CPU、数据块和文件名称，如图 7-54 所示。

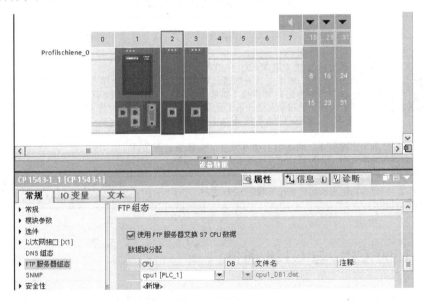

图 7-54　FTP 服务器组态

3）将硬件组态下载到 CPU。

2. 设置 FTP 客户端

在 S7-1500 自动化系统中，设置 FTP 客户端的步骤如下（要求自动化系统能够通过 IPv4 访问 FTP 服务器）：

1）在 STEP 7 的"设备与网络"（Devices & Networks）编辑器的设备视图中，组态带有 CPU 和 CP 1543 – 1 的 S7-1500 自动化系统。同时，用户需要在"连接机制"（Connection mechanisms）部分的"保护"（Protection）区域导航下 S7-1500 CPU 的硬件组态内勾选复选框"允许借助 PUT/GET 通信从远程伙伴（PLC、HMI、OPC、…）访问"（Permit access with PUT/GET communication from remote partner（PLC, HMI, OPC, …））。

2）在 CPU 的用户程序中调用 FTP_CMD 指令。

3）在指令 FTP_CMD 中设置 FTP 服务器的连接参数。

4）创建一个全局数据块，并在此数据块内创建一个 FTP_CONNECT_IPV4、FTP_CON-NECT_IPV6 或 FTP_CONNECT_NAME 类型的变量。

5）将数据块内的变量与 FTP_CMD 指令互连。

6）要连接 FTP 服务器，需要在 DB 中指定以下参数：进行 FTP 访问的相关数据类型（FTP_CONNECT_IPV4、FTP_CONNECT_IPV6 或 FTP_CONNECT_NAME）的用户名、密码和 IP 地址。

7）将硬件组态和用户程序下载到 CPU。

7.4.7 建立和终止开放式通信

表 7-23 说明了如何建立和终止开放式通信的通信连接。

表 7-23 建立和终止开放式通信

设 置 连 接	建 立 通 信	终 止 通 信
通过用户程序	将用户程序下载到 CPU 之后： 通信被动方将通过调用 TSEND_C/TRCV_C 或 TCON 建立本地通信访问。通信主动方通过调用 TSEND_C/TRCV_C 或 TCON 开始建立连接。如果无法建立连接，则将向用户程序中的指令发送一条正反馈。 在终止与 T_RESET 指令的连接后，将会重新建立连接。 如果连接中止，则通信主动方将尝试重新建立连接。仅当事先与 TCON 成功建立了连接时，才会这样。	使用 TSEND_C/TRCV_C、TDISCON 和 T_RESET 指令 • 将 CPU 从 RUN 模块切换到 STOP 模式时 • CPU 断电/通电
通过组态建立连接	将连接组态和用户程序下载到 CPU 之后	删除 STEP 7 中的连接组态并将更改后的组态下载到 CPU 中

7.5 S7-1500 CPU 与 G120 通信

SINAMICS G120 变频器可以通过 PROFINET、PROFIBUS 接口（由 G120 的控制单元的接口决定）无缝集成到全集成自动化系统中，支持的协议包括 PROFIdrive、PROFIsafe 和 PROFIenergy 等。

7.5.1 SINAMICS G120 简介

SINAMICS G120 模块化变频器是 SINAMICS 产品系列的一员，采用模块化的设计，0.55~250 kW 的大功率覆盖范围可以确保用户为具体应用配置最佳的变频器。因此，无论泵送、通风、压缩、移动还是过程加工，SINAMICS G120 都是满足最广泛要求的通用驱动器。它在通用机械制造以及汽车、纺织和包装行业都有着明显优势。同样显而易见的是，使用 SINAMICS G120，用户将受益于模块化设计所带来的众多可能性，包括因减少备件库存而产生的灵活性和成本节约。此外，它还从安装到维护一直保持高度的用户友好性。

1. SINAMICS G120 的特点

（1）模块化设计

SINAMICS G120 采用了模块化的设计理念，是一个由多种不同功能单元组成的模块化变频器，两种主要的单元是：

1）控制单元（CU）。

2）功率模块（PM）。

控制单元可以以几种不同的方式对功率模块和所接的电动机进行控制和监控，它支持与本地或中央控制的通信并且支持通过监控设备和输入/输出端子的直接控制。

功率模块支持的电动机的功率范围为 0.55 ~ 250 kW。功率模块由控制单元里的微处理器进行控制。高性能的 IGBT 电动机电压脉宽调制技术和可选择的脉冲频率的采用，使得电动机运行极为灵活可靠。多方面的保护功能可以为电动机提供更高一级的保护。

此外，还提供了许多可选的附件，例如：

1）基本操作面板（BOP），可用于参数化、诊断、控制和参数复制。

2）A 和 B 级进线滤波器。

3）进线电抗器。

4）制动电阻。

5）输出电抗器。

面向未来的模块化设计理念，提供了变频器的高度灵活性：

1）每一个部件的创新都可以改善现有的变频器系统。

2）用户可以按照需要选择和组合。

3）可以只购买所需功能的相应模块。

4）可以在带电的状态下进行模块更换（热插拔）。

5）可拆卸的接线端子。

6）模块的更换更加简单，使维护更加方便。

（2）集成的安全保护

SINAMICS G120 的基本单元中包含适用于基于安全保护应用的型号。所有的功率模块都是按照故障安全的要求进行内部设计的。通过将功率模块和带有集成安全保护的控制单元联用，便可以组成带有集成的安全保护功能的变频器。

带有安全保护的 SINAMICS G120 变频器可以提供以下四种安全保护功能，它们符合 EN 954 - 1、Cat. 3 和 IEC 61508 SIL 2 的标准和要求：

1）安全停车 1（SS1）。

2）安全限速（SLS）。

3）安全抱闸控制（SBC）。

4）安全转矩截止（STO）。

安全保护功能的集成，使得 SINAMICS G120 变频器更好地应用于有安全保护要求的设备和工厂。

（3）创新的冷却理念和加涂层的电子模块

通过创新的冷却理念和加涂层的电子模块可以使变频器的使用寿命和高效运行时间显著加长。这一特点主要基于以下几个方面：

1）所有热损耗的散热通过外置的散热片。

2）通风风道中没有电子器件。

3）控制单元采用标准的自然对流散热。

4）所有冷却空气流经散热片。

创新的冷却理念和加涂层的电子模块加强了 SINAMICS G120 变频器的环境适应能力。

（4）强大的通信功能

SINAMICS G120 变频器强大的通信功能体现在以下方面：

1）可通过 PROFINET、PROFIBUS 接口无缝集成到全集成自动化系统中。

2）支持的协议：PROFIdrive、PROFIsafe、PROFIenergy。

3）可通过 USS/Modbus、RTU、CANope、BacNet MS/TP、EtherNet/IP 方便地连接至第三方系统。

（5）从安装到维护高度的用户友好性

SINAMICS G120 变频器可以通过通用工具 SIZER、STARTER 和 Drive ES 进行工程设置和调试，保证了组态的简单和调试的方便，由于 Drive ES Basic STARTER 集成在 STEP 7 中，这就保证了数据的集中保存和通信的连续性。

2. SINAMICS G120 的模块

SINAMICS G120 是按照模块化设计的变频器系列，每个 SINAMICS G120 变频器都由功率模块和控制单元两个必要单元组成。

（1）功率模块

SINAMICS G120 有以下可选的功率模块作为变频器基本单元：

1）PM240 功率模块：PM240 功率模块是按照不进行再生能量回馈设计的，它的特点是都带有内置的制动斩波器。制动中产生的再生能量通过外接的制动电阻转化为热能进行消耗。

2）PM250 功率模块：PM250 功率模块采用了一种创新的电路设计，它可以与电源之间进行能量交换。这种创新的电路也就允许再生的能量回馈到电网，达到节能的目的。

3）PM260 功率模块：PM260 功率模块同样采用了一种创新的电路设计，它可以将回馈的再生能量回馈给电网，因此可以节省能量。PM260 功率模块同时还集成了 LC 滤波器，它限制了变频器运行过程中容性的充放电电流和电压升高的速度。

（2）控制单元

以下的控制单元以及作为它的附件的 MMC 存储卡都是 SINAMICS G120 变频器的基本单元：

1）控制单元：控制单元可以为变频器提供闭环控制功能，除此之外，控制单元还可以完成其他任务，它们可根据应用的需要进行相应的参数化。有以下几种可选的控制单元：

－1772050819－CU230P－2 控制单元：专门设计用于泵、风机和压缩机应用。

－1772050820－CU240B－2/CU240E－2 控制单元：适用于通用机械制造中的各种应用，如混合机和搅拌机。

－1772050821－CU250S－2 控制单元：适用于质量要求较高的应用，如挤出机和离心机。

2）MMC存储卡：MMC存储卡中存有变频器的参数设置。当应用中需要维修时，应用它可以达到方便快捷的目的。例如，在更换变频器时需要进行存储卡数据的传递。相应的存储卡插槽位于控制单元的顶部。

（3）扩展模块

对于系统的扩展，SINAMICS G120变频器还有很多可选的部件，例如，进线侧的功率部件、直流母线的部件和负载侧功率部件以及系统的附件等。

1）进线侧功率组件。以下为可用于SINAMICS G120变频器基本单元的进线侧功率组件：

– 1772050822 – 进线滤波器：加装附加的进线滤波器的PM240功率模块可以有更高的防止射频干扰的等级。

– 1772050823 – 进线电抗器（仅适用于PM240）：当系统的故障率高时，需要加装进线电抗器以保护变频器不受过大的谐波电流的干扰，因而防止过载，并将进线谐波限制在允许的值内。

– 1772050824 – 推荐的进线侧部件：要符合IEC标准必须考虑加装的进线侧部件，例如熔断器和断路器。

2）直流母线部件：SINAMICS G120变频器可以选择制动电阻（仅适用于PM240）作为直流母线部件，直流母线上的多余的能量可以通过制动电阻来消耗。因为在功率模块的内部都集成了制动斩波器（电子开关），制动电阻可以直接与PM240功率模块连用。

3）负载侧功率部件。SINAMICS G120变频器可以有以下可能的负载侧功率部件：

– 1772050825 – 输出电抗器（仅适用于PM240）：输出电抗器可以减小电动机绕组上的电压负载，以及采用长的电动机电缆时，容性充放电电流加在功率部分的附加负载。

– 1772050826 – LC滤波器和正弦波滤波器：LC滤波器/正弦波滤波器可以减小电压的变化率并可以减小变频器运行过程中总是存在的容性充放电电流，因而这种情况下将不再需要输出电抗器。

加装输出电抗器或者LC滤波器以及正弦波滤波器，可以使变频器在运行中有更长的屏蔽电缆长度并延长变频器的使用寿命。

3. SINAMICS G120变频器的组态工具

SINAMICS G120不仅易于配置，而且调试和后期操作简便，界面十分友好，这需要使用标准工具来实现。以下组态工具可以用于SINAMICS G120：

（1）DT – Configurator

DT – Configurator用于快速选择并订购产品，西门子A&D SD宽泛的产品线中包含超过100000种的产品，约5百万种可能的驱动产品型号。标准传动部组态工具用于帮助用户从众多的产品中快速地选择正确的电动机和变频器。

（2）SIZER

SIZER PC工具可以为SINAMICS和MICROMASTER 4变频器家族提供一个简单易用的组态方式。当需要对硬件和软件进行技术设置时，它可以提供支持。SIZER可以提供从简单的单驱动到多轴的复杂驱动应用的整个驱动系统的组态。

（3）STARTER / SINAMICS Startdrive

变频器调试软件 STARTER 用于在 TIA 博途软件平台上配置和调试变频器，可以为调试、优化和诊断提供菜单帮助向导。STARTER 不仅可以用于 SINAMICS 变频器，还可以用于 MICROMASTER 4 系列以及分布式 I/O 变频器 SIMATIC ET200S FC。

7.5.2　S7-1500 与 SINAMICS G120 的 PROFIBUS 通信

1. SINAMICS G120 的 PROFIBUS 通信功能概述

SINAMICS G120 控制单元 CU250S-2 DP 支持基于 PROFIBUS 的周期过程数据交换和变频器参数访问。

（1）周期过程数据交换

通过该通信 PROFIBUS 主站可将控制字和主设定值等过程数据周期性地发送至变频器，并从变频器周期性地读取状态字和实际转速等过程数据。该通信使用周期性通信的 PZD 通道（过程数据区），变频器不同的报文类型定义了不同数量的过程数据（PZD）。

（2）变频器参数访问

提供 PROFIBUS 主站访问变频器参数的接口，有两种方式能够访问变频器参数：

1）周期性通信的 PKW 通道（参数数据区）：通过 PKW 通道主站可以读写变频器参数，每次只能读或写一个参数，PKW 通道的长度固定为 4 个字。

2）非周期性通信：主站采用 PROFIBUS-DPV1 通信访问变频器数据记录区，每次可以读或写多个参数。

2. PROFIBUS 报文结构及控制字和状态字

（1）PROFIBUS 的报文结构

图 7-55 所示是 PROFIBUS 不带"基本定位"的报文结构。

PROFIBUS 报文结构中过程值缩写的含义见表 7-24。

表 7-24　过程值缩写的含义

缩　写	说　明	缩　写	说　明
STW1	控制字 1	MIST_GLATT	经过平滑的转矩实际值
ZSW1	状态字 1	PIST	有功功率实际值
STW3	控制字 3	M_LIM	转矩限值
ZSW3	状态字 3	FAULT_CODE	故障号
NSOLL_A	转速设定值 16 位	WARN_CODE	警告编号
NSOLL_B	转速设定值 32 位	MELD_NAMUR	故障字，依据 VIK-NAMUR 定义
NIST_A	转速实际值 16 位	G1_STW/G2_STW	编码器 1 或编码器 2 的控制字
NIST_B	转速实际值 32 位	G1_ZSW/G2_ZSW	编码器 1 或编码器 2 的状态字
IAIST	电流实际值	G1_XIST1/G2_XIST1	编码器 1 或编码器 2 的位置实际值 1
IAIST_GLATT	经过滤波的电流实际值	G1_XIST2/G2_XIST2	编码器 2 或编码器 2 的位置实际值 1

（2）控制字

表 7-25 列出了 PROFIBUS 通信的控制字、控制字含义以及对应的参数设置。

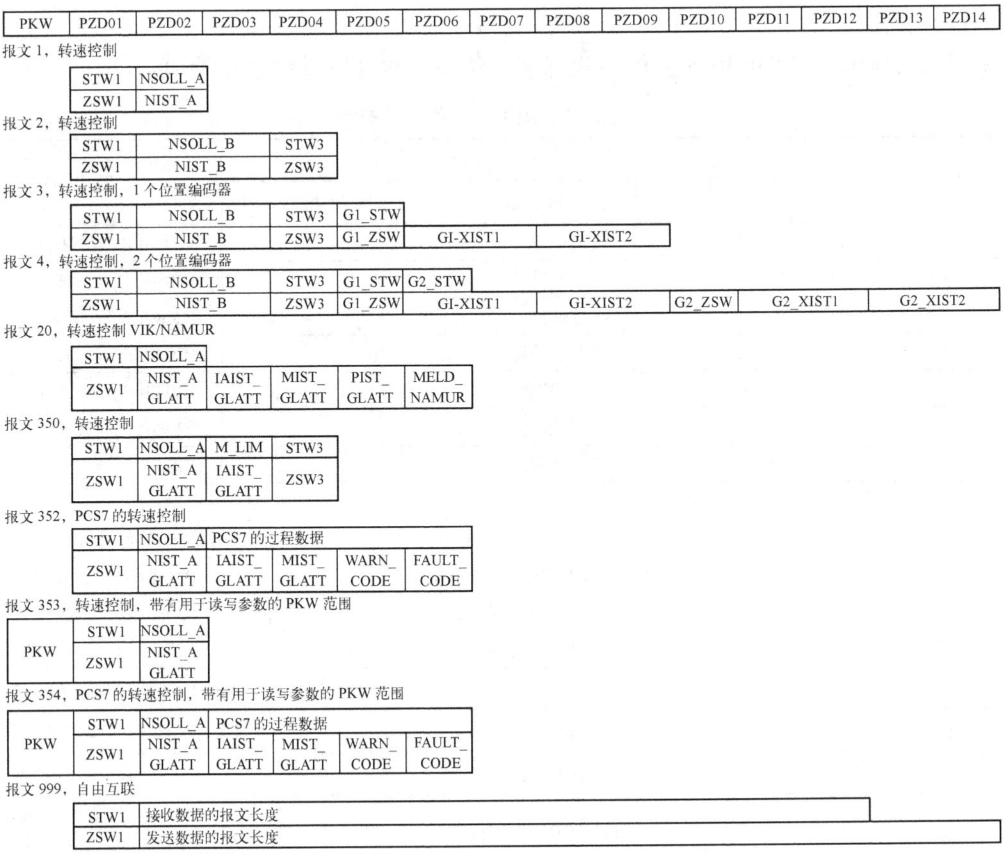

PKW	PZD01	PZD02	PZD03	PZD04	PZD05	PZD06	PZD07	PZD08	PZD09	PZD10	PZD11	PZD12	PZD13	PZD14

报文 1，转速控制

STW1	NSOLL_A
ZSW1	NIST_A

报文 2，转速控制

STW1	NSOLL_B	STW3
ZSW1	NIST_B	ZSW3

报文 3，转速控制，1 个位置编码器

STW1	NSOLL_B	STW3	G1_STW		
ZSW1	NIST_B	ZSW3	G1_ZSW	GI-XIST1	GI-XIST2

报文 4，转速控制，2 个位置编码器

STW1	NSOLL_B	STW3	G1_STW	G2_STW				
ZSW1	NIST_B	ZSW3	G1_ZSW	GI-XIST1	GI-XIST2	G2_ZSW	G2_XIST1	G2_XIST2

报文 20，转速控制 VIK/NAMUR

STW1	NSOLL_A				
ZSW1	NIST_A_GLATT	IAIST_GLATT	MIST_GLATT	PIST_GLATT	MELD_NAMUR

报文 350，转速控制

STW1	NSOLL_A	M_LIM	STW3
ZSW1	NIST_A_GLATT	IAIST_GLATT	ZSW3

报文 352，PCS7 的转速控制

STW1	NSOLL_A	PCS7 的过程数据		
ZSW1	NIST_A_GLATT	IAIST_GLATT	MIST_GLATT	WARN_CODE	FAULT_CODE

报文 353，转速控制，带有用于读写参数的 PKW 范围

PKW	STW1	NSOLL_A
	ZSW1	NIST_A_GLATT

报文 354，PCS7 的转速控制，带有用于读写参数的 PKW 范围

PKW	STW1	NSOLL_A	PCS7 的过程数据		
	ZSW1	NIST_A_GLATT	IAIST_GLATT	MIST_GLATT	WARN_CODE	FAULT_CODE

报文 999，自由互联

STW1	接收数据的报文长度
ZSW1	发送数据的报文长度

图 7-55　PROFIBUS 的报文结构

表 7-25　PROFIBUS 通信控制字

控 制 字 位	含　义	参 数 设 置
0	ON/OFF1	P840 = r2090.0
1	OFF2 停车	P844 = r2090.1
2	OFF3 停车	P848 = r2090.2
3	脉冲使能	P852 = r2090.3
4	使能斜坡函数发生器	P1140 = r2090.4
5	继续斜坡函数发生器	P1141 = r2090.5
6	使能转速设定值	P1142 = r2090.6
7	故障应答	P2103 = r2090.7
8	预留	
9	预留	
10	通过 PLC 控制	P854 = r2090.10
11	反向	P1113 = r2090.11
12	未使用	
13	电动电位计升	P1035 = r2090.13
14	电动电位计降	P1036 = r2090.14
15	CDS 位 0	P0810 = r2090.15

（3）状态字

表 7-26 列出了 PROFIBUS 通信的状态字、状态字含义以及参数设置值。

表 7-26　PROFIBUS 通信状态字

状态字位	数　值	含　义		参 数 设 置
		报文 20	其 他 报 文	
0	1	接通就绪		P2080[0] = r899.0
1	1	运行就绪		P2080[1] = r899.1
2	1	运行使能		P2080[2] = r899.2
3	1	变频器故障		P2080[3] = r2139.3
4	0	OFF2 激活		P2080[4] = r899.4
5	0	OFF3 激活		P2080[5] = r899.5
6	1	禁止合闸		P2080[6] = r899.6
7	1	变频器报警		P2080[7] = r2139.7
8	0	设定值/实际值偏差过大		P2080[8] = r2197.7
9	1	PZD（过程数据）控制		P2080[9] = r899.9
10	1	达到比较转速（P2141）		P2080[10] = r2199.1
11	0	达到转矩极限		P2080[11] = r1407.7
12	1	—	抱闸打开	P2080[12] = r899.12
13	0	电动机过载		P2080[13] = r2135.14
14	1	电动机正转		P2080[14] = r2197.3
15	0	显示 CDS 位 0 状态	变频器过载	P2080[15] = r836.0/ P2080[15] = r2135.15

3. 组态 S7-1500 与 SINAMICS G120 的 PROFIBUS 通信

下面以 SINAMICS G120 的 CU250S-2 DP 为例，介绍 S7-1500 与 CU250S-2 DP 的 PROFIBUS PZD 通信；以组态标准报文 1 为例，介绍通过 S7-1500 如何控制 SINAMICS G120 变频器的启停、调速以及读取变频器状态和电动机实际转速。

（1）硬件配置

表 7-27 列出了 S7-1500 与 SINAMICS G120 的 PROFIBUS PZD 通信的硬件配置。

表 7-27　硬件配置表

设　备	订 货 号	版　本
S7-1516-3 PN/DP	6ES7 516-3AN00-0AB0	V1.5
CU250S-2DP	6SL3246-0BA22-1PA0	V4.6
PM240	6SL3224-0BE15-5UA0	

（2）软件配置

表 7-28 列出了组态 S7-1500 与 SINAMICS G120 的 PROFIBUS PZD 通信所需的软件。

表 7-28　软件配置表

软 件 名 称	版　本	软 件 名 称	版　本
TIA Portal	V13	Start Drive	V13

(3）变频器设置

1）设置 PROFIBUS 地址。可以通过两种方式设置 SINAMICS G120 变频器的 PROFIBUS 通信地址：

① 通过 DIP 开关设置 PROFIBUS 地址，本实例设置 PROFIBUS 地址为 10，如图 7-56 所示。

② 当所有 DIP 开关都被设置为 On 或 Off 状态时，通过 P918 设置 PROFIBUS 地址。

需要注意的是，另种 PROFIBUS 地址设置方式中，DIP 开关设置 PROFIBUS 地址优先级更高。

2）通信参数基本设置。本实例设置通信报文为标准报文 P0922 = 1。

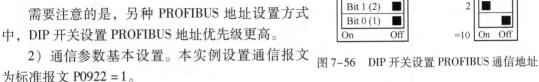

图 7-56　DIP 开关设置 PROFIBUS 通信地址

(4）组态 S7-1500 和 SINAMICS G120

组态 S7-1500 和 G120 的步骤如下：

1）创建 S7-1500 项目，如图 7-57 所示。

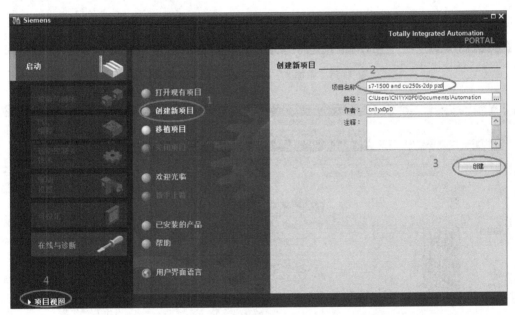

图 7-57　创建 S7-1500 项目

2）添加 S7-1500 CPU1516 -3PN/DP，如图 7-58 所示。

3）设置 PROFIBUS 主站模块，对 CPU1516 -3PN/DP 的 PROFIBUS 接口属性设置如图 7-59 所示。

4）在网络视图页面添加 G120 CU250S - 2 DP 从站，单击蓝色提示"未分配"，选择主站"PLC_2. DP 接口_1"，完成与主站网络连接，如图 7-60 所示。

5）鼠标单击添加的 G120 从站，在"PROFIBUS 地址"项选择"PROFIBUS_1"网络，设置 PROFIBUS 地址为 10，如图 7-61 所示。

6）鼠标双击添加的 G120 从站，打开设备视图，组态与 G120 驱动对象的通信报文。将

图 7-58 添加 S7-1500 CPU1516 -3PN/DP

图 7-59 设置 PROFIBUS 主站

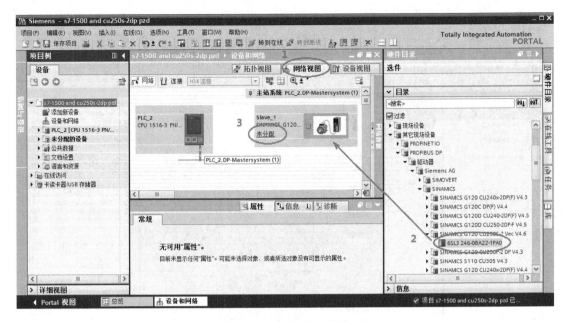

图 7-60　组态 G120 从站

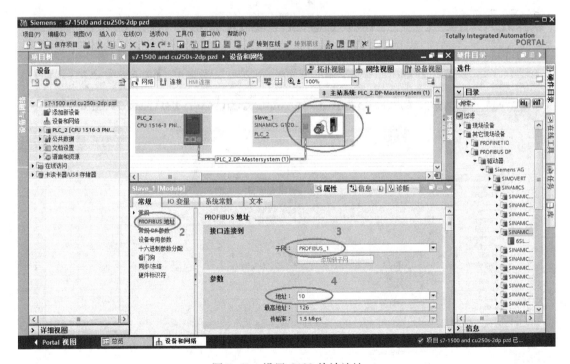

图 7-61　设置 G120 从站地址

硬件目录中"Standard telegram1，PZD-2/2"模块拖曳到"设备概览"视图的第 1 个插槽中，系统自动分配了输入输出地址，本示例中分配的输入地址为 IW0、IW2，输出地址为 QW0、QW2，如图 7-62 所示。然后完成项目编译。

　　7）下载硬件配置，如图 7-63 所示。

图 7-62   组态与 CU250S - 2DP 通信报文

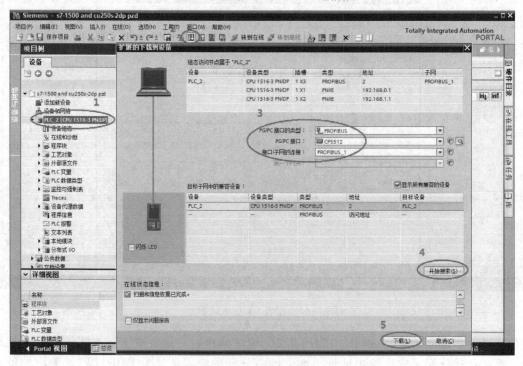

图 7-63   下载硬件配置

（5）通过标准报文 1 控制电动机启停及转速

S7-1500 通过 PROFIBUS PZD 通信方式将控制字 1（STW1）和主设定值（NSOLL_A）

周期性地发送至变频器，变频器将状态字 1（ZSW1）和实际转速（NIST_A）发送到 S7 —1500。

常用控制字如下：

1）047E（十六进制）－ OFF1 停车。

2）047F（十六进制）－ 正转启动。

转速设定值和反馈实际转速要经过标准化，变频器接收十进制有符号整数 16384（4000H 十六进制）对应于 100% 的速度，接收的最大转速为 32767（200%）。参数 P2000 中设置 100% 对应的参考转速。

可以通过 TIA Portal 软件"监控表"模拟控制变频器启停、调速和监控变频器运行状态。表 7-29 列出了 S7-1500 的 I/O 地址以及变频器 G120 的过程值。

表 7-29　S7-1500 的 I/O 和变频器过程值

数 据 方 向	PLC 的 I/O 地址	变频器过程数据	数 据 类 型
PLC→变频器	QW0	PZD1 － 控制字 1（STW1）	十六进制（16 bit）
	QW2	PZD2 － 主设定值（NSOLL_A）	有符号整数（16 bit）
变频器→PLC	IW0	PZD1 － 状态字 1（ZSW1）	十六进制（16 bit）
	IW2	PZD2 － 实际转速（NIST_A）	有符号整数（16 bit）

模拟控制变频器启停和调速步骤如下：

1）启动变频器。首次启动变频器需将控制字 1（STW1）16#047E 写入 QW0，使变频器运行准备就绪，然后将 16#047F 写入 QW0 启动变频器，如图 7-64 所示。

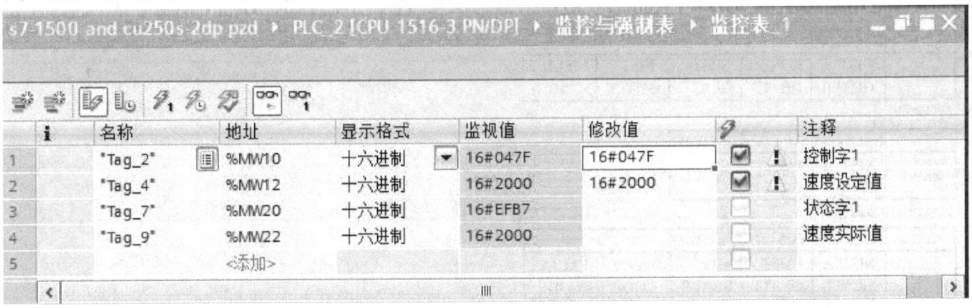

图 7-64　TIA Portal 监控表

2）停止变频器。将 16#047E 写入 QW0 停止变频器。

3）调整电动机转速。将主设定值（NSOLL_A）十六进制 2000 写入 QW2，设定电动机转速为 750 r/min。

4）读取 IW0 和 IW2，分别可以用来监视变频器状态和电动机实际转速。

7.5.3　S7-1500 与 SINAMICS G120 的 PROFINET 通信

1. SINAMICS G120 的 PROFINET 通信功能概述

SINAMICS G120 的控制单元 CU250S－2PN 支持基于 PROFINET 的周期过程数据交换和变频器参数访问。

（1）周期过程数据交换

PROFINET I/O 控制器可以将控制字和主给定值等过程数据周期性地发送至变频器，并从变频器周期性地读取状态字和实际转速等过程数据。

（2）变频器参数访问

提供 PROFINET I/O 控制器访问变频器参数的接口，有两种方式能够访问变频器的参数：一种方式是 PROFINET I/O 控制器通过周期性通信的 PKW 通道（参数数据区）读写变频器参数，每次只能读或写一个参数，PKW 通道的长度固定为 4 个字；另一种方式是 PROFINET I/O 控制器通过非循环通信访问变频器数据记录区，每次可以读或写多个参数。

2. PROFINET 报文结构及控制字和状态字

（1）PROFINET 的报文结构

图 7-65 所示是 PROFINET 通信的报文结构。

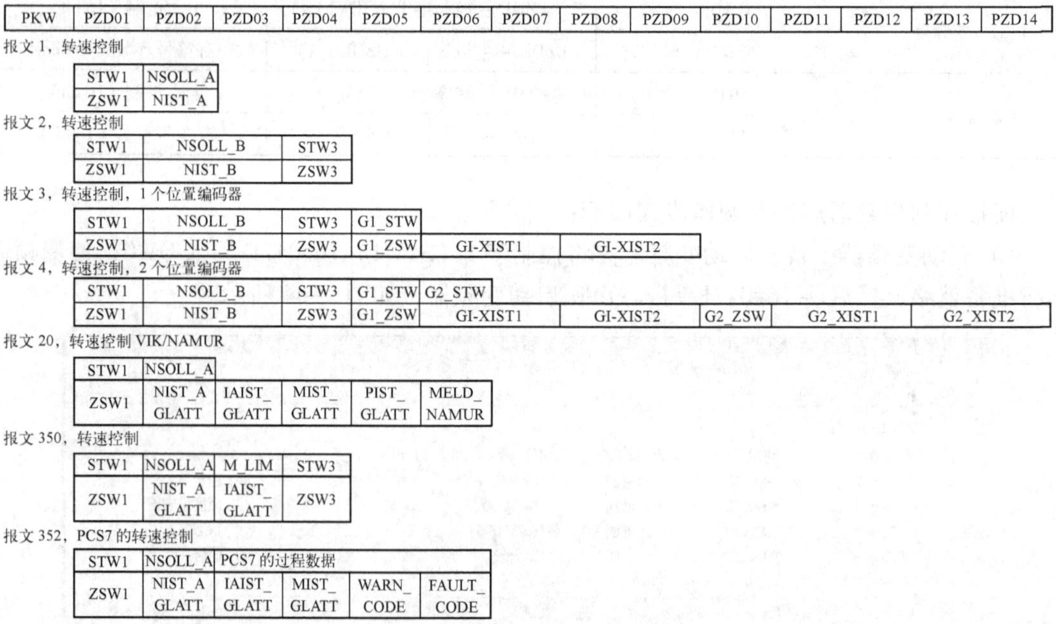

图 7-65 PROFINET 报文结构

表 7-30 说明了 PROFINET 报文结构中过程值缩写的含义。

表 7-30 过程值缩写的含义

缩 写	说 明	缩 写	说 明
STW1	控制字 1	MIST_GLATT	经过平滑的转矩实际值
ZSW1	状态字 1	PIST	有功功率实际值
STW3	控制字 3	M_LIM	转矩限值
ZSW3	状态字 3	FAULT_CODE	故障号
NSOLL_A	转速设定值 16 位	WARN_CODE	警告编号
NSOLL_B	转速设定值 32 位	MELD_NAMUR	故障字，依据 VIK – NAMUR 定义

缩 写	说 明	缩 写	说 明
NIST_A	转速实际值 16 位	G1_STW/G2_STW	编码器 1 或编码器 2 的控制字
NIST_B	转速实际值 32 位	G1_ZSW/G2_ZSW	编码器 1 或编码器 2 的状态字
IAIST	电流实际值	G1_XIST1/G2_XIST1	编码器 1 或编码器 2 的位置实际值 1
IAIST_GLATT	经过滤波的电流实际值	G1_XIST2/G2_XIST2	编码器 1 或编码器 2 的位置实际值 2

（2）PROFINET 通信的控制字

表 7-31 列出了 PROFINET 通信的控制字。

表 7-31　PROFINET 通信控制字

控制字位	含 义	参 数 设 置	控制字位	含 义	参 数 设 置
0	ON/OFF1	P840 = r2090.0	8	预留	
1	OFF2 停车	P844 = r2090.1	9	通过 PLC 控制	P854 = r2090.10
2	OFF3 停车	P848 = r2090.2	10	反向	P1113 = r2090.11
3	脉冲使能	P852 = r2090.3	11	未使用	
4	使能斜坡函数发生器	P1140 = r2090.4	12	电动电位计升速	P1035 = r2090.13
5	继续斜坡函数发生器	P1141 = r2090.5	13	电动电位计降速	P1036 = r2090.14
6	使能转速设定值	P1142 = r2090.6	14	CDS 位 0	P0810 = r2090.15
7	故障应答	P2103 = r2090.7			

（3）PROFINET 通信的状态字

表 7-32 列出了 PROFINET 通信的状态字。

表 7-32　PROFINET 通信状态字

状态字位	含 义	参 数 设 置	状态字位	含 义	参 数 设 置
0	接通就绪	r899.0	8	转速差在公差范围内	r2197.7
1	运行就绪	r899.1	9	控制请求	r899.9
2	运行使能	r899.2	10	达到或超出比较速度	r2199.1
3	故障	r2139.3	11	I、P、M 比较	r1407.7
4	OFF2 激活	r899.4	12	打开抱闸装置	r899.12
5	OFF3 激活	r899.5	13	报警电动机过热	r2135.14
6	禁止合闸	r899.6	14	正反转	r2197.3
7	报警	r2139.7	15	CDS	r836.0

3. 组态 S7-1500 与 SINAMICS G120 的 PROFINET 通信

下面以 SINAMICS G120 的 CU250S-2 PN 为例，介绍 S7-1500 与 G120 的 PROFINET PZD 通信；以组态标准报文 1 为例，介绍通过 S7-1500 如何控制变频器 G120 的启停、调速以及读取变频器状态和电动机实际转速。

（1）硬件配置

表 7-33 列出了 S7-1500 与 SINAMICS G120 的 PROFINET PZD 通信的硬件配置。

表 7-33　硬件配置表

设 备	订 货 号	版 本
S7-1516-3PN/DP	6ES7 516-3AN00-0AB0	V1.5
CU250S-2PN	6SL3246-0BA22-1FA0	V4.6
PM240	6SL3224-0BE15-5UA0	

（2）软件配置

表 7-34 列出了 S7-1500 与 SINAMICS G120 的 PROFINET PZD 通信所需的软件。

表 7-34　软件配置表

软　件　名　称	版　　本	软　件　名　称	版　　本
TIA Portal	V13	Start Drive	V13

（3）组态 S7-1500 和 SINAMICS G120

在 TIA Portal 中组态 S7-1500 和 SINAMICS G120 的步骤如下：

1）创建 S7-1500 项目，如图 7-66 所示。

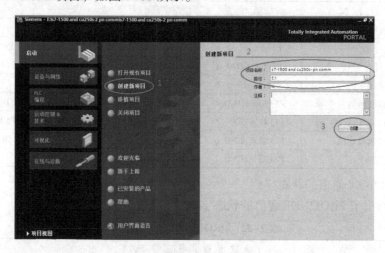

图 7-66　创建 S7-1500 新项目

2）添加 S7-1516-3PN/DP，如图 7-67 所示。

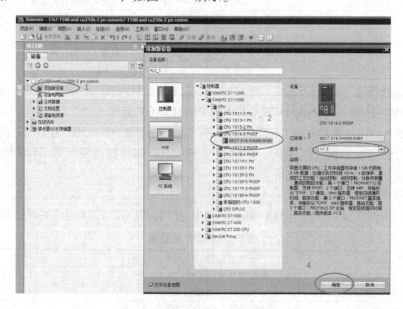

图 7-67　添加 S7-1516-3PN/DP

3）添加 SINAMICS G120 变频器，如图 7-68 所示。单击蓝色提示"未分配"，选择主站"PLC_2. PROFINET 接口_1"，完成与 I/O 控制器网络连接。

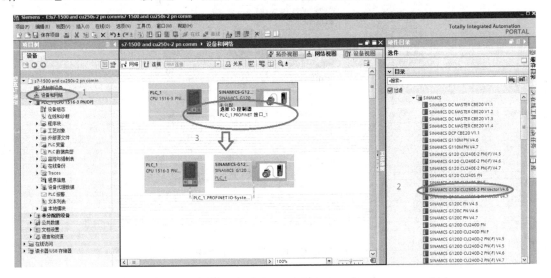

图 7-68 添加 SINAMICS G120

4）组态 S7-1500 的设备名称和分配 IP 地址，如图 7-69 所示。

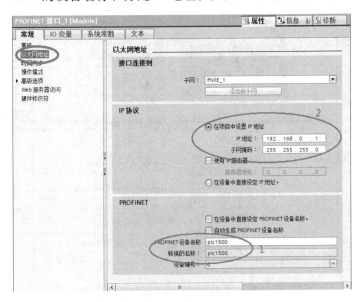

图 7-69 设置 S7-1500 的设备名称和 IP 地址

5）单击 G120，在"设备属性"对话框中选择"以太网地址"，在"PROFINET"区域设置"PROFINET 设备名称"为"g120pn"，在"IP 协议"区域分配 IP 地址，如图 7-70 所示。

6）组态 G120 的通信报文：将硬件目录中"Standard telegram1，PZD-2/2"模块拖曳到"设备概览"视图的插槽中，系统自动分配了输入输出地址为，本例中分配的输入地址为 IW0、IW2，输出地址为 QW0、QW2，如图 7-71 所示。然后对项目进行编译。

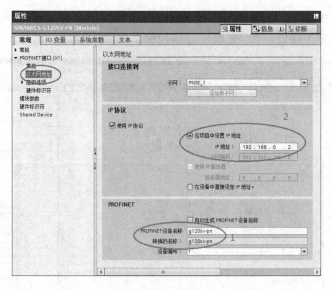

图 7-70　设置 G120 的设备名称和 IP 地址

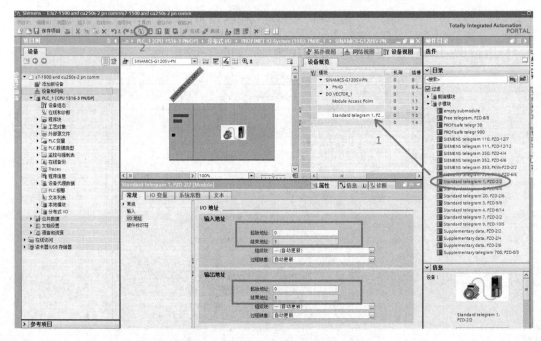

图 7-71　组态 PROFINET PZD 通信报文

7）下载硬件配置，如图 7-72 所示。

（4）配置 SINAMICS G120

在完成 S7-1500 和 SINAMICS G120 的硬件组态并下载后，S7-1500 与 G120 还无法进行通信，必须为 G120 分配设备名称和 IP 地址，保证为 G120 实际分配的设备名称和 IP 地址与硬件组态中为 G120 分配的设备名称和 IP 地址一致。

分配 G120 的设备名称的步骤如下：

1）如图 7-73 所示，选择"更新可访问的设备"，并单击"在线并诊断"。

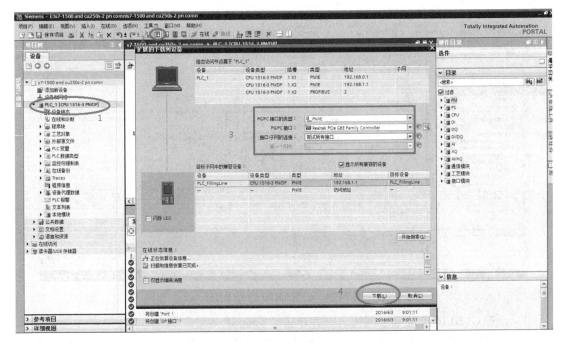

图 7-72　下载硬件配置

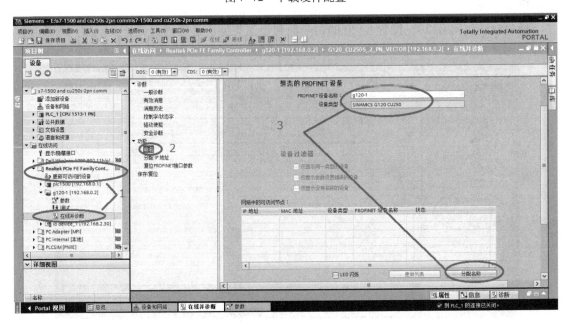

图 7-73　为 G120 设置设备名称

2）单击"命名"。

3）设置 G120 PROFINET 设备名称为 g120pn，并单击"分配名称"按钮。

分配 G120 的 IP 地址的步骤如下：

1）如图 7-74 所示，选择"更新可访问的设备"，并单击"在线并诊断"。

2）单击"分配 IP 地址"。

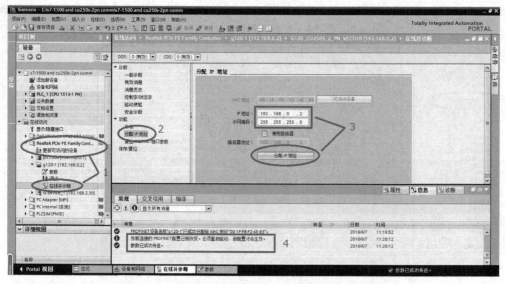

图 7-74　设置 G120 的 IP 地址

3）设置 G120 IP 地址和子网掩码，并单击"分配 IP 地址"按钮。

4）从消息栏中可以看到提示"当前连接的 PROFINET 配置已经改变。需重新启动驱动，新配置才生效"。

通过在线访问 G120，设置 G120 的命令源和报文类型。选择通信设置，设置 P0922＝1，选择"标准报文 1，PZD2/2"，如图 7-75 所示。

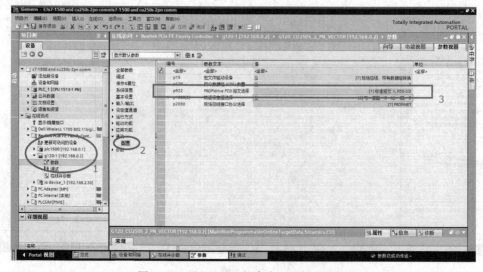

图 7-75　设置 G120 的命令源和报文类型

表 7-35 列出了 SINAMICS G120 一些自动设置的参数。

表 7-35　G120 自动设置的参数

参 数 号	参 数 值	说　　明	参 数 组
P1070[0]	r2050.1	变频器接收的第 2 个过程值作为速度设定值	CDS0
P2051[0]	r2089.0	变频器发送第 1 个过程值为状态字	
P2051[1]	r63.1	变频器发送第 2 个过程值为转速实际值	

(5）通过标准报文 1 控制电动机启停及转速

S7-1500 通过 PROFINET PZD 通信方式将控制字 1（STW1）和主设定值（NSOLL_A）周期性地发送至变频器，变频器将状态字 1（ZSW1）和实际转速（NIST_A）发送到 S7-1500.

常用控制字如下：

1）047E（十六进制）– OFF1 停车

2）047F（十六进制）– 正转启动

转速设定值和反馈实际转速要经过标准化，变频器接收十进制有符号整数 16384（4000H 十六进制）对应于 100% 的速度，接收的最大转速为 32767（200%）。参数 P2000 中设置 100% 对应的参考转速。

可以通过 TIA Portal 软件"监控表"模拟控制变频器启停、调速和监控变频器运行状态，表 7-36 列出了 S7-1500 的 I/O 地址以及变频器 G120 的过程值，图 7-76 为控制程序。

表 7-36 S7-1500 的 I/O 地址和变频器过程值

数据方向	PLC 的 I/O 地址	变频器过程数据	数据类型
PLC→变频器	QW0	PZD1 – 控制字 1（STW1）	十六进制（16 bit）
	QW2	PZD2 – 主设定值（NSOLL_A）	有符号整数（16 bit）
变频器→PLC	IW0	PZD1 – 状态字 1（ZSW1）	十六进制（16 bit）
	IW2	PZD2 – 实际转速（NIST_A）	有符号整数（16 bit）

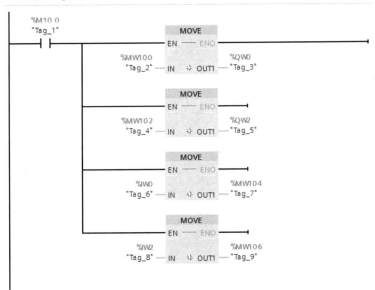

图 7-76 控制变频器 G120 的程序

模拟控制变频器启停、调速的步骤如下：

1）启动变频器：首次启动变频器需将控制字 1（STW1）16#047E 写入 QW0，使变频器运行准备就绪，然后将 16#047F 写入 QW0 启动变频器，如图 7-77 所示。

图 7-77　TIA Portal 监控表

2）停止变频器：将 16#047E 写入 QW0 停止变频器。

3）调整电动机转速：将主设定值（NSOLL_A）十六进制 2000 写入 QW2，设定电动机转速为 750 r/min。

4）读取 IW0 和 IW2，分别可以用来监视变频器状态和电动机实际转速。

任务 24　实现 S7-1500 CPU 与 G120 的通信

将 SINAMICS G120 变频器连接到 S7-1500 的自动化系统中，组态网络参数，设置变频器参数，控制变频器 G120 的启停、调速以及读取变频器状态和电动机实际转速。

第8章 工艺功能

S7 – 1500 PLC 的工艺功能主要包括计数、测量和位置检测，PID 控制，基于时间的 I/O 以及运动控制等。本章主要介绍 PID 控制和运动控制，其他工艺功能请查系统手册。

8.1 PID 控制

在工业自动化控制应用中，经常需要使用闭环控制技术。闭环控制技术是基于反馈的概念以减少误差，通常是通过测量反馈信号获得被控变量的实际值，并与设定值进行比较得到偏差，并用这个偏差来纠正系统的响应，执行调解控制。在工程实际中，应用最为广泛的调解器控制规律为比例、积分和微分控制，简称 PID 控制，又称 PID 调解。PID 控制器作为最早实用化的控制器已有近百年历史，现在仍然是应用最广泛的工业控制器。如果 PID 控制器的设置正确，则会尽快达到此设定值，然后使其保持为常数值。

例如，对自动灌装生产线的灌装罐中的液位控制在设定值左右。可以使用液位传感器测量液位并将液位值（过程值）传送给 PID 控制器，PID 控制器将当前液位与设定值进行比较，计算出执行器（进料阀门）的输出值，从而实现液位稳定在设定值的控制。

8.1.1 PID 指令

Portal 软件（STEP 7 Professional）在"工艺"指令卡中为 S7 – 1200/1500 PLC 提供了 PID 控制指令集，相应指令分为"Compact PID"和"PID 基本函数"两大子集，如图 8-1 所示。

"Compact PID"为集成 PID 指令，包括集成了调节功能的通用 PID 控制器指令 PID_Compact"和集成了阀门调节功能的 PID 控制器指令"PID_3Step"。另外，"Compact PID"V5.0 版本还增加了用于对温度过程进行集成调节的 PID 控制器"PID_Temp"。

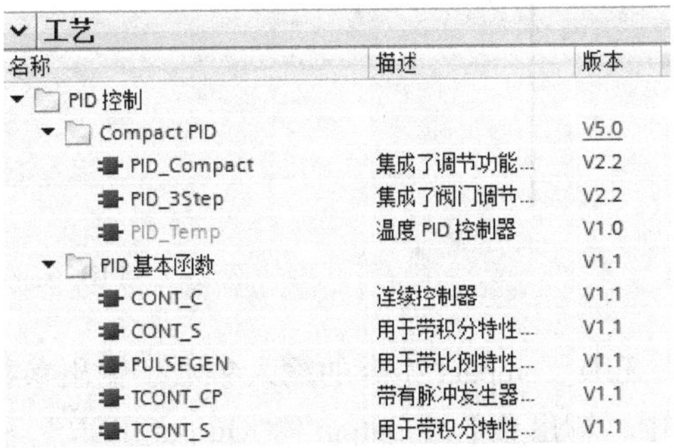

"PID 基本函数"包括连续控制器指令"CONT_C"、用于带积分特性执行器的步进控制器"CONT_S"、用于带比例特性执行器的脉冲发生器"PULSEGEN"、带有脉冲发生器

图 8-1 PID 控制指令集

的连续温度控制器"TCONT_CP"和用于带积分特性执行器的温度控制器"TCONT_S"。"PID 基本函数"指令子集中的指令类似于经典 STEP 7 为 S7 – 300/400 PLC 所提供的 PID 函数块。对于 S7 – 1500 PLC 来说，该指令子集与 S7 – 300/400 PLC 所使用的 PID 函数块的主要区别在于 PID 指令使用经过优化的块访问进行创建，所有参数均具有保持性。

Portal 软件中的 PID 指令都具有版本信息，不同版本适用的 CPU 及其固件号（FW）有所不同。本章节以 PID_Compact 指令为例，介绍 PID 指令的功能及使用。

PID_Compact 指令版本适用的 S7 – 1500 CPU 及其固件号见表 8–1。

表 8–1　PID_Compact 指令版本适用的 S7 – 1500 CPU 及其固件号

CPU	FW	PID_Compact
S7 – 1500	≥ V1.5	V2.2、V2.1、V2.0
S7 – 1500	≥ V1.1	V2.1、V2.0
S7 – 1500	≥ V1.0	V2.0

PID_Compact 指令提供了一种可对具有比例作用的执行器进行集成调节的 PID 控制器。该指令存在多种工作模式，如未激活、预调节、精确调节、自动模式、手动模式和带错误监视的替代输出值等。

以梯形图（LAD）形式调用 PID_Compact 指令，如图 8–2 所示。指令上方需要指定背景数据块（例如 DB6），单击指令框底部的 "▼" 或 "▲"，可以展开详细参数显示或恢复为最少参数显示。PID 指令的背景数据块并未存储在程序块中，而是存储在项目树下的工艺对象中，故 PID 指令的背景数据块又称 PID 控制器的工艺对象。

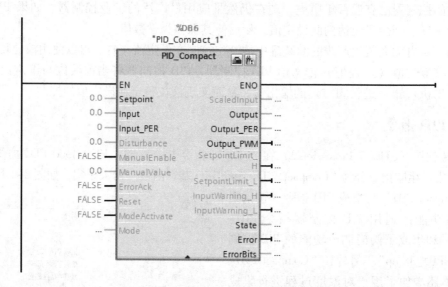

图 8-2　PID_Compact 指令的梯形图形式

PID_Compact 指令的输入参数、输出参数及输入/输出参数的含义参见表 8–2 ~ 表 8–4。其中，输出参数 "Output" "Output_PER" 和 "Output_PWM" 可同时使用。

表 8–2　PID_Compact 指令的输入参数

参　　数	数据类型	默　认　值	说　　明
Setpoint	REAL	0.0	PID 控制器在自动模式下的设定值
Input	REAL	0.0	用户程序的变量用作过程值的源。如果正在使用 Input 参数，则必须设置 Config.InputPerOn = FALSE
Input_PER	INT	0	模拟量输入用作过程值的源。如果正在使用 Input_PER 参数，则必须设置 Config.InputPerOn = TRUE
Disturbance	REAL	0.0	扰动变量或预控制值

参　　数	数据类型	默　认　值	说　　明
ManualEnable	BOOL	FALSE	出现 FALSE→TRUE 沿时激活"手动模式"，而 State＝4 和 Mode 保持不变。只要 ManualEnable＝TRUE，便无法通过 ModeActivate 的上升沿或使用调试对话框来更改工作模式。 出现 TRUE→FALSE 沿时激活由 Mode 指定的工作模式。建议只使用 ModeActivate 更改工作模式
ManualValue	REAL	0.0	手动模式下的输出值。允许介于 Config. OutputLowerLimit 与 Config. OutputUpperLimit 之间的值
ErrorAck	BOOL	FALSE	FALSE→TRUE 沿将复位 ErrorBits 和 Warnings
Reset	BOOL	FALSE	重新启动控制器。FALSE→TRUE 沿时，切换到"未激活"模式，将复位 ErrorBits 和 Warnings，积分作用清除（保留 PID 参数）。只要 Reset＝TRUE，PID_Compact 便会保持在"未激活"模式下（State＝0）。TRUE→FALSE 沿时，PID_Compact 将切换到保存在 Mode 参数中的工作模式
ModeActivate	BOOL	FALSE	FALSE→TRUE 沿时，PID_Compact 将切换到保存在 Mode 参数中的工作模式

表 8-3　PID_Compact 指令的输出参数

参　　数	数据类型	默　认　值	说　　明
ScaledInput	REAL	0.0	标定的过程值
Output	REAL	0.0	REAL 形式的输出值
Output_PER	INT	0	模拟量输出值
Output_PWM	BOOL	FALSE	脉宽调制输出值 输出值由变量开关时间形成
SetpointLimit_H	BOOL	FALSE	如果 SetpointLimit_H＝TRUE，则说明达到了设定值的绝对上限（Setpoint ≥ Config. SetpointUpperLimit）。 此设定值将限制为 Config. SetpointUpperLimit
SetpointLimit_L	BOOL	FALSE	如果 SetpointLimit_L＝TRUE，则说明已达到设定值的绝对下限（Setpoint ≤ Config. SetpointLowerLimit）。 此设定值将限制为 Config. SetpointLowerLimit
InputWarning_H	BOOL	FALSE	如果 InputWarning_H＝TRUE，则说明过程值已达到或超出警告上限
InputWarning_L	BOOL	FALSE	如果 InputWarning_L＝TRUE，则说明过程值已经达到或低于警告下限
State	INT	0	State 参数显示了 PID 控制器的当前工作模式。可使用输入参数 Mode 和 ModeActivate 处的上升沿更改工作模式。 ● State＝0：未激活 ● State＝1：预调节 ● State＝2：精确调节 ● State＝3：自动模式 ● State＝4：手动模式 ● State＝5：带错误监视的替代输出值
Error	BOOL	FALSE	如果 Error＝TRUE，则此周期内至少有一条错误消息处于未决状态
ErrorBits	DWORD	DW#16#0	ErrorBits 参数显示了处于未决状态的错误消息。可通过 Reset 或 ErrorAck 的上升沿来保持并复位 ErrorBits

表 8-4　PID_Compact 指令的输入／输出参数

参　　数	数据类型	默 认 值	说　　明
Mode	INT	4	指定 PID_Compact 将转换到的工作模式。选项包括： • Mode＝0：未激活 • Mode＝1：预调节 • Mode＝2：精确调节 • Mode＝3：自动模式 • Mode＝4：手动模式 工作模式由以下沿激活： • ModeActivate 的上升沿 • Reset 的下降沿 • ManualEnable 的下降沿

另外，PID_Compact 指令还有许多静态参数，用户可以通过查询系统手册来了解其含义。

PID_Compact 指令算法是一种具有抗积分饱和功能并且能够对比例作用和微分作用进行加权的 PIDT1 控制器，算法公式如下：

$$y = K_{P}\Big[(bwx) + \frac{1}{T_{I}s}(w - x) + \frac{T_{D}s}{aT_{D}s + 1}(cw - x) \Big] \tag{8-1}$$

式（8-1）中的符号及说明参见表 8-5。

表 8-5　PID_Compact 指令算法公式中的符号及含义

符　　号	说　　明	符　　号	说　　明
y	PID 算法的输出值	x	过程值
K_P	比例增益	T_I	积分作用时间
s	拉普拉斯运算符	T_D	微分作用时间
b	比例作用权重	a	微分延迟系数（微分延迟 $T_I = aT_D$）
w	设定值	c	微分作用权重

PID_Compact 指令算法的框图表示如图 8-3 所示。框图中的 PIDT1 为带抗积分饱和的算法，PIDT1 的框图如图 8-4 所示。

需要注意的是，PID 控制指令需要固定的采样周期，故指令调用需要在循环中断 OB（如 OB30）中进行调用，该 OB 的循环中断时间就是采样周期。另外，如果将 PID_Compact 作为多重背景数据块调用，将没有参数分配接口或调试接口可用，必须直接在多重背景数据块中为 PID_Compact 分配参数，并通过监视表格进行调试。

8.1.2　PID 组态

当为 PID_Compact 指令分配了背景数据块后，单击指令框中的"🖳"，可打开该 PID 指令的组态编辑器。组态编辑器有两种视图，另一种是功能视图（功能视野），另一种是参数视图。

PID 指令组态编辑器的功能视图包括基本设置、过程值设置和高级设置选项等。在该视图中，以一种类似于向导的方式对 PID 控制器进行设置。

"基本设置"选项页面如图 8-5 所示，主要包括对控制器类型和输入／输出参数（Input／

348

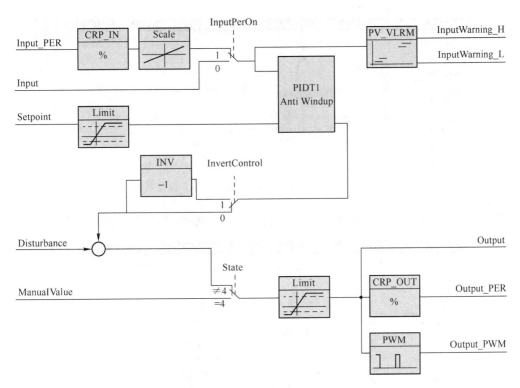

图 8-3　PID_Compact 指令算法框图

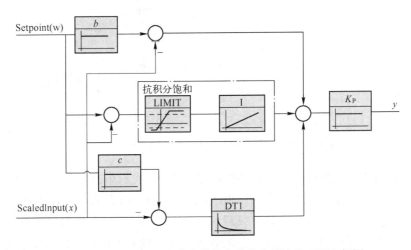

图 8-4　PID_Compact 指令中带抗积分饱和算法的 PIDT1 框图

Output 参数）的设置。控制器类型包括常规、温度、压力和流量等选项，可以通过下拉列表的方式进行选择。如果希望随着控制偏差的增大而输出值减小，可在该页面中勾选"反转控制逻辑"复选框。另外，如果勾选了"CPU 重启后激活 Mode"复选框，则在 CPU 重启后将 Mode 设置为该复选框下方的设置选项。

过程值设置包括过程值限值的设置和过程值标定（规范化）的量程设置。

高级设置中，包括过程值监视、PWM 限制、输出值限值和 PID 参数等选项。例如 PID 参数选项页面如图 8-6 所示。如果勾选了"启用手动输入"复选框，则可以对 PID 参数进

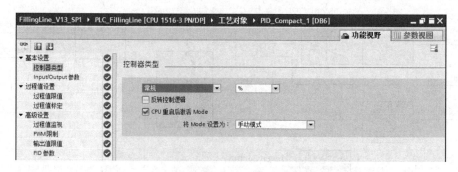

图 8-5　组态编辑器（功能视图）的基本设置页面

行修改。调解规则区域设置 PID 控制器结构类型，可以选择 PI 类型或 PID 类型。

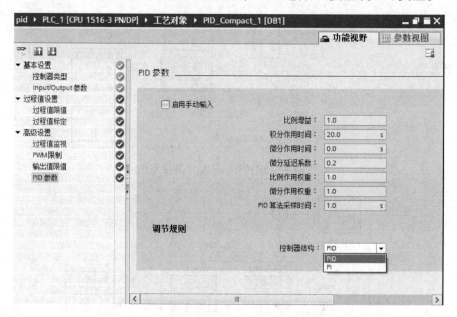

图 8-6　组态编辑器（功能视图）的 PID 参数页面

　　功能视图中提供了三种提示组态结果的符号："●"表示组态仅包含默认值，通过这些默认值即可使用工艺对象，而无需进一步更改；"●"表示组态的所有输入字段中均包含有效值，而且至少更改了一个默认设置；"✕"表示 组态不完整或有缺陷，至少一个输入字段或可折叠列表不包含任何值或者包含一个无效值（相应域或下拉列表框的背景为红色，单击这些域或下拉列表框时，弹出的错误消息便会指出错误原因）。

　　PID 组态编辑器的参数视图如图 8-7 所示。在该视图中，可以对当前 PID 指令的所有参数进行查看，并根据需要直接对部分参数的项目起始值等离线数据进行修改。在参数视图窗口中，用户也可以对在线的参数数据进行监视和修改。

　　PID 指令组态完毕后，必须将新的或修改的工艺对象组态下载到在线模式的 CPU 中。下载方式如果选择"软件（仅限更改）"，则将保留保持性数据；如果在"在线"菜单中选择"下载并复位 PLC 程序"，则 PLC 程序完全下载，下次从 STOP 更改为 RUN 时更新保持性数据。

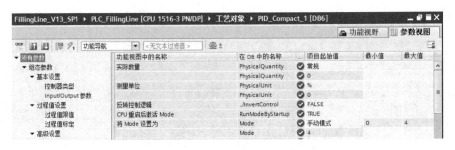

图 8-7　PID_Compact 指令的组态编辑器（参数视图）

8.1.3　PID 调试

CPU 启动时，PID_Compact 以保存在 Mode 输入/输出参数中的工作模式启动。要在启动期间切换到"未激活"工作模式，应设置 RunModeByStartup = FALSE。

在自动模式下和调试期间，对错误的响应取决于 SetSubstituteOutput 和 ActivateRecover-Mode 变量。如果 ActivateRecoverMode = TRUE，则该响应还取决于所发生的错误，详细参见表 8-6。

表 8-6　自动模式下和调试期间的错误响应

SetSubstituteOutput	ActivateRecoverMode	组态编辑器 > 输出值限值 > 将 Output 设置为	响　　　应
不相关	FALSE	非活动（未激活）	切换到"未激活"模式（State = 0）。 值 0.00 传送到执行器
FALSE	TRUE	错误未决时的当前输出值	切换到"带错误监视的替代输出值"模式（State = 5）。 当错误未决时，当前输出值会传送到执行器
TRUE	TRUE	错误未决时的替代输出值	切换到"带错误监视的替代输出值"模式（State = 5）。 当错误未决时，SubstituteOutput 中的值会传送到执行器

在手动模式下，PID_Compact 使用 ManualValue 作为输出值，除非 ManualValue 无效。如果 ManualValue 无效，将使用 SubstituteOutput。如果 ManualValue 和 SubstituteOutput 无效，将使用 Config. OutputLowerLimit。

Error 参数指示是否存在错误处于未决状态。当错误不再处于未决状态时，Error = FALSE。ErrorBits 参数显示了已发生的错误。通过 Reset 或 ErrorAck 的上升沿来复位 ErrorBits。

PID 控制器在使用之前，通常需要使用软件进行调试，获得最佳的 PID 参数后，再将参数传入 CPU 中运行。

单击 PID_Compact 指令框右上角的"![icon]"，可打开调试窗口，对该 PID 控制器进行调试。调试时需要满足在线连接 CPU 并进入 RUN 模式且已下载程序。

可以使用调试窗口中的"手动模式"指定手动值来测试受控系统。单击"测量"区域的"Start"图标，在"控制器的在线状态"区域中，勾选复选框"手动模式"，此时 PID_Compact 将在手动模式下运行。在"输出"字段中，输入 % 形式的手动值，单击图标"![icon]"，手动值被写入 CPU 并立即生效；若再次更改手动值，需再次单击图标"![icon]"生效，如图 8-8 所示。此时若清除"手动模式"复选框,则自动切换至自动模式。

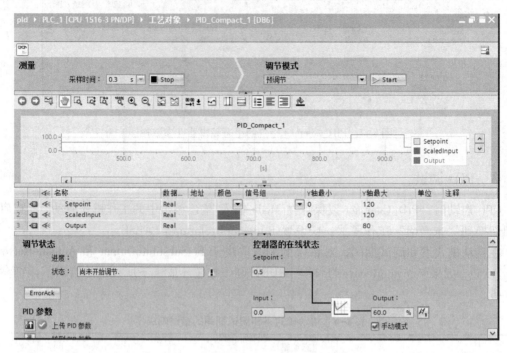

图 8-8　调试窗口中手动模式调试 PID

可以使用调试窗口中的预调节模式和精确调节模式获得最佳 PID 参数。

预调节功能可确定对输出值跳变的过程响应,并搜索拐点。根据受控系统的最大上升速率与死时间计算 PID 参数。

PID_Compact 的预调节功能要求事先满足以下要求:

1)已在循环中断 OB 中调用该 PID 指令。

2)参数 ManualEnable = FALSE,Reset = FALSE。

3)处于下列模式之一:"未激活""手动模式"或"自动模式"。

4)设定值和过程值均处于组态的限值范围内。

5)设定值与过程值的差值大于过程值上限与过程值下限之差的 30%。

6)设定值与过程值的差值大于设定值的 50%。

在调试窗口中,单击"测量"区域的"Start"图标,然后在"调节模式"下拉列表中选择条目"预调节",再单击"调节模式"区域的"Start"图标,将建立在线连接,启动值记录操作,并启动预调节功能。此时,"调节状态"区域的"状态"字段显示当前步骤和所发生的所有错误,进度条指示当前步骤的进度,如图 8-9 所示。

当进度条达到 100% 以及控制器调节功能看似受阻时,单击"Stop"图标。检查工艺对象的组态,必要时重新启动控制器调节功能。

如果执行预调节时未产生错误消息,则 PID 参数已调节完毕。PID_Compact 将切换到自动模式并使用已调节的参数。在电源关闭以及重启 CPU 期间,已调节的 PID 参数保持不变。如果无法实现预调节,PID_Compact 指令将根据已组态的响应对错误做出反应。

精确调节将根据过程值振荡的幅度和频率为操作点调节 PID 参数,所有 PID 参数都根

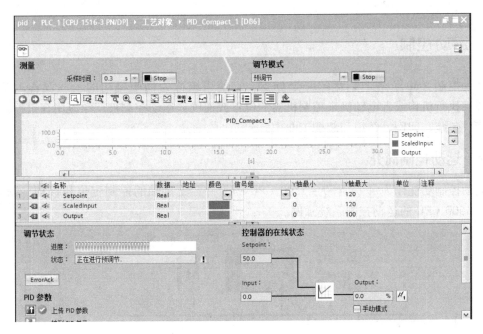

图 8-9　调试窗口中预调节调试 PID

据结果重新计算。精确调节得出的 PID 参数通常比预调节得出的 PID 参数具有更好的主控和扰动特性。

PID_Compact 的精确调节功能要求事先满足以下要求：

1）已在循环中断 OB 中调用 PID_Compact 指令。

2）参数 ManualEnable = FALSE，Reset = FALSE。

3）设定值和过程值均在组态的限值范围内。

4）在操作点处，控制回路已稳定。过程值与设定值一致时，表明到达了操作点。

5）不能被干扰。

6）PID_Compact 处于下列工作模式之一："未激活""自动模式"或"手动模式"。

如果希望通过调节来改进现有 PID 参数，可在自动模式下启动精确调节。此时，PID_Compact 将使用现有的 PID 参数控制系统，直到控制回路已稳定并且精确调节的要求得到满足为止，之后才会启动精确调节。

如果在未激活模式或手动模式启动精确调节，则先在满足预调节的条件下启动预调节，已确定的 PID 参数将用于控制，直到控制回路已稳定并且精确调节的要求得到满足为止，之后才会启动精确调节。如果无法实现预调节，PID_Compact 将根据已组态的响应对错误做出反应。如果预调节的过程值已经十分接近设定值，则将尝试利用最小或最大输出值来达到设定值，这可能会增加超调量。

精确调节的操作与预调节的步骤大致相同，不同的是需要在"调节模式"下拉列表中选择条目"精确调节"。

如果在精确调节期间未发生错误，则 PID 参数已调节完毕。PID_Compact 将切换到自动模式并使用已调节的参数。在电源关闭以及重启 CPU 期间，已调节的 PID 参数保持不变。

8.2 运动控制

运动控制（MC）是自动化的一个分支，它使用统称为伺服机构的一些设备，如液压泵、线性执行机构或者电动机来控制机器的位置或速度。运动控制被广泛应用在机器人、数控机床、包装、印刷、纺织和装配工业中。

8.2.1 运动控制简介

运动控制功能作为每一个 S7 – 1500 CPU 的组件，支持轴的控制定位和移动。图 8–10 为 S7 – 1500 CPU 的运动控制系统示例。

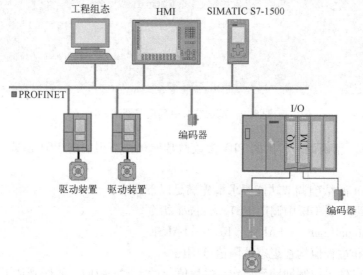

图 8–10　S7 – 1500 CPU 的运动控制系统示例

可以使用 PROFIBUS – DP 和 PROFINET I/O 连接驱动装置和编码器。带模拟设定值接口的驱动装置可以使用模拟量输出（AQ）进行连接。此外，通过工艺模块（TM），也可以读出编码器中的信息。

通过 TIA Portal，可以创建运动控制项目、组态工艺对象，并将组态结果加载到 CPU 中，然后在 CPU 中执行运动控制功能。另外，还可通过 TIA portal 进行调试、优化和诊断。

在 S7 – 1500 CPU 中集成运动控制对象的用户界面和示意图如图 8–11 所示。

通过 TIA Portal，可对运动控制功能进行规划和调试，包括硬件集成和组态、工艺对象的创建和组态、用户程序的创建、诊断。

工艺对象代表控制器中的每个实体对象（如一个驱动装置）。在用户程序中通过运动控制指令可调用工艺对象的各个功能。工艺对象可对实体对象的运动进行开环和闭环控制，并报告状态信息（如当前位置）。

在 TIA Portal 软件中，可通过工艺对象的组态表示实体对象的属性。组态数据则存储在工艺对象数据块中。

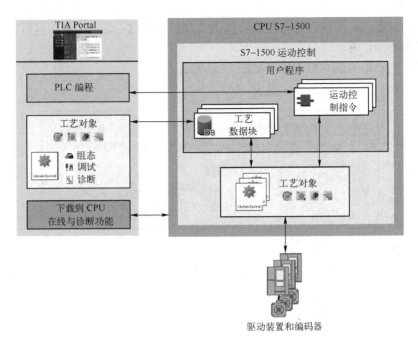

图 8-11　S7 - 1500 CPU 中集成运动控制对象的用户界面和示意图

在运动控制中可使用以下工艺对象:

(1) 速度控制轴工艺对象

速度控制轴工艺对象可根据指定的空间坐标变换计算速度设定值,并输出到驱动装置。速度轴的所有运动均在速度控制下进行。

速度控制轴工艺对象的基本操作原理如图 8-12 所示。

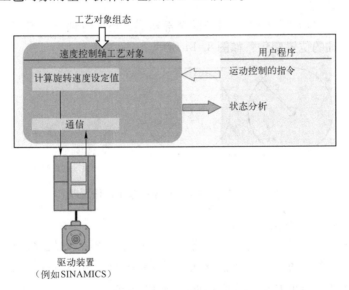

图 8-12　速度控制轴工艺对象的基本操作原理

(2) 定位轴工艺对象

定位轴工艺对象可根据指定的空间坐标变换计算位置设定值,并将相应的速度控制设定值输出到驱动装置。定位轴的所有运动均在速度控制下进行。进行绝对定位时，定位轴工艺对象必须已知物理位置。

定位轴工艺对象的基本操作原理如图8-13所示。

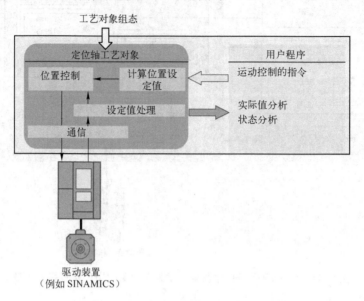

图8-13 定位轴工艺对象的基本操作原理

定位轴可作为一个直线轴或旋转轴，具体取决于机械装置的执行情况。作为直线轴时，轴的位置以线性值进行衡量，例如毫米（mm）。作为旋转轴时，轴的位置以角度进行衡量，例如度（°）。

（3）同步轴工艺对象

同步轴工艺对象包括定位轴工艺对象的全部功能，还可将轴与主值互连，从而使轴在同步操作中跟随引导轴的位置变化，如图8-14所示。

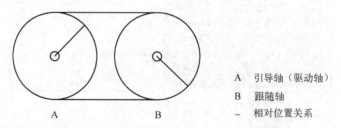

图8-14 定位轴工艺对象的基本操作原理

（4）外部编码器工艺对象

可通过外部编码器工艺对象对位置进行检测，并将检测结果报告给控制器。通过对机械特性、编码器设置和归位过程进行参数分配，可创建编码器值和规定位置之间的关系。

外部编码器工艺对象的基本操作原理如图8-15所示。

驱动装置用于控制轴的运动。这些驱动装置将集成到硬件组态中。在用户程序中执行运动控制作业时，工艺对象用于控制驱动装置并读取位置编码器的值。驱动装置可称为"执行器"，编码器也称为"传感器"。

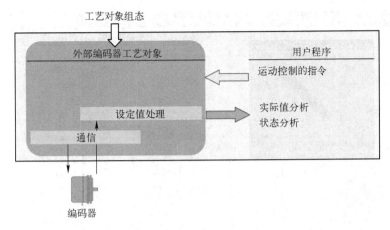

图 8-15 外部编码器工艺对象的基本操作原理

驱动装置和编码器可通过 PROFIdrive 报文进行连接。可使用的硬件接口为 PROFIBUS – DP、PROFINET I/O 和工艺模块（TM）。

8.2.2 运动控制举例

工艺对象数据块代表工艺对象，并包含该工艺对象的所有组态数据、设定值和实际值以及状态信息。创建工艺对象时，将自动创建工艺对象数据块。可在用户程序中访问工艺对象数据块的数据。而运动控制指令和工艺对象数据块可代表工艺对象的编程接口。使用运动控制指令，用户程序可启动并跟踪工艺对象中的运动控制作业。

例如，使用 CPU1516 – 3PN/DP 通过 PN 通信控制 G120 变频器，通过安装在电动机后面的编码器连接到工艺模块 TM Count24V 作为位置反馈，连接示意图如图 8-16 所示。

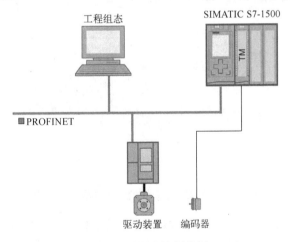

图 8-16 运动控制举例

1. 新建项目及硬件组态

在 TIA Portal 中新建一个项目，添加控制器 CPU1516 – 3PN/DP，并插入工艺模块 TM Count 2x24V，如图 8-17 所示。

对 CPU 属性进行设置，例如在 PROFINET 接口 [X1] 的选项卡中设置接口的 IP 地址为

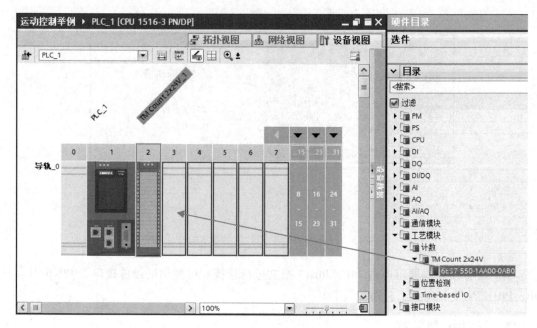

图 8-17　运动控制硬件组态

192.168.0.100，分配子网为 PN/IE_1，PROFINET 设备名称为 CPU1516。

对 TM Count 模块属性进行设置，如图 8-18 所示。将通道 0 的工作模式选为"运动控制的位置检测"，这样接入到通道 0 的编码器就可以在后面的运动控制工艺对象里面进行配置。

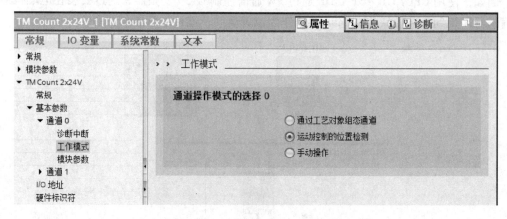

图 8-18　TM Count 模块的"工作模式"设置

同时，还需要根据所连接编码器实际数据配置通道 0 的模块参数，如图 8-19 所示。本例中，编码器"信号类型"选择的是增量编码器，"每个单位的增量"中填入编码器每圈的脉冲数，"基准速度"中填入所使用电动机的额定转速。更多关于 TM Count 2x24V 模块的信息请参考 TM Count 2x24V 模块手册。

接下来需要在项目中插入一个驱动器，并将其 PN 口连接至 PN/IE1，如图 8-20 所示。本例使用 G120 的 CU250S–2PN。

进入驱动器的设备视图，插入所使用的功率单元。在驱动器属性中 PROFINET 接口

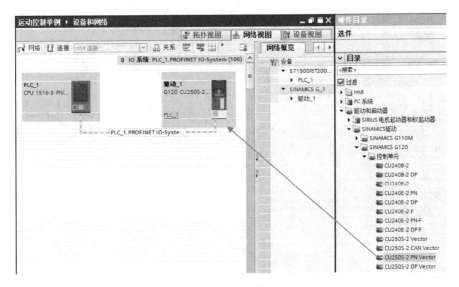

图 8-19 TM Count 模块的"模块参数"设置

图 8-20 添加驱动器——G120

［X1］的以太网地址条目中设置 IP 地址为 192.168.0.101，并分配子网为 PN/IE 1，设备名称为驱动_1。在循环数据交换中选择"Standard Telegramm 3"，如图 8-21 所示。

图 8-21 驱动器（G120）的参数设置

这样，CPU 站点和运动控制所需要的硬件部分基本组态完毕。在配置工艺对象之前，还需要使用驱动器的调试软件对驱动器进行参数分配和优化。更多关于 G120 变频器的调试方法请参考 G120 的使用手册。

2. 配置工艺对象

在 S7 – 1500 的运动控制功能中，被控电动机都是以工艺对象的形式存在的，所以需要在项目中插入一个新的工艺对象。双击项目树中"工艺对象"文件夹下的"插入新对象"，弹出"新增对象"窗口。本例选择"运动控制"下的位置轴"TO_PositioningAxis"，并定义工艺对象名称为"S7 – 1500 Motion Control"，如图 8–22 所示。

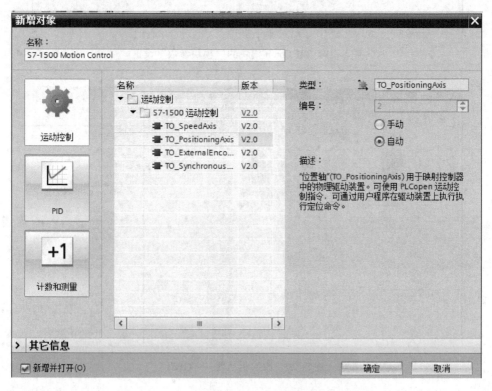

图 8-22　创建工艺对象

插入工艺对象后，在项目树下可以看到该对象及其下面的组态、调试和诊断等条目。

双击工艺对象下的"组态"条目，进入该工艺对象的组态编辑器。在工艺对象组态编辑器中分为基本参数、硬件接口和扩展参数，如图 8-23 所示。这些参数中所出现的表示组态结果的符号与 PID 组态中出现的相同符号的含义相同。

在基本参数里面需要根据项目实际情况选择轴的类型，如线性或旋转轴，同时还要选择单位等参数。本例中都选用默认值。

在驱动装置中选择驱动装置类型为 PROFIdrive，驱动装置从下拉列表中选择前面已经组态好的"驱动_1"，如图 8-24 所示。

在编码器参数中，选择"通过工艺模块（TM）/CPU 1500C 进行连接"，并在下面"工

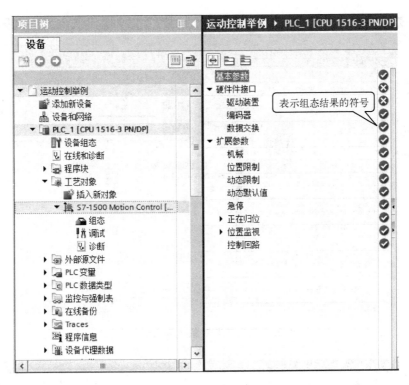

图 8-23　工艺对象组态窗口

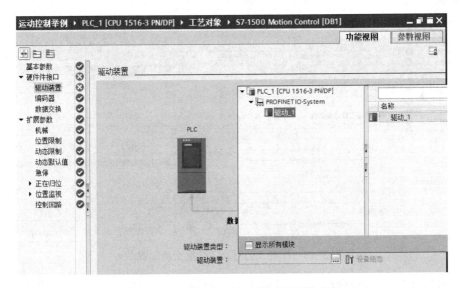

图 8-24　配置工艺对象"驱动装置"参数

艺模块"字段中选择前面组态好的 TM Count 2x24V 的通道 0，如图 8-25 所示。

在数据交换参数中，需要将驱动器报文选择为跟前面驱动器组态一致的 DP_TEL3_STANDARD，转速参数根据实际电动机填写。编码器报文可以选择标准报文 81 或者 83，根据实际编码器选择编码器类型和每圈的脉冲数（与 TM 组态一致），将高精度预留位改为 0，如图 8-26 所示。

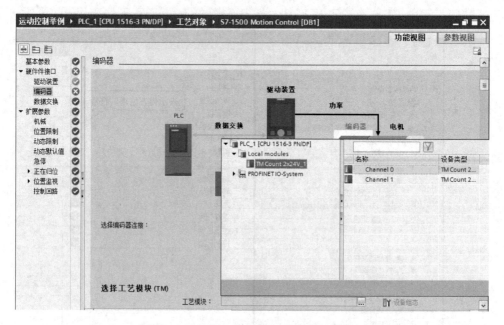

图 8-25　配置工艺对象"编码器"参数

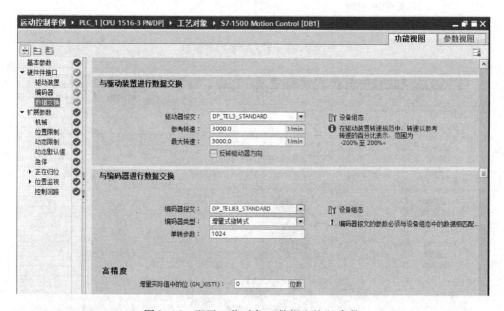

图 8-26　配置工艺对象"数据交换"参数

　　在扩展参数中,用户可以根据项目的实际情况调整一些参数,例如在"机械"配置页面中选择编码器所在的位置,以及传动比参数和丝杠螺距参数等,如图 8-27 所示。本例中,传动比为 1:1,丝杠螺距为 10 mm,即控制轴移动 10 mm,实际电动机转一圈。

　　扩展参数中的"位置限值""动态限值"和"急停"等参数分别针对轴的位置限幅、速度、加速度以及加加速限幅等参数进行设置,用户可根据实际情况设置。

　　"正在归位"参数指的是让轴寻找参考点,包括主动回参考点和被动回参考点,以及回参考点的方向和速度参数等。

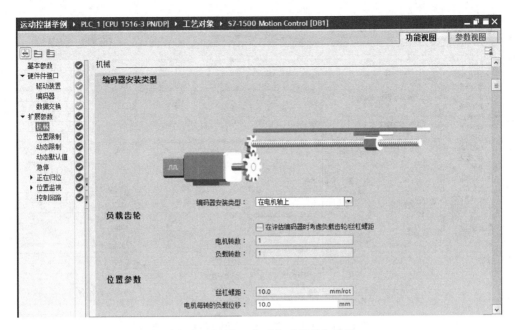

图 8-27   配置工艺对象 "机械" 参数

"位置监视" 里面是关于工艺对象运行状态的监视参数，如图 8-28 所示。当轴的运行状态超过监视允许的参数值时，工艺对象会报出相应的错误。在驱动器和设备没有优化之前，经常会由于这里面默认的监视值过小而报错，建议在系统优化之前先将 "位置监视" 和 "跟随误差" 中的参数加大。

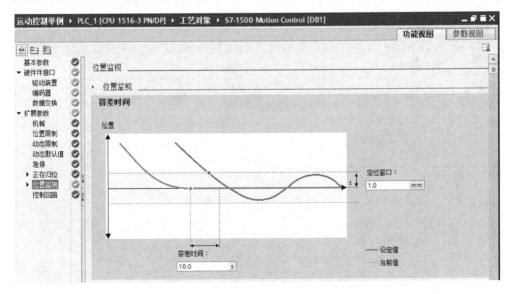

图 8-28   配置工艺对象 "位置监视" 参数

"跟随误差" 参数中，主要监视轴的运行状态，如图 8-29 所示。跟随误差指的是轴在运行中，实际值和给定值之间的差值，当跟随误差超过允许范围时，系统会报出跟随误差错误。因为跟随误差会随着速度的增加而增大，所以跟随误差监视值也是个动态的值。

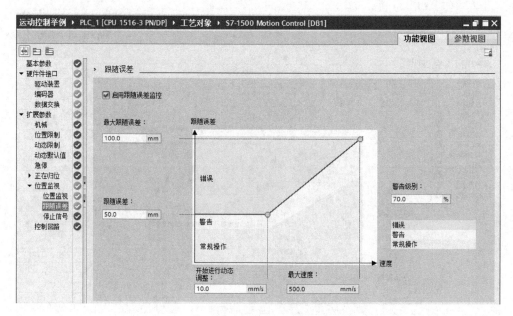

图 8-29　配置工艺对象"跟随误差"参数

"控制回路"参数可以调节控制器的增益以及预控系数来优化工艺对象的控制效果。

3. 在线调试

工艺对象组态完毕后，对项目进行存盘编译，并下载到 CPU 中。如果 CPU 和驱动器没有错误，则可以使用工艺对象自带的调试功能对轴的运行进行测试，并检测参数配置。

双击工艺对象下的"调试"条目，进入该工艺对象的轴控制面板，如图 8-30 所示。

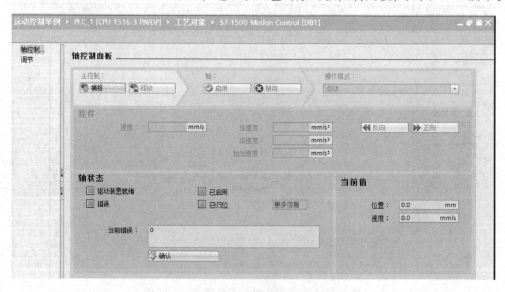

图 8-30　工艺对象的轴控制面板

在"主控制"区域选择"捕捉"，使控制面板获得控制权，弹出安全提示，确认即可，单击"轴"区域的"启用"按钮可以使能驱动器，单击"禁用"按钮则取消使能驱动器。在操作模式中可以选择点动、回原点或者相对、绝对定位等操作。

在"控件"区域可以设置工艺对象的位置、速度和加速度等参数，后面的"正向""反向"和"停止"用来启动和停止轴的运行。

"轴状态"区域可以显示工艺对象的基本状态及故障代码和描述，单击"更多信息"可切换到"诊断"页面查看轴的更多状态。

"当前值"区域可以显示当前轴的位置和速度等基本运行状态。

4. 诊断

当工艺对象出现错误时，可以到"诊断"页面查看具体信息，相应的状态位会变成红色。双击工艺对象下的"诊断"条目，进入该工艺对象的"诊断"页面，如图 8-31 所示。如果"错误"列中对应项前的检查框为红色，这时单击后面的绿色箭头可以直接切换到与此错误相关的参数组态页面。

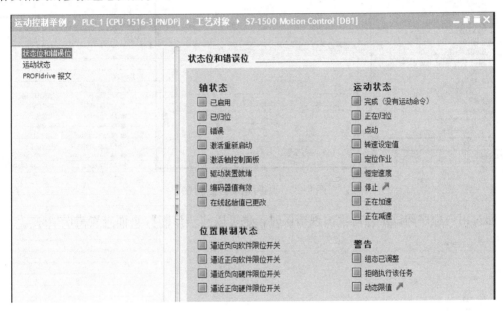

图 8-31　工艺对象的"诊断"页面

5. 编写用户程序

当工艺对象经过调试运行后没有问题，用户就可以编写程序了。通过在用户程序中使用运动控制指令可控制工艺对象。TIA Portal 软件（STEP 7 Professional）在"工艺"指令卡中为 S7－1500PLC 提供了运动控制指令集，如图 8-32 所示（V1.0 版本）。在运动控制指令 V2.0 版本中，还增加了 MC_Move-Superimposed 指令（可以启动叠加到正在运行的基本运动上的相对定位运动）和 MC_GearIn 指令（可在引导轴和跟随轴之间启动相对齿轮传动）。运动控制指令符合 PLCopen 标准（V2.0）。

例如，将"MC_Power"和"MC_MoveVelocity"指令依次拖曳至程序段中，

图 8-32　S7－1500 运动控制指令（V1.0）

并分配背景数据块；将前面配置好的工艺对象"S7 – 1500 Motion Control"从项目树中拖曳至运动控制指令的"Axis"参数处，如图8-33所示。运动控制指令的其他参数根据定义进行赋值或分配变量。

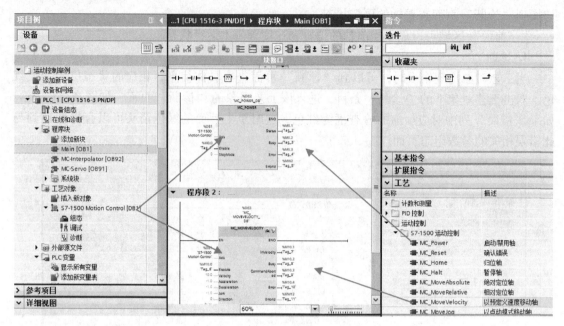

图8-33　编写运动控制程序

通过用户程序调试工艺对象出现错误时，也可以到"诊断"页面查看错误信息。

第9章 系 统 诊 断

9.1 系统诊断概述

设备和模块的诊断统称为系统诊断，通过硬件组态，可自动执行监视功能。所有 SI-MATIC 产品都集成有诊断功能，用于检测和排除故障，如设备故障、移出/插入故障、模块故障、I/O 访问错误、通道故障、参数分配错误和外部辅助电源故障等。

SIMATIC 系统诊断作为标准，集成在硬件中，可自动确定错误源，并以纯文本格式自动输出错误原因，可进行归档和记录报警。SIMATIC 系统诊断以统一的形式显示系统工厂范围的系统状态（模块和网络状态、系统错误报警），如图 9-1 所示。当设备检测到一个错误时，将诊断数据发送给指定的 CPU，CPU 通知所连接的显示设备，更新所显示的系统诊断信息。

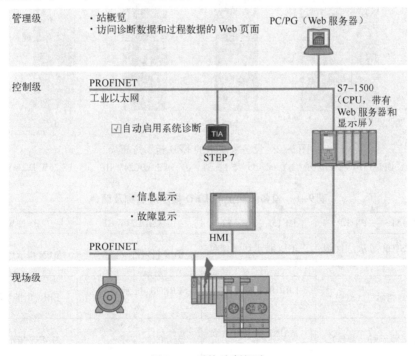

图 9-1　系统诊断概述

从图 9-1 中可以看出，系统诊断可以通过 CPU 的显示屏和模块上的 LED 指示灯进行显示，也可以通过 HMI 设备、TIA Portal 软件（STEP 7）和 Web 服务器进行显示。

9.2　系统诊断的显示

系统诊断信息可以通过设备本身（如 CPU 的显示屏和模块上的 LED 指示灯）、TIA Portal 软件（STEP 7）、HMI 设备和 Web 服务器这四种方式进行显示。在上位监控系统设计章节已介绍通过 HMI 设备实现系统诊断，本章主要介绍设备本身和 TIA Portal 软件（STEP 7）两种方式的系统诊断显示，使用 Web 服务器显示系统诊断功能将在后续 S7 - 1500 的其他功能中进行介绍。

9.2.1 设备上的系统诊断显示

1. 通过 LED 指示灯

CPU、接口模块和 I/O 模块都可以通过 LED 指示灯指示有关操作模式和内部/外部错误的信息。通过 LED 指示灯进行诊断是确定错误的原始工具。

图 9-2 为一些模块上 LED 指示灯布局的示例，指示灯名称及颜色见表 9-1。

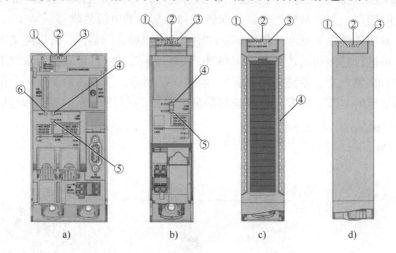

图 9-2 设备模块上的 LED 指示灯布局

a) CPU 1516 - 3 PN/DP b) IM 155 - 5 PN ST c) DI 32xDC24V HF d) PS 25W DC24V

表 9-1 设备模块上的 LED 指示灯名称及颜色

编号	CPU 1516 - 3 PN/DP	IM 155 - 5 PN ST	DI 32xDC24V HF	PS 25W DC24V
①	RUN/STOP 指示灯（绿色/黄色）	RUN 指示灯（绿色/黄色）	RUN 指示灯（绿色）	RUN 指示灯（绿色）
②	ERROR 指示灯（红色）	ERROR 指示灯（红色）	ERROR 指示灯（红色）	ERROR 指示灯（红色）
③	MAINT 指示灯（黄色）	MAINT 指示灯（黄色）	无功能	MAINT 指示灯（黄色）
④	X1 P1（绿色/黄色）	X1 P1（绿色）	LED CHx 指示灯（绿色/红色）	
⑤	X1 P2（绿色/黄色）	X1 P2（绿色）		
⑥	X2 P1（绿色/黄色）			

根据设备的不同，各 LED 指示灯的含义、LED 指示灯的不同组合以及发生故障时指示的补救措施都可能不同。S7 - 1500 CPU 的 LED 指示灯的含义在第 2 章中已介绍，其他设备

LED 指示灯的含义请参见相应模块手册。

2. 通过 CPU 的显示屏

在 S7 – 1500 CPU 的显示屏上，可以快速、直接地读取诊断信息，同时还可以通过显示屏中的不同菜单显示状态信息。

当用户创建的项目下载到 CPU 后，可通过 S7 – 1500 CPU 的显示屏确定诊断信息。选择显示屏上的"诊断"（Diagnostics）菜单，如图 9-3 所示。在"诊断"（Diagnostics）菜单中，选择"报警"（Alarm）菜单项，则显示屏显示系统诊断的错误消息，如图 9-4 所示。可通过"显示"菜单下的"诊断信息刷新"（"Display"→"Diagnostic refresh"）设置自动更新诊断信息。

图 9-3　S7 – 1500 CPU 的显示屏　　　　图 9-4　显示屏中显示错误消息

9.2.2　使用 Portal 软件（STEP 7）

用户将创建好的项目下载到 CPU 后发生了一个错误，此时通过编程设备使用 Portal 软件（STEP 7）也可以快速访问详细的诊断信息。

1. 可访问的设备

可访问的设备是指通过接口直接连接或通过子网连接到 PG/PC 上的所有接通电源的设备。即使没有离线项目，在这些设备也可以显示诊断信息。

连接好 PG/PC 与 CPU，在"在线"（Online）菜单中，选择"可访问的设备"（Accessible devices）命令，打开"可访问的设备"（Accessible devices）对话框。在该对话框中对接口进行相应设置，单击"开始搜索"按钮，在"所选接口的可访问节点"中选择相应的设备，单击"显示"按钮，确认对话框，则在项目树中显示该设备，如图 9-5 所示。

图 9-5　显示可访问设备

上述过程也可以直接在项目树的"在线访问"子项下所显示的设备中，找到连接 CPU 的网络接口设备并展开，鼠标双击"更新可访问的设备"，实现可访问设备的显示。

双击图 9-5 中对应设备（如"PLC_1[192.168.1.1]"）下的"在线和诊断"（Online & Diagnostics），将在工作区中显示"在线和诊断"视图。该视图的"诊断"选项显示诊断信息，可查看有关诊断状态、循环时间、存储器使用率和诊断缓冲区的信息。例如显示"诊断缓冲区"信息如图9-6所示。

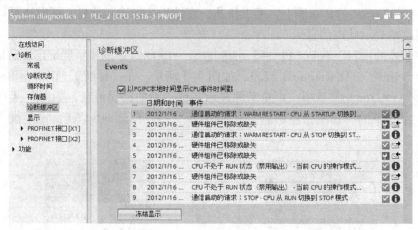

图9-6　诊断缓冲区

诊断缓冲区中包含模块上的内部和外部错误、CPU 中的系统错误、操作模式的转换（例如从 RUN 转换为 STOP）、用户程序中的错误和移除/插入模块等诊断信息。

复位 CPU 的存储器时，诊断缓冲区中的内容将存储在保持性存储器中。通过诊断缓冲区，即便在很长时间之后，仍可对错误或事件进行评估，确定转入 STOP 模式的原因或者跟踪一个诊断事件的发生并对其进行相应处理。

而"在线和诊断"视图的"功能"选项包括以下功能：分配一个 IP 地址、设置 CPU 的时间和日期、固件更新（例如 PLC、显示屏）、指定设备名称、复位为出厂设置、格式化存储卡和保存服务数据。虽然并不直接用于系统诊断，但提供了许多非常方便的操作。

2. 在线和诊断

打开离线项目，使 PG/PC 与 S7 – 1500 PLC 建立一个在线连接，并选中项目树下的设备，这时可以单击工具栏里的转到在线工具" 在线"，查看项目树中设备右边的诊断符号，这些符号指示该设备当前的在线状态，如图9-7所示。

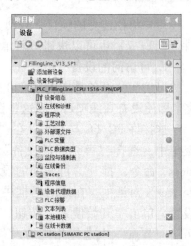

图9-7　转到在线时显示
设备诊断（符号）

在线设备及下级组件右边显示的诊断符号及其含义见表9-2。右下方的诊断符号可以与其他小符号（用于指示在线/离线比较的结果）组合在一起。表9-3列出了可用的符号及其含义。对于 CPU 和 CP 模块，诊断符号还可以显示模块的操作模式，具体符号对应的模式见表9-4。

表9-2　模块和设备的诊断符号及其含义

符　　号	含　　义
	正在建立到 CPU 的连接

符　号	含　义
	无法通过所设置的地址访问 CPU
	组态的 CPU 和实际 CPU 型号不兼容。例如，现有的 CPU 315 – 2 DP 与组态的 CPU 1516 – 3 PN/DP 不兼容
	在建立与受保护 CPU 的在线连接时，未指定正确密码而导致密码对话框终止
	无故障
	需要维护
	要求维护
	错误
	模块或设备被禁用
	无法从 CPU 访问模块或设备（这里指 CPU 下面的模块和设备）
	由于当前在线组态数据与离线组态数据不同，因而无法获得诊断数据
	组态的模块或设备与实际的模块或设备不兼容（这里指 CPU 下面的模块或设备）
	已组态的模块不支持显示诊断状态（这里指 CPU 下面的模块）
	连接已建立，但是模块状态尚未确定或未知
	下级组件中的硬件错误：至少一个下级硬件组件中存在硬件错误（只在项目树中作为单独的符号出现）

表 9-3　用于比较状态的符号

符　号	含　义
	下级组件中的硬件错误：在线和离线版本至少在一个下级硬件组件中不同（仅在项目树中）
	下级组件中的软件错误：在线和离线版本至少在一个下级软件组件中不同（仅在项目树中）
	对象的在线和离线版本不同
	对象仅在线存在
	对象仅离线存在
	对象的在线和离线版本相同

表 9-4　CPU 和 CP 的操作模式符号

符　号	操　作　模　式
	RUN
	STOP
	STARTUP
	HOLD
	DEFECTIVE
	未知操作模式
	已组态的模块不支持显示操作模式

在项目树中选择受影响的设备文件夹，通过鼠标右键调出快捷菜单，选择"在线和诊断"（Online & Diagnostics）命令，启动待诊断模块的"在线和诊断"视图。同时，可在监

视窗口"诊断"（Diagnostics）选项卡中，查看每个设备的详细诊断信息，如图9-8所示。

设备信息	连接信息	报警显示				
2 设备出现问题						
在线...	操作...	设备/模块	连接建立方式 ...	报警	详细信息	帮助
---	---	IE general_1	直接	不可用	建立新在线连接	?
确定	STOP	PLC_FillingLine	直接	STOP	更多相关详细信息，请参见设备...	?

图9-8　监视窗口的"诊断"选项卡

监视窗口的"诊断"选项卡中包含与诊断事件和已组态报警事件等有关的信息。该选项卡有三个子选项卡：设备信息、连接信息和报警显示。"设备信息"子选项卡中显示当前或之前建立在线连接的故障设备信息。"连接信息"子选项卡中显示连接的详细诊断信息。"报警显示"选项卡中显示系统诊断报警。

要在Portal软件（STEP 7）中接收报警，需要激活CPU的"接收报警"功能。这需要在项目树中选择所需的CPU，选择快捷菜单命令"转到在线"（Go online），在线连接相应的CPU；再在项目树中重新选择所需的CPU，然后选择快捷菜单命令"接收报警"（Receive alarms），如图9-9所示。此时，将在"报警显示"子选项卡中显示报警信息。默认情况下，将启用"归档视图"，如图9-10所示。在"报警显示"子选项卡的工具条中单击"当前报警"工具" "，显示最新的报警信息。

图9-9　接收报警设置

设备信息	连接信息	报警显示				
	源	日期	时间	状态	事件文本	信息文本	帮助
1	S715 当前报警	2015/8/15	13:33:24:137		报警（诊断事件）：已激活 报警（过程...		
2	71500/ET200M...	2015/8/15	13:33:24:162		启动报警更新：......		
3	归档视图 00M...	2015/8/15	13:33:24:164		......报警更新结束。		
4			2015/8/15	14:11:19:293		报警（诊断事件）：已禁用 报警（过程...		
5	S71500/ET200M...	2015/8/15	13:33:36:257		报警（诊断事件）：已激活 报警（过程...		
6	S71500/ET200M...	2015/8/15	23:13:36:259		启动报警更新：......		
7	S71500/ET200M...	2015/8/15	23:13:03:652	I	CPU状态消息：CPU不处于 RUN 状态 当...	简称：CPU常规	
8	S71500/ET200M...	2015/8/15	23:13:36:469		......报警更新结束。		

图9-10　系统诊断报警显示

9.3　通过用户程序进行系统诊断

在用户程序中，可以组态对诊断报警的响应。例如，用户可以指定出现特定诊断报警时关停设备。

9.3.1　采用过程映像输入进行系统诊断

为了在出现故障时也能正确地处理输入和输出数据，一些模块提供了值状态（质量信息，即 Quality Information，QI），以供程序查询 I/O 数据的有效性而做出正确的响应。

值状态是指通过过程映像输入（PII）供用户程序使用的 I/O 通道诊断信息，与用户数据同步传送。值状态的每个位均指定给一个通道，并提供有关值有效性的信息（0 = 值不正确）。

1. 组态"值状态"

要使用通道值状态时，需要对相应模块属性的"值状态"进行勾选。例如，对自动灌装生产线中的数字量输入模块的通道设置"值状态"，需要在该模块的"设备组态"界面的"属性"选项卡的"常规"子选项卡中，对"模块参数"的"DI 组态"条目勾选"值状态"，如图 9-11 所示。同理，对于数字量输出模块、模拟量输入模块和模拟量输出模块，若设置"值状态"，则需在相应模块的"模块参数"选项的"DQ 组态""AI 组态"或"AQ 组态"条目中勾选"值状态"。

图 9-11　数字量输入模块的"值状态"参数设置

需要注意的是，当设置了"值状态"，则系统为该模块的每个通道均唯一性地分配值状态位，占用输入过程映像区地址，故整个模块的 I/O 地址范围发生了变化。对于输入模块，直接在用户数据后面分配输入地址；对于输出模块，将分配下一个可用输入地址。例如，对自动灌装生产线的数字量输入模块 DI 32 × DC24V HF 设置了"值状态"后的 I/O 地址，如图 9-12 所示，其中输入地址 0～3 为数字量输入通道地址，输入地址 4～7 为 32 个数字量输入通道对应的值状态地址。

图 9-12　数字量输入模块设置"值状态"后的 I/O 地址

对数字量输出模块 DQ 32xDC24V/0.5A ST 设置了"值状态"后的 I/O 地址，如图 9-13 所示，其中输出地址 4～7 为数字量输出通道地址，而输入地址 8～11 为 32 个数字量输出通道对应的值状态地址。

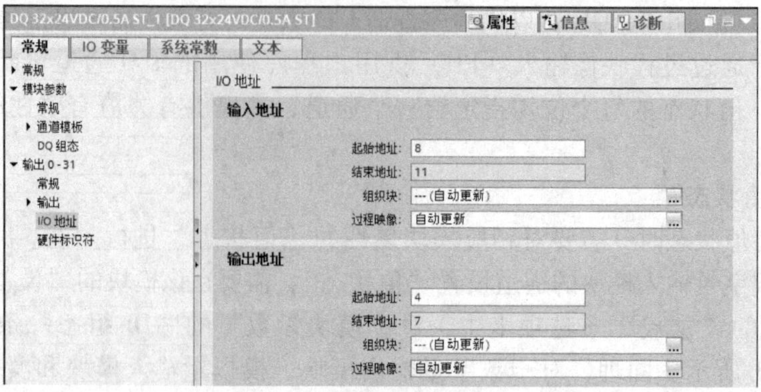

图 9-13　数字量输出模块设置"值状态"后的 I/O 地址

对模拟量输入模块 AI 8xU/I/RTD/TC ST 设置了"值状态"后的 I/O 地址，如图 9-14 所示，其中输入地址 256～271 为模拟量输入通道地址，而输入地址 272 为 8 路模拟量输入通道对应的值状态地址（每路模拟量输入通道的值状态占用 272 个字节地址中的一个位）。

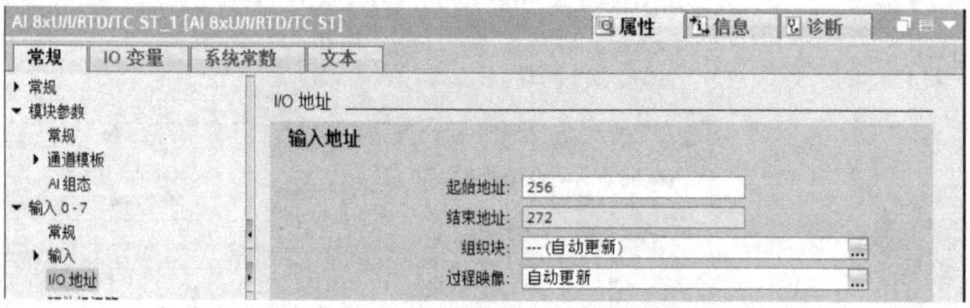

图 9-14　模拟量输入模块设置"值状态"后的 I/O 地址

对模拟量输出模块 AQ 8xU/I HS 设置了"值状态"后的 I/O 地址，如图 9-15 所示，其中输出地址 256～271 为模拟量输出通道地址，而输入地址 12 为 8 路模拟量输出通道对应的值状态地址（每路模拟量输出通道的值状态占用 12 个字节地址中的一个位）。

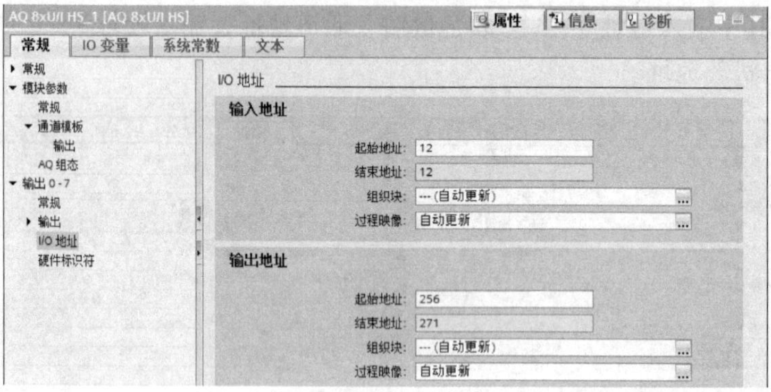

图 9-15　模拟量输出模块设置"值状态"后的 I/O 地址

2. 访问"值状态"

对 I/O 模块设置为值状态后，可以通过程序访问模块通道的值状态，并进行相应的响应处理。

374

例如，在自动灌装生产线中，如果连接成品称重传感器的模拟量输入通道值有效，则检测重量值，否则以 0 代替输入通道值。相应程序段如图 9-16 所示。

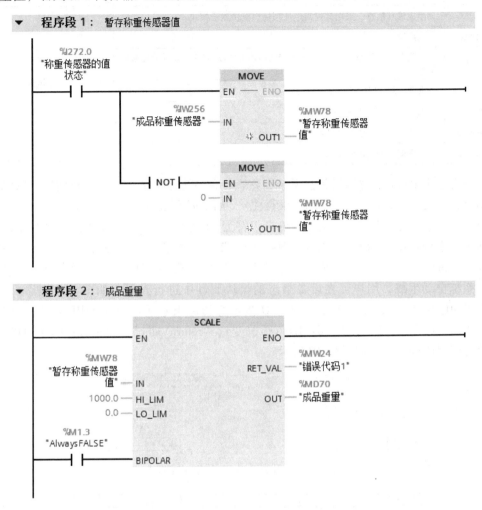

图 9-16　根据"值状态"实现成品重量采集

9.3.2　使用指令

在扩展指令的"诊断""报警"和"分布式 I/O"指令文件夹中，提供了许多用于系统诊断的指令，部分指令名称及功能描述见表 9-5。

表 9-5　用于系统诊断的部分扩展指令名称及功能描述

指　令	描　　述	所属扩展指令集的子集
RDREC	读取数据记录，包含故障模块上的错误信息	分布式 I/O
RALRM	调用诊断中断 OB 时，读取 OB 的起始信息，提供错误原因和位置信息	
DPNRM_DG	读取 DP 从站的当前诊断数据（DP 标准诊断）	
Gen_UsrMsg	生成用户诊断报警	报警

指　　令	描　　述	所属扩展指令集的子集
GEN_DIAG	生成诊断信息，采用其逻辑地址来标识模块或子模块	
GET_DIAG	读取诊断信息	
RD_SINFO	读取最后调用 OB 和最后启动的启动 OB 的起始信息，提供常规错误信息	
LED	读取模块 LED 的状态	诊断
Get_IM_Data	读取 CPU 的信息和维护数据	
DeviceStates	读取 I/O 系统的模块状态信息	
ModuleStates	读取模块的模块状态信息	

　　用户可通过 Portal 软件帮助信息系统，熟悉各种系统诊断指令的参数及使用。熟练应用这些指令，可实现通过编程获得系统诊断数据，从而进行相应的程序处理。

　　例如，通过程序查询 PN 网络上硬件标识符为 64 所对应的 CPU 模块上 LED 指示灯的状态。新建一全局数据块 DB，名称为"My_gDB_LED"，并声明三个变量，如图 9-17 所示。其中变量"myLADDR"类型为 HW_IO，存储待诊断的 CPU 接口的硬件标识符，该硬件标识符为系统自动生成，用户可在设备组态的模块属性中进行查看，如图 9-18 所示。变量"myLED"类型为 Uint，存储待查询的 LED 指示灯的标识号（1：STOP/RUN，2：ERROR，3：MAINT，4：冗余，5：Link，6：Rx/Tx），变量"returnValue"存储 LED 指示灯的状态。实现该功能对应的程序段如图 9-19 所示。

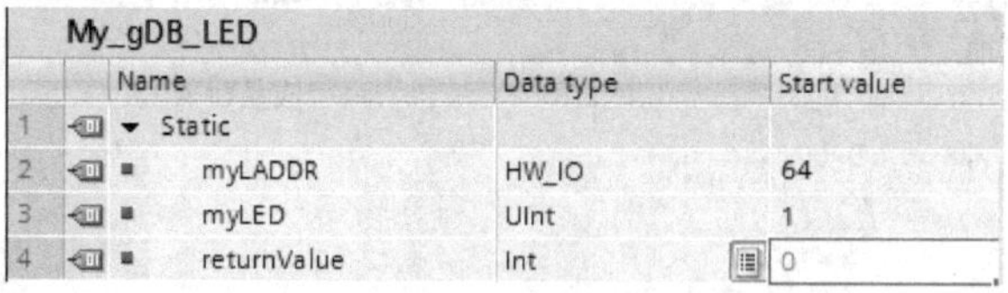

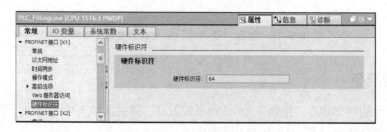

图 9-17　全局数据块"My_gDB_LED"

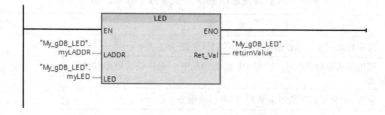

图 9-18　查看 CPU 接口的硬件标识

图 9-19　使用"LED"获得系统诊断信息

9.4 轨迹和逻辑分析器功能

在 SIMATIC 产品中, S7 – 1500 CPU、S7 – 1200 CPU（固件版本：V4.0）和 G120 等设备都支持轨迹和逻辑分析器功能。

使用轨迹和逻辑分析器功能可记录设备变量（例如 CPU 的驱动参数变量、系统变量和用户变量），并对记录进行评估。

记录数据保存于设备上，内存空间限制最大记录时长，记录可用的内存空间取决于所使用的硬件。记录数据在需要时可由工程系统（ES）读出，永久保存。因而，轨迹和逻辑分析器功能适合于监视高度动态进程。

使用"轨迹"的操作方法如下：

1）通过 TIA Portal 在编程设备（PG）上配置轨迹。可在轨迹配置过程中指定待记录信号、记录时长和触发条件。轨迹配置依不同设备而有所不同，且在各个设备部分加以描述。

2）将轨迹配置从 PG 传到到设备。

3）等待记录。如果激活了已设置轨迹配置，则会独立于 PG 之外开始记录。一旦满足配置的触发条件即开始记录。

4）将测量结果从设备传输到 PG。完成记录后可以随时保存测量，与测量时间无关。

5）评估、管理和保存测量结果。

在 TIA Portal 软件中，双击项目树中"Traces"条目下的"添加新 Trace"，即可以添加新的轨迹，默认名称为"Trace"。双击该"Trace"，打开轨迹编辑器，如图 9-20 所示。该轨迹编辑器中，包括"配置"视图和"示意图"视图。其中"配置"视图也称组态选项卡，"示意图"视图也称曲线选项卡。

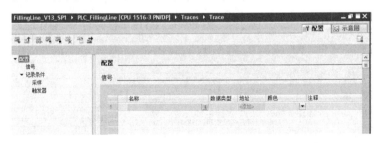

图 9-20　轨迹编辑器界面（组态选项卡）

在轨迹编辑器的工具栏中，有许多工具按钮用于在项目和设备中管理轨迹，具体含义参见表 9-6。

表 9-6　轨迹编辑器的工具栏中按钮的含义

图　标	描　述
![icon]	将选定的轨迹配置传输至设备
![icon]	从设备传输选定的轨迹配置至项目
![icon]	切换在线和离线显示
![icon]	激活记录。如果一个已安装轨迹的记录存在重复，那么显示屏的相关设置（曲线图和信号表）同样对新记录保持生效

图　标	描　述
	撤销记录
	将选定测量从设备传输至项目，该测量即添加到项目树中"Traces"下的"测量"文件夹中
	从设备中删除选定轨迹
	导出轨迹配置至扩展名为"∗.ttcfgx"的文件。出于兼容性原因，V12 支持"∗.ttcfg"文件扩展名，但不包含任何有关设备系列的信息

轨迹编辑器中，组态选项卡针对记录时长、触发条件以及信号选择进行设备特定的配置，曲线选项卡以曲线图的形式显示已记录的数值，以信号表的形式显示被测信号的某些属性。

例如，对自动灌装生产线的"实际液位"变量进行轨迹记录。在组态选项卡的"信号"选项中添加"实际液位"变量，如图 9-21 所示。在"采样"选项中设置记录时间点为 OB30（循环间隔为 500 ms），并勾选"使用最大记录时长"复选框，如图 9-22 所示。在"触发器"选项中设置记录模式为"立即记录"（也可以选择"变量触发"记录模式并设置触发变量），如图 9-23 所示。然后单击轨迹编辑器工具栏中的按钮""，将该轨迹配置传输至设备，则轨迹编辑器自动切换至曲线选项卡。

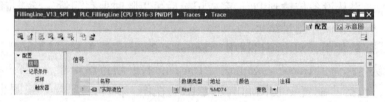

图 9-21　添加轨迹变量

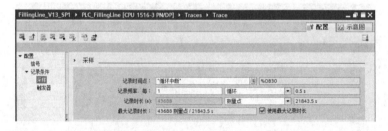

图 9-22　设置轨迹变量的采样参数

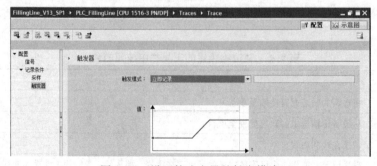

图 9-23　设置轨迹变量的触发模式

此时单击工具栏中的激活记录按钮 "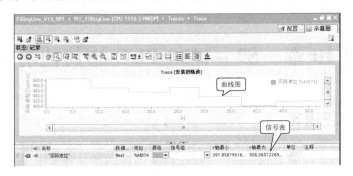"，进入轨迹记录状态，如图 9-24 所示。

图 9-24 轨迹变量的曲线选项卡

图 9-24 中的曲线选项卡包含两个区域，上方是曲线图，下方是信号表。曲线图以曲线的形式显示变量轨迹，在图形下部可显示位轨迹（例如，添加了位变量轨迹时）；信号表列出了所选测量的信号，并提供了某些属性的设置选项。在曲线图中，其工具栏和快捷菜单中提供了各种用于评估测量结果的选项，在信号表的列中也显示了可供评估的数据。

单击工具栏中的"激活记录"按钮 ""，可撤销记录。单击"将选定测量从设备传输至项目"按钮 ""，可将该轨迹记录传输至项目，存储在项目树中 "Traces" 下的"测量"文件夹中；每传输一次，则自动生成一个文件，如图 9-25 所示。

图 9-25 保存在项目中的
轨迹存储路径

任务 25　自动灌装生产线项目故障检测

（1）通过 LED 指示灯判断模块故障状态。

（2）通过 CPU 显示屏查看系统故障信息。

（3）激活"接收报警"功能，通过 Portal 软件的监视窗口的"诊断"选项卡查看设备状态、连接状态和报警显示。

（4）通过 HMI 显示系统诊断信息。

（5）激活 I/O 模块的"值状态"，并通过程序根据称重传感器和液位传感器所连接的模拟量通道的"值状态"采集正确的数据。

第 10 章　S7 – 1500 PLC 的其他功能

10.1　SCL 编程语言

SCL（Structured Control Language，结构化控制语言）是一种基于 PASCAL 的高级编程语言，这种语言符合标准 DIN EN 61131 – 3（国际标准为 IEC 1131 – 3）。SCL 特别适合于数据管理、过程优化、配方管理、数学计算和统计任务等应用领域。

10.1.1　SCL 程序编辑器

新建程序块，编程语言选择 SCL，则打开该程序块，进入程序编辑器。程序编辑器主要包括块接口和 SCL 编程窗口。SCL 编程窗口如图 10-1 所示，图中的组成部分及功能见表 10-1。需要注意的是，在 SCL 的编程窗口中使用到的变量，均需要先声明（定义）再使用。

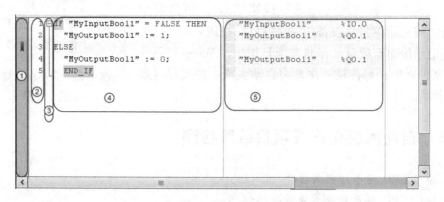

图 10-1　SCL 编程窗口

表 10-1　SCL 编程窗口组成部分及含义

组 成 部 分	含　义
① 侧栏	在侧栏中可以设置书签和断点
② 行号	行号显示在程序代码的左侧
③ 轮廓视图	轮廓视图中将突出显示相应的代码部分
④ 代码区	在代码区域，可对 SCL 程序进行编辑
⑤ 绝对操作数的显示	在此表格中列出了赋值给绝对地址的符号操作数

10.1.2　SCL 指令及应用

SCL 指令类型主要包括赋值运算、程序控制、块调用以及"指令"任务卡中的其他指令。当输入 SCL 指令时需要遵守下列规则：指令可跨行；每个指令都以分号";"结尾；不区分大小写；注释仅用于描述程序，而不会影响程序的执行。

注释的表达方法有两种，一种是行注释，另一种是段注释。行注释在指令结尾";"后面，以"//"开始。段注释以"（*"开始，以"*）"结束。

1. 赋值运算

赋值用于为一个变量赋值一个常数值、表达式的结果或另一个变量的值。赋值运算所使用的逻辑操作符见表 10-2。

表 10-2　SCL 支持的逻辑操作符

逻辑操作符	操 作 符	说 明
赋值	: =	赋值
插入成分	(,)	（表达式）
二进制逻辑操作	NOT AND, & OR XOR	取反 与 或 异或
比较	<，<=，>，>= =，<>	小于，小于等于，大于，大于等于 相等，不相等
数学	+，- +，- *，/，DIV，MOD **	正，负（符号） 加，减 乘，除，除（求商），除（求余数） 求幂

例如有三个变量：A、B 和 C，执行 SCL 赋值操作语句"A：= B + C;"，则该赋值语句表示将变量 B 与变量 C 的内容相加的结果赋值给变量 A。

函数名称也可以作为表达式，赋值运算将调用该函数，并返回其函数值，赋给左侧的变量。赋值运算的数据类型取决于左边变量的数据类型，右边表达式的数据类型必须与左边变量的数据类型保持一致。

2. 程序控制

SCL 提供了简便的指令进行程序控制。例如创建程序分支、循环或跳转。SCL 程序控制指令关键字见表 10-3。

表 10-3　SCL 程序控制指令关键字

程序控制指令分类	关 键 字	说 明
分支结构	IF CASE	选择分支指令，根据条件真假决定是否执行后续语句 多分支指令，根据数字表达式的值决定执行哪个程序分支
循环结构	FOR WHILE REPEAT	根据指定循环次数执行程序循环体 根据指定循环条件执行程序循环体 不满足条件时执行程序循环体
中止循环	CONTINUE EXIT	中止当前程序循环 退出程序循环体
跳转	GOTO	使程序跳转至指定位置开始执行
退出块	RETURN	退出当前块的程序执行，返回

（1）IF：条件执行

根据分支的类型，条件执行分支的语法有三种形式：IF 分支，IF 和 ELSE 分支，IF、ELSEIF 和 ELSE 分支。

IF 分支结构语法：

```
IF ＜条件＞ THEN ＜指令＞;
END_IF;
```

如果满足条件，则将执行 THEN 后编写的指令；如果不满足条件，则程序将从 END_IF 后的下一条指令开始继续执行。

IF 和 ELSE 分支结构语法：

```
IF ＜条件＞ THEN ＜指令 1＞;
ELSE ＜指令 0＞;
END_IF;
```

如果满足条件，则将执行 THEN 后编写的指令 1；如果不满足该条件，则将执行 ELSE 后编写的指令 0。然后，程序将从 END_IF 后的下一条指令开始继续执行。

IF、ELSEIF 和 ELSE 分支结构语法：

```
IF ＜条件 1＞ THEN ＜指令 1＞;
ELSIF ＜条件 2＞ THEN ＜指令 2＞;
ELSE ＜指令 0＞;
END_IF;
```

如果满足条件 1，则将执行指令 1，然后程序将从 END_IF 后继续执行；如果不满足条件 1，但满足条件 2，则将执行指令 2，然后程序将从 END_IF 后继续执行；如果不满足任何条件，则先执行 ELSE 后的指令 0，再执行 END_IF 后的程序部分。

总之，在 IF 分支内可以嵌套任意多个 ELSEIF 和 THEN 组合，而 ELSE 分支可以有也可以没有。

例如：

```
IF "Tag_1" = 1
THEN "Tag_Value" := 10;
ELSEIF "Tag_2" = 1
THEN "Tag_Value" := 20;
ELSEIF "Tag_3" = 1
THEN "Tag_Value" := 30;
ELSE "Tag_Value" := 0;
END_IF;
```

该程序段实现根据 Tag_1、Tag_2 和 Tag_3 三个全局变量的值来对全局变量 Tag_Value 赋相应的值。当然，程序中也可以对局部变量进行访问。

（2）CASE：创建多路分支

使用"创建多路分支"指令 CASE，可以根据数字表达式的值执行多个指令序列中的一个。表达式的值必须为整数。执行该指令时，会将表达式的值与多个常数的值进行比较。如果表达式的值等于某个常数的值，则将执行紧跟在该常数后编写的指令。常数可以为以下值：整数（例如5）、整数的范围（例如15~20）、由整数和范围组成的枚举（例如10、11、15~20）。

CASE 分支结构语法：

```
CASE <表达式> OF
<常数1>：<指令1>；
<常数2>：<指令2>；
<常数 X>：<指令 X>；// X >=3
ELSE <指令0>；
END_CASE；
```

如果表达式的值等于常数1的值，则将执行紧跟在该常数后编写的指令1，然后程序将从 END_CASE 后继续执行；如果表达式的值不等于常数1的值，则会将该值与下一个设定的常数值进行比较，以这种方式执行 CASE 指令直至比较的值相等为止；如果表达式的值与所有设定的常数值均不相等，则将执行 ELSE 后编写的指令0。ELSE 是一个可选的语法部分，可以省略。

例如：

```
CASE "Tag_Value" OF
    0："Tag_1" := 1；
    1,3,5："Tag_2" :=1；
    6..10："Tag_3" := 1；
    16,17,20..25："Tag_4" := 1；
ELSE "Tag_5" := 1；
END_CASE；
```

该程序段实现当变量"Tag_Value"=0时，对变量"Tag_1"赋值为1；当变量"Tag_Value"为1、3或5时，对变量"Tag_2"赋值为1；当变量"Tag_Value"为6~10中某一整数时，对变量"Tag_3"赋值为1；当变量"Tag_Value"为16、17、20~25中某一整数时，对变量"Tag_4"赋值为1；当变量"Tag_Value"不等于上述任一值时，对变量"Tag_5"赋值为1。

此外，CASE 分支指令内部也可通过使用完整的 CASE 结构替换一个指令块来实现嵌套。

（3）FOR：在计数循环中执行

使用"在计数循环中执行"指令 FOR，可重复执行程序循环，直至运行变量不在指定的取值范围内。

FOR 循环结构语法：

```
FOR <执行变量> := <起始值> TO <结束值> BY <增量> DO <指令>；
END_FOR；
```

开始运行 FOR 循环结构时，将起始值赋值给执行变量，并执行 DO 后面的指令；然后检查执行变量的值，如果未达到结束值，则将执行变量的值与增量相加并赋值给执行变量，继续执行符合 DO 的指令（此过程循环执行，直到执行变量达到结束值）；当执行变量达到结束值，则最后执行一次 FOR 循环，此后执行变量超出结束值，退出 FOR 循环。

例如：

```
FOR i := 2 TO 8 BY 2
    DO "a_array[i] := "Tag_Value" * "b_array[i]";
END_FOR;
```

该程序段实现"Tag_Value"操作数分别与"b_array"数组变量的元素 2、元素 4、元素 6 和元素 8 相乘，并将计算结果分别读入到"a_array"数组变量的元素 2、元素 4、元素 6 和元素 8 中。

FOR 循环结构也可以嵌套程序循环，即在 FOR 程序循环内，也可以编写包含其他运行变量的其他循环结构或 FOR 循环结构。

（4）WHILE：满足条件时执行

使用"满足条件时执行"指令 WHILE，可以重复执行程序循环，直至不满足执行条件为止。该条件是结果为布尔值（TRUE 或 FALSE）的表达式，可以使用逻辑表达式或比较表达式作为条件。

WHILE 循环结构语法：

```
WHILE <条件> DO <指令>;
END_WHILE;
```

执行 WHILE 循环结构时，将对指定的表达式（条件）进行运算。如果表达式的值为 TRUE，即满足条件，执行 DO 后面的指令；如果其值为 FALSE，即不满足条件，则程序从 END_WHILE 后继续执行。

例如：

```
WHILE
    "Tag_Value1" <> "Tag_Value2"
    DO "Tag_Result" := "Tag_Input";
END_WHILE;
```

只要"Tag_Value1"和"Tag_Value2"操作数的值不相等，"Tag_Input"操作数的值就会分配给"Tag_Result"操作数，该操作循环执行，直到"Tag_Value1"和"Tag_Value2"操作数的值相等，即不满足条件，则退出循环体，程序从 END_WHILE 后继续执行。

WHILE 循环结构也可以嵌套程序循环，即在程序循环内，可以编写包含其他运行变量的其他程序循环结构或 WHILE 循环结构。

（5）REPEAT：不满足条件时执行

使用"不满足条件时执行"指令 REPEAT，可以重复执行程序循环，直至满足（终止）条件为止。该条件是结果为布尔值（TRUE 或 FALSE）的表达式，可以使用逻辑表达式或比较表达式作为条件。该循环结构在首次执行时，即使满足（终止）条件，此指令也执行一次。

REPEAT 循环结构语法：

> REPEAT <指令>
> UNTIL <条件> END_REPEAT;

该循环程序结构先执行 REPEAT 后的指令，然后判断条件，如果不满足 UNTIL 后的（终止）条件，则将再次执行程序循环；如果满足 UNTIL 后的（终止）条件，则程序循环将从 END_REPEAT 后继续执行。

例如：

> REPEAT "Tag_Result" := "Tag_Value";
> UNTIL "Tag_Error" END_REPEAT;

该程序段实现将"Tag_Value"操作数的值分配给"Tag_Result"操作数，直到"Tag_Error"操作数值的信号状态为"1"，终止程序循环，程序循环将从 END_REPEAT 后继续执行。

（6）CONTINUE：复查循环条件

通过"复查循环条件"指令 CONTINUE，可以中止当前运行的程序循环。

例如：

> FOR i := 1 TO 15 BY 2 DO
>   IF (i <) THEN
>   CONTINUE;
>   END_IF;
>   "DB10". Test[i] := 1;
> END_FOR;

该程序段实现当执行变量 i=1 或 3 时，因满足 i<5 条件，则执行 CONTINUE 语句，中止当前循环的执行，即不执行 CONTINUE 后面的语句，执行变量 i 继续以增量"2"进行递增；当 i=5（7、9、11、13、15）时，因不满足 i<5 的条件，则执行 END_IF 后面的语句，对数组对应元素进行赋值。最终，"DB10"的变量 Test 数组的元素 5、7、9、11、13、15 被赋值为 1。

（7）EXIT：立即退出循环

通过"立即退出循环"指令 EXIT，可以中止整个循环体的执行。

例如：

> FOR i := 15 TO 1 BY −2 DO
>   IF (i <) THEN
>   EXIT;
>   END_IF;
>   "DB10". Test[i] := 1;
> END_FOR;

该程序段实现当执行变量 i=15、13、11、9、7、5 时，因不满足 i<5 条件，则执行 END_IF 后面的语句，对数组对应元素进行赋值；当 i 以增量"−2"递减为 3 时，因满足 i

<5 的条件，则执行 EXIT 语句，终止整个 FOR 循环体的执行，程序直接从 END_FOR 后开始执行。最终，"DB10" 的变量 Test 数组的元素 15、13、11、9、7、5 被赋值为 1。

（8）GOTO：跳转

使用"跳转"指令 GOTO，可以从标注为跳转标签的指定点开始继续执行程序。跳转标签和"跳转"指令必须在同一个块中。在一个块中，跳转标签的名称只能指定一次，每个跳转标签可以是多个跳转指令的目标。不允许从循环体外部跳转到程序循环体内，但允许从程序循环体内跳转到循环体外部。

GOTO 语句语法：

```
GOTO <跳转标签>
...
<跳转标签>：<指令>
```

执行 GOTO 语句时，程序直接跳转到"跳转标签"处，开始执行"跳转标签"后面的指令。

例如：

```
CASE "Tag_Value" OF
1 ： GOTO MyLABEL1；
2 ： GOTO MyLABEL2；
3 ： GOTO MyLABEL3；
ELSE GOTO MyLABEL4；
END_CASE；
MyLABEL1："Tag_1" := 1；
MyLABEL2："Tag_2" := 1；
MyLABEL3："Tag_3" := 1；
MyLABEL4："Tag_4" := 1；
```

根据"Tag_Value"操作数的值，程序将从对应的跳转标签标识点开始继续执行。例如，如果"Tag_Value"操作数的值为 2，则程序将从跳转标签"MyLABEL2"开始继续执行，最终，变量"Tag_1"的赋值语句被跳过，变量"Tag_2"、变量"Tag_3"和变量"Tag_4"均被赋值为 1。

（9）RETURN：退出块

使用"退出块"指令 RETURN，可以终止当前处理块中的程序执行，并在调用块中继续执行。

例如：

```
IF "Tag_Error" <>0 THEN RETURN；
END_IF；
```

该程序段实现当"Tag_Error"操作数的信号状态不为 0 时，终止当前处理块中的程序执行，返回至当前块被调用的位置后继续执行。

3. "指令"任务卡

前面介绍的所有 SCL 程序控制指令均包含在"指令"任务卡的"编程控制操作"指令

集中。此外，"指令"任务卡还提供大量可用于在 SCL 程序的标准指令，包括基本指令、扩展指令、工艺指令、通信指令和选件包指令。图 10-2 所示为 SCL 编程语言的部分基本指令。

4. SCL 编程应用

例如，应用 SCL 编程语言实现将自动灌装生产线的成品重量存储在全局数据块"重量"（DB2）中。

创建全局数据块"重量"（DB2），并声明三个变量："最大数量""实际数量"和"成品重量"，数据类型分别为 Int、Int 和 Array［0..100］of Real，如图 10-3 所示。其中"最大数量"启动值设置为100，"实际数量"启动值为0，"成品重量"的各个元素启动值均为 0.0。

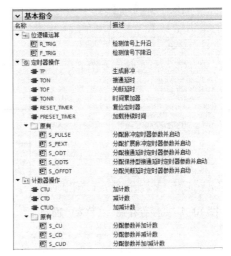

图 10-2　指令任务卡的基本指令

新建程序块 FC8，名称为"称重存储"，语言选择 SCL，定义块接口如图 10-4 所示。使用 SCL 编程语言对 FC8 编程，如图 10-5 所示。

		名称	数据类型	偏移量	启动值	保持性	可从 HMI …	在 HMI …	设置值	注释
1	▼	Static								
2	■	最大数量	Int	...	100	☐	☑	☑	☐	
3	■	实际数量	Int	...	0	☐	☑	☑	☐	
4	▶	成品重量	Array[1..100] of Real			☐	☑	☑	☐	

图 10-3　全局数据块"重量"（DB2）

称重存储

		名称	数据类型	默认值	注释
1	▼	Input			
2	■	new_weight	Bool		
3	■	init	Bool		
4	■	weight	Real		
5	▼	Output			
6	■	full	Bool		
7	■	number_act	Int		
8	▼	InOut			
9	■	<新增>			
10	▼	Temp			
11	■	i	Int		
12	■	number_max	Int		

图 10-4　"称重存储"（FC8）的块接口

在使用 LAD 编程语言创建的"模拟量处理"程序块（FC6）中调用 FC8，并赋参数，如图 10-6 所示。

如果"模拟量处理"程序块（FC6）是使用 SCL 编程语言创建的，则在块接口中声明一个 Bool 数据类型的临时变量（Temp）：M_up，然后在程序中调用"称重存储"（FC8），程序如图 10-7 所示。

```
1    #number_max := "重量".最大数量;
2    #number_act := "重量".实际数量;
3    #full := FALSE;
4 ☐IF #init THEN
5        // 对重量存储的数据数量清零
6        #number_act:=0;
7        #full := FALSE;
8        FOR #i := 1 TO #number_max DO
9            // 对重量数据清零
10           "重量".成品重量[#i]:=0;
11       END_FOR;
12 END_IF;
13 IF #number_act>= #number_max THEN
14       // 成品重量存储数量超限
15       #full:=TRUE;
16 ELSE
17       #full := FALSE;
18 END_IF;
19 ☐IF #full=FALSE AND #new_weight= TRUE THEN
20       //读取重量值
21       #number_act:= #number_act + 1;
22       "重量".成品重量[#number_act] := #weight;
23 END_IF;
```

图 10-5 "称重存储"（FC8）程序　　　图 10-6 "称重存储"（FC8）的调用（LAD）

```
1 ☐"R_TRIG_DB"(CLK:="自动模式指示灯"=TRUE AND "成品重量">100.0,
2         Q=>#M_up);//读称重值的条件
3    //调用称重存储程序块
4 ☐"称重存储"(new_weight:=#M_up,
5         init:="复位按钮",
6         weight:= "成品重量",
7         full=>"称重数量超限",
8         number_act=>"重量".实际数量);
```

图 10-7 "称重存储"（FC8）的调用（SCL）

任务 26　自动灌装生产线项目成品重量存储

使用 SCL 编程语言对 FC8 编程，实现将自动灌装生产线的成品重量依次存储到全局数据块"重量"（DB2）中（成品的数量限 100 以内）。

10.2　GRAPH 与顺序控制

在自动化生产过程中，有许多控制过程具有顺序的特点，例如机械手搬运、零件的加工、工件的装配及检测等。GRAPH 是创建顺序控制系统的图形编程语言。使用 GRAPH 编程语言，可以更为快速便捷和直观地对顺序控制进行编程。

10.2.1　顺序控制简介

顺序控制系统如果使用图形结构表示，则主要包括三个元素：步、动作和转移。

例如，实现一台冲压成型机的控制，当按下启动按钮时，冲压成型机冲头下降，下降到位后保压 5 s，然后返回至初始位置。使用图形结构表示冲压成型机的顺序工作过程如图 10-8 所示。

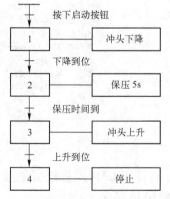

图 10-8　冲压成型机顺序控制图形结构

在图 10-8 中，每个标有数字的矩形框代表一个稳定的工作状态，称为步，框中的数字是该步的编号。对于控制系统的初始状态，即系统运行的起点，称为初始步；初始步通常以双线框表示，如果初始步没有动作，则可以简化成一条横线表示。每个步之间都有 1 条有向线段，有向线段中间有 1 条横线和文字说明，分别称为转移方向和转换条件，转移方向表示从一个步到另一个步的变化，而转换条件说明上一步到下一步的切换条件；如果转移方向是从上至下，则有向线段的箭头可以省略。每个步的右边还有一个矩形框，框中用简明的文字说明本步输出元件对应的动作或诸如定时等状态，称为动作说明。

根据顺序控制过程的流向，顺序控制图形结构类型主要有四种：单一顺序结构、分支结构、循环结构和复合结构。

单一顺序结构特点是步与步之间只有一个转换，转换与转换之间也只有一个步，如图 10-8 中的冲压成型机顺序控制图形结构。分支结构有两种：选择分支和并行分支。如果在某一步执行完毕后，转向执行若干条分支中的一条，但不允许多路分支同时执行；具体执行哪一条分支，取决于分支前面的转换条件，这种结构称为选择分支结构。如果在某步执行完后，能够同时启动执行若干条分支，当多条分支产生的结果满足特定要求时，可以把这些分支合并成一条分支，这种结构称为并行分支结构。

10.2.2　顺序控制程序块

对于顺序控制，程序设计的思路是通过将顺序控制过程分解为多个步，而且每个步都有明确的功能范围，然后再将这些步组织到顺控程序中；其中，在各个步中定义待执行的动作，相邻步之间定义转换条件。

顺序控制系统的复杂度取决于自动化任务。在顺序控制系统中，至少包含三个块：背景数据块、GRAPH 函数块和调用块。

在 Portal 软件（STEP 7）中，只有 FB 函数块可以使用 GRAPH 编程语言，生成 GRAPH 函数块。在 GRAPH 函数块中，可以定义一个或多个顺控程序中的单个步和顺序控制系统的转换条件。

GRAPH 函数块具有背景数据块。GRAPH 函数块的背景数据块中包含顺序控制系统的数据和参数，这些数据和参数由系统自动生成。

要执行 GRAPH 函数块，则必须在其他代码块（调用块）中调用该 GRAPH 函数块。GRAPH 函数块的调用块可以是组织块（OB）、函数（FC）或其他函数块（FB）。

如图 10-9 所示显示了顺序控制系统中调用块、GRAPH 函数块和背景数据块三者之间的关系。

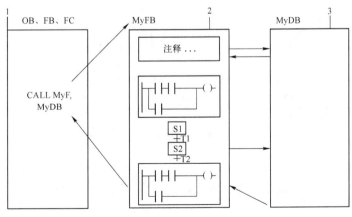

图 10-9　顺序控制程序块之间关系

1—调用块　2—GRAPH 函数块　3—背景数据块

10.2.3 GRAPH 函数块的程序编辑器

新建函数块 FB1，并设置编程语言为 GRAPH。双击函数块 FB1，则打开该 GRAPH 函数块，程序编辑器显示界面如图 10-10 所示。

GRAPH 函数块的程序编辑器显示界面比其他代码程序块多了一个导航视图。GRAPH 函数块的程序包括前固定指令（也称前永久指令）、顺控器和后固定指令（也称后永久指令）三部分，因此导航视图也包括这三个选项，当选择不同选项时，代码区的内容与该选项相对应，用户可在这三个选项所对应的代码区进行相应部分的编程。导航视图还包括报警选项，当选择报警选项后，用户可在对应的代码区进行 GRAPH 函数块报警属性设置，如图 10-11 所示。报警属性参数包括启用报警、互锁报警、监控报警和步时间报警等。此外，导航视图还显示永久指令和顺控程序的图形概览，并通过快捷菜单提供基本处理选项。

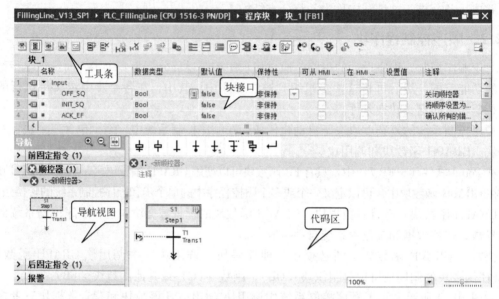

图 10-10　GRAPH 函数块程序编辑器显示界面

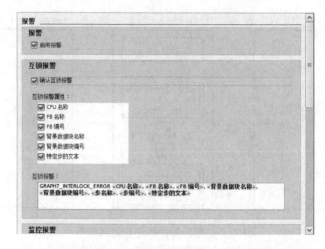

图 10-11　GRAPH 函数块的报警属性视图

前固定指令和后固定指令的编程语言是 LAD 或 FBD，二者之间可以进行切换，切换的方法可以通过修改 GRAPH 函数块属性窗口中"常规"条目下"块"区域的"程序段中所用的语言"，如图 10-12 所示。当然，也可以在 GRAPH 函数块的监视窗口的"属性"选项卡"常规"条目下"块"区域的"程序段中所用的语言"进行编程语言切换。

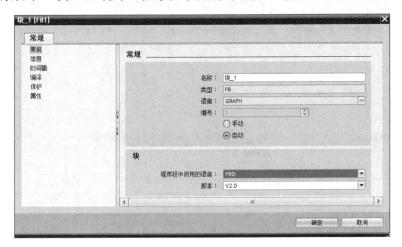

图 10-12　GRAPH 函数块"程序段中所用的语言"设置

10.2.4　顺控器视图和单步视图

应用 GRAPH 程序编辑器工具条中的"圌"和"圙"可使控制代码区分别显示前固定指令视图和后固定指令视图。执行 GRAPH 函数块的程序时，都会先执行 GRAPH 函数块中的前固定指令，然后执行顺控器中程序，最后再执行后固定指令。

当导航视图选择顺控器时，代码区可以通过工具条中的"圌"显示顺控器视图，或通过工具条中的"圙"显示单步视图。

1. 单步视图

单步视图允许对步的互锁条件、监控条件、动作和转换条件进行编程，此外，还可以指定步的标题及注释。单步视图显示指定步的编程界面。

例如，步名为 Step1、编号为 S1 的步的单步视图如图 10-13 所示。将图 10-13 中的互锁条件和监控条件展开后，显示相应的编程区域，如图 10-14 所示。

（1）互锁条件

可以在互锁条件编程区域"—(c)—"之前添加指令生成互锁条件。只有在满足互锁条件时，才执行与互锁相关联的步中的动作。如果不满足互锁条件，则将发生错误。对于这种情况，可以指定将显示的报警信息，但该错误不会影响切换到下一步。当步变为不活动状态后，互锁条件将自动取消。如果不对互锁条件编程，则认为该互锁条件始终满足。

（2）监控条件

可以在监控条件编程区域"—(v)—"之前添加指令生成监控条件。监控条件监控整个步，如果满足该条件，则将发生错误，但该步仍然处于活动状态，即此时顺控程序不切换到下一步，直到错误消除。

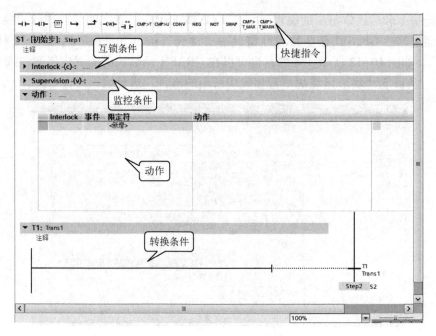

图 10-13　单步视图

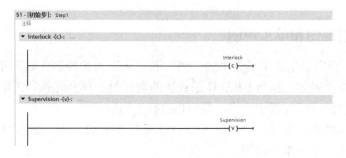

图 10-14　互锁条件和监控条件

（3）动作

动作编程区域为一个表格，表格的列中包括 Interlock、事件、限定符（也称标识符）和动作等。在"Interlock"列中为当前步指定互锁条件，也可以不指定，即该列为可选项。在"事件"列中指定与动作与相关联的事件，该列也为可选项。"限定符"和"动作"列为必需项，"限定符"列中将定义待执行动作的类型（如置位或复位操作数），"动作"列中将确定执行该动作的操作数。

动作可分为标准动作和事件型动作。当顺控中的某步被激活后（该步称为活动的步），将执行标准动作。事件型动作是指与事件相关联的动作。

表 10-4 列出了各种标准动作的限定符及含义。

表 10-4　标准动作的限定符及含义

限定符（标识符）	操作数的数据类型	含　　义
N – 只要激活步，就立即置位	BOOL	只要激活该步，操作数的信号状态即为"1"
	FB、FC、SFB、SFC	只要激活该步，将立即调用所指定的块

392

限定符（标识符）	操作数的数据类型	含　义
S – 置位为 1	BOOL	只要激活该步，则立即将操作数置位为"1"并保持为"1"
R – 置位为 0	BOOL	只要激活该步，则立即将操作数置位为"0"并保持为"0"
D – 接通延时	BOOL, TIME/DWORD	在激活该步 n 秒之后，将操作数置位为"1"并在步激活的持续时间内保持为"1"。如果步激活的持续时间小于 n 秒，则不适用。可以将时间指定为一个常量，或指定为一个 TIME/DWORD 数据类型的 PLC 变量
L – 在设定时间内置位	BOOL, TIME/DWORD	激活该步时，则操作数将置位为"1"n 秒时间，之后将复位该操作数。如果步激活的持续时间小于 n 秒，则操作数也会复位。可以将时间指定为一个常量，或指定为一个 TIME/DWORD 数据类型的 PLC 变量

例如，N "MyTag"。该动作表示只要激活当前步，BOOL 型变量 "MyTag" 的信号状态即为 "1"。再如，D "MyTag"，T#2s。该动作表示在激活该步 2 s 之后，将 BOOL 型变量 "MyTag" 的信号状态置位为 "1"，并在步激活的持续时间内保持为 "1"。

如果将动作与事件相关联，则系统会通过边沿检测功能检测事件的信号状态，当在发生事件的周期内才能执行动作指令。表 10-5 列出了可以与动作相关联的事件。事件型动作主要包括定时器动作、计数器动作和激活/取消激活步动作。标准动作中，N、S 和 R 动作也可以与事件相关联，成为事件型动作。

表 10-5　与动作相关联的事件

事　件	信号检测	说　明
S1	上升沿	步已激活（信号状态为"1"）
S0	下降沿	步已取消激活（信号状态为"0"）
V1	上升沿	满足监控条件，即发生错误（信号状态为"1"）
V0	下降沿	不再满足监控条件，即错误已消除（信号状态为"0"）
L0	上升沿	满足互锁条件，即错误已消除（信号状态为"1"）
L1	下降沿	不满足互锁条件，即发生错误（信号状态为"0"）
A1	上升沿	报警已确认
R1	上升沿	到达的注册（在块外触发的事件）

定时器动作的限定符有 TD、TF、TL 和 TR，其含义及可关联的事件见表 10-6，但限定符为 "TF" 的动作无法与事件相关联。

表 10-6　定时器限定符及说明

事　件	限　定　符	说　明
S1, S0, L1, L0, V1, V0, A1, R1	TL	扩展脉冲：一旦发生所定义的事件，则立即启动定时器。在指定的持续时间内，定时器状态的信号状态为"1"。超出该时间后，定时器状态的信号状态将变为"0"
S1, S0, L1, L0, V1, V0, A1, R1	TD	保持型接通延时：一旦发生所定义的事件，则立即启动定时器。在指定的持续时间内，定时器状态的信号状态为"0"。超出该时间后，定时器状态的信号状态将变为"1"
S1, S0, L1, L0, V1, V0, A1, R1	TR	停止定时器和复位：一旦发生所定义的事件，则立即停止定时器。定时器的状态和时间值将复位为 0
–	TF	关断延时：一旦激活该步，计数器状态将立即复位为"1"。当取消激活该步时，定时器开始运行，但在超出时间后，定时器状态将复位为"0"

使用"TL""TD"和"TF"定时器限定符时,必须在"动作"列中指定定时器名称(或地址)和持续时间,持续时间可以是字变量或时间常量。使用"TR"定时器限定符时,只需指定定时器名称(或地址)。

计数器动作的限定符有 CU、CD、CS 和 CR,其含义及可关联的事件见表 10-7。

表 10-7 计数器限定符及说明

事　件	限定符	操作数的数据类型	说　　明
S1, S0, L1, L0, V1, V0, A1, R1	CS	COUNTER	设置计数器的初始值:一旦发生所定义的事件,计数器将立即设置为指定的计数值。可以将计数器值指定为 WORD 数据类型(C#0 ~ C#999)的变量或常量
S1, S0, L1, L0, V1, V0, A1, R1	CU	COUNTER	加计数:一旦发生所定义的事件,计数器值将立即加"1"。计数器值达到上限"999"后,停止增加。达到上限后,即使出现信号上升沿,计数值也不再递增
S1, S0, L1, L0, V1, V0, A1, R1	CD	COUNTER	减计数:一旦发生所定义的事件,计数器值将立即减"1"。计数器值达到下限"0"时,停止递减。达到下限后,即使出现信号上升沿,计数值也不再递减
S1, S0, L1, L0, V1, V0, A1, R1	CR	COUNTER	复位计数器:一旦发生所定义的事件,计数器值将立即复位为"0"

使用"CU""CD"和"CR"计数器限定符时,需在"动作"列中指定计数器名称(或地址)。使用"CS"计数器限定符时,不仅需指定计数器名称(或地址),还需指定计数器的设定值。

限定符"ON"表示激活步,限定符"OFF"表示取消激活步,其操作数均为步的名称。限定符"ON"与"OFF"对应的动作必须始终与事件相关联,事件将确定步的激活或取消激活时间。如果在同一个周期内既有激活步也有取消激活步,则取消激活操作的优先级更高。

使用"S1""V1""A1"或"R1"事件与动作关联后,还可与互锁条件相关联,只有在满足互锁条件时,才执行这些动作。

如图 10-15 所示为具有事件型动作的步示例。只要"S4"(步 4)变为活动状态且满足互锁条件后,则"MyTag1"将置位为"0"并保持为"0"。如果发生监控错误,则将取消激活"MyStep"步。如果发生互锁错误,则将取消激活所有步。

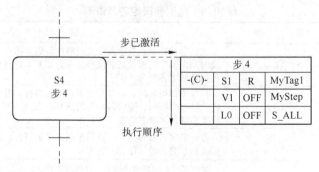

图 10-15 具有事件型动作的步示例

394

对于步中的"动作"列，不仅可以是常量、变量、块接口中的参数和块的调用，还可以是"指令"任务卡中的指令和赋值表达式。

例如，可以将"指令"任务卡中基本指令下"GRAPH 操作"指令集中的指令拖曳至"动作"列中，作为限定符 N 的操作数。再如，"Tag_1""Tag_2"和"Tag_3"为三个 Int 型变量，在"动作"列中输入"Tag_1":="Tag_2"+"Tag_3"，作为限定符 N 的操作数，其中":="为赋值符号。

（4）转换条件

转换条件用于设置切换到下一步的条件，即顺控程序在满足转换条件时会禁止当前步并切换到后续步，否则当前步仍将处于活动状态。每个转换条件都必须分配一个唯一的名称和编号。在单步视图中，可以使用 LAD 或 FBD 对转换条件进行编程。

不含任何条件的转换条件为空转换条件。在这种情况下，顺控程序将直接切换到后续步。

2. 顺控器视图

顺控器视图（也称顺序视图）以轻松易读的格式显示顺控程序的结构，并允许添加以下元素：步、转换条件、跳转、分支和顺序结尾。此外，可以通过单击鼠标展开步和转换条件，以显示或编辑步的动作和转换条件。

顺控器视图中可以有多个顺控器。可以通过 GRAPH 程序编辑器工具条中的"⊟"和"⊟×"工具插入新顺控器和删除当前顺控器。

如图 10-16 所示为具有 2 个顺控器的顺控器视图。在导航视图中选择"1<新顺控器>"，则代码区显示顺控器 1，如果选择"2<新顺控器>"，则代码区显示顺控器 2。顺控器视图顶部为快捷指令工具条，显示指令任务卡中收藏夹里收藏的指令，为编程提供方便。用户也可以在指令树中找到这些指令。在顺控器视图中单击"动作表"展开按钮，则会显示或隐藏该步的动作表，方便用户在顺控器视图中对步的动作进行编程，而无需切换至单步视图。在顺控器视图中单击"转换条件"展开按钮，则会显示该步切换至下一步的"转换条件"编程窗口，方便用户在顺控器视图中对转换条件进行编程。单击"转换条件"编程窗口右上角的"▬"关闭窗口按钮，则可关闭"转换条件"的编程窗口。

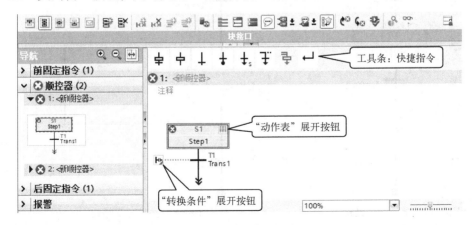

图 10-16 顺控器视图

图 10-16 中的 "S1" 和 "Step1" 分别表示步的编号和步的名称，"T1" 和 "Trans1" 分别表示转换条件的编号和名称。对于步和转换条件，其编号数字和名称均可修改，但必须保证顺控器中的每一步和转换条件都分配一个唯一的名称和编号。

利用 GRAPH 结构指令可进行顺控器的结构编程。表 10-8 为 GRAPH 结构指令及说明。

表 10-8   GRAPH 结构指令及说明

图 标	名 称	说 明
￠	步和转换条件	添加新步及其切换至下一步的转换条件
￠	步	添加新步
⊥	转换条件	添加转换条件
￠	打开并行分支	添加并行分支中的起始步
￦	打开选择分支	添加选择分支中的起始步
↵	关闭分支	结束并行分支或选择分支。该指令也可以通过拖曳步或转换条件下方的 "⬇" 至目标位置实现
￠s	跳转到步	指定顺控器中的某一步作为当前步的下一步
￠	顺序结尾	当前顺控器的结尾

顺控器的基本结构包括单一顺序结构、并行分支结构、选择分支结构以及循环结构。包含两个及两个以上基本结构的顺控器称为复合结构。

如图 10-17 所示为单一顺序结构示例。单一顺序结构使用关闭分支指令终止顺控程序，关闭分支指令前需要一个转换条件。

如图 10-18 所示为并行分支结构示例。并行分支始终从一个步开始，在执行完所有分支之后，满足共同转换条件时，各个分支进入下一步。一个顺控程序中最多可编写 249 个并行分支。

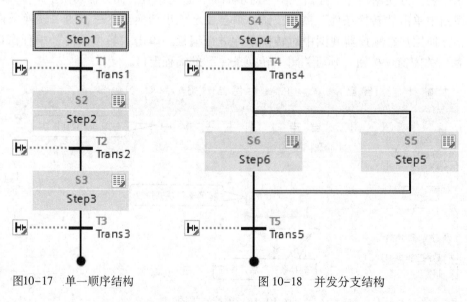

图10-17   单一顺序结构   图 10-18   并发分支结构

如图 10-19 所示为选择分支结构示例。选择分支按照首先所满足的转换条件，执行相应的分支。如果同时满足多个转换条件，则由设置的工作模式来确定执行哪个分支。对于自动或半自动模式，最左边的转换条件拥有最高优先级并执行相应的分支；对于手动模式，得到满足的转换条件拥有最高优先级并执行相应的分支。在一个顺控程序中，最多可以编写125个选择分支。对于并行分支和选择分支，如果不希望使用跳转或顺序结尾结束分支，则可使用关闭分支指令结束分支。

如图10-20所示为循环结构示例。使用跳转到步指令，插入到主分支、选择分支或并行分支的末尾，可以实现循环结构，从而激活顺控程序的循环处理。在顺控程序中，跳转和跳转目标使用箭头表示。程序中避免从转换条件跳转到直接前导步，如果需要执行此类跳转，可以插入一个不带任何转换条件的空步。

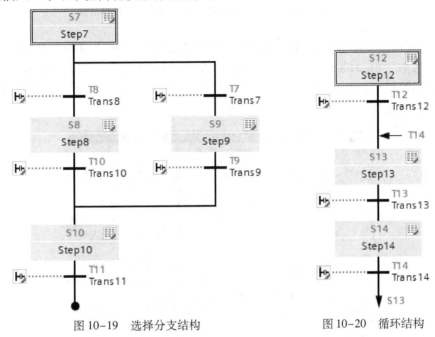

图10-19　选择分支结构　　　　图10-20　循环结构

要执行顺控器，需要激活步。步的激活方式有三种：将步定义为初始步、上一个步的转换已完成和步由事件型动作调用。一旦所有的操作都已执行完毕，步将再次处于未激活状态。

10.2.5　块接口及参数

创建GRAPH块时，可以选择最小接口参数集、标准接口参数集和最大接口参数集，每个参数集都包含一组不同的输入和输出参数。

最小接口参数集仅包含输入参数"INIT_SQ"，而不包含输出参数。标准接口参数集可用于执行各种操作模式下的顺控程序，并包含有确认报警。最大接口参数集则用于执行其他诊断。可以手动在所有参数集中删除或插入单个参数。

要为所有新GRAPH函数块全局指定接口参数集，可在"选项"（Options）菜单中，选择"设置"（Settings）命令，在工作区中显示"设置"（Settings）窗口。在该窗口中选择"PLC编程"选项下的"GRAPH"子项，如图10-21所示。如果要使用最小接口参数集，在接口区域选择"接口参数的最小数目"选项；如果要使用默认接口参数集，则选择"默认接口参数"选项；如果要使用最大接口参数集，则选择"接口参数的最大数目"选项。

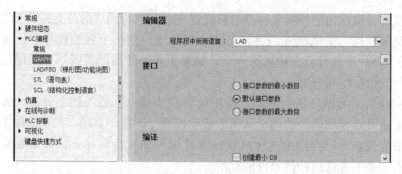

图 10-21　为所有新 GRAPH 函数块全局指定接口参数集

　　要为一个打开的 GRAPH 函数块本地指定接口参数集，可在"编辑"（Edit）菜单中，选择"接口参数"（Interface parameters）命令，如图 10-22 所示。"接口参数的最小数目"选项对应最小接口参数集，"默认的接口设置"选项对应标准接口参数集，"最大接口设置"对应最大接口参数集。

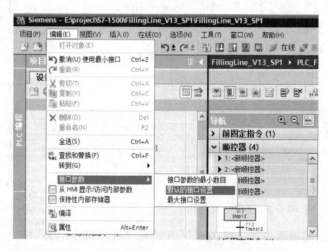

图10-22　为一个打开的 GRAPH 函数块本地指定接口参数集

　　由于随着参数数量的增加，GRAPH 块和相关背景数据块所需的存储空间也会增加，故选择块接口参数集类型时，还要考虑 CPU 的可用存储空间。

　　一般来说，使用 S7 – 1500 CPU 时，无法对 GRAPH 内部接口参数执行写访问。但是，"静态"（Static）区域中用于管理操作模式的某些"MOP"结构元素允许写访问。

　　要详细了解 GRAPH 块的块接口参数，请查阅系统手册或 Portal 软件（STEP 7）的帮助信息系统。

10.2.6　GRAPH 程序设计

　　以自动灌装生产线为例，修改控制要求：当生产线进入运行状态后，每次只允许一个瓶子进行灌装和称重，称重完毕后传送带才传送下一个瓶子。可以在空瓶传感器之前增加一个电动挡块（断电为缩回状态），当一个瓶子进入传送带后（可利用空瓶传感器进行检测），挡块伸出，阻止下一个瓶子的传输；待当前瓶子灌装完毕并称重后，挡块缩回，允许传送下一个瓶子进行灌装和称重。

新建函数块 FB2，名称为"自动运行 FB"，编程语言为"GRAPH"，如图 10-23 所示。

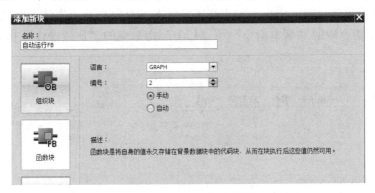

图 10-23　新建 GRAPH 函数块"自动运行 FB"

打开 FB2，并选择"编辑"菜单中"接口参数"选项下的"默认的接口设置"命令，将 GRAPH 函数块（FB2）的块接口设置为标准接口参数集。

在 GRAPH 程序编辑器中，利用工具条中的"▣"按钮，或导航视图中"前固定指令（1）"选项（此处"1"为程序段个数），切换至"前固定指令"（前永久指令）视图。由于灌装时间存储在变量"灌装时间设定值"中，且数据类型为 S5Time，而在 GRAPH 函数块中需要 Time 数据类型的灌装时间设定值，故在 FB2 的前固定指令视图中编程如图 10-24 所示。程序中所用到的"T_CONV"（转换时间并提取）指令位于指令树的"扩展指令"集的"日期和时间"指令子集中。

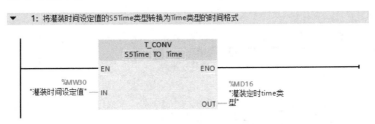

图 10-24　FB2"前固定指令"的程序——时间数据类型转换

利用工具条中的"▣"按钮，或导航视图中"顺控器（1）"选项（此处"1"为顺控器个数），切换至"1：新顺控器"视图（"1"为顺控器编号，"新顺控器"为顺控器名称，顺控器名称可在顺控器视图中进行修改，如改为"自动灌装"）。在顺控器视图中对顺序自动灌装的功能建立顺控结构并定义每一步的动作，如图 10-25 所示。

在顺控器视图中展开每一步的转换条件并对其编程。或者选中待编辑的步（如 S1），利用工具条中的"▣"按钮，或双击导航视图中"顺控器"选项下对应顺控器的待编辑的步，切换至单步视图中，对每一步的转换条件进行编程。在单步视图中，各个步的单步视图的切换只需在导航视图中"顺控器"选项下单击需要编辑的步即可实现。在单步视图中，还可以对互锁条件和监控条件进行编程。

每一步的转换条件如图 10-26～图 10-31 所示。其中，为了保证按下暂停按钮进入暂停状态时，顺控器并不停止，但步的激活状态保持，即此时满足进入下一步的转换条件也不切换至下一步，因此在每一步的转换条件中都加了不在暂停状态的约束。对于转换条件 T3，需要实现"在暂停状态下停止灌装，取消暂停时继续灌装"的功能，故用到了"CMP > U"（超出非中断步的激活时间）指令，实现在正常状态下对每个瓶子累计灌装达到灌装设定时间。该指令位于指令树的"基本指令"下"LAD"指令集的"比较操作"指令子集中。

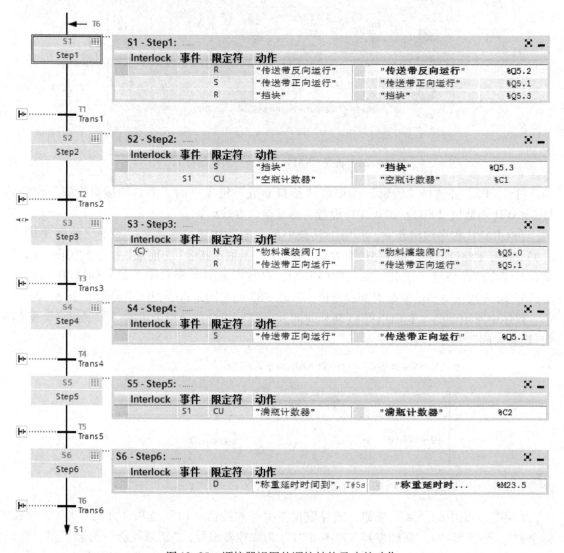

图 10-25　顺控器视图的顺控结构及步的动作

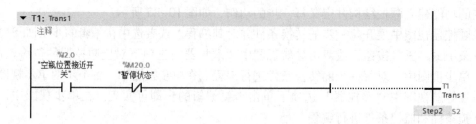

图 10-26　步 S1 的转换条件 T1

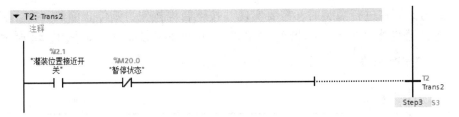

图 10-27　步 S2 的转换条件 T2

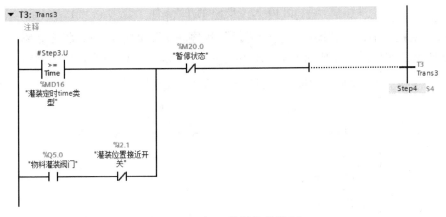

图 10-28　步 S3 的转换条件 T3

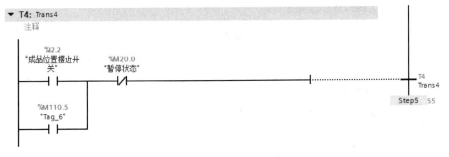

图 10-29　步 S4 的转换条件 T4

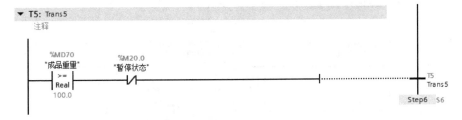

图 10-30　步 S5 的转换条件 T5

图 10-31　步 S6 的转换条件 T6

另外，考虑到在进行灌装时，需要实现"按下暂停按钮，则停止灌装；按下启动按钮则取消暂停，灌装继续进行"的功能，故在 S3 步中增加互锁条件，如图 10-32 所示。

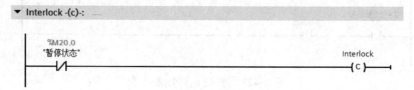

图 10-32　步 S3 的互锁条件

在 OB1 主程序中，找到调用"自动运行"程序块 FC2 的程序段，将之删除，并插入如图 10-33 所示的程序段，完成对 GRAPH 函数块"自动运行 FB"（FB2）的调用。

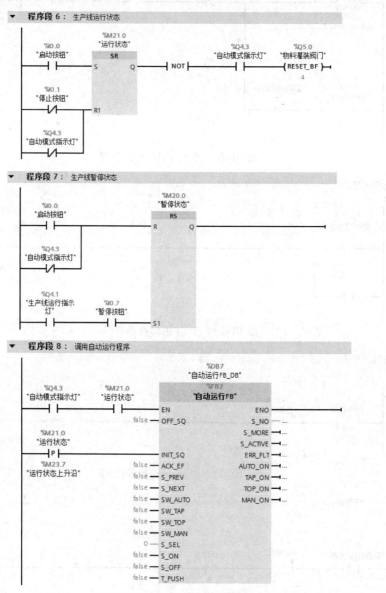

图 10-33　OB1 调用 GRAPH 函数块"自动运行 FB"程序

如图 10-33 所示的"程序段 6"实现生产线的运行状态控制，以及当生产线不运行时，将灌装阀门、传送带电动机及挡块状态复位。"程序段 7"实现生产线的暂停状态控制，该程序段可以放在主程序 OB1 中，也可以放在 GRAPH 函数块 FB2 中顺控器的"前固定指令"程序中。"程序段 8"实现顺控程序 FB2 的调用。由于在生产线运行时才能执行传输和灌装功能，故该程序段中使用变量"自动模式指示灯"和"生产线运行状态"作为 FB2 的调用条件。当每次重新进入运行状态的时刻，需要顺控器也重新开始，故使用变量"运行状态"的上升沿作为 FB2 参数"INT_SQ"的输入信号。

OB1 调用 FB2 时，还需要指定背景数据块（本示例中为 DB7），背景数据块的数据结构来自 FB2 的块接口。每次重新进入运行状态时，通过参数 INT_SQ 对顺控器复位至初始步。

任务 27 自动灌装生产线项目顺序控制

修改自动灌装生产线项目自动运行功能的控制要求：当生产线进入运行状态后，每次只允许一个瓶子进行灌装和称重，称重完毕后传送带才传送下一个瓶子。可以在空瓶传感器之前增加一个电动挡块（断电为缩回状态），当一个瓶子进入传送带后，挡块伸出，阻止下一个瓶子的传输；待当前瓶子灌装完毕并称重后，挡块缩回，允许传送下一个瓶子进行灌装和称重。在原有项目基础上，使用 GRAPH 编程语言创建 FB2 实现上述功能。

10.3 基于 Web 服务器的网页访问

SIMATIC 系列的 CPU 上集成有一个 Web 服务器，可通过 PROFINET 显示系统诊断信息。任何一种 Web 客户端，例如 PC、多功能面板或智能手机等，都可以通过 Internet 浏览器而无需安装 Portal 软件（STEP 7），以只读方式访问 CPU 上的模块数据、用户程序数据和诊断数据。该 Web 服务器提供的 Web 页面经过了简化，并且针对小屏幕、低计算性能设备进行了优化。

对于这种集成 Web 服务器，提供有以下信息显示：

1）常规 CPU 信息。

2）标识信息。

3）诊断缓冲区中的内容。

4）模块信息。

5）消息（无确认选项）。

6）通信的相关信息。

7）拓扑。

8）变量状态。

9）变量表。

10）客户页面。

11）文件浏览器。

10.3.1 Web 服务器功能的参数设置

要实现基于 Web 服务器的网页访问，需要对访问的 CPU 进行组态参数设置。

首先，打开项目，在"设备组态"界面中，选中 CPU，查看监视窗口的"属性"选项卡下"常规"（General）子选项卡中的"Web 服务器"条目，如图 10-34 所示。勾选"启用本模块上的 Web 服务器"（Activate web server on this module）复选框。

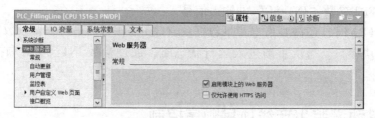

图 10-34　激活 Web 服务器

然后，还需要为访问 Web 服务器所需的各个接口启用 Web 服务器。在 CPU"属性"选项卡"常规"子选项卡中相应 PROFINET 接口选项选择条目"Web 服务器访问"，勾选"为该接口启用 Web 服务器"复选框，将激活所组态 CPU 基本设置中的自动更新，如图 10-35 所示。

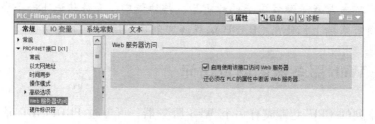

图 10-35　启用接口访问 Web 服务器

此外，在 CPU 的属性中，可在"Web 服务器"的"用户管理"选项中创建用户、定义访问权限并指定密码，如图 10-36 所示。通过双击＜新增用户＞，在新增加的行中输入用户名；在访问级别的列中通过单击"▼"，从下拉列表中选择权限（勾选部分权限后，显示"受限"；勾选所有可用权限后，显示"管理"），在密码列中通过单击"▼"，在弹出的对话框中输入密码和确认密码，并单击"✓"进行确认。只有具有访问权限的用户才能访问这些选项。

图 10-36　为 Web 服务器功能设置用户管理

10.3.2 Web 服务器的信息显示

当客户端与该 CPU 的 PROFINET 接口或通信处理器（例如 CP 1543 - 1）建立连接后，打开 Web 浏览器，在 Web 浏览器的"地址"域中输入 CPU 的 IP 地址（如 http://192.168.0. 1），打开欢迎页面，如图 10-37 所示。

图 10-37　Web 浏览器访问的欢迎界面

单击链接"进入"，即进入 Web 服务器的起始页面，如图 10-38 所示。

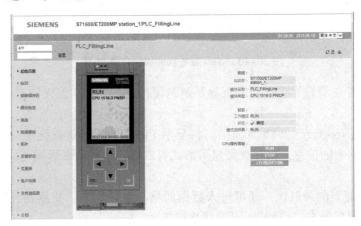

图 10-38　Web 服务器的起始页面

如果在 CPU 属性的"Web 服务器"的"用户管理"设置了密码，则还需要在左上角的"登录"区域输入用户名和密码。输入的用户名对应的访问级别不同，则页面左侧导航区显示的内容多少也不同，本例访问级别为"管理"，故显示内容最全面。

鼠标单击页面左侧导航区的"诊断缓冲区"，则 Web 页面上将显示诊断缓冲区的内容，如图 10-39 所示。

同样，进入"模块信息"Web 页面，如图 10-40 所示。在该页面，浏览器通过符号和注释来指示设备的状态。模块显示在"名称"栏中，且带有一个链接，可以按层级顺序浏览故障模块。

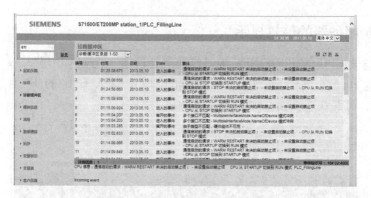

图 10-39　Web 服务器的诊断缓冲区视图

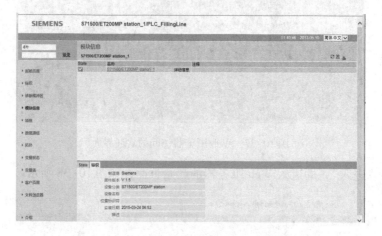

图 10-40　Web 服务器的模块信息视图

Web 浏览器在"消息"Web 页面上显示消息缓冲区的内容。但无法在 Web 服务器上确认消息。

在"拓扑"（Topology）Web 页面中，将显示 PROFINET I/O 系统中有关 PROFINET 设备的拓扑组态和状态的信息。拓扑页面显示形式有三种，一种为图形视图，另两种为表格视图和状态视图。

利用 Web 浏览器的导航区，还可进入数据通信、变量状态、变量表、客户页面和文件浏览器等页面。鼠标单击"介绍"，可返回欢迎界面。

任务 28　自动灌装生产线项目的网页访问

激活自动灌装生产线项目的 Web 服务器网页访问的功能，通过网页浏览器访问自动灌装生产线项目的诊断缓冲区等信息。

附录　自动灌装生产线项目参考程序

任务6　点动控制程序设计

"手动运行"子程序 FC1

▼ **块标题：** FC1

手动运行子程序

▼ **程序段 1：** YV

点动灌装

```
        %I0.4                                                      %Q5.0
     "灌装点动按钮"                                               "物料灌装阀门"
        ─┤ ├──────────────────────────────────────────────────( )─
```

▼ **程序段 2：** KA2

点动正转

```
        %I0.2              %I0.3                                   %Q5.1
     "正向点动按钮"      "反向点动按钮"                           "传送带正向运行"
        ─┤ ├───────────────┤/├─────────────────────────────────( )─
```

▼ **程序段 3：** KA3

点动反转

```
        %I0.2              %I0.3                                   %Q5.2
     "正向点动按钮"      "反向点动按钮"                           "传送带反向运行"
        ─┤/├───────────────┤ ├─────────────────────────────────( )─
```

主程序 OB1 调用"手动运行"子程序 FC1

▼ **块标题：** OB1

主程序

▼ **程序段 1：** 调用手动运行程序

```
        %FC1
      "手动运行"
     ┌──────────┐
    ─┤EN     ENO├────────────────────────────────
     └──────────┘
```

407

任务7 模式选择、生产线运行和急停处理程序设计

"自动运行"子程序 FC2

▼ **块标题：** FC2

自动运行子程序

▼ **程序段1：** 生产线运行状态

```
          %I0.0                   %M21.0
        "启动按钮"                "运行状态"
          ─┤ ├─                     SR
                              ┌──────────┐
                              │ S       Q├──────────────────────
                              │          │
          %I0.1               │          │
        "停止按钮"            │          │
          ─┤/├─               │          │
                              │ R1       │
                              └──────────┘
```

▼ **程序段2：** 生产线暂停状态

```
                                          %M20.0
                                         "暂停状态"
          %I0.0                             RS
        "启动按钮"                    ┌──────────┐
          ─┤ ├───────────────────────┤ R       Q├──────────────
                                      │          │
          %I0.1                       │          │
        "停止按钮"                    │          │
          ─┤/├──────────────────────│          │
                                      │          │
          %M21.0         %I0.7        │          │
        "运行状态"     "暂停按钮"     │          │
          ─┤ ├────────────┤ ├────────┤ S1       │
                                      └──────────┘
```

"急停处理"子程序 FC5

▼ **程序段1：** 急停时，使外设输出为0，即停止传输及灌装，取消模式状态

```
              MOVE
          ┌──────────┐
          ┤ EN    ENO├──────────────────────────────
          │          │
       0 ─┤ IN       │       %QW4
          │     OUT1 ├─────"输出外设"
          └──────────┘
```

主程序 OB1

▼ 块标题： OB1

主程序

▼ 程序段 1： 就地和远程状态指示

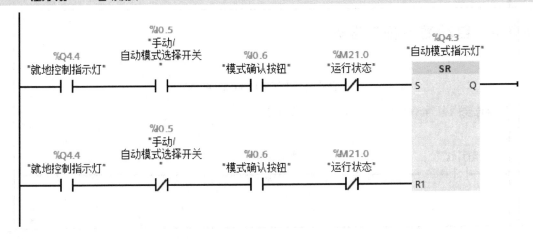

▼ 程序段 2： 手动模式

▼ 程序段 3： 自动模式

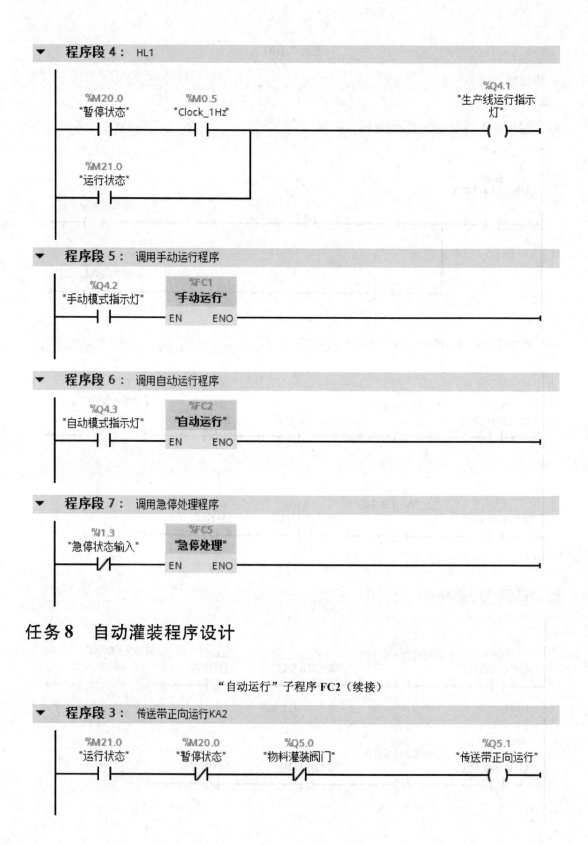

▼ **程序段 4：** HL1

```
    %M20.0        %M0.5                                              %Q4.1
    "暂停状态"     "Clock_1Hz"                                       "生产线运行指示
                                                                        灯"
  ───┤ ├─────────┤ ├──┐                                             ─( )───
                        │
    %M21.0              │
    "运行状态"          │
  ───┤ ├────────────────┘
```

▼ **程序段 5：** 调用手动运行程序

```
    %Q4.2              %FC1
  "手动模式指示灯"    "手动运行"
  ───┤ ├────────── EN      ENO ──────────────────────────────────────
```

▼ **程序段 6：** 调用自动运行程序

```
    %Q4.3              %FC2
  "自动模式指示灯"    "自动运行"
  ───┤ ├────────── EN      ENO ──────────────────────────────────────
```

▼ **程序段 7：** 调用急停处理程序

```
    %I1.3              %FC5
  "急停状态输入"      "急停处理"
  ───┤/├────────── EN      ENO ──────────────────────────────────────
```

任务 8　自动灌装程序设计

"自动运行"子程序 **FC2**（续接）

▼ **程序段 3：** 传送带正向运行KA2

```
    %M21.0        %M20.0        %Q5.0                               %Q5.1
    "运行状态"     "暂停状态"     "物料灌装阀门"                    "传送带正向运行"
  ───┤ ├──────────┤ ├──────────┤/├────────────────────────────────( )───
```

```
    %M1.2                                                          %Q5.2
 "Always TRUE"                                                "传送带反向运行"
    ─┤ ├─                                                        ─( R )─
```

▼ **程序段 5:** 当系统刚进入运行状态或灌装完成时，设定灌装时间

```
    %M21.0
   "运行状态"                         ┌──────MOVE──────┐
    ─┤ P ├──────────────┬───────── EN ───── ENO
                        │         s5t#5s ─ IN        %MW30
    %M20.1              │                  ※ OUT1 ─ "灌装时间设定值"
"生产线运行上升         │
     沿"                │
                        │
    %MW32               │
 "灌装剩余时间"         │
    ── == ──────────────┘
    S5Time
   s5t#0s
```

▼ **程序段 6:** 当系统暂停时，保留灌装剩余时间，以便系统继续运行时可继续灌装而不是重新灌装

```
    %M20.0
   "暂停状态"                         ┌──────MOVE──────┐
    ─┤ P ├───────────────────────── EN ───── ENO
                                     %MW32
  "暂停状态上升沿"              "灌装剩余时间" ─ IN ※ OUT1 ─   %MW30
                                                          "灌装时间设定值"
    %M20.2
```

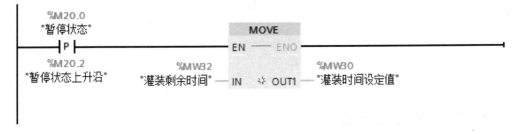

▼ **程序段 7:** 启动物料灌装阀门YV

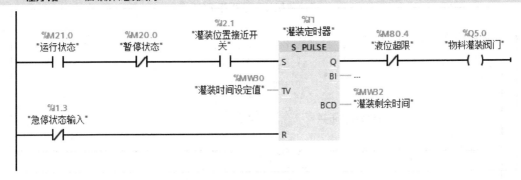

"手动运行"子程序 FC1（修改点动控制传送带程序段）

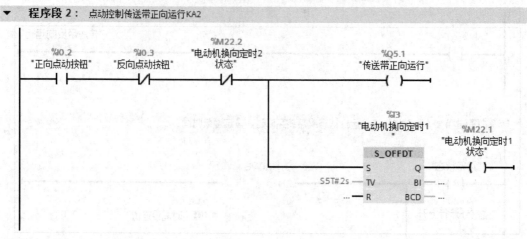

▼　**程序段 2：** 点动控制传送带正向运行KA2

```
%I0.2          %I0.3          %M22.2                              %Q5.1
"正向点动按钮"  "反向点动按钮"  "电动机换向定时2                      "传送带正向运行"
                              状态"
  ┤├────────────┤/├───────────┤├──────┬──────────────────────────( )─────

                                       │           %T3
                                       │    "电动机换向定时1"              %M22.1
                                       │                            "电动机换向定时1
                                       │         S_OFFDT                 状态"
                                       └────────┤S        Q├────────────( )─────
                                        S5T#2s ──┤TV      BI├─── …
                                           … ───┤R      BCD├─── …
```

▼　**程序段 3：** 点动控制传送带反向运行KA3

```
%I0.2          %I0.3          %M22.1                              %Q5.2
"正向点动按钮"  "反向点动按钮"  "电动机换向定时1                      "传送带反向运行"
                              状态"
  ┤/├────────────┤├───────────┤/├──────┬──────────────────────────( )─────

                                       │           %T4
                                       │    "电动机换向定时2"              %M22.2
                                       │                            "电动机换向定时2
                                       │         S_OFFDT                 状态"
                                       └────────┤S        Q├────────────( )─────
                                        S5T#2s ──┤TV      BI├─── …
                                           … ───┤R      BCD├─── …
```

任务9　计数统计程序设计

"计数统计"子程序 FC3

▼　**程序段 1：** 统计空瓶数量

```
                                        %DB10
                                     "IEC_Counter_
                                        0_DB"
%M21.0           %I2.0
"运行状态"    "空瓶位置接近开              CTU
                 关"                      Int
  ┤├────────────┤├─────────────────┤CU        Q├────────────────────────
                         false ─────┤R
                         32767 ─────┤PV        CV├──── %MW40
                                                       "空瓶数量"
```

```
                                          %DB11
                                       "IEC_Counter_
                                          1_DB"
          %M21.0      %I2.2             ┌─ CTU ─┐
          "运行状态"  "成品位置接近开   │   Int  │
                       关"              │        │
           ┤ ├─────────┤ ├─────────────┤ CU   Q ├─────────────────────
                              false ────┤ R      │
                                        │        │  %MW42
                              32767 ────┤ PV  CV ├──"满瓶数量"
                                        └────────┘
```

"自动运行"子程序 FC2（续接）

▼ 程序段 8: 调用计数统计程序

```
          %M1.2          %FC3
          "AlwaysTRUE"   "计数统计"
           ┤ ├──────────┤ EN    ENO ├────────────────────────────────
```

任务 10 复位统计数据程序设计

"手动运行"子程序 FC1（续接）

▼ 程序段 4: 执行复位时，对计数器清零

```
          %I1.2
          "复位按钮"        ┌── MOVE ──┐
           ┤ ├──────┬───────┤ EN   ENO ├──────────────────────────────
                    │    0 ─┤ IN       │
                    │       │      OUT1├── "IEC_Counter_
                    │       └──────────┘    0_DB".CV
                    │
                    │       ┌── MOVE ──┐
                    └───────┤ EN   ENO ├──
                         0 ─┤ IN       │
                            │      OUT1├── "IEC_Counter_
                            └──────────┘    1_DB".CV
```

▼ 程序段 5: 执行复位时，对空瓶数量和满瓶数量清零

```
          %I1.2
          "复位按钮"        ┌── MOVE ──┐
           ┤ ├──────────────┤ EN   ENO ├──────────────────────────────
                         0 ─┤ IN       │
                            │          │  %MW40
                            │      OUT1├── "空瓶数量"
                            │          │  %MW42
                            │      OUT2├── "满瓶数量"
                            └──────────┘
```

任务 11 故障处理程序设计

"故障处理"子程序 FC4

▼ **块标题：** FC4

故障处理程序

▼　**程序段 1：** 空瓶数量统计超限

```
    %M21.0          %MW40                                                    %M80.0
   "运行状态"        "空瓶数量"                                              "空瓶数量统计超
                                                                              限"
 ───┤ ├──────────────┤>=├──────────────────────────────────────────────────( )───
                      Int
                     32767
```

▼　**程序段 2：** 成品数量统计超限

```
    %M21.0          %MW42                                                    %M80.1
   "运行状态"        "满瓶数量"                                             "成品数量统计超
                                                                              限"
 ───┤ ├──────────────┤>=├──────────────────────────────────────────────────( )───
                      Int
                     32767
```

▼　**程序段 3：** "空瓶位置故障"

```
                                      %T12
                    %I2.0         "空瓶位置检测定
    %M21.0       "空瓶位置接近开        时器1"                                %M81.0
   "运行状态"        关"                                                  "空瓶位置检测故
                                     ┌───S_ODT───┐                            障"
 ───┤ ├──────────────┤ ├────────────┤ S       Q ├───────────────┬────────────( )───
                                     │           │               │
                            s5t#60s ─┤ TV     BI ├─ ...           │
                                     │           │               │
                                ... ─┤ R    BCD  ├─ ...           │
                                     └───────────┘               │
                                                                 │
                                      %T13                        │
                    %I2.0         "空瓶位置检测定                  │
    %M21.0       "空瓶位置接近开        时器2"                     │
   "运行状态"        关"                                           │
                                     ┌───S_ODT───┐               │
 ───┤ ├──────────────┤/├────────────┤ S       Q ├───────────────┘
                                     │           │
                           s5t#180s ─┤ TV     BI ├─ ...
                                     │           │
                                ... ─┤ R    BCD  ├─ ...
                                     └───────────┘
```

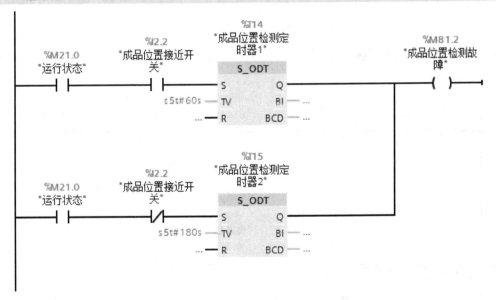

▼ **程序段 7：** "传输线故障"

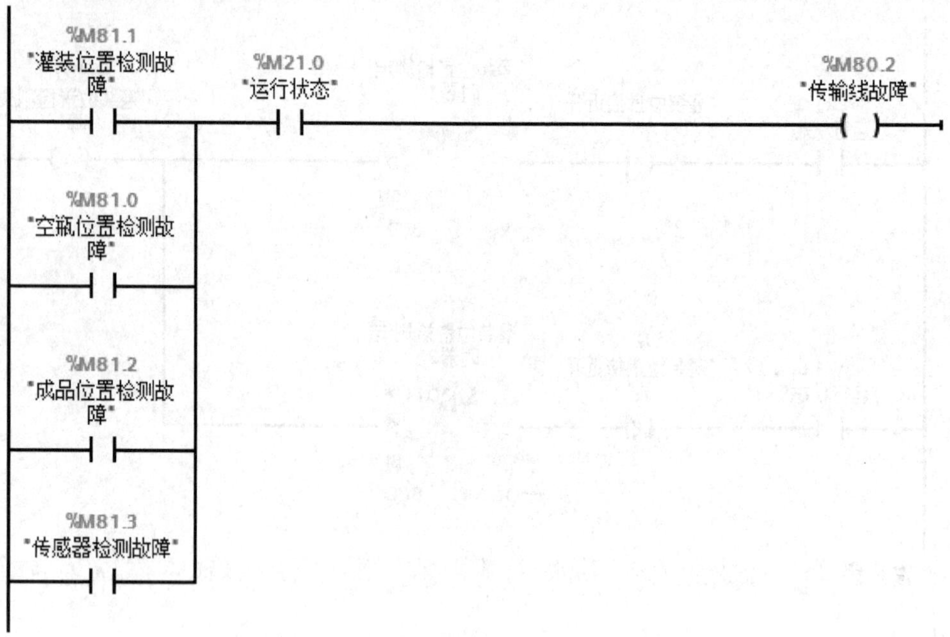

▼ **程序段 8：** "重量不合格"

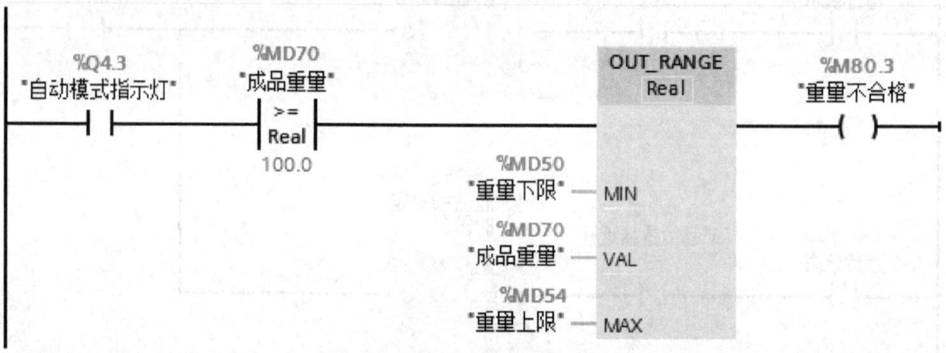

▼ **程序段 9：** "液位超限"

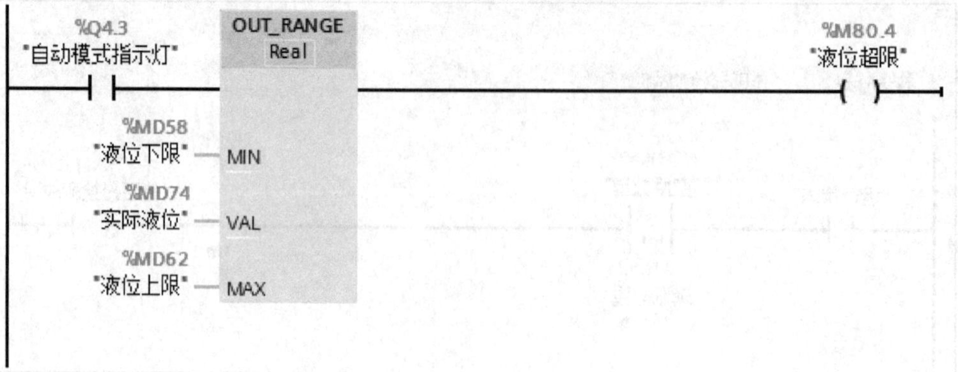

"自动运行"子程序 FC2（修改生产线运行状态程序段）

程序段 1： 生产线运行状态

```
                    %M21.0
                    "运行状态"
   %I0.0              ┌─────────┐
   "启动按钮"          │   SR    │
   ─┤ ├──────────────S        Q├──────────────────────
                      │         │
   %I0.1              │         │
   "停止按钮"          │         │
   ─┤/├──────────────R1        │
                      └─────────┘
   %M80.2
   "传输线故障"
   ─┤ ├──────────┤

   %M80.4
   "液位超限"
   ─┤ ├──────────┘
```

"计数统计"子程序 FC3（续接）

程序段 3： 重量不合格品计数统计

```
                         %DB12
                         "IEC_Counter_
                           2_DB"
   %M80.3             ┌─────────┐
   "重量不合格"        │   CTU   │
                      │   Int   │
   ─┤ ├──────────────CU       Q├──────────────────────
            false ───R         │
            32767 ───PV        │    %MW36
                      │         │   "重量不合格品数
                      │       CV├──  量"
                      └─────────┘
```

主程序 OB1（续接）

程序段 8： 调用故障处理程序

```
      %FC4
    "故障处理"
   ┌──────────┐
  ─┤EN    ENO├──────────────────────
   └──────────┘
```

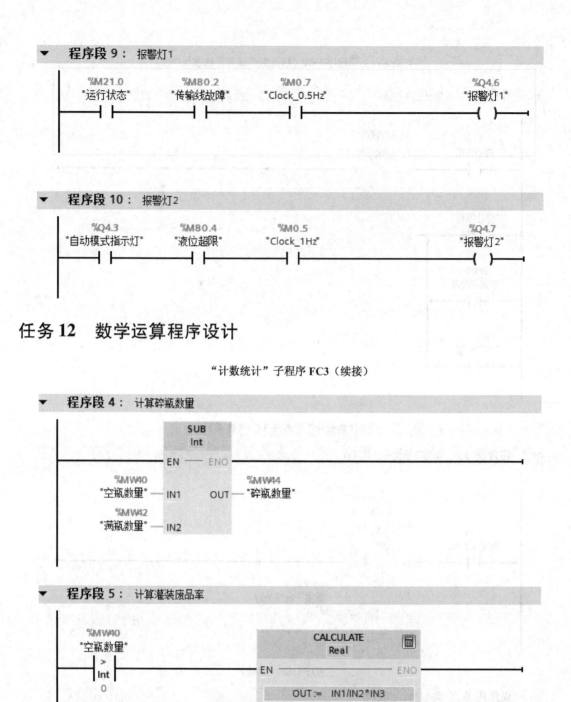

程序段 9: 报警灯1

```
%M21.0          %M80.2          %M0.7                              %Q4.6
"运行状态"      "传输线故障"     "Clock_0.5Hz"                     "报警灯1"
──┤├──────────────┤├──────────────┤├──────────────────────────────( )──
```

程序段 10: 报警灯2

```
%Q4.3           %M80.4          %M0.5                              %Q4.7
"自动模式指示灯" "液位超限"      "Clock_1Hz"                       "报警灯2"
──┤├──────────────┤├──────────────┤├──────────────────────────────( )──
```

任务 12 数学运算程序设计

"计数统计"子程序 FC3(续接)

程序段 4: 计算碎瓶数量

```
              SUB
              Int
        ──── EN ── ENO ────
%MW40
"空瓶数量"── IN1    OUT ── %MW44
%MW42                      "碎瓶数量"
"满瓶数量"── IN2
```

程序段 5: 计算灌装废品率

```
%MW40
"空瓶数量"                CALCULATE            回
  >                        Real
  Int ───────────────── EN ────────────── ENO ──
  0
                    OUT := IN1/IN2*IN3

         %MW44
         "碎瓶数量"──IN1
                                      OUT ── %MD46
         %MW40                              "灌装废品率"
         "空瓶数量"──IN2
              100.0 ── IN3 ✳
```

418

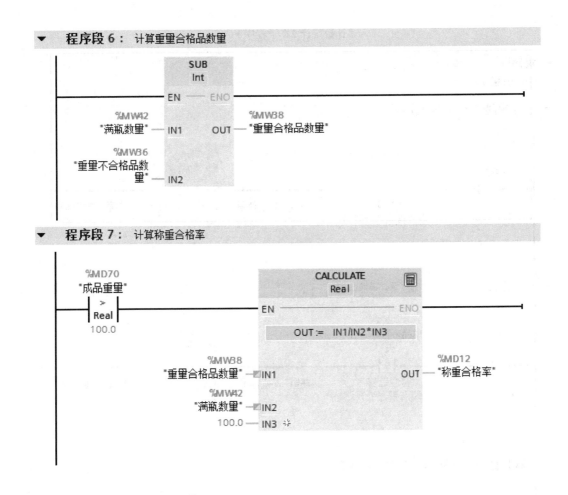

程序段 6： 计算重量合格品数量

```
         SUB
         Int
    EN ─── ENO

%MW42              %MW38
"满瓶数量" ─ IN1   OUT ─ "重量合格品数量"
%MW36
"重量不合格品数
     量" ─ IN2
```

程序段 7： 计算称重合格率

```
%MD70                    CALCULATE
"成品重量"                    Real
   >          EN ──────────── ENO
  Real
 100.0          OUT := IN1/IN2*IN3

        %MW38
    "重量合格品数量" ─ IN1          %MD12
        %MW42              OUT ─ "称重合格率"
     "满瓶数量" ─ IN2
          100.0 ─ IN3
```

任务 13　使用数据块进行数据存储

"产量"数据块 DB1

FillingLine_V13_SP1 ▸ PLC_FillingLine [CPU 1516-3 PN/DP] ▸ 程序块 ▸ 产量 [DB1]

产量

		名称	数据类型	启动值	保持性	可从 HMI 访问	在 HMI 中可见	设置值	注释
1		▼ Static							
2		空瓶数量	Int	0	☐	☑	☑	☐	
3		满瓶数量	Int	0	☐	☑	☑	☐	
4		碎瓶数量	Int	0	☐	☑	☑	☐	
5		灌装废品率	Real	0.0	☐	☑	☑	☐	
6		称重不合格品数量	Int	0	☐	☑	☑	☐	
7		称重合格品数量	Int	0	☐	☑	☑	☐	
8		称重合格率	Real	0.0	☐	☑	☑	☐	
9		空瓶传感器上升沿	Bool	false	☐	☑	☑	☐	
10		满瓶传感器上升沿	Bool	false	☐	☑	☑	☐	
11		称重不合格上升沿	Bool	false	☐	☑	☑	☐	

"计数统计 2" 子程序 FC13

▼ **块标题：** FC13

计数统计程序2

▼ **程序段 1：** 统计空瓶数量

```
  %M21.0          %I2.0                              ADD
  "运行状态"      "空瓶位置接近开                      Int
                   关"
    ┤ ├             ┤P├                        EN ──── ENO
                  "产量".                "产量".空瓶数量 ─ IN1      OUT ── "产量".空瓶数量
                  空瓶传感器上升沿                  1 ─ IN2 ⁂
```

▼ **程序段 2：** 统计成品数量（满瓶数量）

```
  %M21.0          %I2.2                              ADD
  "运行状态"      "成品位置接近开                      Int
                   关"
    ┤ ├             ┤P├                        EN ──── ENO
                  "产量".                "产量".满瓶数量 ─ IN1      OUT ── "产量".满瓶数量
                  满瓶传感器上升沿                  1 ─ IN2 ⁂
```

▼ **程序段 3：** 统计称重不合格品数量

```
  %M21.0          %M80.3                             ADD
  "运行状态"      "重量不合格"                        Int
    ┤ ├             ┤P├                        EN ──── ENO
                  "产量".              "产量".                           "产量".
                  满瓶传感器上升沿    称重不合格品数量 ─ IN1   OUT ── 称重不合格品数量
                                                 1 ─ IN2 ⁂
```

▼ **程序段 4：** 计算碎瓶数量

```
                           SUB
                           Int
                     EN ──── ENO
  "产量".空瓶数量 ─ IN1      OUT ── "产量".碎瓶数量
  "产量".满瓶数量 ─ IN2
```

420

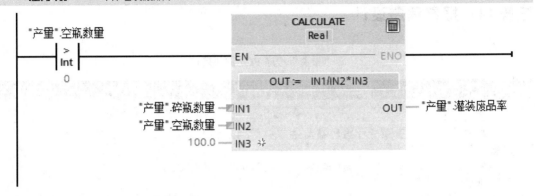

程序段 5： 计算灌装废品率

程序段 6： 计算称重合格品数量

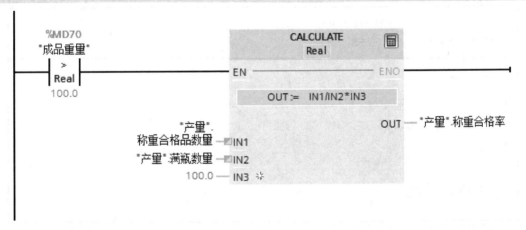

程序段 7： 计算称重合格率

注：要调试该程序功能，还需要在自动运行子程序 FC2 中对计数统计程序 FC3 的调用替换成对 FC13 的调用；另外，若不希望影响整个项目的功能，还需要对手动运行子程序和故障处理子程序中涉及的变量地址替换成 DB1 中的变量。因后续任务中仍然使用 FC3，故本例此处略。

任务 14　报警程序设计

"报警"程序 FC7 的块接口

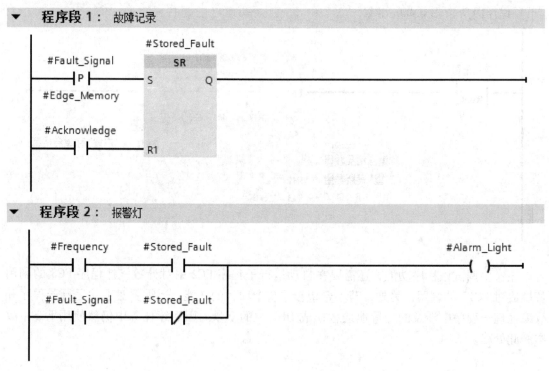

FillingLine_V13_SP1 ▸ PLC_FillingLine [CPU 1516-3 PN/DP] ▸ 程序块 ▸ 报警 [FC7]

报警

		名称	数据类型	默认值	注释
1		▼ Input			
2		Fault_Signal	Bool		故障源
3		Acknowledge	Bool		故障应答按钮
4		Frequency	Bool		闪烁频率
5		▼ Output			
6		Alarm_Light	Bool		报警灯
7		▼ InOut			
8		Stored_Fault	Bool		故障闪烁状态记录
9		Edge_Memory	Bool		故障上升沿

"报警"程序 FC7

▼ **块标题:** FC7

故障报警灯通用程序

▼ 　**程序段 1:** 故障记录

```
                        #Stored_Fault
#Fault_Signal              SR
   ─┤P├─               ─S        Q─────────────────────────────────────
#Edge_Memory

#Acknowledge
   ─┤ ├─               ─R1
```

▼ 　**程序段 2:** 报警灯

```
   #Frequency      #Stored_Fault                              #Alarm_Light
   ──┤ ├──────────────┤ ├────────────┬────────────────────────( )──

   #Fault_Signal     #Stored_Fault   │
   ──┤ ├──────────────┤/├────────────┘
```

▼　　程序段 9：　传输线故障报警

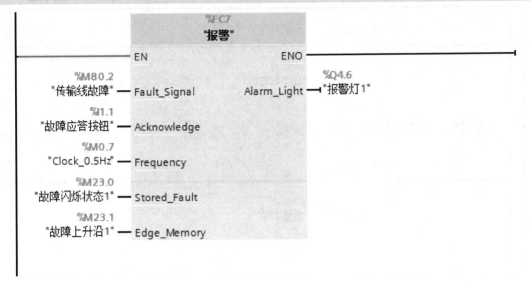

▼　　程序段 10：　液位超限故障报警

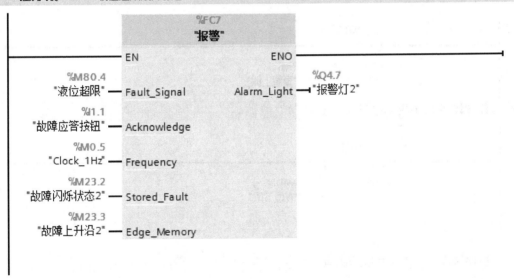

注：报警程序使用 FB7 实现的参考程序略。

任务 15　初始化程序设计

"初始化"程序 OB100

▼　块标题：　OB100

初始化程序

```
        MOVE
    EN ── ENO
0 ─ IN
              %MD20
        ⟫ OUT1 ── "状态标志位"
```

```
          MOVE
      EN ── ENO
450.0 ─ IN
                %MD50
          ⟫ OUT1 ── "重量下限"
```

```
          MOVE
      EN ── ENO
550.0 ─ IN
                %MD54
          ⟫ OUT1 ── "重量上限"
```

```
          MOVE
      EN ── ENO
100.0 ─ IN
                %MD58
          ⟫ OUT1 ── "液位下限"
```

```
          MOVE
      EN ── ENO
900.0 ─ IN
                %MD62
          ⟫ OUT1 ── "液位上限"
```

任务 16　模拟量采集程序设计

"模拟量处理"程序 FC6

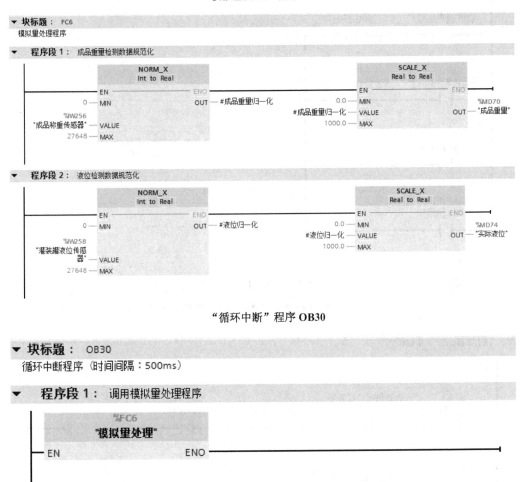

"循环中断"程序 OB30

任务 20　组态自动灌装生产线上位监控画面

（1）添加远程模式下的系统上位启停功能

"自动运行"子程序 FC2（修改程序段 1）

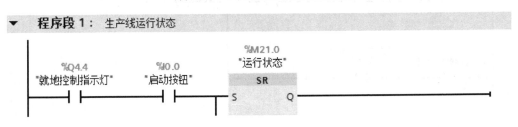

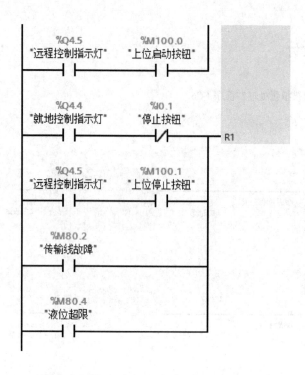

（2）添加远程模式下的工作模式上位切换功能

主程序 OB1（修改程序段 2 和程序段 3）

▼　**程序段 2**：手动模式

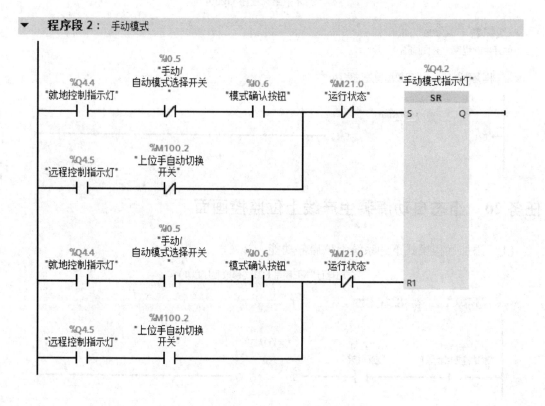

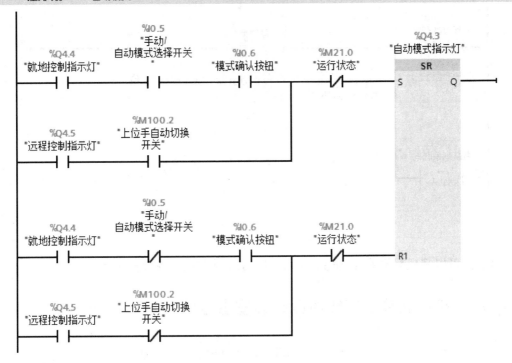

（3）实现通过上位设定灌装时间

"自动运行"子程序 FC2（将原有程序段 5 用以下两个程序段替换）

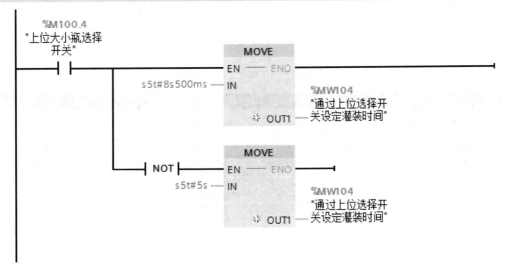

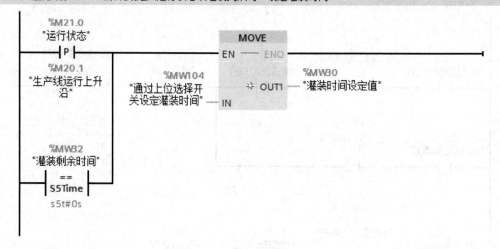

程序段 6： 当系统刚进入运行状态或灌装完成时，设定灌装时间

注：还可以实现上位手/自动模式切换和上位暂停功能，参考程序略。

任务 26　自动灌装生产线项目成品重量存储

"重量"数据块 DB2

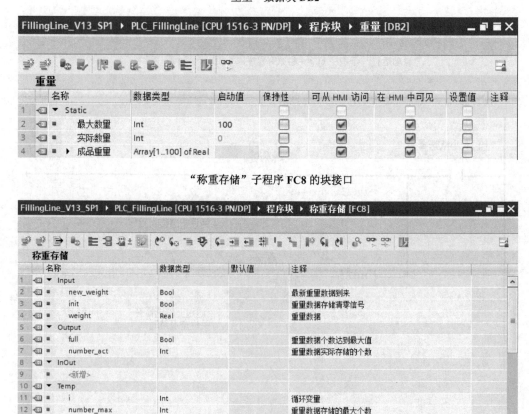

		名称	数据类型	启动值	保持性	可从 HMI 访问	在 HMI 中可见	设置值	注释
1		▼ Static			☐				
2	■	最大数量	Int	100	☐	☑	☑	☐	
3	■	实际数量	Int	0	☐	☑	☑	☐	
4	▶	成品重量	Array[1..100] of Real		☐	☑	☑	☐	

"称重存储"子程序 FC8 的块接口

		名称	数据类型	默认值	注释
1	▼	Input			
2		new_weight	Bool		最新重量数据到来
3		init	Bool		重量数据存储清零信号
4		weight	Real		重量数据
5	▼	Output			
6		full	Bool		重量数据个数到达最大值
7		number_act	Int		重量数据实际存储的个数
8	▼	InOut			
9		<新增>			
10	▼	Temp			
11		i	Int		循环变量
12		number_max	Int		重量数据存储的最大个数

"称重存储"子程序 FC8

```
1   #number_max := "重量".最大数量;
2   #number_act := "重量".实际数量;
3   IF #init THEN
4       // Statement section IF
5       #number_act:=0;
6       #full := FALSE;
7       FOR #i := 1 TO #number_max DO
8           // Statement section FOR
9           "重量".成品重量[#i]:=0;
10      END_FOR;
11  END_IF;
12  IF #number_act>#number_max THEN
13      // Statement section IF
14      #full:=TRUE;
15  ELSE
16      #full := FALSE;
17  END_IF;
18  IF #full = FALSE AND #new_weight = TRUE THEN
19      // Statement section IF
20      #number_act:= #number_act + 1;
21      "重量".成品重量[#number_act] := #weight;
22  END_IF;
```

"模拟量处理"子程序 FC6（添加）

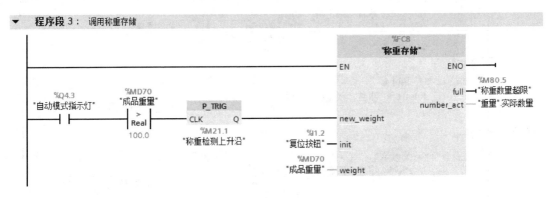

任务 27　自动灌装生产线项目顺序控制

"自动运行-顺控"子程序 FB2

前固定指令（1）

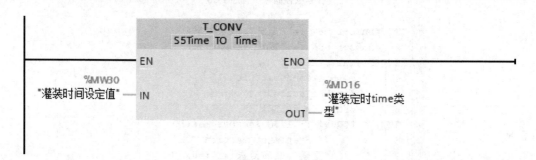

1: 将灌装时间设定值的S5Time类型转换为Time类型的时间格式

顺控器（1）

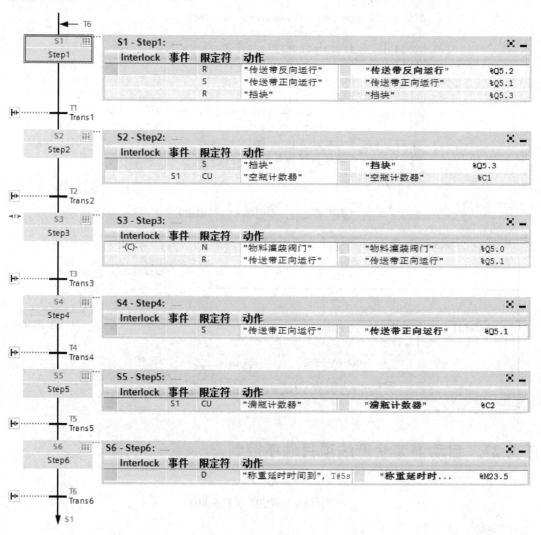

430

各步的转换条件

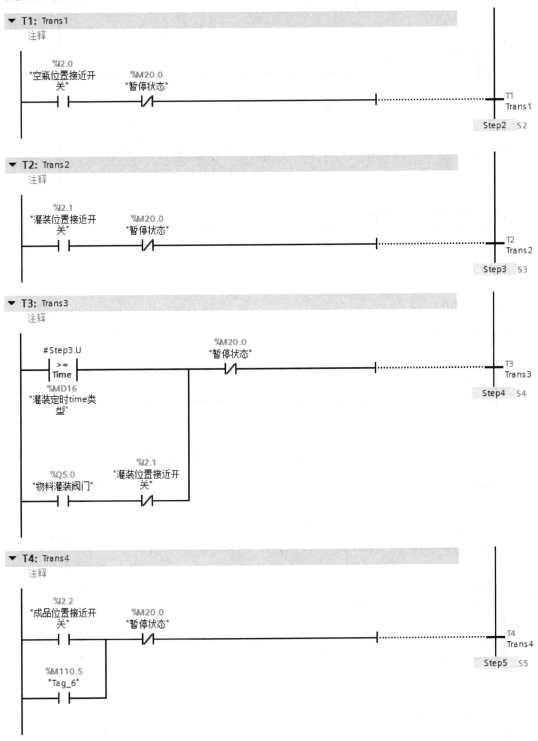

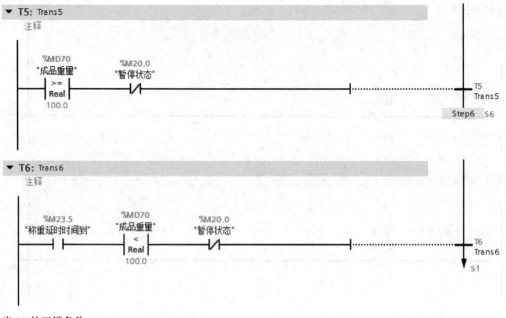

步 S3 的互锁条件

▼ Interlock -(c)-: .....

```
      %M20.0
      "暂停状态"                                          Interlock
  ┤ / ├─────────────────────────────────────────────( C )─
```

主程序 **OB1**（将原有程序段 6 用以下三个程序段代替）

▼ 程序段 6： 生产线运行状态

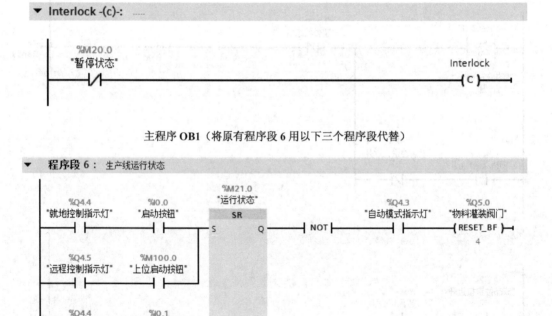

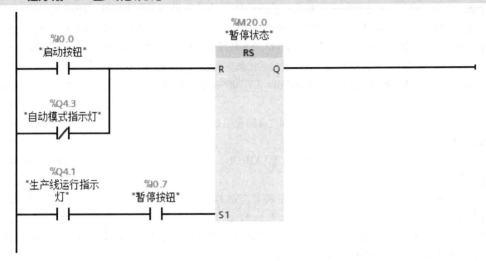

```
         %M80.4
        "液位超限"
    ─────┤ ├─────

         %Q4.3
     "自动模式指示灯"
    ─────┤/├─────
```

▼   **程序段 7:**   生产线暂停状态

```
                              %M20.0
                             "暂停状态"
        %I0.0               ┌─────────┐
       "启动按钮"            │   RS    │
    ─────┤ ├──────────────  R       Q ──────────────
                            │         │
         %Q4.3              │         │
     "自动模式指示灯"        │         │
    ─────┤/├───────         │         │
                            │         │
        %Q4.1               │         │
   "生产线运行指示           │         │
       灯"        %I0.7      │         │
    ───┤ ├────"暂停按钮"───  S1        │
              ──┤ ├──────   └─────────┘
```

▼   **程序段 8:**   调用自动运行程序

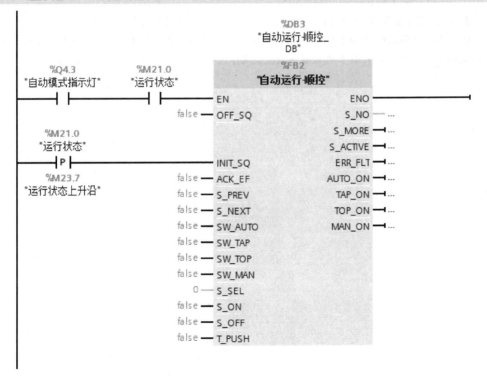

参 考 文 献

［1］吕增芳．西门子全集成自动化理念初探［J］．山西电子技术，2006，（3）：90．

［2］陈瑞阳．工业自动化技术［M］．北京：机械工业出版社，2011．

［3］崔坚，李佳．西门子工业网络通信指南：上册［M］．北京：机械工业出版社，2009．

［4］崔坚，李佳，杨光．西门子工业网络通信指南：下册［M］．北京：机械工业出版社，2009．

［5］Siemens AG．SIMATIC STEP 7 Professional V13.0 系统手册．Siemens AG Industry Sector，2014．

［6］Siemens AG．SIMATIC S7 – 1500/ ET 200MP 自动化系统手册．Siemens AG Division Digital Factory，2014．

［7］Siemens AG．SIMATIC S7 – 1500/ ET 200MP/ ET 200SP/ ET 200AL 通信功能手册．Siemens AG Industry Sector，2014．

［8］Siemens AG．SIMATIC S7 – 1500/ ET 200MP 自动化系统手册集——设备信息．Siemens AG Division Digital Factory，2014．

［9］Siemens AG．S7 – 1500 运动控制使用入门［EB/OL］．http://support.automation.siemens.com/ CN/view/zh/106497710．

［10］Siemens AG．SIMATIC S7 – 1500 可编程控制器产品样本．西门子（中国）有限公司数字化工厂集团，2015．

［11］Siemens AG．S7 – 1500 与 G120 CU250S – 2 DP 的 PROFIBUS 通讯［EB/OL］．http://support.automation.siemens.com/cs/cn/zh/view/109477467．

［12］Siemens AG．S7 – 1500 与 G120 CU250S – 2 PN 的 PROFINET 通讯［EB/OL］．http://support.automation.siemens.com/CN/view/zh/109052915．

［13］陈瑞阳．西门子工业自动化项目设计实践［M］．北京：机械工业出版社，2009．

［14］Siemens AG．SIMATIC WinCC Comfort/Advanced V13.0 系统手册．Siemens AG Industry Sector，2014．

［15］Siemens AG．SIMATIC HMI 操作设备精致面板操作说明．Siemens AG Industry Sector，2014．